工业和信息化高职高专“十二五”规划教材立项项目
职业教育机电类“十二五”规划教材

Pro/ENGINEER Wildfire 5.0 产品设计及加工制造项目教程

徐华建 熊晓红 主编
李杭 黄琼 副主编
曾虎 主审

人 民 邮 电 出 版 社
北 京

图书在版编目（CIP）数据

Pro/ENGINEER Wildfire 5.0产品设计及加工制造项目教程 / 徐华建，熊晓红主编. -- 北京 : 人民邮电出版社，2013.2（2021.7重印）
职业教育机电类“十二五”规划教材
ISBN 978-7-115-30359-2

Ⅰ. ①P… Ⅱ. ①徐… ②熊… Ⅲ. ①工业产品－计算机辅助设计－应用软件－职业教育－教材 Ⅳ. ①TB472-39

中国版本图书馆CIP数据核字(2013)第008378号

内容提要

本书以 Pro/ENGINEER Wildfire 5.0 三维设计软件为蓝本，依据现代职业教育的教学规律，收集大量企业成熟产品实例，以项目为导向，系统讲解案例中 Pro/ENGINEER Wildfire 5.0 造型设计所使用的各种特征创建方法，简单介绍了 Pro/ENGINEER Wildfire 5.0 车削和铣削加工，以及自动生成程序代码的方法。

本书通过 14 个项目的学习和训练，学生不仅能够掌握 Pro/ENGINEER 5.0 特征生成的基本方法和步骤，而且能够初步掌握零件 Pro/ENGINEER 5.0 车削和铣削加工设计方法，从而达到能独立完成零件的创新造型设计和基本车削、铣削加工设计的水平。

本书可作为高等职业技术学院机械制造与加工、数控技术应用、模具设计与制造、玩具设计与制造等机械类专业的教学用书，也可作为 CAD/CAM 方面从业人员的参考、学习、培训用书。

工业和信息化高职高专“十二五”规划教材立项项目

职业教育机电类“十二五”规划教材

Pro/ENGINEER Wildfire 5.0

产品设计及加工制造项目教程

◆ 主　　编　徐华建　熊晓红
　副 主 编　李　杭　黄　琼
　主　　审　曾　虎
　责任编辑　李育民

◆ 人民邮电出版社出版发行　　北京市丰台区成寿寺路 11 号
　邮编　100164　　电子邮件　315@ptpress.com.cn
　网址　https://www.ptpress.com.cn
　涿州市京南印刷厂印刷

◆ 开本：787×1 092　1/16
　印张：18.75　　2013 年 2 月第 1 版
　字数：456 千字　　2021 年 7 月河北第 12 次印刷

ISBN 978-7-115-30359-2

定价：36.00 元

读者服务热线：(010) 81055256　印装质量热线：(010) 81055316

反盗版热线：(010) 81055315

前　言

Pro/ENGINEER（简称 Pro/E）软件是美国参数科技公司于 1988 年推出的集 CAD/CAM/CAE 于一体的大型三维软件，它将产品的三维设计、加工制造和工程分析结合在一起，由于该软件功能强大，现已广泛应用于船舶、汽车、通用机械和航天等高新技术领域，深受广大用户喜爱。

本书是根据作者多年从事 Pro/ENGINEER 产品设计经验和教学心得编制而成的。本书紧密结合生产实践环节，采用以经典案例为中心的项目教学，系统讲述了零件建模过程中的相关知识以及案例创建步骤，力求知识覆盖面广，案例实用性强，建模思路分析透彻，建模操作步骤详细。项目案例全部来自于企业成熟产品，项目内容难易程度适中，由浅入深，循序渐进。本书在内容编排上的另外一个显著特点是产品造型设计与产品加工制造紧密结合，不仅重点讲解产品的三维造型设计，而且增加了产品加工制造教学内容。

本书中的每个教学项目都包括项目导入、相关知识、实例详解、自测实例、项目小结和课后练习题，有的项目还包括提高实例。项目采用以工程三视图方式导入提出问题，针对教学项目讲解相关的基础知识，突出重点要点；通过实例详解，详细分析模型特点，分析建模思路，详细讲解建模基本操作步骤；通过提高实例，巩固提高所学的知识；通过自测实例，促进学生自我评判学习效果，灵活掌握建模技巧；课后练习题可以帮助学生进一步巩固基础知识。本书具有如下特点。

1．以生成产品为导向，突出设计与加工于一体的教学理念

针对高职学生学习的特点，从目前市场对人才的需求角度出发，将产品的造型设计与加工制造紧密地联系在一起，培养学生正确、合理绘制零件的造型和数控加工的能力，体现出设计与加工于一体的理念。

2．深入生产实际，突出实用性

教材内容的题材大多来源于生产实际，使学生在校期间就能接触实际产品，有利于学生走向社会的快速成长。

3．以工作过程为导向，采用项目教学方式

本书以工作过程为导向，采用项目教学的方式组织内容，每个项目来源于企业的典型案例。主要内容包括 14 个由简单到复杂的零件的造型设计与车铣加工，题材由浅入深，不断提高学生的学习兴趣。每个项目由项目导入、相关的基础知识、项目实例详解、项目提高实例讲解、项目自测实例 5 部分组成。通过 14 个项目的学习和训练，学生不仅能够掌握 Pro/ENGINEER 主要的造型设计方法，而且能够初步掌握 Pro/ENGINEER 零件车削铣削数控加工方法。

4．选材注意代表性

教材中典型零件的教材实例均从生产现场选材，全面分析简单、复杂零件的结构特点，总结了零件模型的造型思路和注意要点。

5．构建立体化教材系统，加强授课与上机练习相结合教学

多媒体电子课件教学、上机练习交叉进行，不但可以提高教学效果，而且能有效激发学生的学习兴趣。

本书由江西机电职业技术学院徐华建和江西工业职业技术学院熊晓红担任主编，江西机电职业技术学院李杭、黄琼担任副主编，参加编写工作的还有江西机电职业技术学院陈毅培、吴荔铭，具体编写分工如下：徐华建负责编写项目二、项目六、项目十、项目十二、项目十三和项目十四，熊晓红负责编写项目三，李杭负责编写项目一、项目四和项目九，黄琼负责编写项目五、项目七和项目十一，陈毅培负责编写项目八，吴荔铭负责编写概述，全书由徐华建负责统稿、定稿，由曾虎负责审定。

由于编者水平有限，书中难免存在错误和不妥之处，敬请广大读者批评指正。

本书所涉及的相关素材等请到人民邮电出版社教学服务与资源网（http://www.ptpedu.com.cn）上下载。

编者

2013 年 1 月

目 录

Pro/ENGINEER Wildfire 5.0 三维设计软件概述

【能力目标】

通过对 Pro/ENGINEER 5.0 三维设计软件基础知识的简要概述和垫圈零件建模初步体验，学生能掌握 Pro/ENGINEER 软件的启动方法，熟悉软件窗口操作界面，基本掌握软件的文件管理命令和模型操作命令。

【知识目标】

1. 掌握 Pro/ENGINEER 5.0 的启动方法
2. 熟悉软件的窗口操作界面
3. 基本掌握文件管理命令和模型操作命令

一、Pro/ENGINEER Wildfire 基础知识及基本操作

（一）Pro/ENGINEER Wildfire 简介

Pro/ENGINEER 三维设计软件是由美国 PTC 公司（Parametric Technology Corporation，参数技术公司）于 1988 年推出的，它将生产过程中的三维设计、加工制造和三维实体分析结合在一起，广泛应用于电子、机械、模具、家电、玩具、汽车、航空航天等工程行业，是目前最优秀的三维 CAD / CAM / CAE 应用软件之一。

（二）Pro/ENGINEER Wildfire 5.0 的启动及工作界面简介

1. Pro/ENGINEER Wildfire 5.0 的启动

Pro/ENGINEER Wildfire 5.0 的启动方法有 3 种。

（1）双击桌面图标启动，见图 0-1。

图 0-1

（2）利用 Windows 开始菜单启动。单击“开始” / “程序”

/“Pro ENGINEER”，如图 0-2 所示。

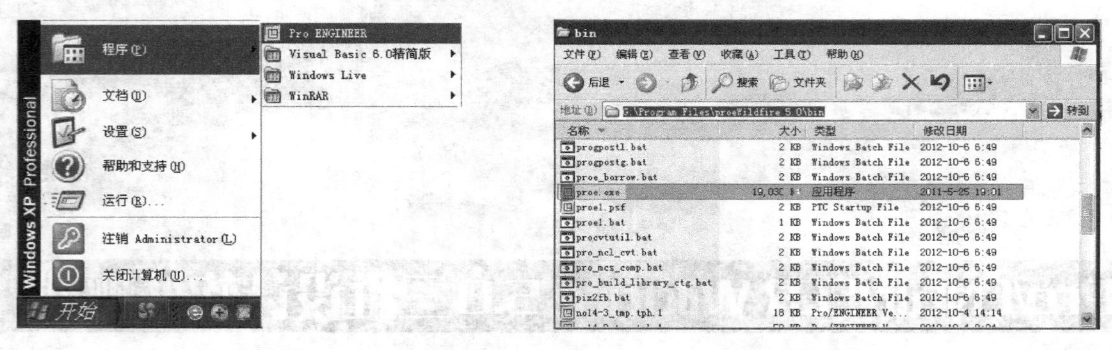

图 0-2　　　　图 0-3

（3）在文件夹中启动。在 Pro/ENGINEER Wildfire 5.0 安装目录中打开“bin”文件夹，双击文件“proe.exe”。

2. Pro/ENGINEER Wildfire 5.0 工作界面简介

由于 Pro/ENGINEER Wildfire 5.0 三维设计软件由许多模块组成，系统启动后新建不同类型的文件，其工作界面稍微有些不同，下面以零件模块为例介绍系统工作界面，如图 0-4 所示。

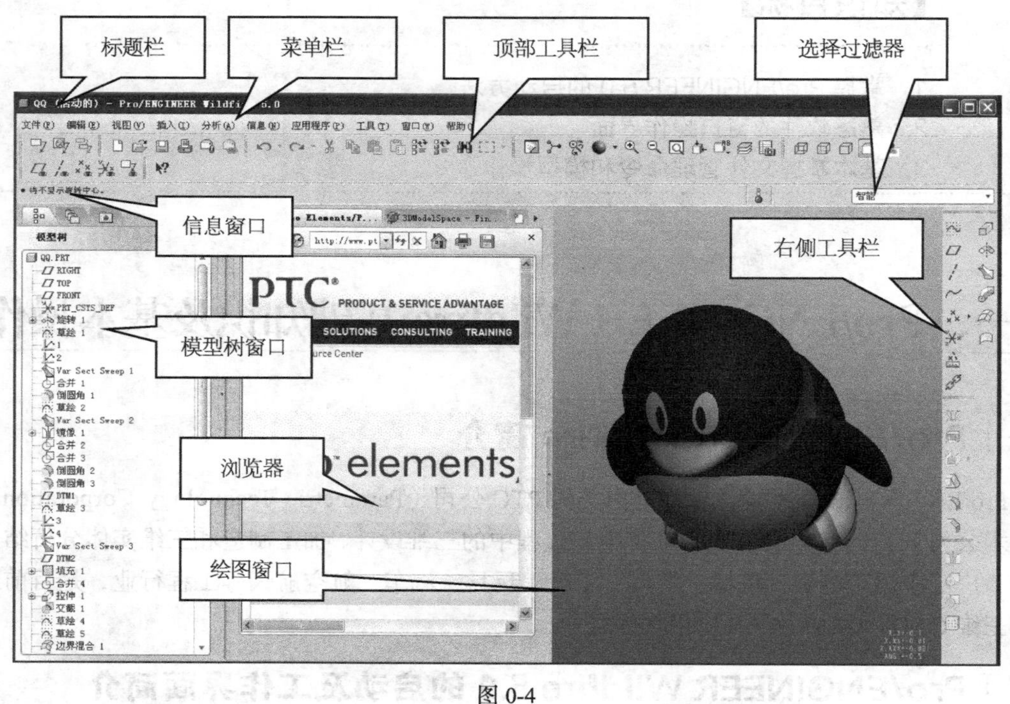

图 0-4

（1）标题栏。反映文件名称、文件类型和激活状态。

（2）菜单栏。Pro/ENGINEER Wildfire 5.0 的菜单栏中有 10 个菜单，将系统所有的命令分类编组，不同的选项菜单执行不同的命令。Pro/ENGINEER Wildfire 5.0 的菜单，如图 0-5 所示，包括文件、编辑、视图、插入、工具、窗口等。

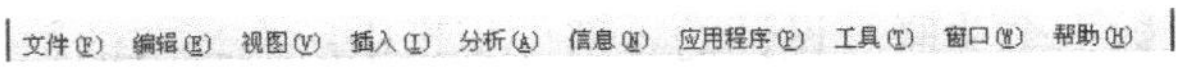

文件(F) 编辑(E) 视图(V) 插入(I) 分析(A) 信息(N) 应用程序(P) 工具(T) 窗口(W) 帮助(H)

图 0-5

其中“文件”菜单用于文件管理，“编辑”菜单用于特征编辑，“视图”菜单用于管理视图状态，“插入”菜单用于特征创建，“窗口”菜单用于进行切换、激活、关闭文件等操作。

（3）工具栏。工具栏将各种同类型命令以形象图标方式设置在系统窗口中，如图 0-6 所示。单击各种图标就可以执行相应的操作命令，并且将鼠标移动到图标上，立即显示该图标命令的名称。

工具栏分为顶部工具栏和右侧工具栏，用户可以自行调入或去除工具栏，并可调节各工具栏在操作界面上的位置。图 0-6 所示为部分工具栏。

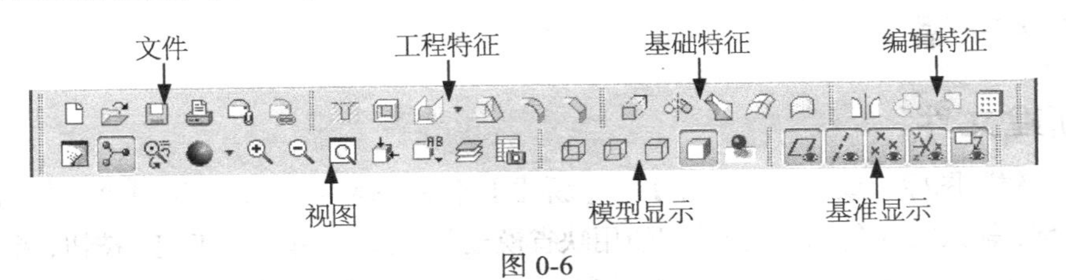

图 0-6

（4）模型树窗口。模型树窗口主要反映零件建模过程中的特征组成、特征类型以及特征间的相互关系等，在模型树窗口中也可以对特征进行选择，如图 0-7 所示。

（5）信息窗口。信息窗口主要用于提示命令操作步骤、记录命令执行过程、数据输入以及提示图标功能等，建模过程中应当经常观察此窗口。

（6）绘图窗口。该窗口为建模设计的主要窗口，显示已创建的零件模型特征，窗口的背景色为淡蓝色，但用户可以修改其背景色。

（7）选择过滤器。在对象编辑过程中需要选择编辑对象，选择过滤器提供了不同的选择方式，如智能、特征、几何、基准、注释、面组等，目的是帮助用户更方便地选择对象，如图 0-8 所示。其中智能方式比较常用，这种方式能够自动判断所选择的对象要求。

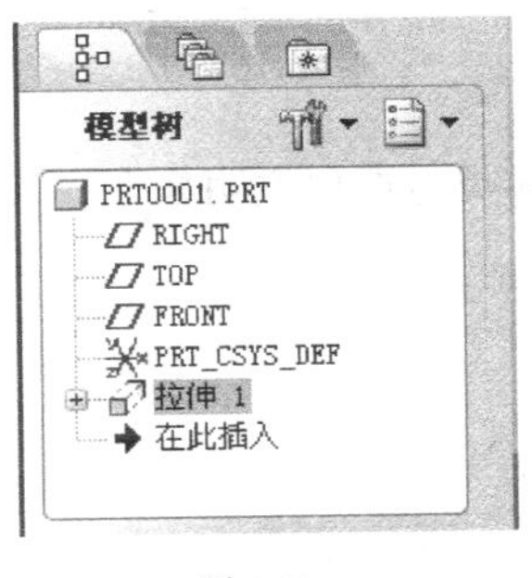

图 0-7

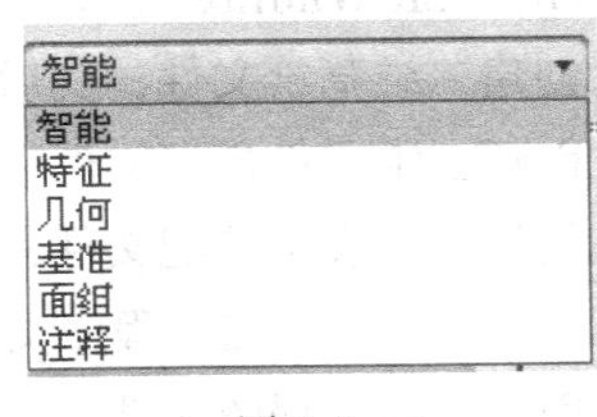

图 0-8

（8）浏览器。浏览器在绘图窗口左侧、模型树窗口右侧，可以显示或隐藏。Pro/ENGINEER Wildfire 提供在线帮助，用户可以直接在浏览器中联系 PTC 公司，了解 PTC 公司新产品，在线获得帮助。

（三）Pro/ENGINEER 系统特性

（1）三维实体模型。Pro/ENGIEER 创建的零件是三维实体，可以从任意角度观察零件，零件具有面积、体积、重量、惯性矩和重心等特性，利用各种分析模块能真实地体现零件的应力分布状态、运动轨迹规律，还能对零件进行热效应分析、加工制造分析，等等。

（2）单一数据库，数据全关联。设计的零部件模型中所有环节的数据都存放在同一个数据库中，任何一处发生改动，整个设计过程的相关环节都会自动进行改动。

（3）以特征作为设计的基本单元。复杂的零部件模型是由多个不同种类的基本单元按照一定的方式累加组合而形成的，这些基本单元被称为特征，每个特征都是简单易建的实体单元，因此整个设计过程简单直观。

（4）参数化设计。在建模过程中，系统将每一个尺寸都看成一个可变的参数，由参数值控制零件图形的大小和形状，在设计中修改模型的尺寸就能修改模型大小，极大简化了设计内容，提高了工作效率，而且对零件的改型设计和产品的系列设计提供了更便捷的手段。

（四）文件管理

1. 新建文件

单击“新建”图标或单击【文件】→【新建】命令，弹出“新建”对话框，如图 0-9 所示。选择文件类型，输入文件名，取消选中“使用缺省模板”复选框，单击“确定”按钮，系统弹出“新文件选项”对话框，如图 0-10 所示，选择公制模板，单击“确定”按钮，系统建立一个新文件。

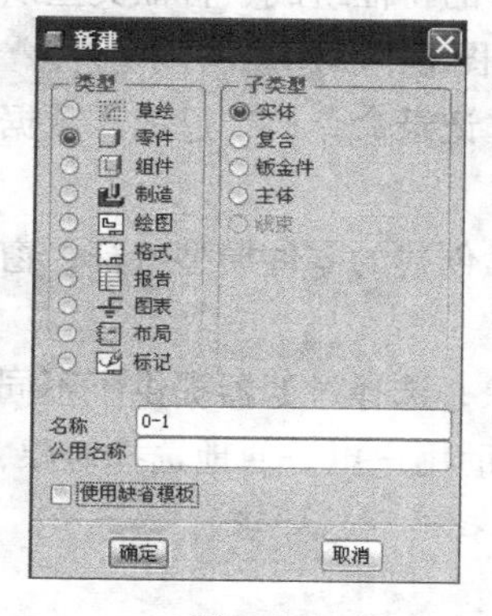

图 0-9

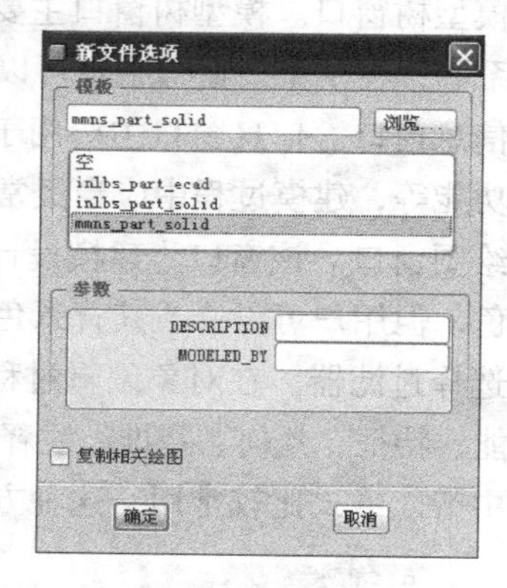

图 0-10

Pro/ENGINEER Wildfire 可以创建不同类型的文件，具体类型选项说明如下。

草绘：创建二维草绘文件，其后缀名为“.sec”。

零件：创建三维零件模型文件，其后缀名为“.prt”。

组件：创建三维模型装配文件，其后缀名为“.asm”。

制造：创建三维 NC 加工程序文件，其后缀名为“.mfg”。

绘图：创建二维工程图文件，其后缀名为“.drw”。

格式：创建二维工程图图纸格式文件，其后缀名为“.frm”。

报表：创建模型报表文件，其后缀名为“.rep”。

图表：创建电路、管路流程图，其后缀名为“.dgm”。

布局：创建产品装配布局，其后缀名为“.lay”。

标记：创建注解，其后缀名为“.mrk”。

2. 打开与关闭文件

（1）打开文件。单击工具栏中的“打开”图标或单击【文件】→【打开】命令，弹出“文件打开”对话框，如图 0-11 所示，选择路径，单击已保存的文件，单击“预览”可对文件进行预览，再单击“打开”按钮可将文件打开。关闭文件窗口并没有退出文件，文件仍保存在内存中，单击“在会话中”，可将内存中的文件打开。

（2）关闭文件。单击【文件】→【关闭窗口】命令，可关闭当前窗口文件，但是该文件仍保留在内存中。

（3）激活文件窗口。Pro/ENGINEER 系统允许同时打开多个文件，但只有一个窗口为激活可操作状态，如需对其他窗口进行操作，单击【窗口】菜单，选择文件名；或在非激活文件窗口中单击【窗口】→【激活】命令，将该文件激活。

3. 保存文件

文件的保存有 3 种形式，即保存文件、保存副本和备份。

保存文件：单击“保存”图标或单击【文件】→【保存】命令，弹出“保存对象”对话框，如图 0-12 所示，可将当前文件保存在指定路径的文件夹中，文件第一次保存能更改保存路径，以后每一次保存只能以同名保存在相同的路径中，且每次保存为新的版本，如 bolt.prt.1、bolt.prt.2、bolt.prt.3 等，执行打开文件命令时都是打开最新版本。

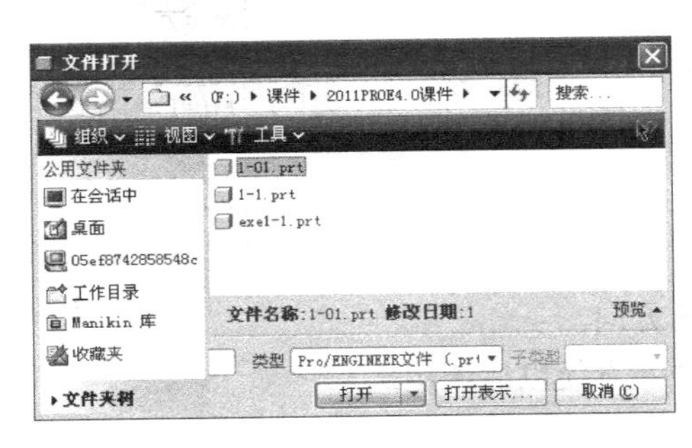

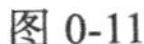
图 0-11

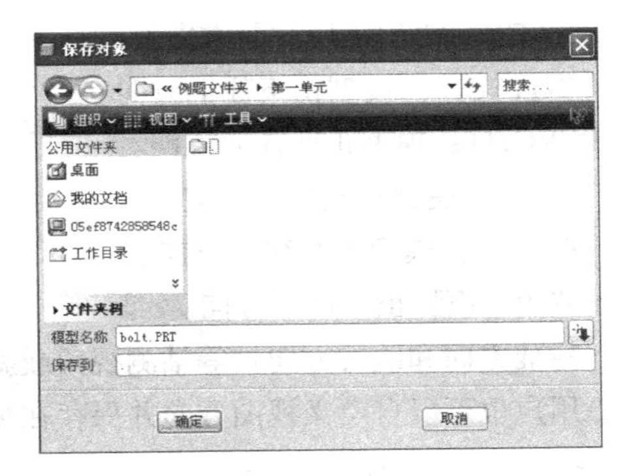

图 0-12

保存副本：单击【文件】→【保存副本】命令，将当前窗口中的文件更名另存到选定的文件夹中，系统仍处于原文件窗口中。

备份：单击【文件】→【备份】命令，将当前窗口中的文件以原名保存到选定的文件夹中，系统仍处于原文件窗口中。

4. 拭除文件

在关闭文件窗口时，系统会自动将该文件保存在内存中。拭除命令用来删除内存中的文件，以免占据过多的内存容量。单击【文件】→【拭除】命令，有以下两种选项。

当前：将当前窗口中的文件从内存中删除（但不删除硬盘中的文件）。

不显示：将不显示在窗口中但存在于内存中的所有文件删除。

5. 删除文件

在当前文件窗口中，单击【文件】→【删除】命令，可以对当前文件执行删除命令，永久删除硬盘中的保存文件，它有以下两种选项。

旧版本：将当前文件的所有旧版本从硬盘中删除，仅保留最新的版本。

所有版本：将当前文件的所有版本从硬盘中全部删除，文件将彻底删除。

（五）模型操作

在建模的过程中需要对模型进行操作，如对模型进行缩放、移动、旋转，视图定向以及显示模型操作，通过单击功能图标或利用鼠标可以实现对模型的操作。

1. 模型的缩放

使用功能图标：单击“视图”工具栏中的图标，可以对模型执行局部放大、缩小以及重新调整操作。

单击图标，用鼠标左键单击两点确定局部放大窗口，可以对模型进行局部放大操作。

单击图标可以对模型执行缩小操作。

单击图标可以重新调整模型显示，使模型最大化显示。

2. 视图的定向操作

在建模过程中需要从正向查看零件模型，系统设置了多个正向视图供用户选择，单击“视图”工具栏中的图标，弹出系统视图列表，如图 0-13 所示，其中各正向视图的含义如下。

BACK：模型正后往前方向。

BOTTOM：模型正下往上方向。

FRONT：模型正前往后方向。

LEFT：模型正左往右方向。

RIGHT：模型正右往左方向。

TOP：模型正上往下方向。

标准方向和缺省方向：等轴测视角或斜轴测视角方向。

用户也可以自定义视图方向并保存在视图列表中，方便以后调用。

标准方向
缺省方向
BACK
BOTTOM
FRONT
LEFT
RIGHT
TOP

图 0-13

3. 模型显示操作

单击“模型显示”工具栏中的图标可改变模型的显示方式，如图 0-14 所示。模型显示共有 4 种方式。

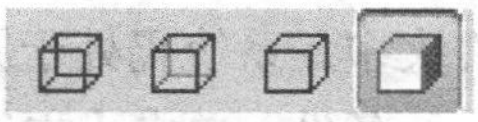

（1）：着色显示。

（2）：消隐显示，被遮挡的边线不显示。

（3）：隐藏线显示，被遮挡的边线以弱线显示。

（4）：线框显示，被遮挡的边线以实线显示。

图 0-14

4. 基准显示操作

单击“基准显示”工具栏中的图标可改变模型中基准特征的显示状况，如图 0-15 所示，单击基准显示图标可以切换显示状态，单击一次显示，再次单击为不显示。

（1）：基准平面显示开关。

（2）：基准轴线显示开关。

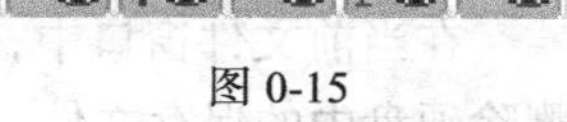

（3）：基准点显示开关。

（4）：基准坐标显示开关。

（5）：注释显示开关。

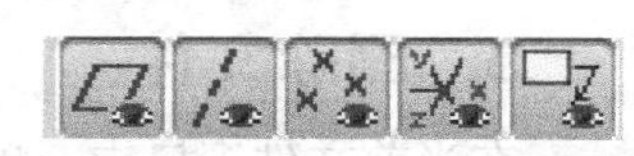

图 0-15

5. 鼠标操作

利用鼠标也可以对模型进行缩放、移动、旋转等操作，具体操作方法及功能见下表。

使用场合	鼠标操作	功能
草绘模块	单击左键	选取对象、移动或拉伸图元
	单击中键（滚轮）	确定尺寸放置位置
	按住右键	弹出快捷菜单
零件和装配模块	滚动滚轮	模型缩放
	按住滚轮+移动鼠标	模型旋转
	Shift+按住滚轮+移动鼠标	模型平移
	在模型特征上单击左键	选取对象
	单击左键选取对象+按住右键	弹出快捷菜单

6. 图元和特征选择方法

对几何图元和特征进行编辑操作时一般都需要先选择对象，然后执行编辑命令。

单个对象的选取：将鼠标移动到需要选择的对象上，此时对象边线图元变成蓝色线框，单击鼠标左键，对象被选中，同时对象边线变成红色。

多个对象的选取：先选择一个对象，在键盘上按住 Ctrl 键再用鼠标选取其他对象。

排除已被选取的对象：按住 Ctrl 键再次用鼠标选取已选对象，则该对象被排除在选择集内。

二、建模初步体验：方形垫圈零件建模练习

（一）任务导入与分析

1. 任务导入

图 0-16 所示为方形垫圈零件图，根据图中的结构、尺寸要求创建三维零件模型文件。

2. 建模思路分析

（1）图形分析。先对零件进行方板下料，然后中间钻孔，方料尺寸为 10×10×1，钻孔孔径为 Φ4。

（2）建模的基本思路。根据零件的加工过程，方形垫圈零件建模由两个基本单元（特征）组成：方板特征和钻孔特征，其创建过程如图 0-17 所示。

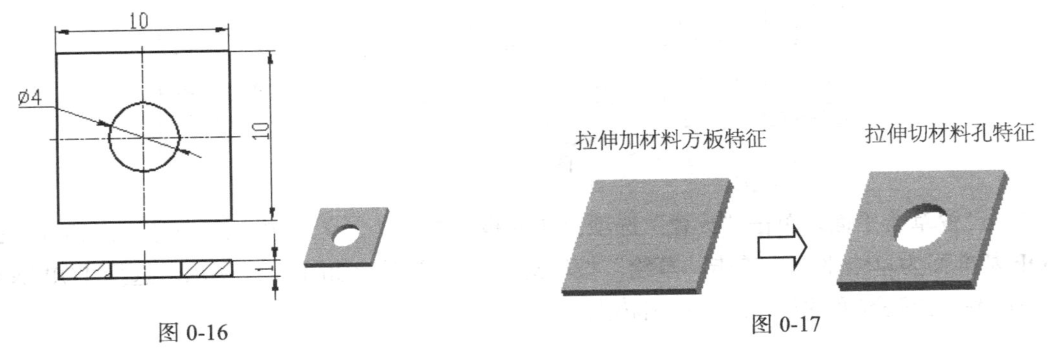

图 0-16

图 0-17

3. 建模要点及注意事项

（1）方板特征为加材料，孔特征为切材料特征。

（2）孔特征切材料是在方板特征之后创建的。

（3）模型创建完成后应将模型在缺省方向显示。

（二）基本操作步骤

1. 启动 Pro/ENGINEER 系统

双击桌面的图标，启动系统，进入 Pro/ENGINEER 操作界面。

2. 建立新的零件文件 No0-1

单击“新建”图标，或单击【文件】→【新建】命令，在“新建”对话框中选择文件类型为“零件”，子文件类型为“实体”，在“名称”中输入 No0-1，取消选中“使用缺省模板”复选框，如图 0-18 所示。单击确定按钮进入“新文件选项”对话框，选择“mmns_part_solid”选项，如图 0-19 所示；单击确定按钮，系统进入零件模型空间。

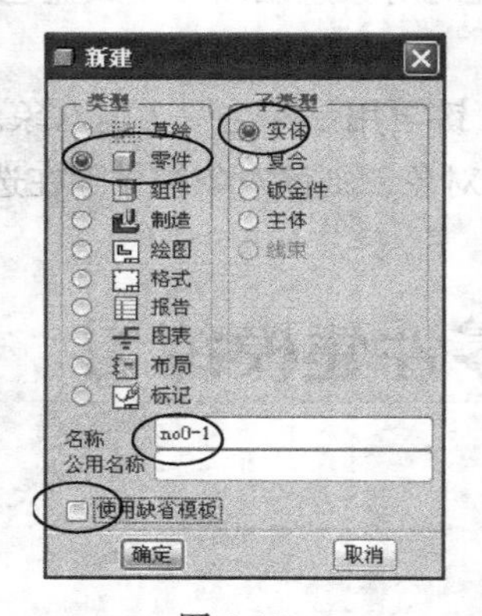

图 0-18

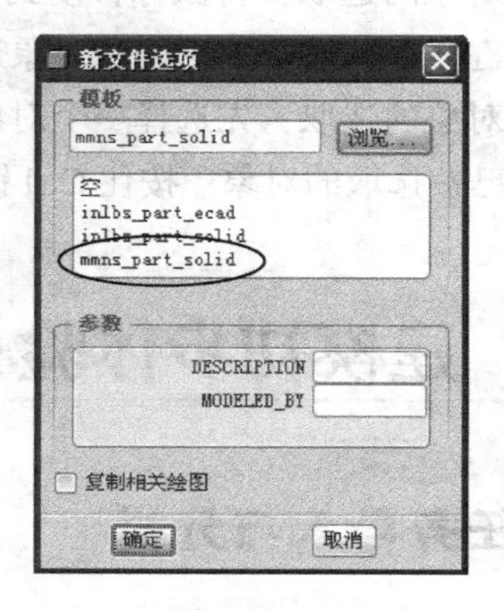

图 0-19

3. 创建方板特征

（1）输入“拉伸”命令。单击“基础特征”工具栏中的“拉伸”图标，或单击【插入】→【拉伸】命令，弹出“拉伸”操控面板。

（2）设置特征类型。如图 0-20 所示，单击“实体”图标，深度方式采用“盲孔”。

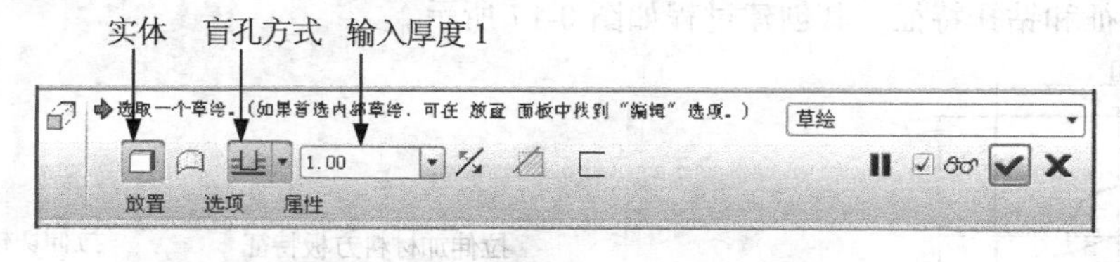

图 0-20

（3）设置草绘平面。单击“放置”选项上滑面板，单击“定义”，弹出“草绘”对话框，选择 TOP 基准面为草绘平面，单击“草绘”按钮进入草绘界面，如图 0-21 所示。选择 TOP 基准平面一定要选择基准面的边线或文字名称上。

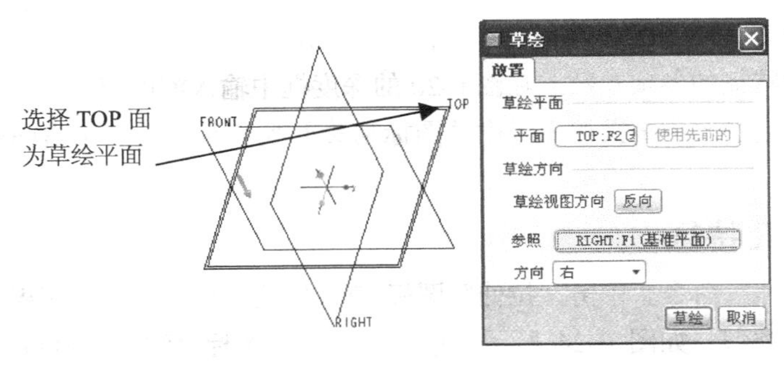

图 0-21

（4）绘制截面图形。在草绘界面中自动产生两条长虚线，这是草绘的几何参照线。按图 0-22 所示绘制截面图形。

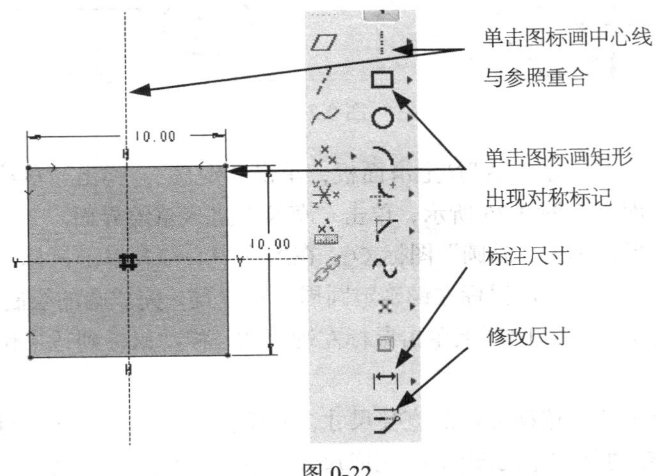

图 0-22

单击图标绘制水平和垂直中心线，一定要与参照线重合。

单击图标绘制矩形，在矩形左上角单击一点，拖曳鼠标出现矩形，将鼠标移动到矩形右下角，当矩形顶角出现两对对称箭头时单击另一点，完成矩形的绘制，注意图形中有弱尺寸出现。

单击图标标注尺寸，用鼠标左键单击矩形水平边，移动鼠标到适当位置单击鼠标中键，完成矩形宽度尺寸标注，继续用鼠标左键单击矩形垂直边，移动鼠标到适当位置单击鼠标中键，完成矩形高度尺寸标注，注意弱尺寸消失。

单击图标修改尺寸，选择标注的两个尺寸，弹出“修改尺寸”对话框，如图 0-23 所示，将对话框中尺寸分别修改为 10，再单击对话框中的图标完成尺寸修改，图形发生变化。

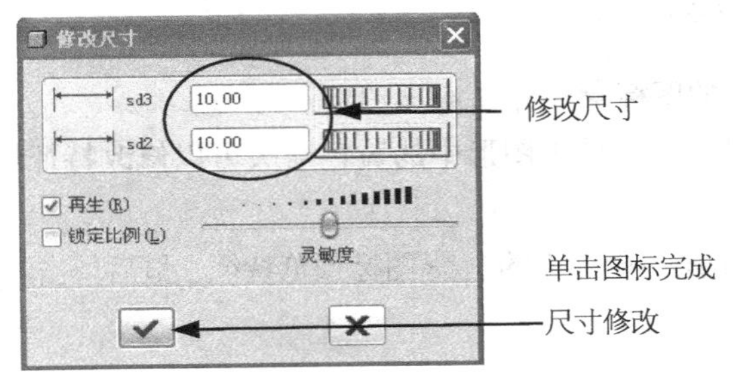

图 0-23

单击右侧草绘工具栏中的✔按钮，结束截面的绘制。

（5）设置拉伸特征的各项参数。在图 0-20 的深度框中输入深度值为 1。

（6）完成特征创建。单击操控面板中的图标☑ 6σ预览特征，最后单击图标✔，完成特征的创建。

4. 创建切孔特征

（1）输入“拉伸”命令。单击“拉伸”图标，出现“拉伸”操控面板。

（2）设置特征类型。如图 0-24 所示，单击“实体”图标和“切材料”图标，深度方式采用“到下一个”。

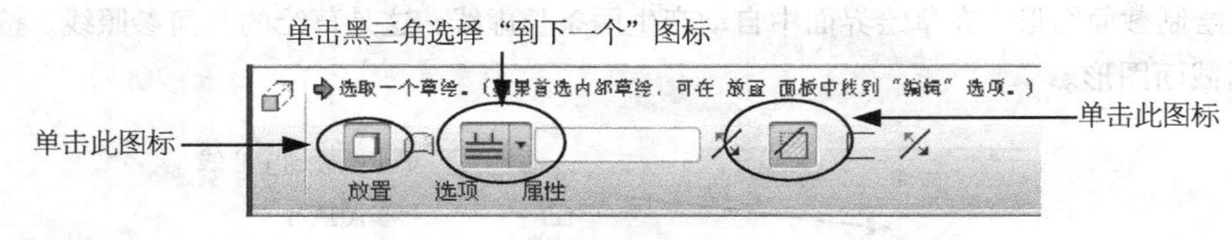

图 0-24

（3）设置草绘平面。单击“放置”上滑面板，单击“定义”，弹出“草绘”对话框，选择特征 1 上表面为草绘平面，如图 0-25 所示，单击“草绘”进入草绘界面。

（4）绘制截面图形。单击“画圆”图标○，在图形中心位置单击鼠标左键确定圆的中心位置，移动鼠标，在任意一点单击鼠标左键确定圆周一点位置，完成圆的绘制。

单击图标标注尺寸，在圆周上单击鼠标左键两次，移动鼠标到适当位置单击鼠标中键标注圆的直径尺寸。

单击图标修改尺寸，选择标注的直径尺寸，系统弹出“修改尺寸”对话框，在对话框中将尺寸修改为 4，单击对话框中的图标✔完成尺寸修改，图形发生变化，如图 0-26 所示。

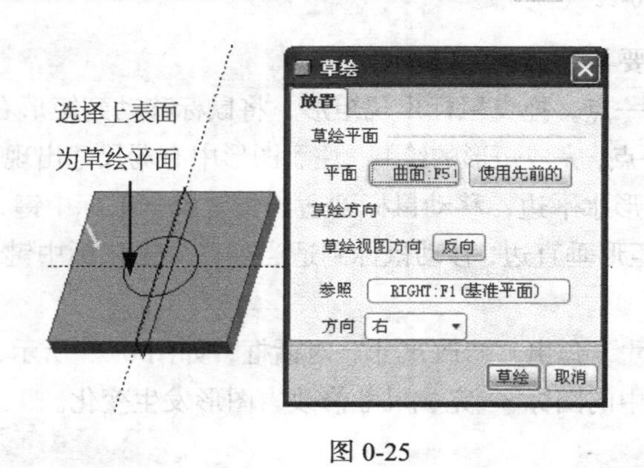

图 0-25

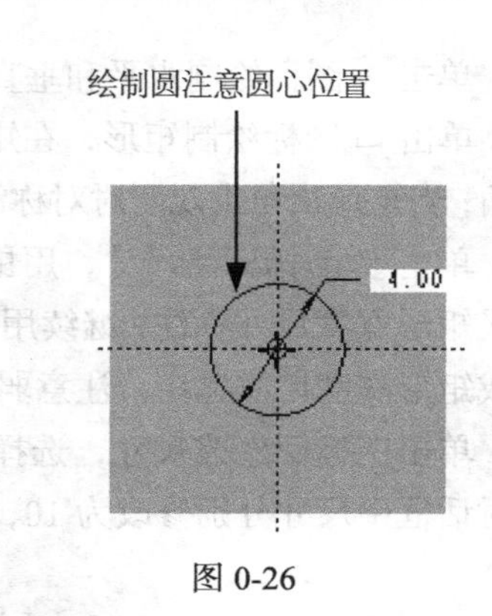

图 0-26

单击右侧草绘工具栏中的图标✔，结束截面绘制。

（5）更改特征切除材料方向。单击图形中的黄色箭头可以修改特征切除材料的方向侧，如图 0-27 所示。

（6）完成特征创建。单击操控面板中的☑ 6σ图标预览特征，最后单击✔图标完成特征的创建。

5. 文件保存

单击“视图”工具栏中的图标，弹出系统视图列表，选择“缺省方式”，零件模型以缺省方式显示，如图 0-28 所示，单击💾图标，将文件保存在指定的文件夹中。

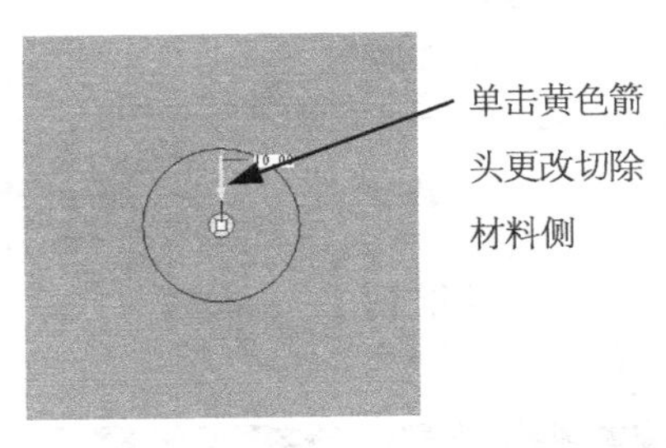

图 0-27

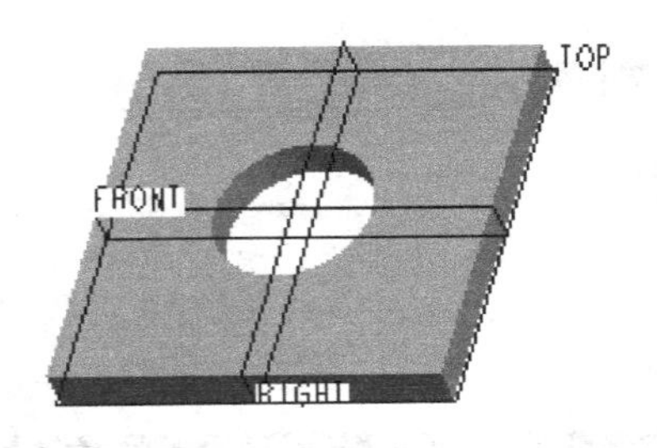

图 0-28

项目小结

本项目主要介绍了 Pro/ENGINEER 软件的启动方法、系统操作界面、文件管理操作以及模型视图的操作方法。通过方形垫圈零件建模初步体验，概括性地讲解了零件实体建模过程。要求学生基本掌握软件的启动，熟悉操作界面以及文件管理操作和模型操作技能，能初步掌握零件建模的一般过程。

课后练习题

参照建模初步体验，重新创建垫圈零件模型，进一步熟悉 Pro/ENGINEER 5.0 的操作界面，掌握文件管理操作和模型操作管理，进一步体会实体零件建模的一般过程。

项目一

安装板草绘图绘制

【能力目标】

通过对安装板草绘图的绘制，学生能熟练掌握二维草绘的各种基本绘图命令，通过提高实例和自测实例的学习，进一步启发学生灵活掌握二维草绘技巧。

【知识目标】

1. 掌握二维草绘模式中几何图元的绘制命令
2. 掌握二维草绘模式中几何图元的约束命令
3. 掌握二维草绘模式中尺寸标注的命令
4. 掌握二维草绘模式中几何图元的编辑修改命令
5. 掌握二维草绘的基本方法和绘图技巧

一、项目导入

图 1-1 是机械产品中常用的零件安装板的主视图，可以用拉伸命令创建实体，但是必须先绘制该零件的截面图形，因此必须先学会如何绘制平面草绘图形。

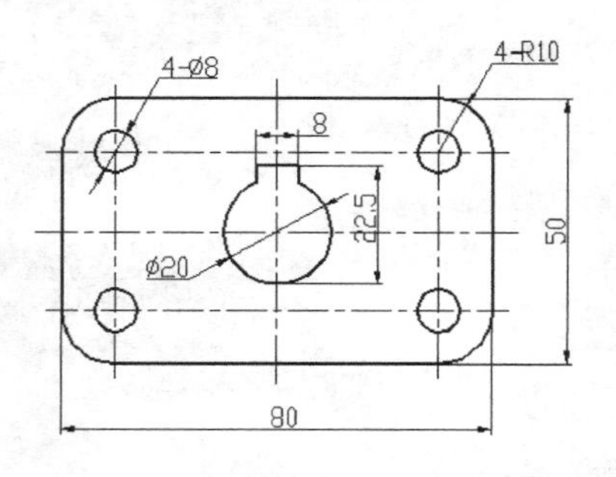

图 1-1

在绘图的过程中除了要绘制线段、圆、圆弧外，还需要标注尺寸，设定 4 个圆和圆弧的半径都相等，圆心相对于中心线对称，这就是约束条件。因此，绘制完整的草绘图形必须具备三大要素：几何图元、尺寸标注、约束条件，同时必须保证所绘制的图形尺寸大小满足设计要求。

二、相关知识

（一）新建一个二维草绘文件

单击“新建”图标🗋，或单击【文件】→【新建】命令，出现“新建”对话框，选择文件类型为“草绘”，如图 1-2 所示，在“名称”编辑框中输入文件名称 No.1-1，单击确定按钮进入草图绘制界面。

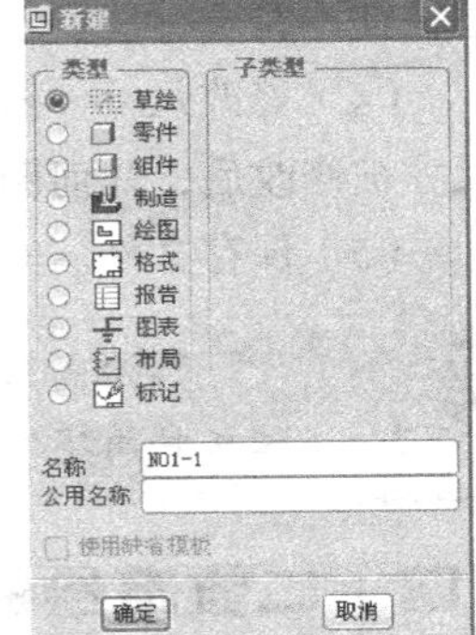

图 1-2

（二）二维草绘工作界面简介

草绘界面如图 1-3 所示，草绘界面与其他的界面有一些区别，主要区别如下。

（1）菜单栏中增加了“草绘”菜单，收集了图元绘制及编辑命令。

（2）绘图区右侧增加了“草绘器工具”工具栏，其中各种图标命令与“草绘”菜单的命令形式相同。

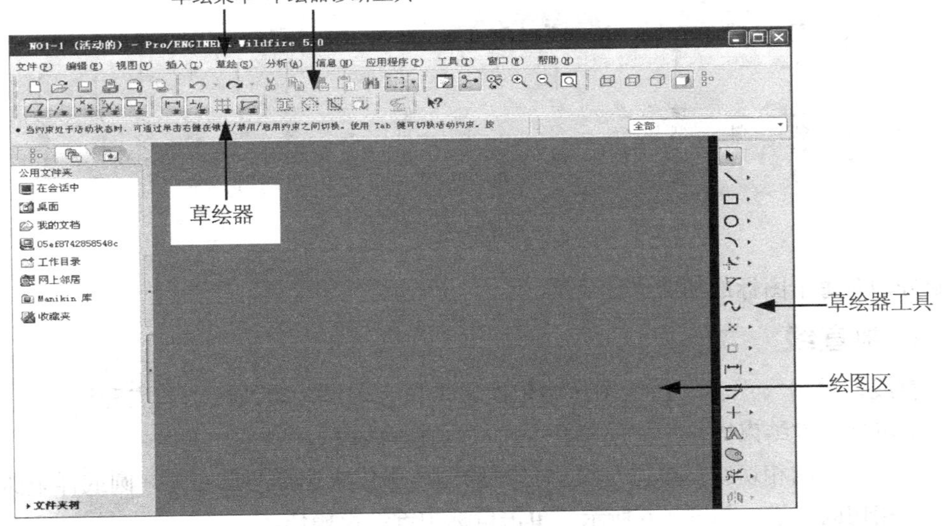

图 1-3

（3）在工具栏中增加了“草绘器”和“草绘器诊断工具”工具栏，详细功能如下。

“草绘器”工具栏

——尺寸显示开关

——约束显示开关

——网格显示开关

——节点显示开关

“草绘器诊断工具”工具栏

——封闭图形检查

——断点检查

——重线检查

——草绘分析检查

（三）二维草绘图绘制的一般步骤

（1）绘制几何图元轮廓。包括绘制点、线段、圆弧、圆、样条曲线等，几何图形对尺寸没有要求，只要求形状相似，修改尺寸后，会自动更改图形大小。

（2）设置约束条件。约束就是几何限制条件，如水平、正交、平行、相切等，在图形上有对应的显示符号。根据要求设置图形中各几何图元的限制条件。

（3）标注尺寸。在绘制图形的过程中，系统会自动标注出尺寸，此种尺寸为弱尺寸。弱尺寸往往不符合标注要求，需要按照设计要求重新标注尺寸。

（4）修改尺寸。按照设计的正确尺寸修改尺寸，由于 Pro/ENGINEER 具有尺寸驱动功能，尺寸被修改后，几何图形也随之变化。

（5）保存文件。完成草绘图形的绘制后，应保存文件。

草绘图形时应增加约束条件，使尺寸标注简单；对于复杂图形，可分解成多个独立且简单的部分，标注并修改尺寸后，再进行下一步的绘图。

（四）二维草绘的基本绘图命令

草绘器工具一般都放在绘图区的右侧，单击各个图标，可以执行不同的绘图命令，图标后带有黑色三角形的表明有子菜单，如图 1-4 所示。

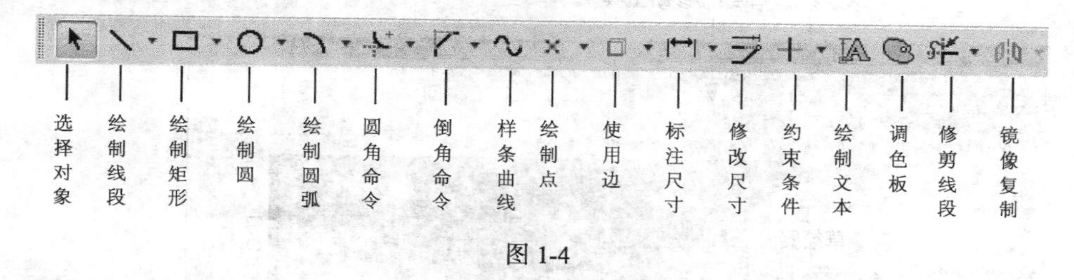

图 1-4

下面分别对每个图标的功能进行说明。

1. 绘制直线

（1）直线。单击图标，在绘图区中依次单击鼠标左键确定线段的起点和终点，如图 1-5 所示，单击鼠标中键结束操作。使用该命令可绘制连续线段。

（2）绘制两圆的相切线。单击图标，在绘图区中依次选择两条圆弧、圆或样条曲线，即可得到一条相切的直线，如图 1-6 所示，单击鼠标中键结束操作。

（3）绘制中心线。单击图标，在绘图区中依次单击鼠标左键确定中心线的两个经过点，绘制出一条无限长的中心线，如图 1-7 所示，它只是草绘图形中的一条对称线，图形显示时虚线间距较大。

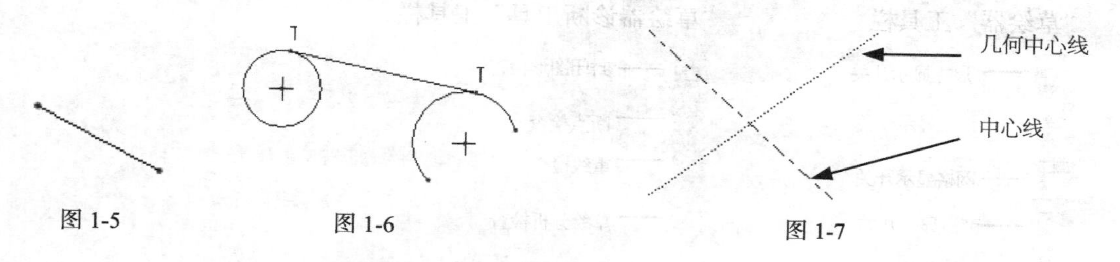

图 1-5　　图 1-6　　图 1-7

（4）绘制几何中心线。单击 图标，在绘图区中单击鼠标左键确定中心线的两个经过点，绘制出一条无限长的中心线，如图 1-7 所示，它可以是草绘图形中的一条对称线，但在实体建模时自动生成一条基准轴线，图形显示时虚线间距较小。

2. 绘制矩形

（1）矩形。单击□图标，在绘图区中用鼠标左键单击一点，确定矩形对角线的一点，移动鼠标单击另一点，确定矩形对角线的另一点，即可绘制一个矩形，如图 1-8 所示，该矩形呈水平垂直放置。单击鼠标中键结束操作。

（2）绘制斜矩形。单击图标，在绘图区中用鼠标左键单击一点，确定斜矩形第一条边的起点，移动鼠标单击第二点，确定第一条边的终点，移动鼠标单击第三点，确定斜矩形的另一条边，完成斜矩形的绘制，如图 1-9 所示。单击鼠标中键结束操作。

（3）绘制平行四边形。单击图标，在绘图区中用鼠标左键单击一点，确定平行四边形第一条边的起点，移动鼠标单击第二点，确定第一条边的终点，移动鼠标单击第三点，确定平行四边形的另一条，完成平行四边形的绘制，如图 1-10 所示。单击鼠标中键结束操作。

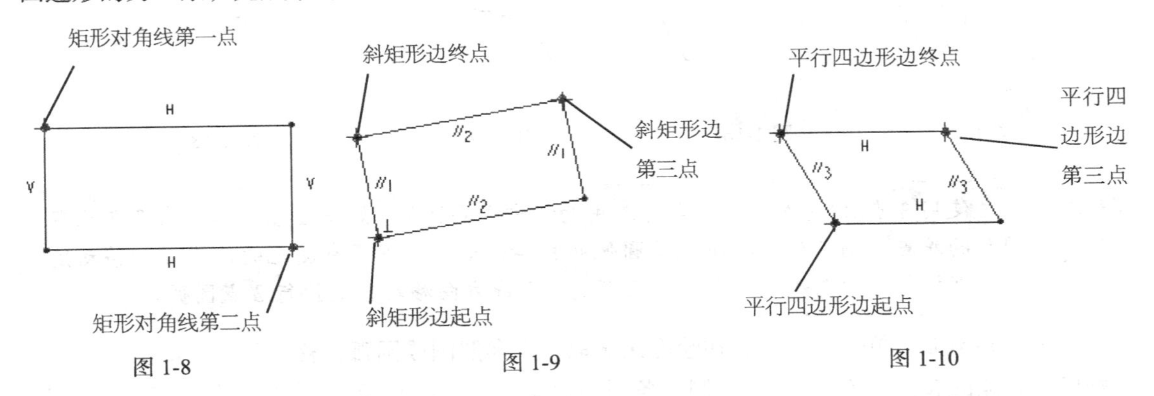

图 1-8　　图 1-9　　图 1-10

3. 绘制圆

（1）圆心和点。单击图标，在绘图区任意一点单击确定圆心，移动鼠标到合适位置，单击第二点确定圆周上的一点，完成圆的绘制，如图 1-11 所示。单击鼠标中键结束操作。

（2）同心圆。单击◎图标，在绘图区中选取一个参照圆或圆弧，移动鼠标到适当位置后单击一点，确定圆周上的一点，即可完成同心圆的绘制，如图 1-12 所示。单击鼠标中键结束操作。使用该命令可连续绘制多个同心圆。

（3）三点圆。单击○图标，在绘图区单击鼠标右键，依次确定圆周通过的 3 个点，即可绘制一个圆，如图 1-13 所示。单击鼠标中键结束操作。

（4）三边相切圆。单击图标，在绘图区中依次选择 3 个图元，即可绘制一个与之相切的圆，如图 1-14 所示。单击鼠标中键结束操作。

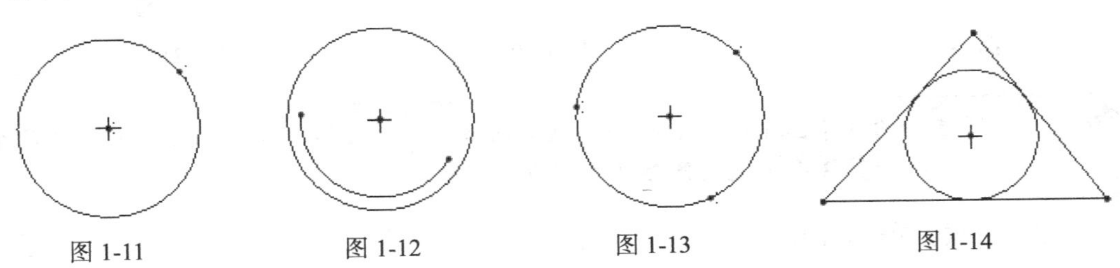

图 1-11　　图 1-12　　图 1-13　　图 1-14

（5）轴端点椭圆。单击⊘图标，在绘图区任意一点单击确定椭圆轴线的一个端点，移动鼠标单击第二点，确定椭圆同轴的另一个端点，移动鼠标到适当的位置再次单击，确定椭圆弧上的一点，即可绘制一个椭圆，如图 1-15 所示。单击鼠标中键结束操作。

（6）中心和轴椭圆。单击⊘图标，在绘图区任意一点单击确定椭圆的中心，然后移动鼠标单击第二点，确定椭圆轴线的一个端点，移动鼠标到适当的位置再次单击，确定椭圆弧上的一点，即可绘制一个椭圆，如图 1-16 所示。单击鼠标中键结束操作。

4. 绘制圆弧

（1）3 点/相切端圆弧。单击⌒图标，在绘图区依次单击确定圆弧的两个端点及圆弧上的一点，即可绘制一条圆弧，如图 1-17 所示；或者选择要相切的图元的端点作为圆弧的起始点，沿起始点的切线方向拖曳鼠标，出现圆弧，单击鼠标左键确定圆弧的终点，即可绘制一条相切的圆弧，如图 1-18 所示。单击鼠标中键结束操作。

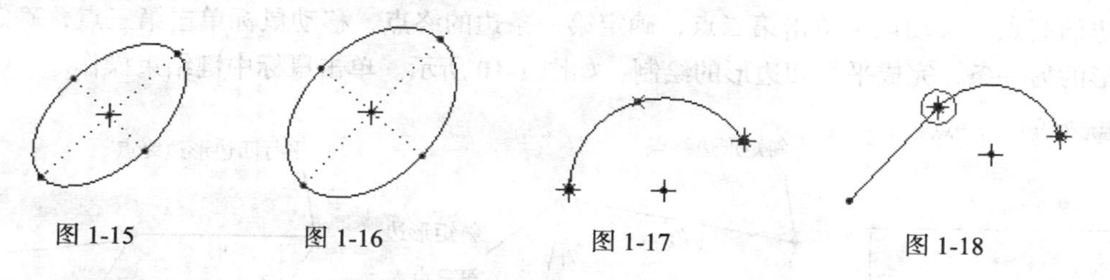

图 1-15　　图 1-16　　图 1-17　　图 1-18

使用 3 点/相切端圆弧命令可以用两种方式画圆弧，如果圆弧的起点选择在已有图元的端点，则移动鼠标决定了圆弧的种类；如果沿着已有图元的切线方向移动鼠标，则执行相切圆弧；如果沿着已有图元垂线方向移动，则执行 3 点圆弧。

（2）同心圆弧。单击⦖图标，在绘图区选取一个参照圆或圆弧，移动鼠标，单击鼠标左键分别确定圆弧的起点、终点，即可绘制一条同心圆弧，如图 1-19 所示。单击鼠标中键结束操作。

（3）圆心和端点圆弧。单击⌒图标，在绘图区单击一点作为圆弧的圆心，移动鼠标，单击第二点和第三点作为圆弧的两个端点，即可绘制一条圆弧，如图 1-20 所示。单击鼠标中键结束操作。

（4）三相切圆弧。单击⌒图标，在绘图区依次选择 3 个图元，即可绘制一条与之相切的圆弧，如图 1-21 所示。单击鼠标中键结束操作。

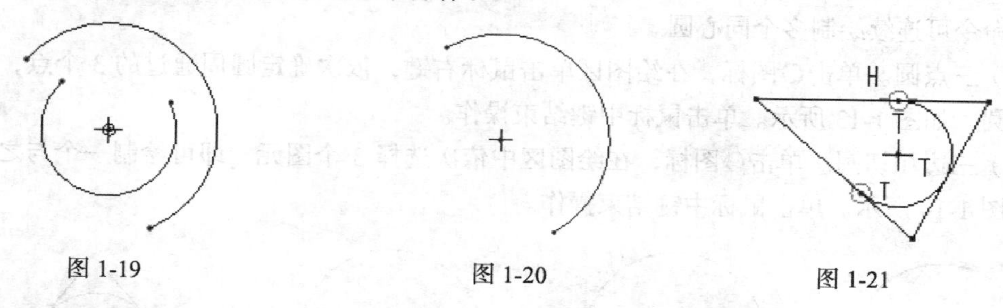

图 1-19　　图 1-20　　图 1-21

所选择的 3 个图元有先后顺序，选择的第一个图元和第二个图元为圆弧的两个端点，选择的第 3 个图元为圆弧的中间点。

（5）圆锥曲线。单击⌒图标，在绘图区单击依次确定圆锥线的起点、终点，移动鼠标到适当位置单击，确定圆锥线上的一点，即可绘制一条圆锥线，如图 1-22 所示。单击鼠标中键结束操作。

5. 倒圆角

倒圆角有两种类型：一种是倒圆形圆角，另一种是倒椭圆形圆角。

（1）倒圆形圆角。单击图标，在绘图区依次选择倒圆形圆角的两个图元，即可绘制一个圆形圆角，如图 1-23 所示。单击鼠标中键结束操作。所选择的两个图元可以是直线，也可以是圆或圆弧。

注意

如果所选择倒圆角的图元都是直线，倒圆角后会对图元进行裁剪；如果其中之一为圆或圆弧，则不会对图元进行裁剪。

（2）倒椭圆形圆角。单击图标，在绘图区依次选择倒椭圆形圆角的两个图元，即可绘制一个椭圆形圆角，如图 1-24 所示。单击鼠标中键结束操作。

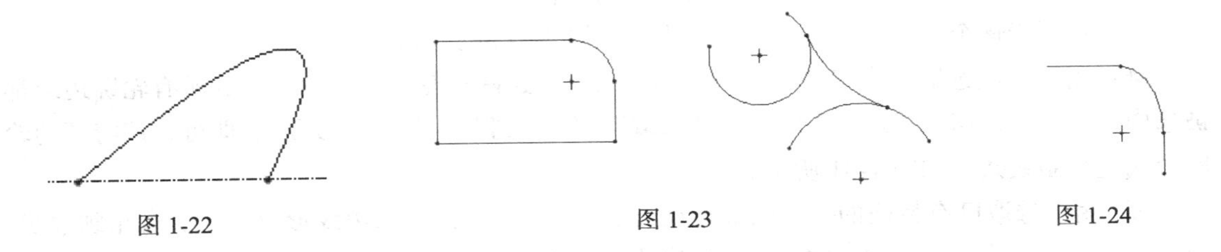

图 1-22　　图 1-23　　图 1-24

6. 倒角

倒角也有两种类型：一种是倒角，并构建虚线延长线；另一种是修剪倒角。

（1）倒角。单击图标，在绘图区依次选择倒角的两个图元，即可绘制一个倒角，并且出现虚线延长线，如图 1-25 所示。单击鼠标中键结束操作。

（2）修剪倒角。单击图标，在绘图区依次选择修剪倒角的两个图元，即可绘制一个倒角，同时修剪图元，如图 1-26 所示。单击鼠标中键结束操作。

7. 样条曲线

单击图标，在绘图区依次单击鼠标左键确定样条曲线经过的点，即可绘制一条样条曲线，如图 1-27 所示。单击鼠标中键结束操作。

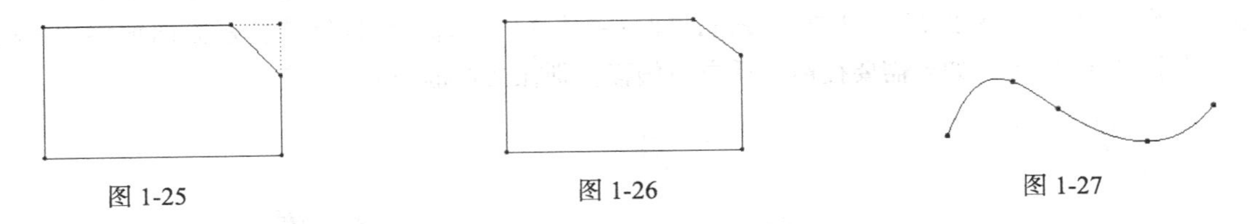

图 1-25　　图 1-26　　图 1-27

8. 绘制点和坐标

在草绘模式中，可以创建点、几何点、坐标、几何坐标，几何点和几何坐标创建完成后，系统自动生成基准点和基准坐标。

（1）点和几何点。单击 × × 图标，在绘图区单击鼠标左键确定点的位置，即可绘制一个点或几何点，如图 1-28 所示。单击鼠标中键结束操作。

（2）坐标和几何坐标。单击图标，在绘图区单击鼠标左键确定坐标的位置，即可绘制一个坐标或几何坐标，该坐标的 X 轴朝右，Y 轴朝上，Z 轴垂直于草绘平面朝前，如图 1-28

所示。单击鼠标中键结束操作。

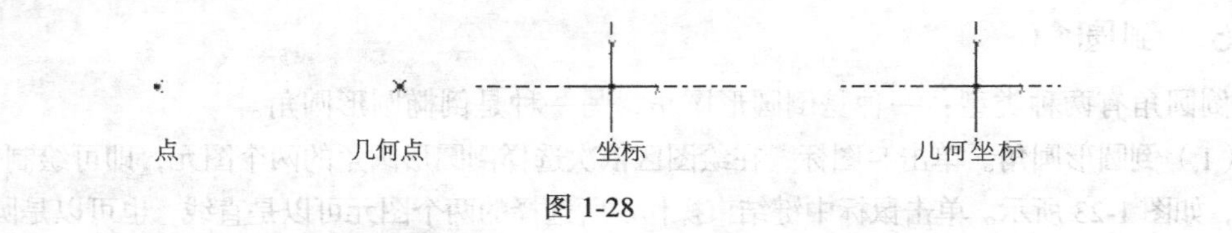

图 1-28

9. 通过边创建图元

在创建零件模型绘制截面图形时，有时候绘制的几何图元刚好与原有的特征边重合，因此可以通过边来创建图元，共有 3 种方法：使用边、偏移、加厚偏移，其中使用边方法所选择的对象只能是已有实体的边线，其他两种方法的选择对象既可以是实体边，也可以是草绘图元。

（1）使用边。单击图标，弹出“类型”对话框，如图 1-29 所示。

单个：用于逐个选取已有特征的轮廓边线，如图 1-30 所示。

链：用于依次选取已有特征的两条轮廓边线，与这两条轮廓边线形成链的所有轮廓边线都被选中，并以红色高亮显示，同时弹出“选取”菜单管理器，选择“接受”，即可在该特征的轮廓边线上绘制线条，如图 1-31 所示。

环：用于选取已有特征的一条轮廓边线或实体表面，与该轮廓边线形成环的所有轮廓边线，或组成面的边界线都被选中，并在这些轮廓边线上绘制线条，如图 1-32 所示。

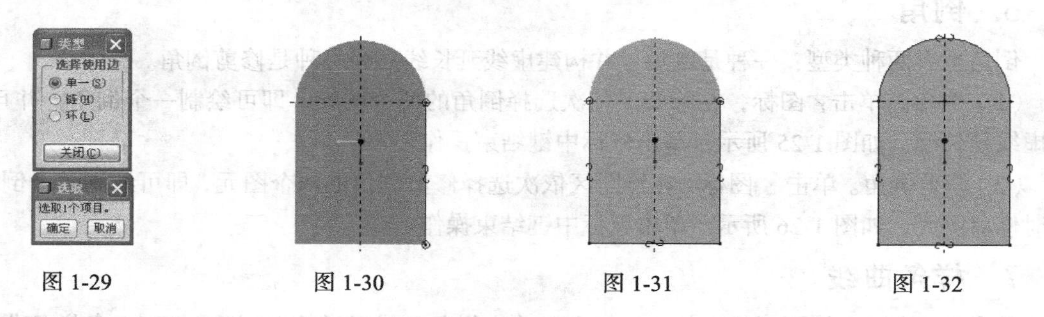

图 1-29　　图 1-30　　图 1-31　　图 1-32

（2）偏移。单击图标，弹出如图 1-29 所示的“类型”对话框，其各单选项的用法与前面相同，选取边后，轮廓边线旁显示一个箭头，如图 1-33 所示，同时在信息区提示“于箭头方向输入偏距”，输入偏移距离并单击按钮，即可将选择的轮廓边线向箭头指示方向偏移指定距离，如图 1-34 所示。如果需要往箭头反方向偏移，则在文本框中输入负值。

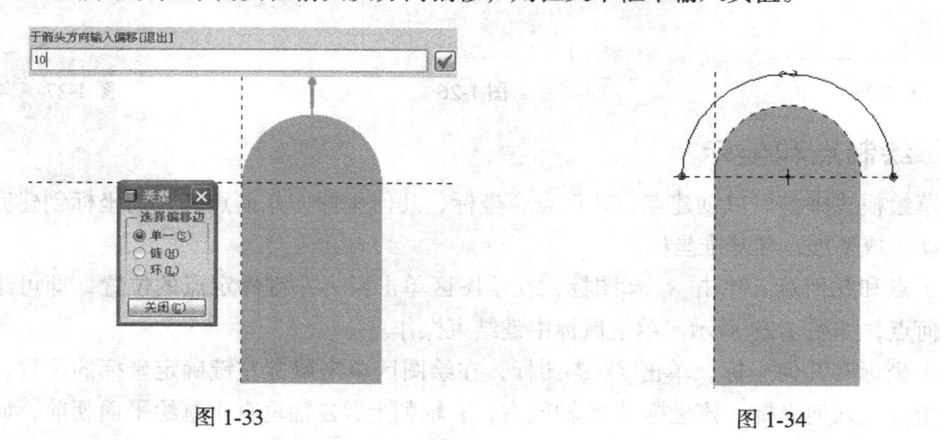

图 1-33　　图 1-34

（3）加厚偏移。单击图标，弹出如图 1-35 所示的“类型”对话框，在对话框中选择边的方式与上相同，但增加了端部的封闭形式，包括“开放”、“平整”、“圆形”，对于所选择的加厚边为封闭环，这 3 种形式并没有区别，但对开放性的加厚边的结果不同，如图 1-36 所示。

选择加厚边之后，信息区提示“输入厚度”，在文本框内输入加厚偏移的总厚度并单击按钮，信息区提示“于箭头方向输入偏距”，同时在偏移边旁出现黄色箭头，输入偏移距离并单击按钮，完成加厚偏移，如图 1-37 所示。

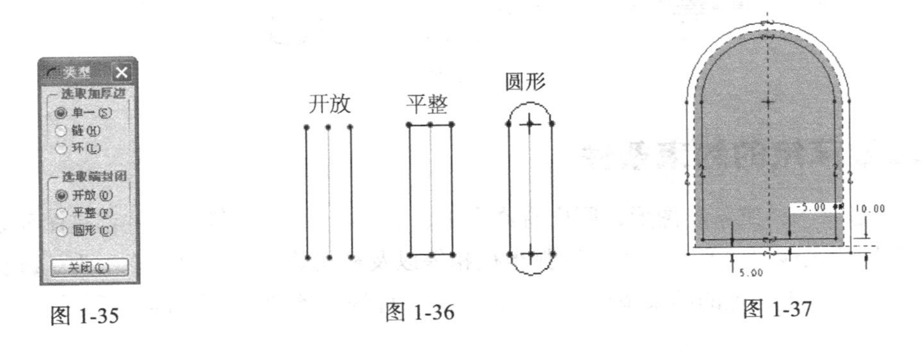

图 1-35　图 1-36　图 1-37

10. 绘制文字

单击按钮，信息区提示“选择行的起始点，确定文本高度和方向”，此时在绘图区单击鼠标左键确定文本行的起点，接着在起点的正上方单击鼠标左键确定文本行的高度，绘图区出现一条点画线，该点画线的长度就是文本行的高度，同时弹出“文本”对话框，如图 1-38 所示。在“文本行”编辑框中输入文字，如“文字输入”，单击确定按钮即可绘制文字。

在“文本”对话框底部选中“沿曲线放置”，在绘图区中选择一条曲线，文本将沿着曲线排列，如图 1-39 所示。单击对话框中的图标，可以改变文本的方位。

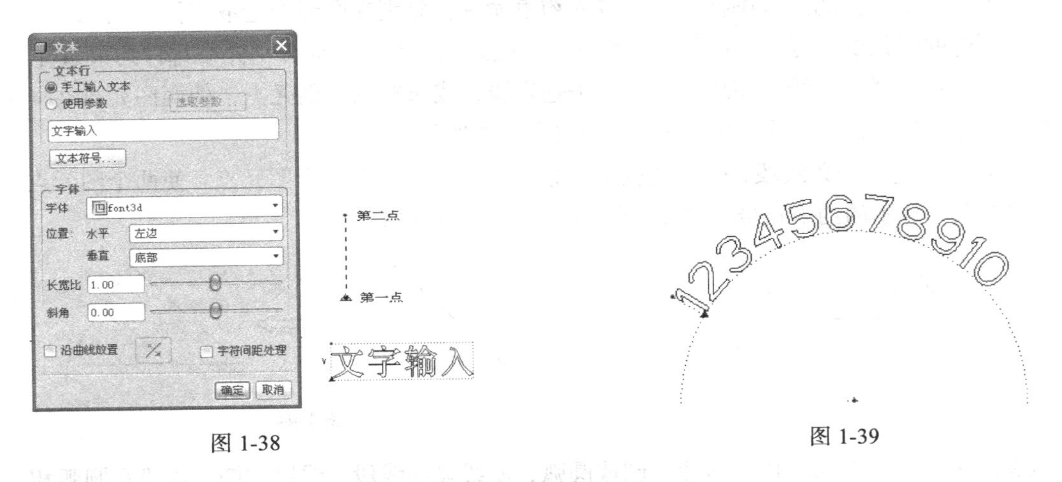

图 1-38　图 1-39

11. 绘制多边形及常见图形

单击按钮，弹出“草绘器调色板”窗口，如图 1-40 所示。

在调色板中包括多种类型的图形，选中需要的图形，用鼠标拖至绘图区，图形在绘图区内显示，同时出现“移动和调整大小”对话框，修改旋转角度和缩放比例，单击图标，完成图形的绘制。

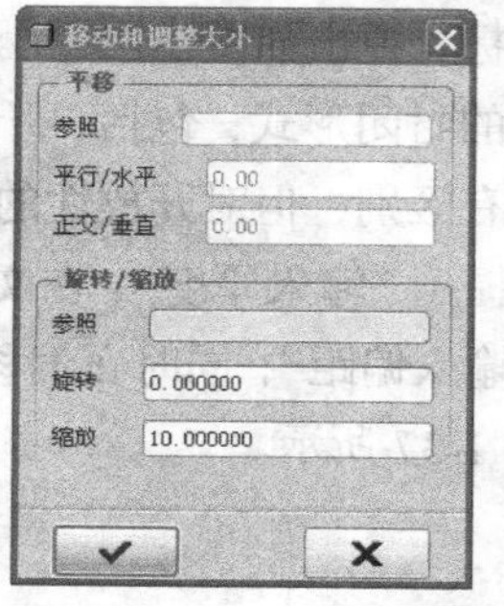

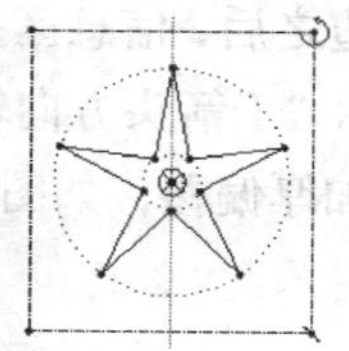

图 1-40

（五）二维草绘的约束条件

图 1-41 是一个二维草绘图形，图中有许多 H、V、R_1、R_2、T 等，这些都是图元之间的约束条件，分别代表线段水平、垂直、圆弧半径相等以及相切等。在草绘图形中为了减少尺寸的标注数量，必须给出一定的约束条件。系统提供了 9 种约束类型，如图 1-42 所示。

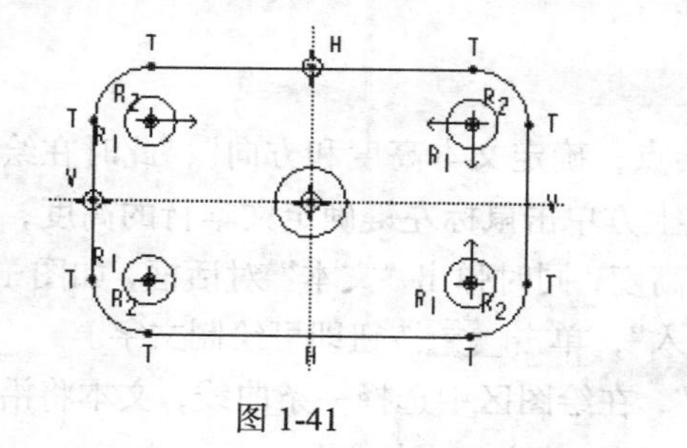

图 1-41

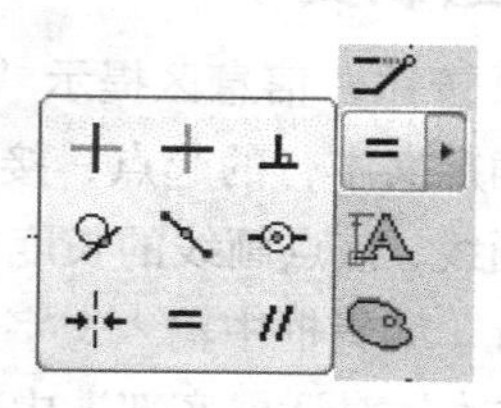

图 1-42

单击草绘器工具的约束图标，可以输入约束命令，分别在图形中选取不同的图元要素进行约束，所选的图元要素可以是点图元、线图元、圆弧图元等。下面分别介绍每种约束条件。

（1）+：选择一条线，使线段变成一条垂直线，或选择两个图元点，使两图元点在同一条垂线上，显示的约束符号为“V”或“¦”，如图 1-43 所示。

（2）+：选择一条线段，使线段变成一条水平线；或选择两个图元点，使两个图元点在同一条水平上，显示的约束符号为“H”或“--”，如图 1-44 所示。

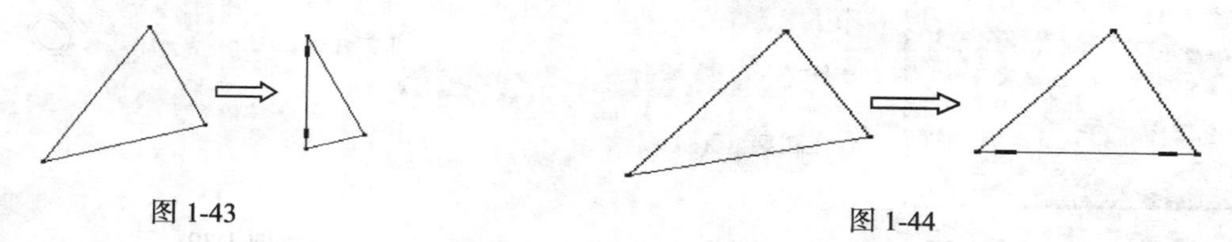

图 1-43　　　　图 1-44

（3）⊥：选择两条不同的线段、圆或圆弧，使线段和线段、线段和圆、线段和圆弧相互垂直，显示的约束符号为“⊥x”（其中 x 表示同一种约束类型的不同组别序号），如图 1-45 所示。

（4）♀：选择圆、圆弧或线段，使线段和圆或圆弧以及圆和圆之间保持相切，显示的约束符号为“T”，如图 1-46 所示。

（5）╲：选择点和线段或圆弧，使选定点放置在所选线段或圆弧的中点位置，显示的约束符号为“＊”，如图 1-47 所示。

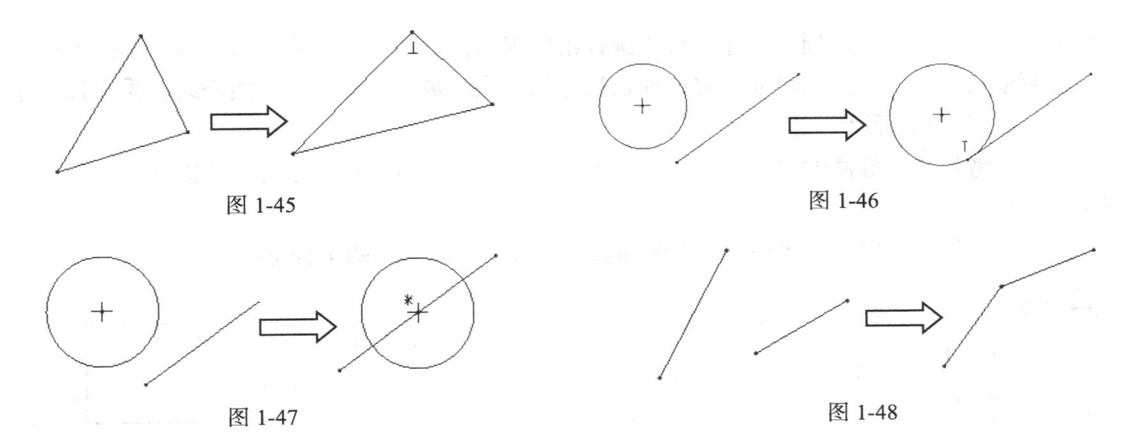

图 1-45　　　　图 1-46

图 1-47　　　　图 1-48

（6）：选择两点，使两点重合；或者选择两线段，使两线段共线；选择一个点和一条线段，使点位于线上或延长线上，如图 1-48 所示。

（7）：选择中心线和两个图元点，使两图元点相对于中心线对称，显示的约束符号为“→←”，如图 1-49 所示。

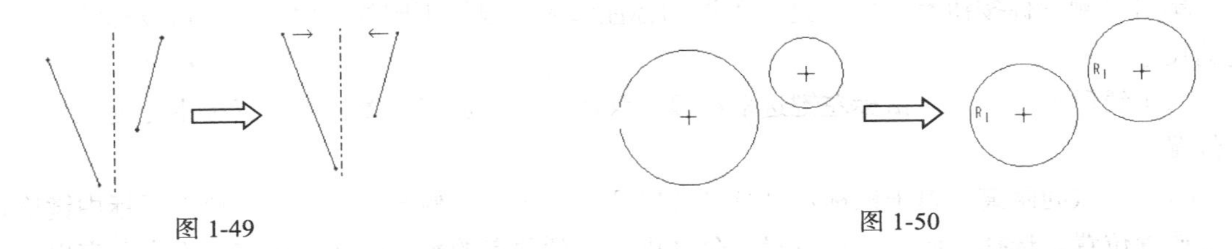

图 1-49　　　　图 1-50

（8）**=**：选取两线段，使两线段长度相等，显示的约束符号为“Lx”；选择两圆弧或圆，使两圆弧或圆的半径相等，显示的约束符号为“Rx”（其中 x 表示同一种约束类型的不同组别序号），如图 1-50 所示。

（9）**//**：选择两线段，使两线段相互平行，显示的约束符号为“// x”（其中 x 表示同一种约束类型的不同组别序号），如图 1-51 所示。

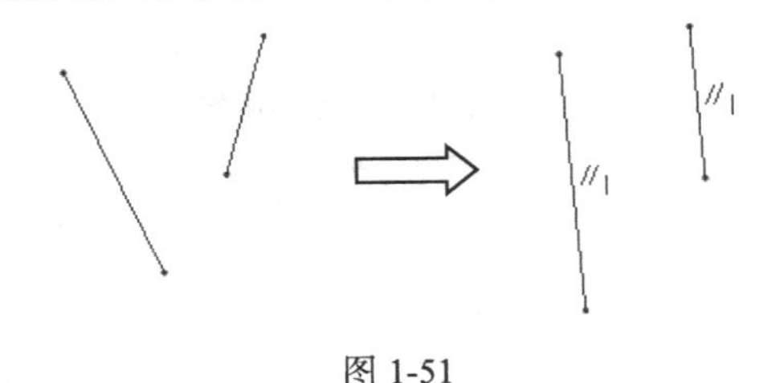

图 1-51

（六）二维草绘的尺寸标注

在二维草绘界面中图形的尺寸标注必不可少。在绘图区中绘制图元后，系统会自动标注尺寸，但此时的尺寸显示很弱，被称为弱尺寸，有些弱尺寸并不完全是所希望标注的尺寸，因此用户必须按要求进行尺寸标注，一旦标注了尺寸，一些相关的弱尺寸就会自动消失。一般要求标注完所有尺寸后，不应该有弱尺寸存在。

1. 尺寸标注形式

系统提供了 4 种尺寸标注形式：一般尺寸、周长尺寸、参考尺寸和基线尺寸，图标命令如图 1-52 所示。

（1）一般尺寸：标注一般的线性尺寸，是一种最常用的尺寸标注形式，如图 1-53 所示。

（2）周长尺寸：标注封闭图形的周长尺寸。标注这种尺寸，必须先用标注一般尺寸的方法完整标注尺寸，然后标注周长尺寸。首先选择组成封闭图形的图元，确定后选择一个由周长控制的被驱动尺寸，输入周长尺寸，完成周长尺寸的标注。被驱动的尺寸不能修改，受周长尺寸的控制，如图 1-54 所示。

（3）参考尺寸：标注的尺寸仅供参考，不能修改尺寸，而且在尺寸值的后边显示 REF，如图 1-55 所示。

（4）基线尺寸：以一条水平或垂直线为基准线标注尺寸，如图 1-56 所示。

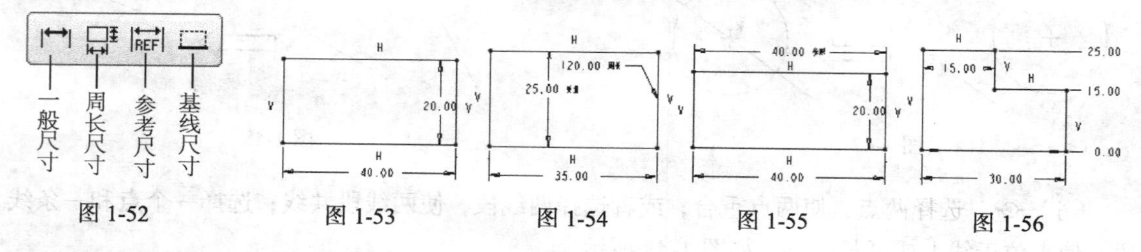

图 1-52　图 1-53　图 1-54　图 1-55　图 1-56

2. 常用尺寸标注方法

由于在绘图中经常使用一般尺寸的标注，其具体操作方法如下。

单击右侧图标按钮⟷，需要选择不同的标注参照，根据不同的参照要素，可以标注以下不同的尺寸形式。

（1）线段长度。单击鼠标左键选取线段，移动鼠标至适当位置，单击鼠标中键确定尺寸放置位置。

（2）两点间距离。单击鼠标左键分别选取两点，移动鼠标至适当位置，单击鼠标中键确定尺寸放置位置。选择不同的放置位置，分别可以得到两点的水平距离、两点的垂直距离以及两点的直线距离，如图 1-57 所示。

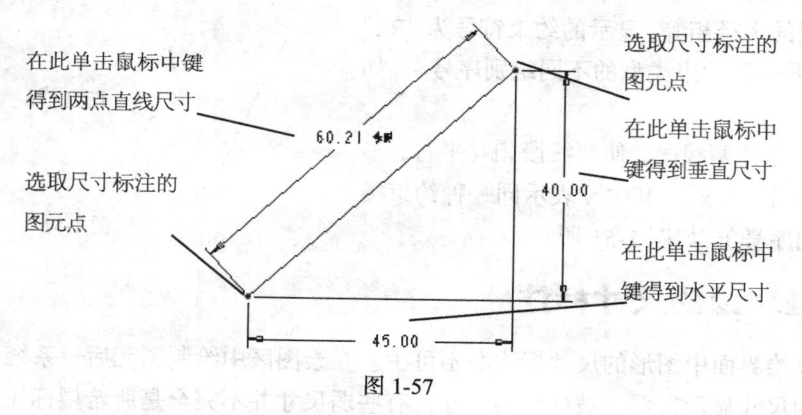

图 1-57

（3）点到直线的垂距。单击鼠标左键分别选取点和直线，移动鼠标至适当位置，单击鼠标中键确定尺寸放置位置。

（4）平行线间距离。单击鼠标左键分别选取两条平行线，移动鼠标至适当位置，单击鼠标中键确定尺寸放置位置。

（5）两圆周水平或垂直相切距离。单击鼠标左键分别选取两圆或圆弧，移动鼠标至适当位置，单击鼠标中键确定尺寸放置位置。选择圆的不同位置以及不同的放置位置，可以得到不同的圆周相切尺寸，如图 1-58 所示。

（6）圆或圆弧的半径和直径尺寸。半径尺寸标注：单击鼠标左键选取圆或圆弧一次，移动鼠标至适当位置，单击鼠标中键确定尺寸放置位置。

直径尺寸标注：单击鼠标左键选取圆或圆弧二次，移动鼠标至适当位置，单击鼠标中键确定尺寸放置位置，如图 1-59 所示。

（7）对称直径尺寸。标注旋转特征的轴截面直径都采用对称尺寸的标注方法，首先单击鼠标左键选取图元点或线，接着选取旋转中心线，然后再次选取图元点或线，最后移动鼠标至适当位置，单击鼠标中键确定尺寸放置位置，如图 1-60 所示。

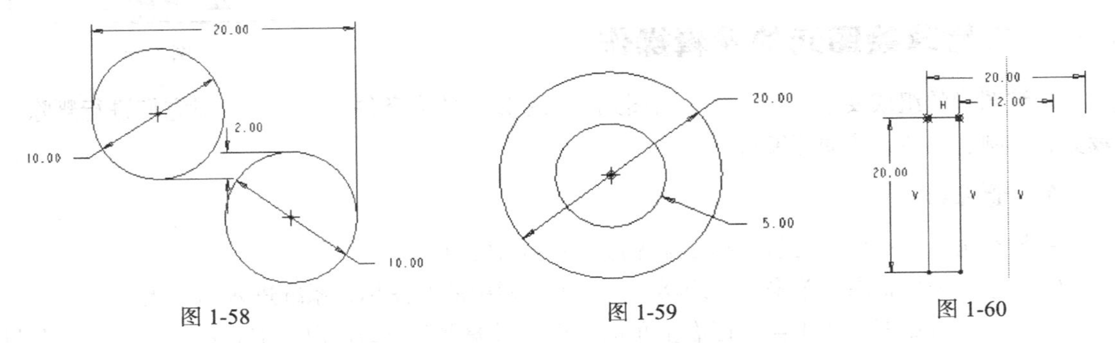

图 1-58　图 1-59　图 1-60

（8）角度尺寸。

① 两直线间夹角。单击鼠标左键分别选取两条线段，移动鼠标至适当位置，单击鼠标中键确定尺寸放置位置。当尺寸放置位置在锐角范围时将标注锐角；当尺寸放置位置在钝角范围时将标注钝角，如图 1-61 所示。

② 圆弧的圆心角。单击鼠标左键分别选取圆弧的一个端点、圆心以及圆弧的另一个端点，移动鼠标至适当位置，单击鼠标中键确定尺寸放置位置，如图 1-62 所示。

③ 圆弧的弧长。单击鼠标左键分别选取圆弧的两个端点以及圆弧，移动鼠标至适当位置，单击鼠标中键确定尺寸放置位置，如图 1-63 所示。

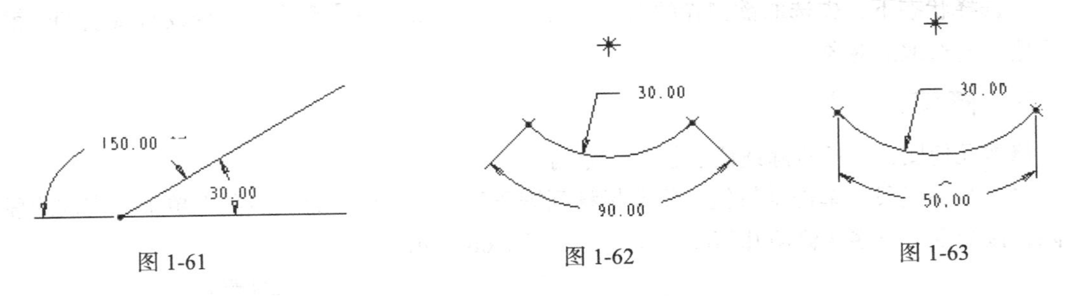

图 1-61　图 1-62　图 1-63

（七）二维草绘的尺寸修改

在二维图形绘制中，一般先绘制图形的大致形状，而不需要精确绘图。对图形进行尺寸标注时会发现，所标注的尺寸与设计值相差很远，必须将尺寸值修改成准确值。

二维草绘尺寸的修改一般有 3 种方法。

（1）标注尺寸同时修改尺寸值。标注尺寸时单击鼠标中键放置尺寸文本，在尺寸文本位置上自动出现尺寸文本修改框，输入准确的尺寸值，图形大小随之发生变化，继续标注新尺寸系统不会修改旧尺寸。

（2）多个尺寸同时修改尺寸值。当所有需标注的尺寸标注完成后，单击“草绘器工具”的图标，使系统处于对象选择状态，用框选的方法选中所有的尺寸，单击“草绘器工具”

工具栏中的“尺寸修改”图标，出现“修改尺寸”对话框，如图 1-64 所示，取消选中“再生”复选框，将所有尺寸修改到位，单击图标，所有尺寸修改完成，草绘图形大小也随之发生变化。

（3）单个尺寸值的修改。单击图标，使系统处于选择状态，双击尺寸文本，尺寸文本框变成可修改状态，输入准确的尺寸值，单击鼠标中键结束单个尺寸的修改。

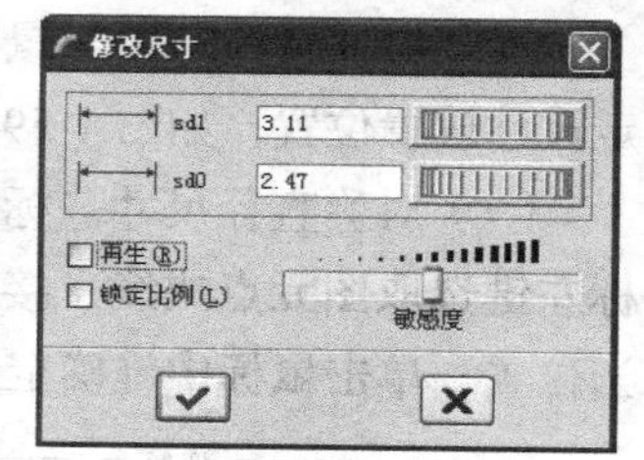

图 1-64

（八）二维草绘图元的编辑操作

二维图形的组成要素主要包括几何图元、尺寸以及约束条件，往往需要对它们进行删除、裁剪、复制、旋转、移动等编辑操作。

1. 选择对象

一般在执行编辑命令之前，都必须先选择要编辑的对象。

（1）进入选择状态。单击“草绘器工具”工具栏中的图标，系统进入选择状态。

（2）选择过滤器。单击绘图区右上角的“选择过滤器”，选择需要的过滤方式，“几何”只能选择几何图元，“尺寸”只能选择尺寸，“约束”只能选择约束条件，“全部”可以选择任何要素，如图 1-65 所示。

（3）选择单个对象。移动鼠标到图形对象上，对象被显亮，单击对象，对象变红，表明对象被选中。

（4）选择多个对象。在选择状态下，单击一个对象，同时按住 Ctrl 键可连续选择多个对象，也可以采用框选的方法。

2. 删除对象

在选择状态下，先选取欲删除的对象，再单击【编辑】→【删除】命令或直接按 Del 键，即可删除所选取的对象。

3. 修剪几何图元

修剪几何图元包括删除线段、拐角、分割。

（1）删除线段。单击按钮，将鼠标移到需要删除的几何图元的线段上单击，完成线段的删除，该命令可以多次修剪几何图元线段，如图 1-66 所示。

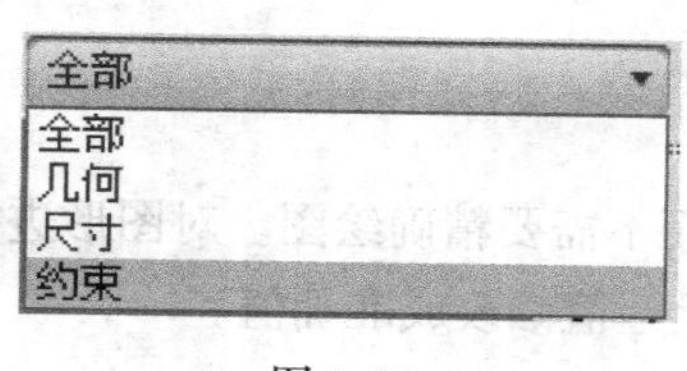

图 1-65

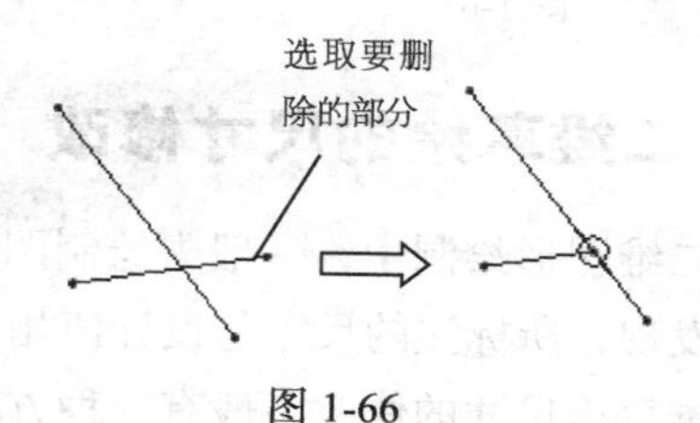

图 1-66

（2）拐角。单击按钮，依次选择需要修剪的两个几何图元，应选在图元保留的部位，如图 1-67 所示。该命令用于将选取的两个几何图元修剪至其相交点处，或将两个未相交图元自动延伸至两图元相交处。

（3）分割。单击按钮，将鼠标移到几何图元上，单击鼠标左键即可获得分割点。该命令用于在图元的指定位置产生断点，将选取的图元分割为两段。

4. 复制几何图元

选取需要复制的几何图元，单击绘图区上方的图标，单击按钮，移动鼠标到指定位置，单击鼠标左键确定新图元的位置，此时在新几何图元上显示3种操作符号：平移、比例缩放和旋转，同时弹出“缩放旋转”对话框，如图1-68所示。在对话框中输入比例值和旋转角度。系统也允许直接拖动标记来改变图形大小、旋转和平移图形。

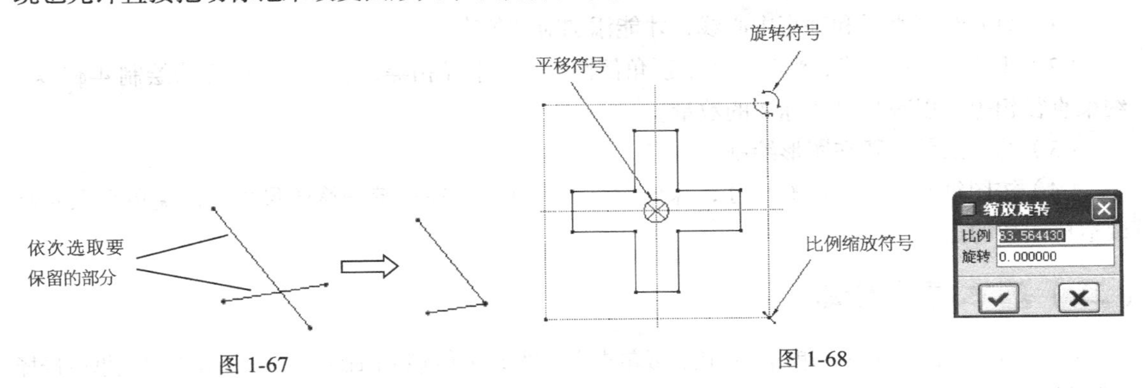

图1-67

图1-68

5. 镜像

选取欲镜像的几何图元，单击按钮，选择一条中心线作为镜像的对称线，完成镜像，如图1-69所示。

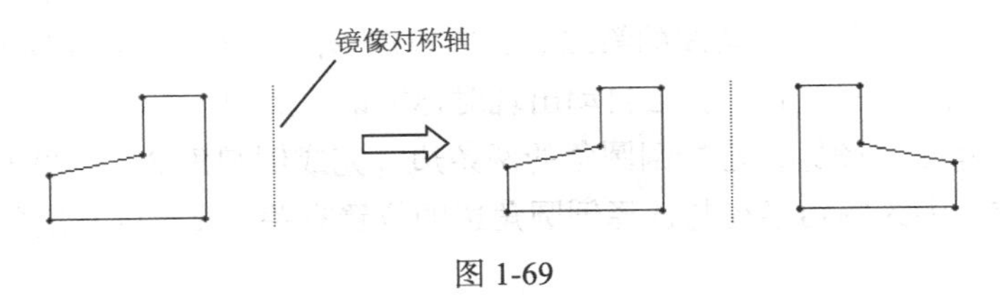

图1-69

6. 旋转和缩放

选取几何图元，单击按钮，后续步骤与复制几何图元基本相同，它只能对原几何图元进行旋转、移动和缩放，但不会复制。

7. 切换构造

选取几何图元，单击【编辑】→【切换构造】命令，或单击鼠标右键，出现光标菜单，选择构建或几何，可以将实线变换成虚线，或将虚线变换成实线。

三、实例详解——安装板草绘图绘制

（一）任务导入与分析

1. 建模思路分析

（1）图形分析。观察图1-1的草绘平面图形不难发现，该草绘图形的几何图元主要由线段、圆和圆弧组成，属于矩形结构，且图形左右对称，上下基本对称特性，4-ϕ8 圆直径相等，4-R10 圆角半径相等，且同心。

（2）绘图的基本思路。绘制水平和垂直中心线，然后绘制一个矩形，用倒圆角的方法创建 4-R10 圆弧，用同心圆命令创建 4-ϕ8 圆，添加对称约束和相等约束保持图形的对称性。

2. 建模要点及注意事项

（1）只有绘制水平和垂直中心线，才能添加对称约束。

（2）可以先绘制矩形，然后在 4 个顶角倒圆，约束半径相等，用同心圆的方法绘制 4-ϕ8 圆，约束直径相等，以减少尺寸标注的数量。

（3）约束条件一般在图形绘制基本完成后添加。

（4）按图纸要求标注所有尺寸，保证没有弱尺寸的存在；统一修改尺寸，避免单个尺寸修改造成图形的扭曲变形。

（二）基本操作步骤

（1）新建文件 No1-1。单击 按钮，或单击【文件】→【新建】命令，在“新建”对话框中选择“类型”为“草绘”。在“名称”编辑框中输入文件名称“No1-1”，单击 确定 按钮进入草图绘制界面。

（2）绘制中心线。单击 图标，绘制一条水平中心线和一条垂直中心线，绘制时中心线附近会自动出现 H 或 V 标记，代表水平线和垂直线。

（3）绘制矩形。单击 图标，在绘图区的任意一点单击鼠标左键确定矩形对角线的第一点，拖曳鼠标出现矩形，单击矩形对角线的第二点，完成矩形的绘制。注意要保证矩形大致在中心线对称的位置，在鼠标拖曳过程中，会自动出现对称标记，如图 1-70 所示。

（4）倒圆角。单击 图标，选择倒圆角的两条边，完成倒圆角命令，共有 4 个圆角，所倒圆角半径大小不同，因为圆角半径与选择倒圆角边的位置有关，选择点离顶角越远，半径越大，如图 1-71 所示。

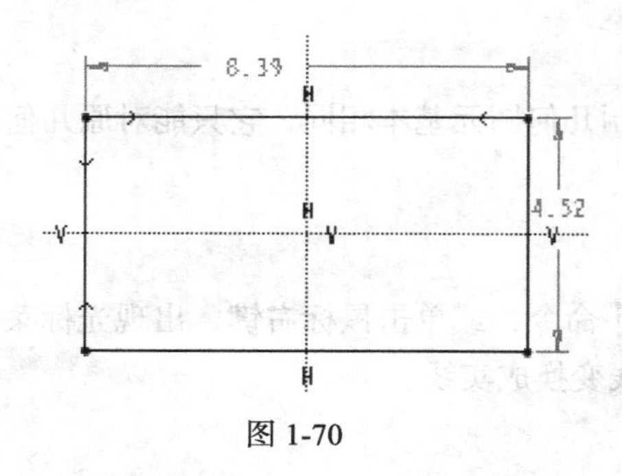

图 1-70

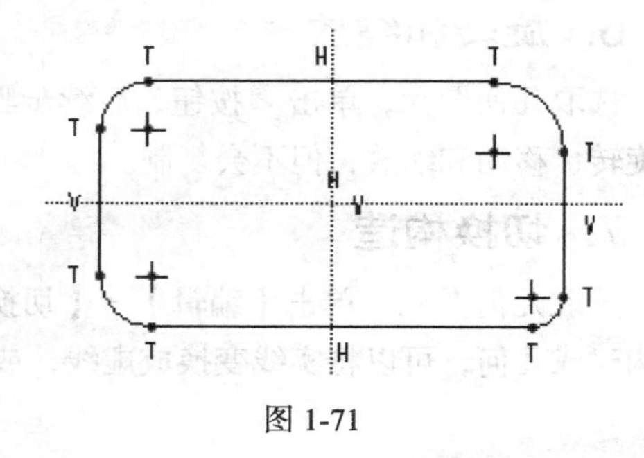

图 1-71

（5）约束圆弧半径相等。单击 ═ 图标，分别选择 4 段圆弧，保证 4 个圆角半径都相等，图中出现 4 个 R_1，表明 4 个圆弧半径相等都是 R_1，如图 1-72 所示。

（6）绘制同心圆。单击◎图标，选择图中的一段圆弧，系统自动找到该圆弧的圆心，移动鼠标至合适位置，单击鼠标左键，确定圆周的一点，完成圆的绘制。单击该图标可以连续绘制多个同心圆，单击鼠标中键结束命令。用同样的方法，可以分别绘制 4 个同心圆。绘制第二个圆时，移动鼠标确定圆周点时，系统自动会出现 R_2，表明新绘制的第二个圆与第一个圆半径相等，自动产生半径相等的约束条件，如图 1-73 所示。如果图形太小，可以滚动鼠标滚轮，放大图形，便于图形的绘制。

（7）绘制中间圆。单击图标，将鼠标移动到两中心线的交点上，系统会自动捕捉到交点，单击鼠标左键确定圆心位置，移动鼠标到合适位置，单击鼠标左键确定圆周一点位置，完成圆的绘制，如图 1-74 所示。注意圆的半径不能与其他圆的半径相等。

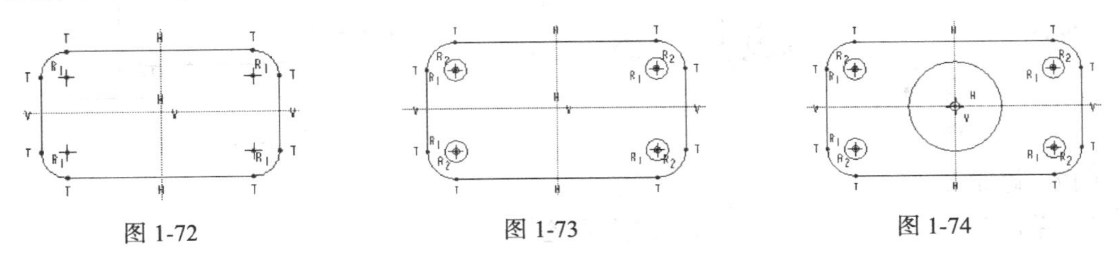

图 1-72　　图 1-73　　图 1-74

（8）绘制键槽。单击图标，将鼠标移动到中间圆周位置，系统自动捕捉到中间圆周的某一点，表明绘制的线段的端点位于圆周上。往上移动鼠标出现 V，单击鼠标左键确定线段的第二点，完成键槽第一线段的绘制，此时系统出现拖曳线，继续线段的绘制。水平移动鼠标出现 H，单击鼠标左键确定线段的第三点，完成键槽第二线段的绘制。注意该线段尽量在垂直中心线对称位置。垂直向下移动鼠标出现 V，将鼠标移动到中间圆周上，系统也会自动捕捉到圆周点。单击鼠标左键确定线段的第四点，完成键槽第三线段的绘制，如图 1-75 所示。从图中可以发现键槽的竖线端点上有两个圆圈，表明线段的端点与圆周重合。

（9）修剪线段。单击图标，将鼠标移动到需要修剪的圆弧位置，依次单击鼠标左键，将不需要的圆弧线段修剪掉，如图 1-76 所示。输入线段修剪命令后，系统自动将所有的图元按相交点分成若干线段，因此圆弧修剪必须要经过两次修剪。

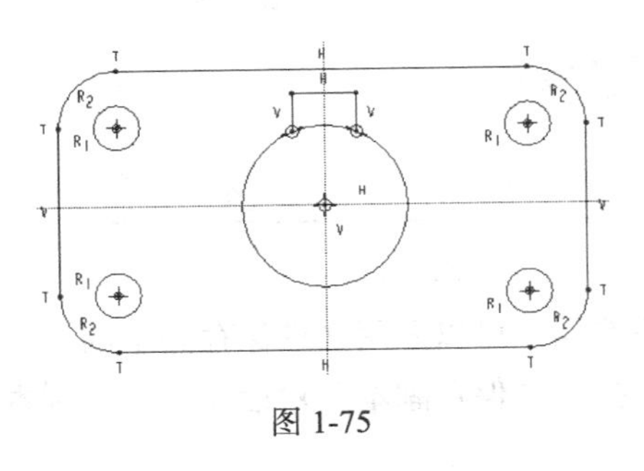

图 1-75

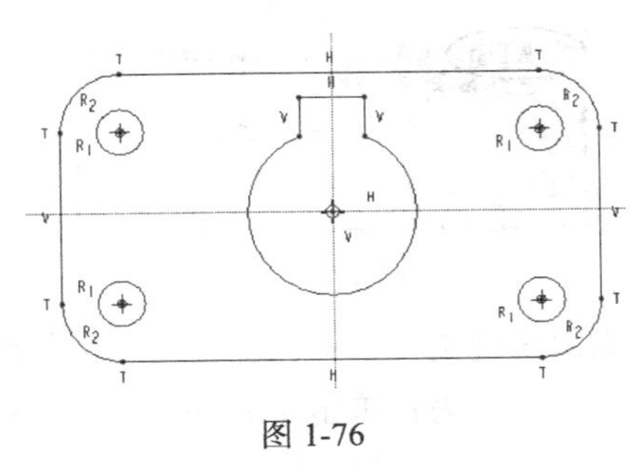

图 1-76

（10）约束对称。单击图标，选择左右圆的圆心和垂直中心线，完成图形的左右对称；选择上下圆的圆心和水平中心线，完成图形的上下对称；选择键槽水平线段的两个端点和垂直中心线，完成键槽宽度方向的对称，如图 1-77 所示。

（11）标注尺寸。单击图标，按图 1-1 的标注要求分别对图形进行尺寸标注，单击鼠标左键选择标注要素，单击鼠标中键确定文本放置位置。

尺寸 80 的标注：单击鼠标左键依次选择四边形左右两条垂直边，单击鼠标中键放置位置。

尺寸 50 的标注：单击鼠标左键依次选择四边形两条上下水平边，单击鼠标中键放置位置。

圆的直径标注：单击鼠标左键选择圆两次，单击鼠标中键放置位置。

圆弧半径标注：单击鼠标左键选择圆弧一次，单击鼠标中键放置位置。

尺寸 8 的标注：单击鼠标左键选择线段一次，单击鼠标中键放置位置。

尺寸 22.5 的标注：单击鼠标左键选择键槽水平线段和φ20 圆弧下方，单击鼠标中键放置位置，如图 1-78 所示。

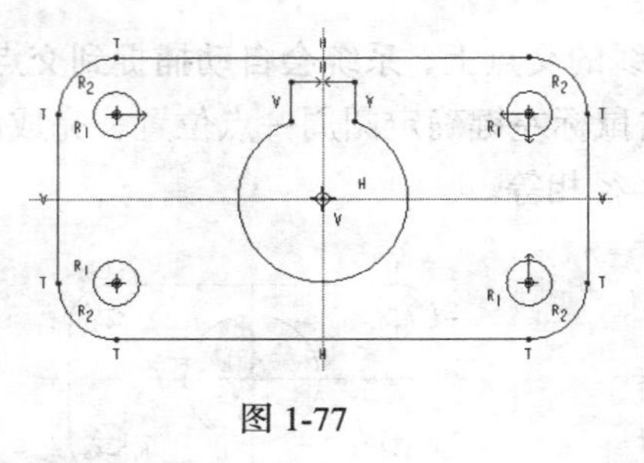

图 1-77

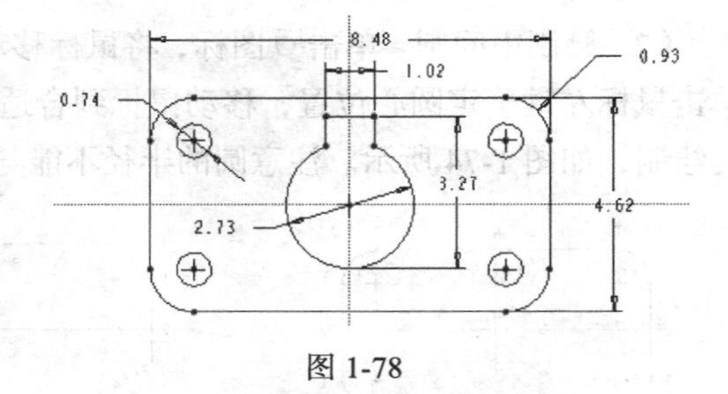

图 1-78

（12）修改尺寸。

① 单击对象选择图标，系统进入选择状态。

② 在绘图窗口右上部的选择过滤器下拉列表中选择“尺寸”过滤方式；移动鼠标，在绘图窗口单击两个点，将所有尺寸框进窗口中。

③ 单击尺寸修改命令图标，出现“修改尺寸”对话框，取消选中“再生”复选框，如图 1-79 所示。按图 1-1 的正确尺寸修改尺寸，单击“确定”按钮，完成尺寸的修改。

（13）保存文件。单击按钮，保存所绘制的图形。文件第一次保存时，会出现“保存对象”对话框，如图 1-80 所示。注意保存文件的路径，如果文件已经保存过，单击保存文件命令只能按原名保存。

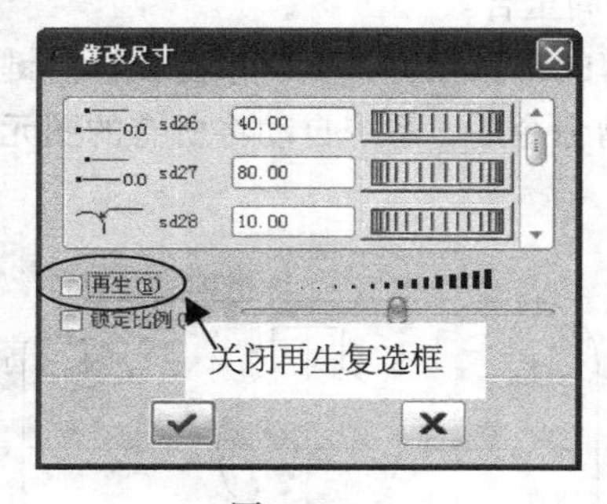

图 1-79

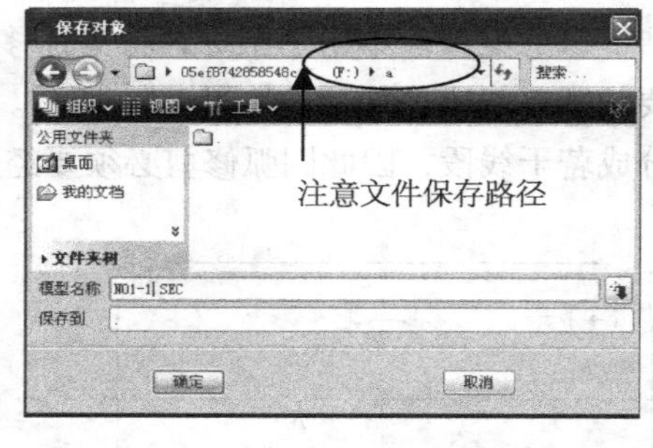

图 1-80

如果发现文件第一次保存时的文件路径或文件名称错误，可以采用文件保存副本的方式更改，具体方法为：单击【文件】→【保存副本】命令，打开“保存副本”对话框，输入副本文件名，更改文件存放路径。

四、提高实例——槽轮草绘图的绘制

（一）任务导入与分析

1. 任务导入

图 1-81 是一个槽轮零件的平面图形，按照图中的要求，草绘该零件平面图形。

2. 建模思路分析

（1）图形分析。图形几何图元主要由圆弧、圆组成，6 段 *R*8 的圆弧和 6 个宽度为 8 的槽呈均匀分布，整个图形上下左右对称，*R*8 圆弧和槽底圆弧的圆心分别落在 ϕ65 和 ϕ30 的圆周上且均匀分布，$\phi 65$ 和$\phi 30$ 的圆为虚线圆。

（2）绘图的基本思路。用绘制中心线命令绘制 6 条中心线，用圆命令绘制两个虚线圆和槽轮顶圆，用圆弧命令绘制一段 $R8$ 的圆弧，用绘制线段命令和圆弧命令绘制槽轮槽，使用修剪命令对多余图元进行修剪，保留整个图形的四分之一图形，采用镜像命令完成整个图形的绘制。

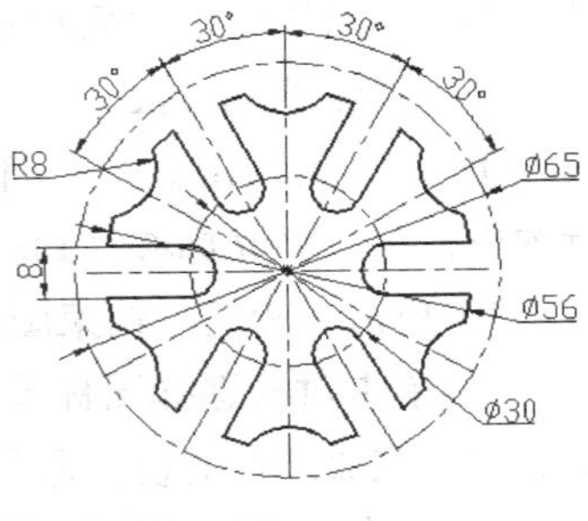

图 1-81

3. 建模要点及注意事项

（1）绘制斜中心线后标注角度尺寸并修改尺寸。

（2）对于具有对称性的图形尽量采用镜像的方法生成。

（3）采用切换构建的方法将$\phi 65$ 和$\phi 30$ 实线圆切换成虚线圆。

（4）宽度为 8 的槽轮槽两侧边线应保证与斜中心线平行且与槽底圆相切。

（二）基本操作步骤

（1）新建文件 No1-2。单击“新建”图标，选择文件类型为“草绘”，输入文件名称“No1-2”。

（2）绘制中心线。单击图标，绘制水平、垂直中心线以及 4 条斜中心线，标注角度尺寸，修改角度值如图 1-82 所示。

（3）绘制两虚线圆和$\phi 56$ 顶圆。单击“圆”图标，绘制 3 个同心圆，圆心在中心线的交点上，单击“尺寸标注”图标，标注 3 个圆的直径尺寸并分别修改尺寸为$\phi 65$、$\phi 30$ 和$\phi 56$，单击图标系统进入选择状态，选择$\phi 65$、$\phi 30$ 两个圆，单击鼠标右键，出现光标菜单，如图 1-83 所示，选择“构建”切换圆的线型为虚线，如图 1-84 所示。

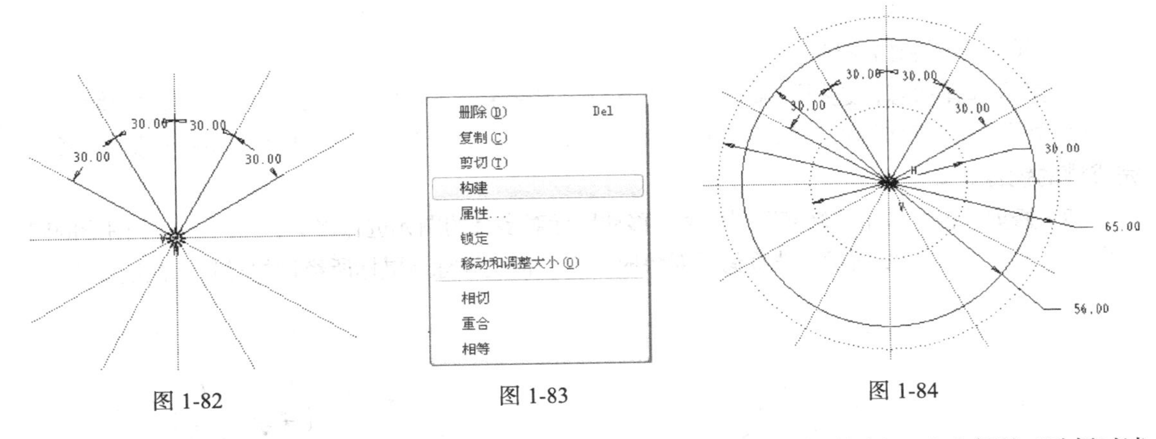

图 1-82　　图 1-83　　图 1-84

（4）锁定尺寸。单击“对象选择”图标，系统进入选择状态，在绘图窗口右上部的“选择过滤器”下拉列表中选择“尺寸”过滤方式，移动鼠标，用窗口选取的方法在绘图区单击两个点，将所有尺寸框进窗口中，单击鼠标右键出现光标菜单，选择“锁定”，如图 1-85 所示。这样做的目的主要是防止图形变动。

（5）绘制 $R8$ 圆弧和$\phi 8$ 圆。单击“圆心端点圆弧”图标，绘制圆弧，圆心选择垂直中心线和$\phi 65$ 虚线圆的交点，圆弧的两个端点落在$\phi 56$ 的圆周上；单击画圆图标，圆心选择$\phi 30$ 虚线圆与斜中心线的交点，如图 1-86 所示。

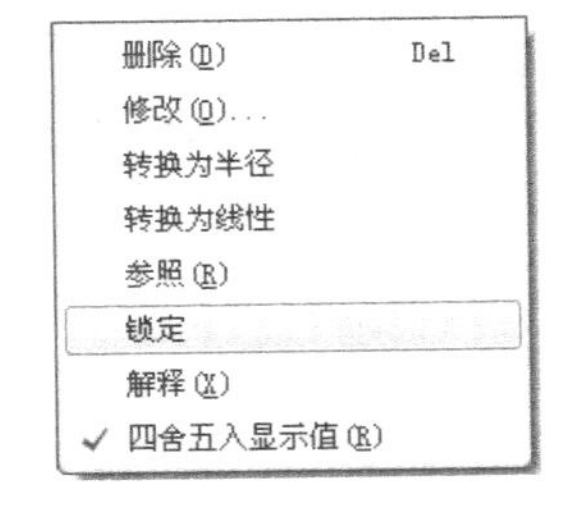

图 1-85

在绘图过程中可以按住鼠标左键不放选择圆周，移动鼠标适当改变圆的大小，以便下一步的绘图，还可以将尺寸显示开关关闭，保证图形中没有过多的尺寸干扰。

（6）绘制槽侧线段。

① 单击画线图标，将光标移动到槽底圆周上单击，移动鼠标，保持线段与斜中心线平行约束标记，将光标移动到ϕ56 的圆周上单击，完成线段绘制。

② 单击“相切”约束图标，选择线段和圆，保证两者之间相切。

③ 单击对象选择图标，系统进入选择状态，选择线段，单击“镜像”图标，选择斜中心线，完成线段的镜像命令。

④ 单击“尺寸标注”图标，标注 $R8$ 和宽度 8 尺寸，同时修改尺寸，如图 1-87 所示。

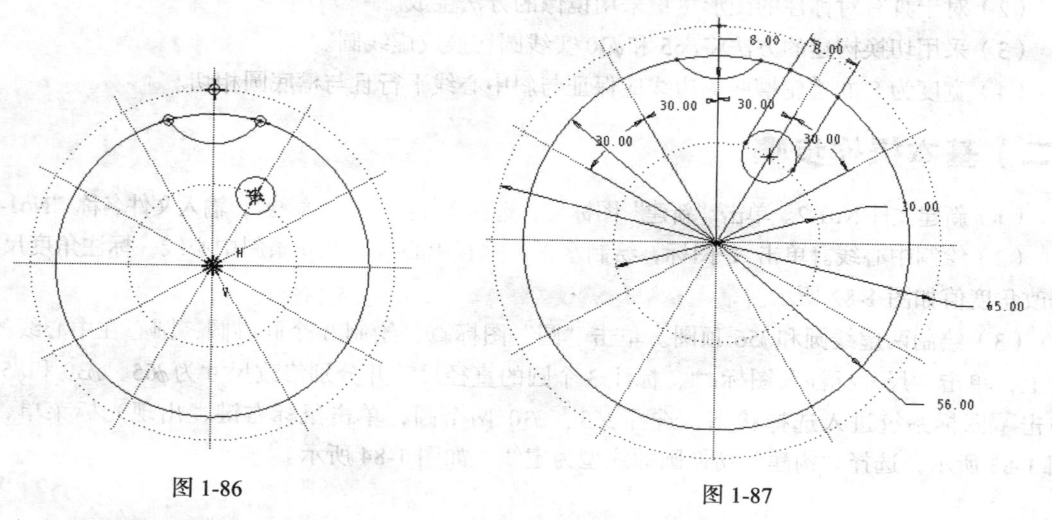

图 1-86　　图 1-87

（7）镜像圆弧和槽轮槽。

① 进入选择状态，选择圆弧，单击“镜像”图标，选择斜中心线，完成圆弧的镜像。

② 按住 Ctrl 键连续选择槽侧边和槽底圆，单击“镜像”图标，选择另外一条斜中心线，完成槽的镜像，如图 1-88 所示。

（8）修剪线段。单击“修剪”图标，移动鼠标对多余的图元进行修剪，只保留整个图形的四分之一图形，如图 1-89 所示。选择修剪对象时，可以拖曳鼠标，鼠标所经过的对象都被选中修剪。

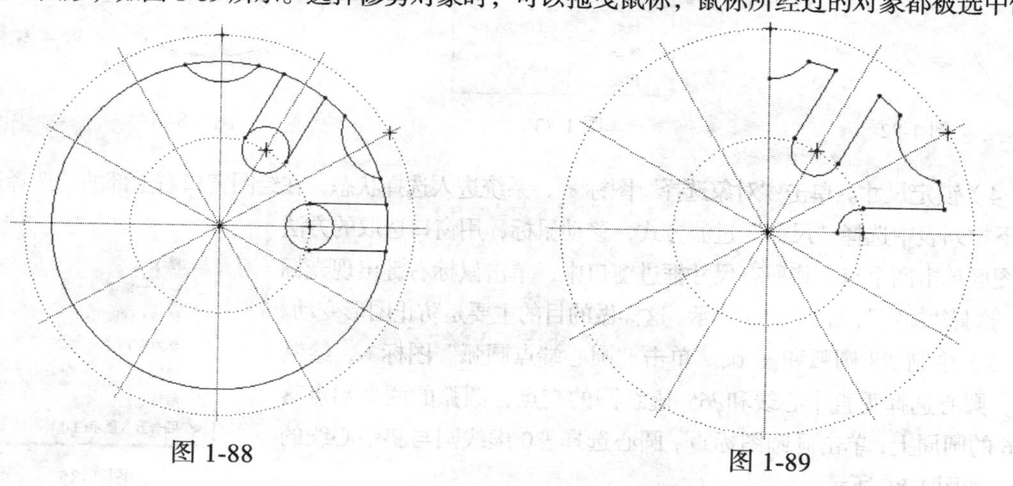

图 1-88　　图 1-89

（9）镜像图元。在选择状态下用窗口选取的方法选中所有四分之一的几何图元，单击“镜像”图标，选择水平中心线，完成图形右半部分的绘制；选中所有二分之一的几何图元，单击“镜像”图标，选择垂直中心线，完成整个图形的绘制。

在镜像后，有时候会出现多余的弱尺寸，使用约束命令如相切，可以消除多余的弱尺寸。

（10）保存文件。单击按钮，保存所绘制的图形。

五、自测实例——垫片草绘图的绘制

（一）任务导入与分析

1. 任务导入

图 1-90 是一个垫片零件的平面图形，按照图中的要求，绘制该零件草绘平面图形。

2. 建模思路分析

（1）图形分析。图形的几何图元主要由圆弧、圆组成，3 个 $R25$ 圆弧和$\phi25$ 的同心圆沿$\phi184$ 圆周均匀分布，整个图形左右对称，$\phi184$ 圆为虚线圆。

（2）绘图的基本思路。绘制水平、垂直中心线和两条 120° 的斜中心线，用圆命令绘制 3 个$\phi200$、$\phi100$、$\phi25$ 实线圆和一个$\phi184$ 虚线圆，用圆弧命令绘制一段 $R25$ 的圆弧，用倒圆角命令倒圆角 $R15$，使用修剪命令对多余图元进行修剪，使用镜像命令绘制出周向均布的另外两个$\phi25$ 实线圆和 $R25$ 的圆弧。

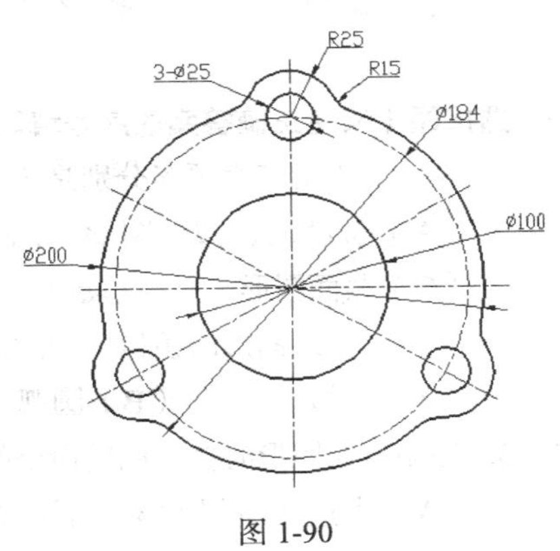

图 1-90

3. 建模要点及注意事项

（1）绘制斜中心线后标注角度尺寸并修改尺寸。

（2）$\phi184$ 圆要切换构建。

（3）$R15$ 圆角采用倒圆角命令，约束半径相等。

（4）$R25$ 圆弧采用圆心端点的画弧方法，但端点一定要落在$\phi200$ 圆周上。

（5）$R25$ 的圆弧、倒圆角 $R15$ 镜像的对称性为 120° 的斜中心线。

（二）草绘过程提示

（1）绘制中心线。

（2）绘制$\phi200$、$\phi184$、$\phi100$ 的 3 个圆，其中$\phi184$ 要切换构建。

（3）绘制$\phi25$ 圆、$R25$ 圆弧，$R15$ 倒圆角，约束半径相等。

（4）将绘制的$\phi25$ 圆、$R25$ 圆弧、$R15$ 倒圆角，并进行两次镜像。

（5）修剪多余线段，完成图形绘制。

（6）将文件保存到指定位置。

项目小结

本项目以安装板草绘图的绘制为导向，主要介绍了二维草绘图形的基本绘图命令、约束条件的操作、尺寸标注和修改命令、图元的编辑命令，以及草绘图的一般创建步骤。

通过提高实例和自测实例的练习，要求读者能熟练掌握二维草绘的绘图命令、约束条件、尺寸标注和修改操作，能熟练绘制一般复杂的图形，灵活掌握绘图过程中的各种绘图技巧。

课后练习题

一、选择题（请将正确答案的序号填写在题中的括号中）

1. 草绘图形的三大要素分别是（　）。
   （A）轨迹线、截面图形、几何图元　（B）几何图元、约束条件、尺寸标注
   （C）截面图形、扫描起始点、约束条件　（D）几何图元、约束条件、尺寸修改
2. 在绘制草绘图形时镜像命令的对称线是（　）。
   （A）线段　（B）圆弧　（C）中心线　（D）轴线
3. 绘制草绘图形时执行编辑命令的操作方法一般是（　）。
   （A）先选择编辑对象，后执行编辑命令
   （B）先执行编辑命令，后选择编辑对象
4. 对称约束的选择要素分别是（　）。
   （A）点、中心线、点　（B）点、线段、点　（C）点、点、点
5. 在尺寸标注的过程中，选择两条平行线，标注的尺寸为（　）。
   （A）角度尺寸　（B）两平行线距离　（C）点与点的水平距离
6. 在修改尺寸时，最好的方法为（　）。
   （A）选择所有尺寸统一修改　（B）单个尺寸修改　（C）边标注边修改

二、简答题

1. 简述创建草绘图形文件的基本方法。
2. 简要说明标注圆弧圆心角的方法。
3. 在相等约束条件完成后，在图形中出现 Lx 的标记，x 代表的含义是什么？
4. 简述如何将实线圆改为虚线圆。

三、指出下列命令图标的功能

（　　）　（　　）　（　　）　（　　）　（　　）

（　　）　（　　）　（　　）　（　　）　（　　）

四、草绘练习题

1. 按图 1-91 所示的尺寸，创建草绘图形。
2. 按图 1-92 所示的尺寸，创建草绘图形。

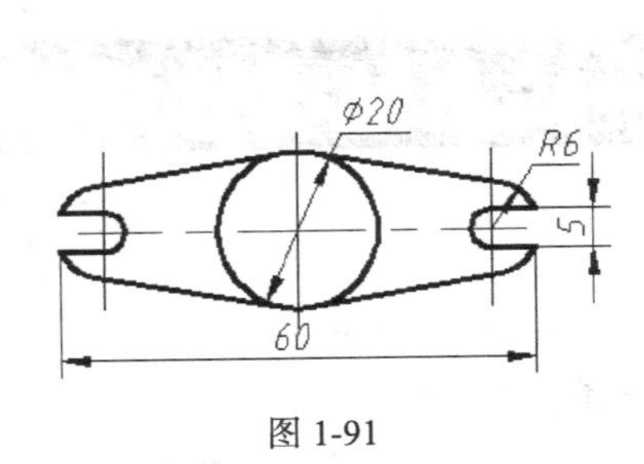

图 1-91

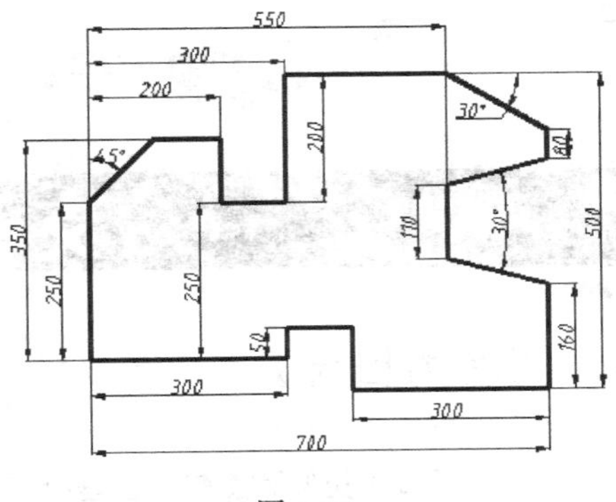

图 1-92

3. 按图 1-93 所示的尺寸，创建草绘图形。
4. 按图 1-94 所示的尺寸，创建草绘图形。

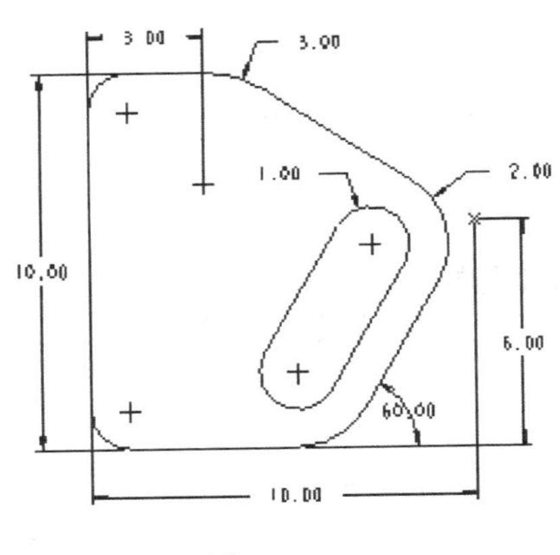

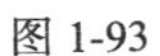
图 1-93

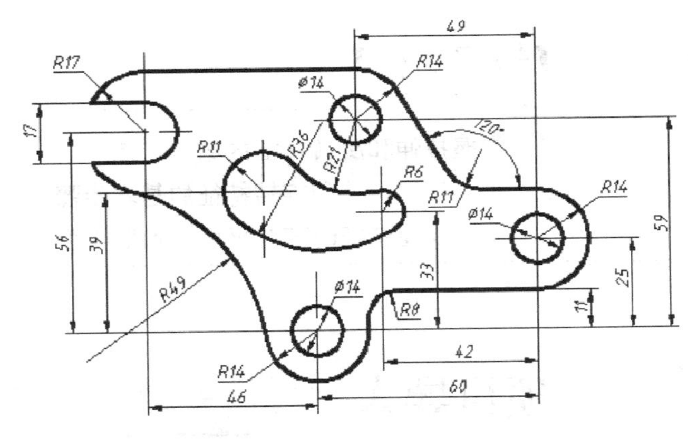

图 1-94

项目二

支承板、旋转水杯零件建模

【能力目标】

通过对拉伸和旋转特征基础知识的认识以及支承板和旋转杯零件的建模练习，学生能掌握 3 个基准平面、基准坐标空间思维，熟练掌握拉伸和旋转特征的基本绘图方法，掌握草绘平面、参照平面的选择和定向；通过提高实例和自测实例的练习，进一步提高学生灵活掌握拉伸和旋转特征的绘图技能。

【知识目标】

1. 掌握拉伸和旋转特征的结构特点
2. 掌握创建拉伸和旋转特征的基本步骤
3. 掌握创建特征时草绘平面、参照平面的选择和定向

一、项目导入

图 2-1 是机械产品中常用的支承零件，图 2-2 是生活中常见的生活用品，要求用拉伸和旋转特征的创建方法，按照图中的结构尺寸要求创建零件模型。

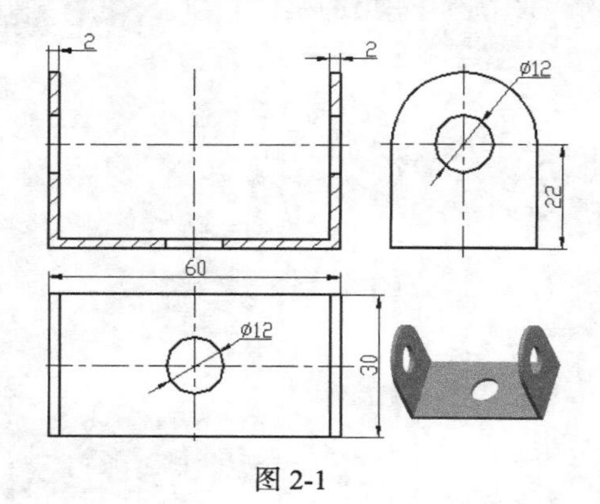

图 2-1

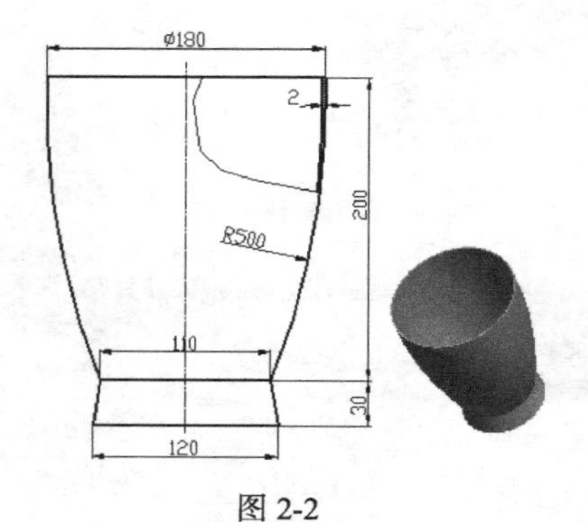

图 2-2

二、相关知识

（一）拉伸、旋转特征的结构特点

1. 拉伸特征的结构特点

如图 2-3 所示，在空间的一个草绘平面上绘制一个封闭的截面图形，将该图形围成的区域沿着草绘平面的垂直方向向上移动给定的深度值，截面留下的轨迹所得到的实体就是拉伸特征，该特征位于垂直拉伸方向的截面图形相同，具有等截面性。因此创建一个拉伸特征具备两大要素：截面图形和拉伸深度。

2. 旋转特征的结构特点

如图 2-4 所示，在空间的一个草绘平面上绘制一个封闭的截面图形，该图形围成的区域绕旋转轴线旋转给定的角度值，截面留下的轨迹所得到的实体就是旋转特征，该特征在轴截面上具有相同的截面图形，也具有等截面性。因此创建一个旋转特征具备三大要素：截面图形、旋转轴线和旋转角度。一般而言，旋转特征的旋转角度都是 360° 。

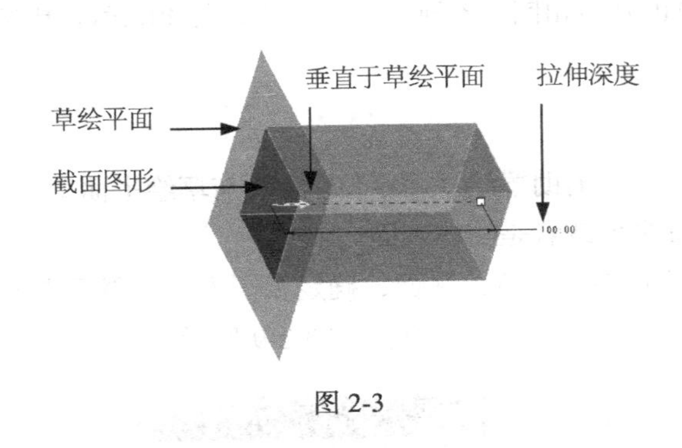

图 2-3

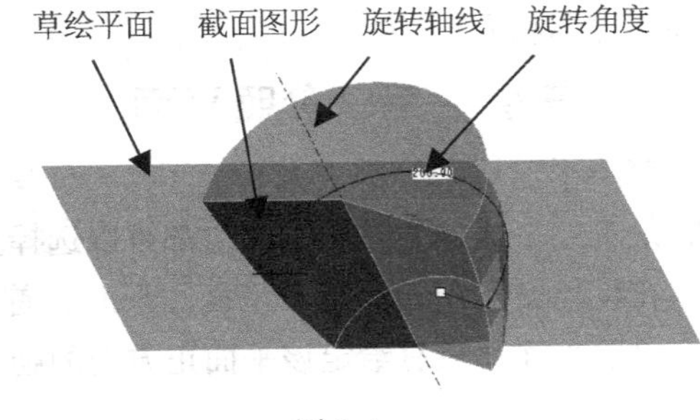

图 2-4

（二）建模基本概念

1. 特征主要分类

按照特征的性质不同，Pro/ENGINEER 通常把特征分为实体特征、曲面特征和基准特征 3 种基本类型。

（1）实体特征。具有形状、质量、体积等实体属性，是三维造型设计的主要设计手段，如图 2-5 所示。

（2）曲面特征。没有质量、体积、厚度等实体属性。对曲面合并成为封闭面组添加材料可以生成形状复杂的实体模型，这是曲面特征的一个重要用途，如图 2-6 所示。

（3）基准特征。包括基准点、基准轴、基准曲线、基准坐标系等。这种特征是特征创建过程中必不可少的辅助设计手段，常用于建立实体特征的放置参照、尺寸参照等，如图 2-7 所示。

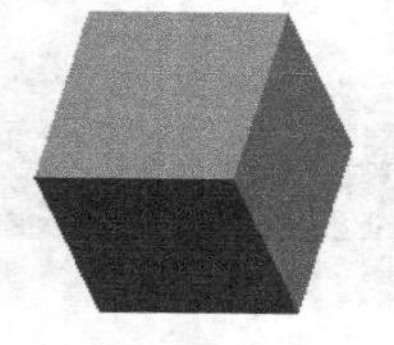

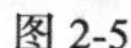

图 2-5

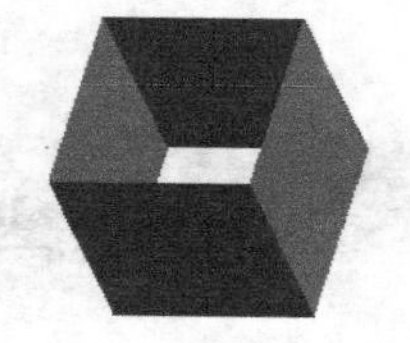

图 2-6

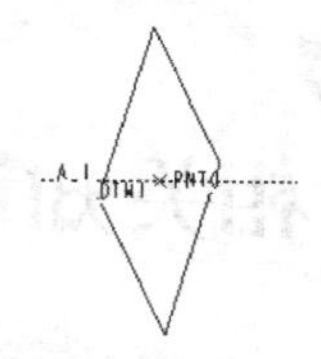

图 2-7

2. 基准平面和基准坐标

进入零件模型空间后，系统自动生成 3 个基准平面和一个基准坐标系，如图 2-8 所示。

基准平面在空间用矩形边框和文字表示，矩形边框的大小不代表基准平面的大小，可以改变矩形边框大小，一般由建构的实体模型决定。基准平面具有正负方向性，正方向视角看到褐色的矩形框，负方向视角看到黑色的矩形框。3 个基准平面之间相互垂直，其交点为系统的基准坐标。

3 个基准平面分别定义为 RIGHT、FRONT 和 TOP 基准平面。

（1）RIGHT 基准平面：空间上位于侧平面，其正方向朝右。

（2）FRONT 基准平面：空间上位于前平面，其正方向朝前。

（3）TOP 基准平面：空间上位于水平面，其正方向朝上。

基准坐标的坐标原点为三基准平面的交点，其中，*X* 轴正方向朝右，与 RIGHT 基准平面正方向相同；*Y* 轴正方向朝上，与 TOP 基准平面正方向相同；*Z* 轴正方向朝前，与 FRONT 基准平面正方向相同。

3. 草绘平面、参照平面

草绘平面用来绘制二维平面图形；参考平面用来辅助草绘平面定位，必须与草绘平面垂直。不管是草绘平面还是参照平面，都可以选择基准平面或者是实体表面。

在模型空间中绘制草绘平面图形时，首先要选择一个草绘平面，确定视图方向，然后选择一个参照平面，只有给定该平面正方向的朝向，才能进入草绘界面，如图 2-9 所示。

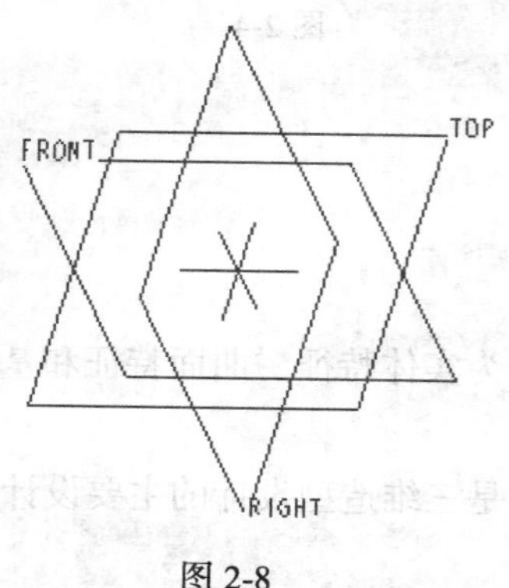

图 2-8

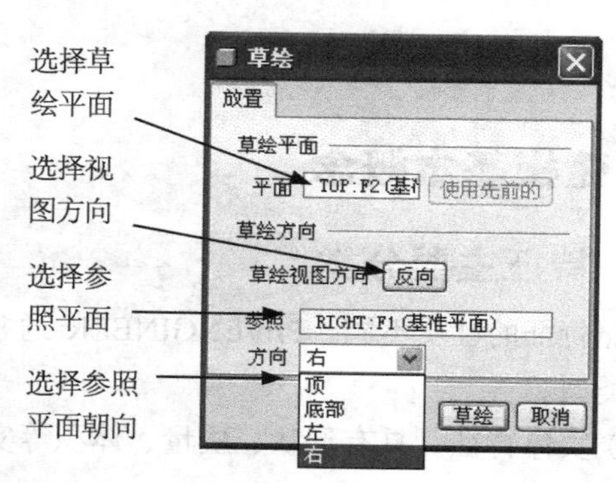

图 2-9

选定草绘平面后，系统会自动选择一个平面作为参考平面并设定其朝向，此时可直接单击“草绘”对话框的 草绘 按钮，但最好由绘图者自行选取参考平面并设定其朝向，这有利于获得满意的效果，特别是在模型空间中创建第一个特征时，往往由于参照面的朝向选择不对容易出现零件模型放置方位不对的情况发生。

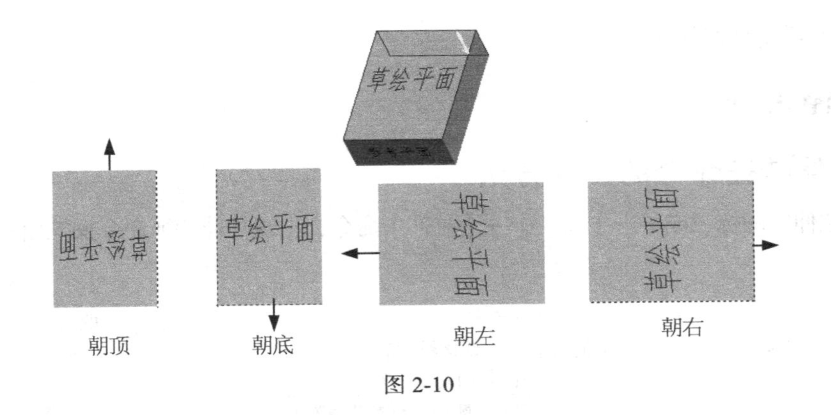

图 2-10

创建第一个特征时草绘平面和参照平面的选择方法如下。

选择 FRONT 或 TOP 基准平面为草绘平面，视图方向朝后或朝下，选择 RIGHT 基准平面为参照面，视图方向朝右。

选择 RIGHT 基准平面为草绘平面，视图方向朝左，选择 TOP 基准平面为参照面，视图方向朝顶。

草绘二维截面时，如图 2-9 所示的“草绘”对话框中提供了 4 种参考平面的朝向，即顶、底部、左和右。同一草绘平面、同一视图方向、同一参照平面的 4 种不同放置方位，如图 2-10 所示。

4. 尺寸标注的参考平面

进入草绘界面后，系统自动选择两个平面为图形尺寸标注的水平参照和垂直参照，图形界面上用长虚线表示，如图 2-11 所示。

也可以添加参照，具体操作步骤如下。

（1）单击【草绘】→【参照】命令，出现“参照”对话框，如图 2-12 所示。

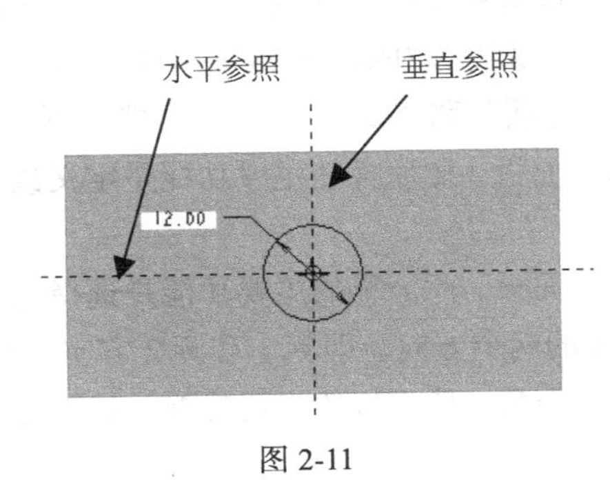

图 2-11

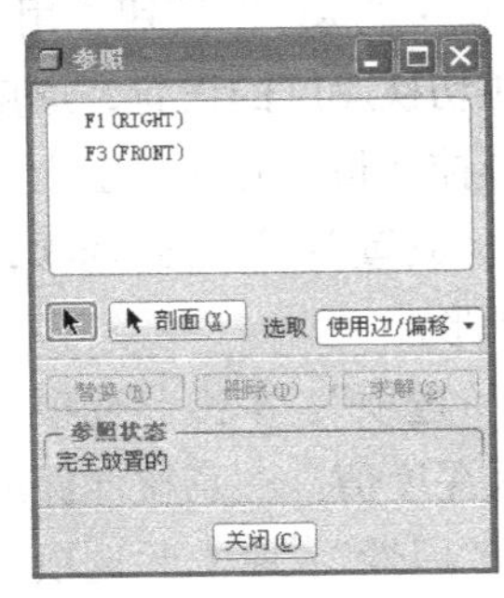

图 2-12

（2）单击对话框中按钮，选择绘图区中的点、线、面等几何要素。

（3）选择其中的参照要素，单击“删除”按钮，可以删除参照。

（4）单击“关闭”按钮完成参照的设置。

5. 零件建模的一般步骤

在多数情况下，不可能只用一个特征就完成零件的建模设计，因此零件的建模过程实际就是特征的叠加过程。首先建立第一个特征，在此基础上叠加不同的特征，创建第二、第三特征，直至最后完成整个零件的设计。值得注意的是，第一个特征一定是加材料，叠加的特征不完全是加材料，也可能是切材料。

（三）拉伸特征

1. 拉伸特征命令的输入方法

单击“拉伸”图标或单击【插入】→【拉伸】命令，出现拉伸特征命令操控面板，如图 2-13 所示。

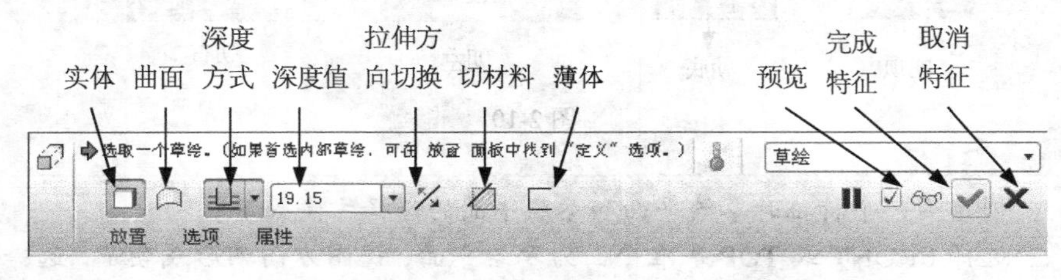

图 2-13

2. 拉伸特征操控面板及功能介绍

（1）操控面板功能介绍。在操控面板中有许多图标按钮，大部分图标都有两种状态：显亮或不显亮，当显亮时该图标功能发生作用。各图标的具体功能如下。

① ：“实体”按钮，用于生成实体特征。

② ：“曲面”按钮，用于生成曲面特征。

③ ：“深度定义”按钮，用于定义拉伸特征的深度，深度值在其后的文本框中输入。该图标带有三角按钮，表示可以选择不同的深度方式。

④ ：“拉伸方向切换”按钮，用于切换特征的拉伸方向。

⑤ ：“切材料”按钮，用于生成切材料特征，可单击其后的按钮切换切除材料。

⑥ ：“薄体”按钮，用于生成薄体拉伸特征，即等厚度生成薄壁实体特征。可单击其后的按钮切换厚度的设置，厚度设置有 3 种方式，即轮廓线的内侧、外侧和两侧对称。

在操控面板中有 3 个上滑面板，包括“放置”、“选项”和“属性”，具体功能如下。

- “放置”：单击此选项，弹出如图 2-14 所示的面板，此面板的主要功能是定义或选取拉伸草绘图形。
- “选项”：单击此选项，弹出如图 2-15 所示的面板，此面板的主要功能是选择深度方式以及输入深度值。注意拉伸深度可以同时向草绘平面的两个方向，即侧 1 和侧 2 方向拉伸。
- “属性”：单击此选项，弹出如图 2-16 所示的面板，此面板的主要功能是修改拉伸特征的名称。

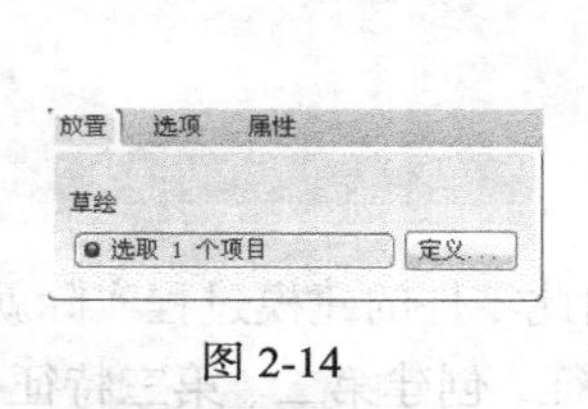

图 2-14

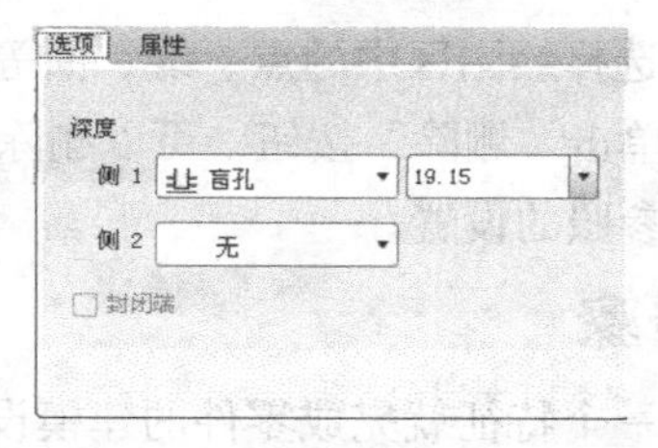

图 2-15

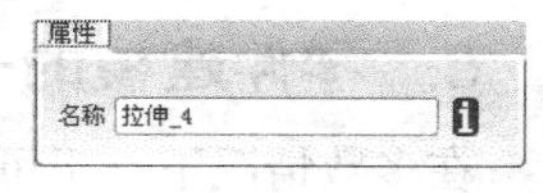

图 2-16

（2）拉伸特征的深度定义。拉伸特征的深度定义共有 6 种方式，每一种方式的具体含义如

表 2-1 所示，常用的方式为盲孔方式，这种方式需要输入深度值。

表 2-1　拉伸特征的深度定义

深度定义形式	功能与使用说明
（盲孔）	自草绘平面以指定的深度值拉伸截面
（对称）	以指定深度值的一半，同时向草绘平面两侧对称拉伸截面
（到下一个）	沿拉伸方向自动拉伸至下一个曲面为止
（穿透）	沿拉伸方向穿透整个零件
（穿至）	沿拉伸方向至选定的曲面或基准平面，该曲面需与拉伸特征相接
（到选定项）	沿拉伸方向至一个选定的点、曲线、基准平面或曲面

（3）拉伸特征类型的定义。拉伸特征类型主要包括实体伸出项、薄板伸出项、实体切材料、薄板切材料、曲面和曲面修剪。拉伸特征类型的定义是由拉伸操控面板中不同的图标组合而定的，不同的图标组合可以获得不同的特征类型，具体见表 2-2。

表 2-2　拉伸特征类型与对应操控面板图标

特征类型	操控面板的使用	特征模型
实体伸出项	80.0	
薄体伸出项	80.0　3.6	
实体切除	80.0	
薄体切除	80.0　3.6	
曲面拉抻	80.0	
曲面修剪	80.0　面组　• 选取 1 个	

（4）拉伸特征草绘平面的选取原则。如何选择特征的草绘平面，保证创建的模型方位放置得当，一直困扰许多初学者。选取拉伸特征的草绘平面应考虑以下两个因素。

一是草绘平面一定是拉伸特征的起始平面，二是草绘平面一定要与拉伸特征的拉伸方向垂直。

（5）拉伸特征草绘截面图形的绘制要求。若特征为实体类型，其截面必须是封闭但允许嵌套的图形；若特征为曲面或薄体类型，则截面可以是封闭或开口的图形。

3. 创建拉伸特征的一般步骤

（1）新建文件。单击“新建”图标，或单击【文件】→【新建】命令，弹出“新建”对话框，如图 2-17 所示。选择文件类型为“零件”，子类型为“实体”，输入文件名，取消选中“使用缺省模板”复选框，单击确定按钮进入“新文件选项”对话框，如图 2-18 所示，选择公制模板“mmns_part_solid”，单击确定按钮进入零件模型空间。

（2）输入“拉伸”命令。单击“拉伸”图标，或者单击【插入】→【拉伸】命令，显示拉伸特征操控面板。

（3）选择拉伸特征类型。根据具体建模需求，参见表 2-2，单击对应的图标按钮，生成所需的特征类型。

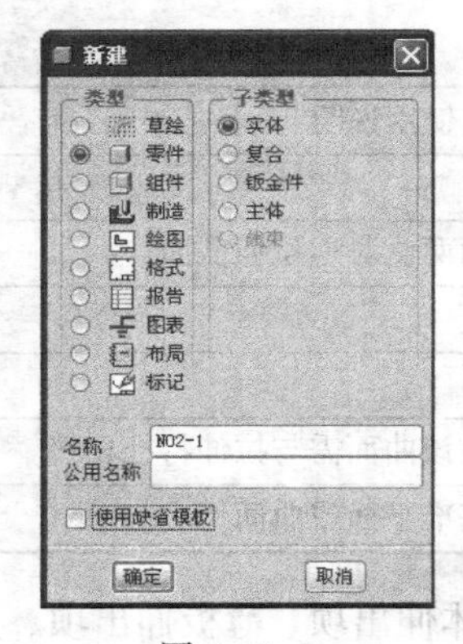

图 2-17

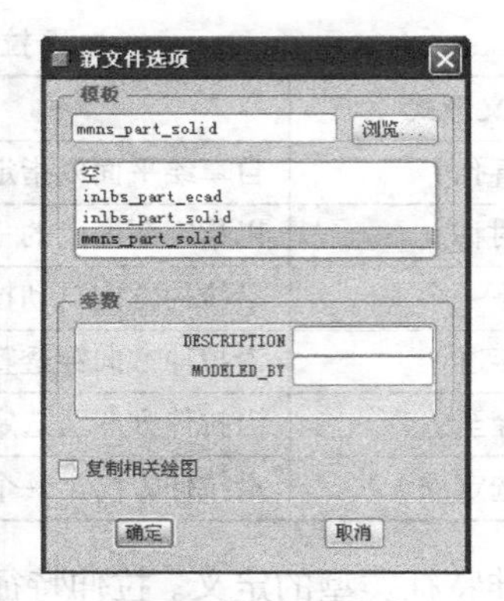

图 2-18

（4）选择或草绘截面图形。单击操控面板中的“放置”选项，弹出如图 2-14 所示的上滑面板，单击定义...按钮，弹出“草绘”对话框，选择草绘平面、视图方向、参照平面以及朝向，如图 2-19 所示，单击对话框中的“草绘”按钮进入草绘界面，绘制拉伸截面图形。

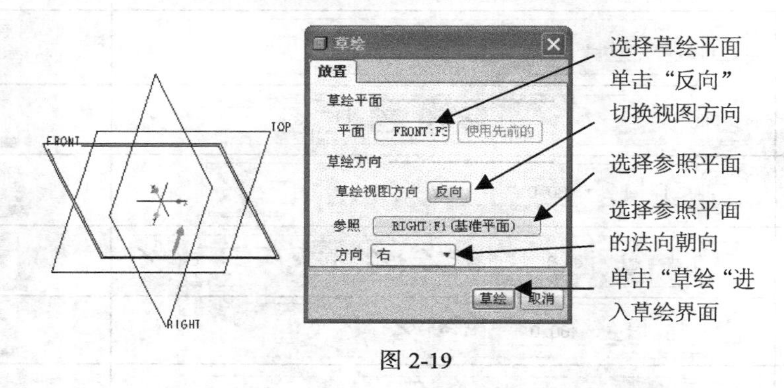

图 2-19

一般情况下，选择草绘平面后系统自动选择参照平面以及参照平面的朝向，同时在绘图区出现箭头，代表视图方向，这是系统默认的一种设置方式，只要单击“草绘”按钮，即可直接进入草绘界面，但最好自行设置。

一般在创建第一个特征时，草绘平面和参照平面都是基准平面，特别注意的是，如果选择 FRONT 或 TOP 基准平面为草绘平面，可以接受默认的定位方式，即视图方向朝后或朝下，RIGHT 基准平面为参照面朝右；但如果选择 RIGHT 基准平面为草绘平面，最好不要接受默认的方式，而应选择视图方向朝左，TOP 基准平面为参照面朝顶。

完成特征截面的绘制后，单击✔按钮结束截面绘制。

（5）设置拉伸特征的各项参数。设置拉伸深度的定义方式、确定深度方向并输入相应的深度值，如图 2-20 所示。

如果切除材料特征，可单击图标，并可通过单击图标改变材料的去除区域。

如果是薄体特征，可单击图标，输入薄体的厚度以及设置厚度方向，如图 2-21 所示。

图 2-20　　图 2-21

（6）完成特征创建。所有参数定义完成后，单击操控面板中的☑ 图标预览特征，单击 图标完成特征的创建。

（四）旋转特征

1. 旋转特征命令的输入方法

单击工具栏中的 图标或单击【插入】→【旋转】命令，出现旋转特征操控面板，如图 2-22 所示。

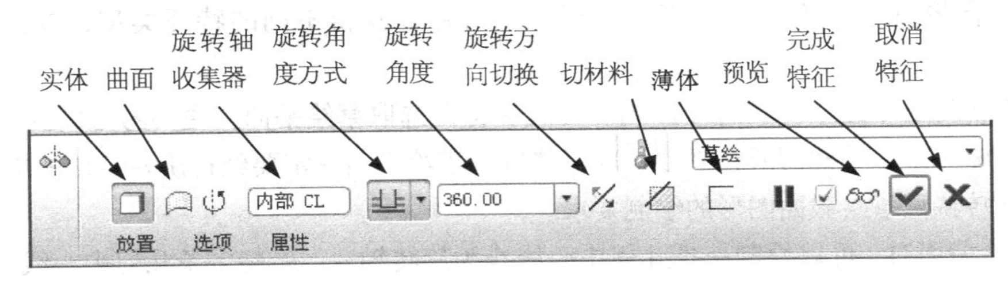

图 2-22

2. 旋转特征操控面板及功能介绍

（1）操控面板功能介绍。旋转特征操控面板的图标功能与拉伸操控面板基本相同，只是增加了一个旋转轴收集器，拉伸深度变成旋转角度。相同图标的功能不再重复叙述，以下仅就不同之处进行介绍。

：“角度定义”按钮，用于定义旋转特征的旋转角度，角度值在其后的文本框中输入，一般输入 360°。该图标带有三角按钮，可以选择不同的角度方式。

：“旋转方向切换”按钮，用于切换旋转特征的旋转方向。

选取 1 个项目：“旋转轴收集器”按钮，用于选取旋转特征的旋转轴。如果在绘制截面图形时绘制了几何中心线，系统自动认定中心线为旋转轴线，该旋转轴被称为内部旋转轴。

在操控面板中也有 3 个上滑面板，具体功能如下。

“放置”：单击此选项，弹出如图 2-23 所示的面板，此面板的主要功能是定义或选取旋转草绘图形。

“选项”：单击此选项，弹出如图 2-24 所示的面板，此面板的主要功能是选择角度方式以及输入角度值。注意旋转角度可以同时向草绘平面的两个方向，即侧 1 和侧 2 旋转。

“属性”：单击此选项，弹出如图 2-25 所示的面板，此面板的主要功能是修改旋转特征的名称。

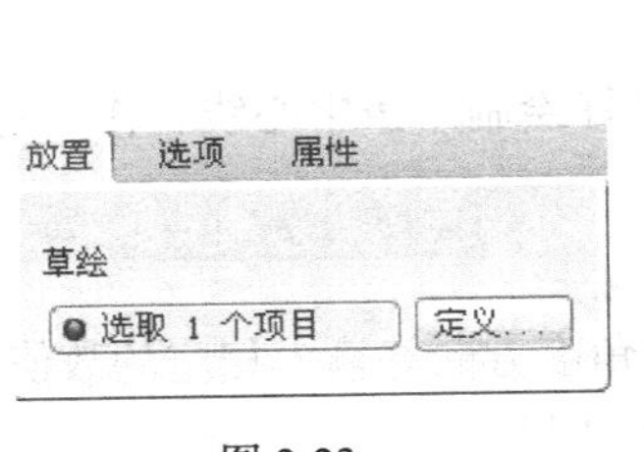

图 2-23

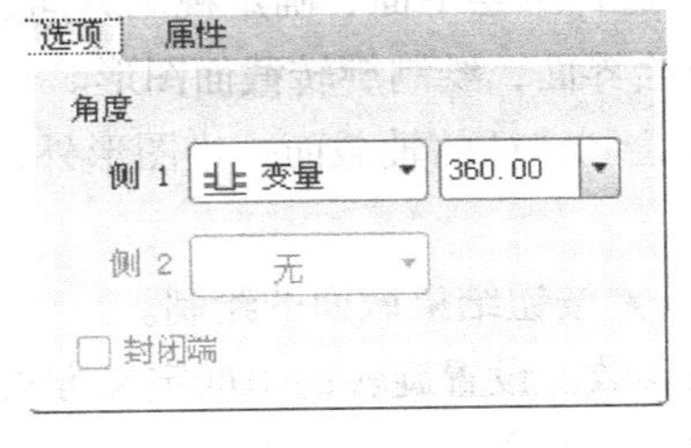

图 2-24

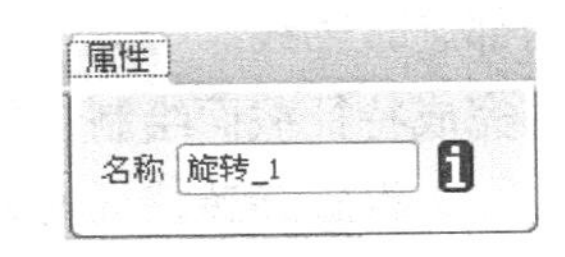

图 2-25

（2）旋转特征的角度定义。旋转特征的角度定义方式共有 3 种，每一种方式的具体定义如表 2-3 所示，常用的方式为盲孔方式，这种方式需要输入角度值，一般为 360° 。

表 2-3　　　　旋转特征的角度定义

角度定义形式	功能与使用说明
（盲孔）	自草绘平面以指定的角度值旋转截面
（对称）	以指定角度值的一半，向草绘平面两侧对称旋转截面
（到选定项）	沿旋转方向至一个选定的点、曲线、基准平面或曲面

（3）旋转特征的类型定义。与拉伸特征类型的定义相同，旋转特征的类型也是由操控面板中的不同图标组合而定的，不同图标的组合可以获得不同的特征类型，在此不作重复讲解。

（4）旋转特征草绘平面的选取原则。对旋转特征选取草绘平面，主要考虑的因素就是草绘平面一定是旋转特征轴截面所在平面，即所选取的草绘平面一定要经过旋转特征的中心轴。

（5）旋转特征草绘截面图形的绘制要求。

① 草绘截面时，可以绘制一条几何中心线作为旋转轴，若绘制多条几何中心线，则自动默认第一条几何中心线为旋转轴，选中几何中心线，单击鼠标右键出现光标菜单，单击“旋转轴”，可以切换旋转轴。

② 若为实体类型，其截面必须是封闭但允许嵌套的图形；若为曲面或薄体类型，则截面可以是封闭或开口的图形。

③ 只能绘制特征轴截面一半图形，绘制的图元必须位于旋转轴的同一侧，不允许跨越中心线绘制。

3. 创建旋转特征的一般步骤

（1）新建文件。单击“新建”图标，或单击【文件】→【新建】命令，弹出“新建”对话框，选择文件类型为“零件”，子类型为“实体”，输入文件名，取消选中“使用缺省模板”复选框，单击确定按钮进入“新文件选项”对话框，选择公制模板“mmns_part_solid”，单击确定按钮进入零件模型空间。

（2）输入“旋转”命令。单击“旋转”图标，或者单击【插入】→【旋转】命令，显示旋转特征操控面板。

（3）选择旋转特征类型。根据具体建模要求，单击操控面板中的图标按钮组合，产生所需的特征类型。

（4）选择或草绘截面图形。单击操控面板的“放置”按钮，弹出“放置”上滑面板，单击定义...按钮，弹出 “草绘”对话框，选择草绘平面、确定视图方向、选择参照平面以及朝向，单击对话框中的“草绘”按钮进入草绘界面，绘制旋转截面图形。

在绘制截面图形时除了要绘制特征的轴截面一半图形外，最好绘制一条中心线，作为特征的内部旋转轴线。

完成特征截面绘制，单击✔按钮结束截面的绘制。

（5）设置旋转特征的各项参数。设置旋转的角度定义方式、角度方向并输入相应的数值。

如果切除材料特征，可单击图标，并可通过单击图标改变材料的去除区域。

如果是薄体特征，可单击图标，输入薄体的厚度以及设置厚度方向。

（6）完成特征创建。所有参数定义完成后，单击操控面板中的☑ 图标预览特征，最后单击✔图标完成特征的创建。

三、实例详解之一——支承板零件建模

（一）任务导入与分析

1. 建模思路分析

（1）图形分析。图 2-26 所示的零件模型不能只用一次建模特征就能完成，需要拆分零件模型，为了教学需要，将零件拆分为 4 个特征，分别为底板、切孔、右支耳和左支耳。

（2）建模的基本思路。将零件模型拆分为 4 个特征，所拆分的 4 个特征在厚度方向上都体现出等截面性，因此，每个特征都可以使用拉伸命令建立特征，只不过切孔特征是切材料特征，其他特征都是加材料特征。零件的建模过程如图 2-27 所示。

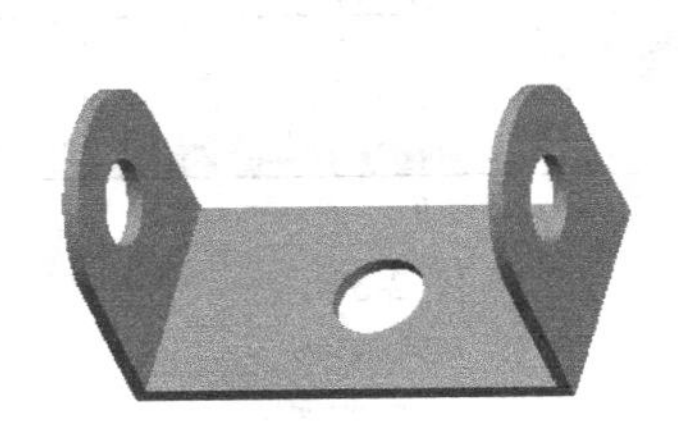
图 2-26

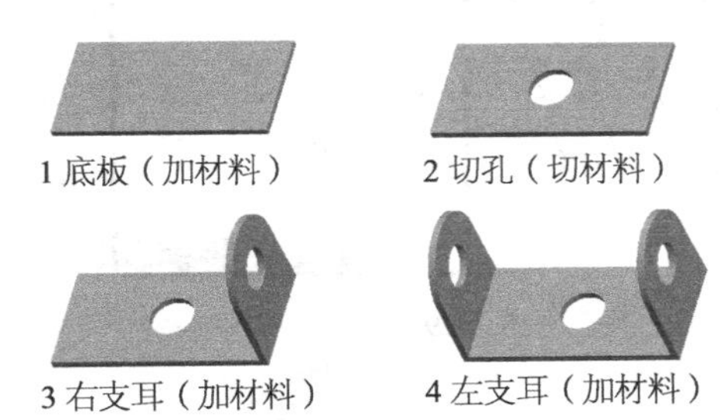

图 2-27

2. 建模要点及注意事项

（1）特征 1 底板、3 右支耳、4 左支耳为特征加材料，特征 2 切孔为切材料。

（2）特征 1 底板的草绘平面选择 TOP 基准平面，特征 2 切孔的草绘平面为特征 1 的上表面，特征 3 右支耳的草绘平面为特征 1 的右侧面。

（3）为了保证特征 4 左支耳与特征 3 右支耳在结构上有对称性，在绘制特征 1 草绘图形时应当将图形左右对称绘制。

（二）基本操作步骤

1. 建立新的零件文件

单击“新建”图标，或单击【文件】→【新建】命令，在“新建”对话框中选择文件类型为“零件”，子文件类型为“实体”，在“名称”文本框中输入 No2-1，取消选中“使用缺省模板”复选框，单击确定按钮进入“新文件选项”对话框，选择“mmns_part_solid”选项，单击确定按钮，文件进入零件模型空间。

2. 创建特征 1 底板

（1）输入“拉伸”命令。单击“拉伸”图标，或单击【插入】→【拉伸】命令，出现拉伸操控面板。

（2）设置特征类型。如图 2-28 所示，单击“实体”图标，深度方式采用“盲孔”。

（3）设置草绘平面。在“放置”上滑面板中，单击“定义”，弹出“草绘”对话框，如图 2-29 所示。选择 TOP 基准面为草绘平面，在绘图界面中自动出现向下视图箭头，同时自动选择 RIGHT 基准面为参照平面，方向朝右，这是系统的缺省方式，接受这种默认方式，单击“草绘”按钮进入草绘界面。

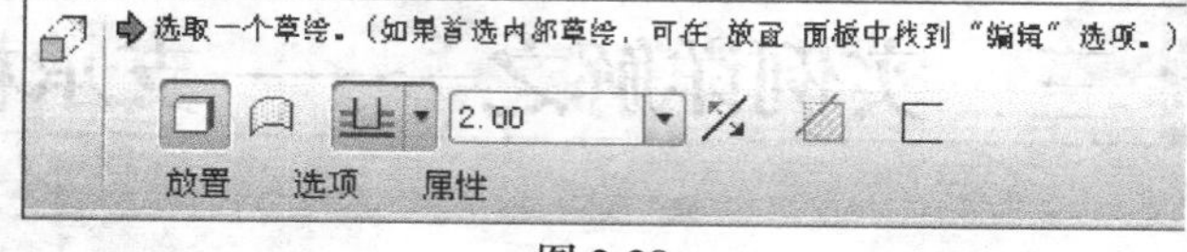

图 2-28

（4）绘制截面图形。在草绘界面中自动产生两条长虚线，这是尺寸标注的几何参照线，参照对象分别是 FRONT 和 RIGHT 基准平面。

首先绘制水平和垂直中心线，且中心线与参照重合，底板的截面图形为矩形，约束相对中心线对称，标注尺寸并修改尺寸，完成之后单击工具栏上的✔按钮结束，如图 2-30 所示。

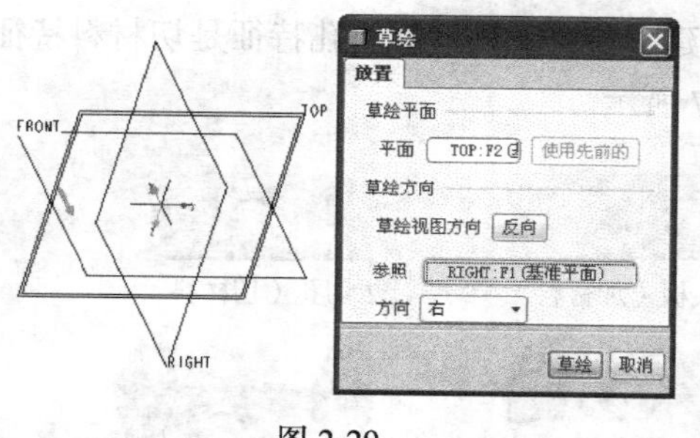

图 2-29

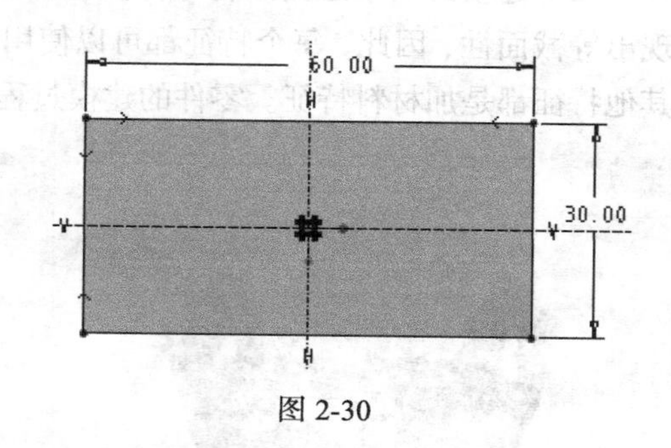

图 2-30

① 截面图形绘制完成后，最好进行封闭检查，如果图形封闭，封闭区域呈现阴影，如图 2-30 所示。如果图形不封闭，可以进行断点检查，查找是否有断点或重合线段，有断点或重合线段都会红色显亮。

② 进入零件模型的草绘界面，在尺寸显示开关旁有一个图标，其功能是从空间视角自动切换到草绘平面视角。

（5）设置拉伸特征的各项参数。在深度框中输入深度值为 2，可以修改特征拉伸方向。

（6）完成特征创建。单击操控面板中的图标预览特征，最后单击✔图标完成特征的创建。

3. 创建特征 2 切孔

（1）输入“拉伸”命令。单击“拉伸”图标，出现拉伸操控面板。

（2）设置特征类型。如图 2-31 所示，单击“实体”图标和“切材料”图标，深度方式采用 “到下一个”。

（3）设置草绘平面。在“放置”上滑面板中单击“定义”，弹出“草绘”对话框，如图 2-32 所示。选择特征 1 底板的上表面为草绘平面，在绘图区中自动出现向下视图箭头，同时自动选择 RIGHT 基准面为参照平面，方向朝右，单击“草绘”按钮进入草绘界面。

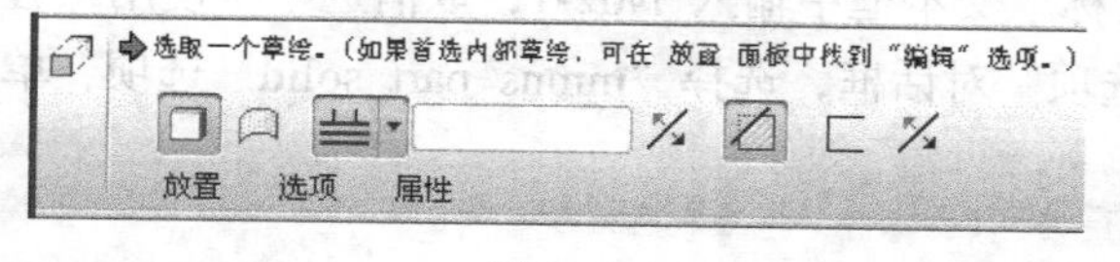

图 2-31

（4）绘制截面图形。在图形中心绘制圆，修改标注尺寸，完成之后单击工具栏上的✔按钮结束。

（5）设置旋转特征的各项参数。不需要在深度框中输入深度值，单击图形中的黄色箭头可以更改特征切除材料的方向侧，如图 2-33 所示。用同样的方法，也可以修改拉伸方向。

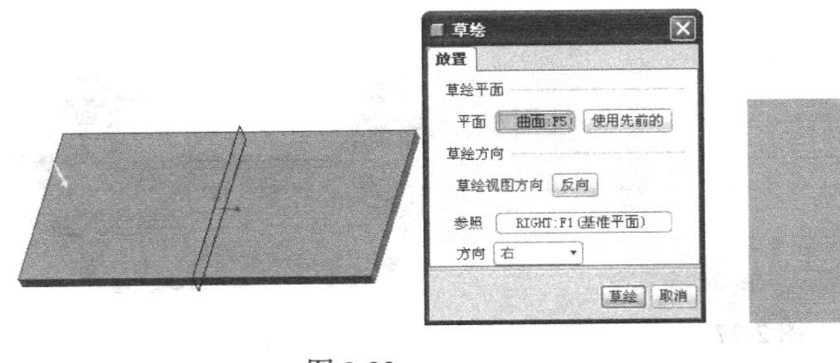

图 2-32

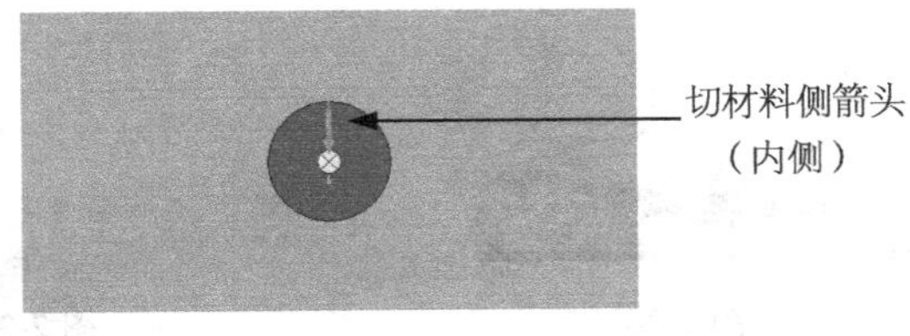

图 2-33

（6）完成特征创建。单击操控面板中的☑𝟔𝟔图标预览特征，最后单击✔图标完成特征的创建。

4. 创建特征右支耳

（1）输入“拉伸”命令。

（2）设置特征类型。单击拉伸操控面板的“实体”图标□，深度方式采用“盲孔”⊥⊥▾。

（3）设置草绘平面。在“放置”上滑面板中单击“定义”，弹出“草绘”对话框，选择特征1 底板的右侧面为草绘平面，在绘图区中自动出现向左视图箭头，同时选择底板的上表面为参照平面，方向朝顶，单击“草绘”按钮进入草绘界面，如图 2-34 所示。

（4）绘制截面图形。单击【草绘】→【参照】命令，出现“参照”对话框，选择底板侧面和顶表面为参照，在参照要素上出现长虚线。按图 2-35 所示用“线段”和“三点圆弧”命令绘制外截面图形，注意垂直线段的起点应保证与底板的上顶角重合，圆弧和线段应保持相切关系，用画圆命令在中心绘制圆。从图 2-35 中可以看出，外封闭图形内部嵌套有圆，形成封闭区域的是中间阴影部分，只有阴影部分才能生成实体。标注并修改尺寸，单击工具栏上的✔按钮结束。

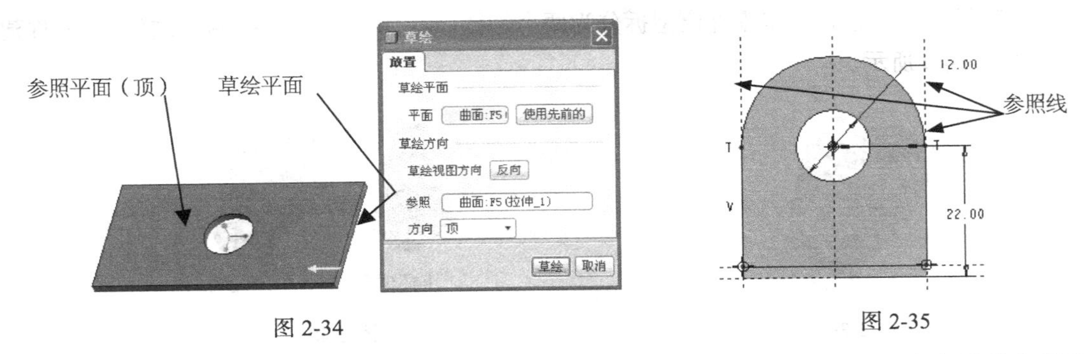

图 2-34

图 2-35

（5）设置旋转特征的各项参数。在深度框中输入深度值 2，单击特征成长方向的黄色箭头，使特征成长方向朝向内侧。

（6）完成特征创建。单击操控面板中的☑𝟔𝟔图标预览特征，单击✔图标完成特征 2 右支板的创建，如图 2-36 所示。

5. 创建特征左支耳

图形中的左右支耳具有对称性，可以用拉伸特征的方法创建。与草绘图形的镜像功能相同，特征也能进行镜像，下面采用镜像的方法来产生左支耳。

（1）在图形窗口中选择右支耳，在绘图窗口右侧的镜像图标被显亮。

（2）单击“镜像”图标⫩，或单击【编辑】→【镜像】命令，出现镜像控制面板，如图 2-37 所示。

图 2-36　　图 2-37　　图 2-38

（3）选择 RIGHT 基准面为镜像面，单击✔图标完成特征镜像，如图 2-38 所示。

6. 文件保存

单击💾按钮，保存所绘制的图形。

四、实例详解之二——旋转水杯零件建模

（一）任务导入与分析

1. 建模思路分析

（1）图形分析。图 2-39 所示的零件模型明显具有回转特征，且零件壁厚相等，应使用旋转薄体特征来创建零件模型。

（2）建模的基本思路。将零件模型拆分为两个特征，特征 1 上杯体和特征 2 杯底。零件建模过程如图 2-40 所示。

图 2-39　　图 2-40

2. 建模要点及注意事项

（1）特征 1 上杯体、特征 2 杯底都是回转体，草绘平面应选择 FRONT 基准面。

（2）特征 1 上杯体和特征 2 杯底中间交接不能留有缝隙，因此创建特征 2 时的截面图形应与特征 1 的外侧圆弧面重合。

（二）基本操作步骤

1. 建立新的零件文件

单击“新建”图标🗋，选择文件类型为“零件”，子文件类型为“实体”，输入文件名 No2-2，选择公制模板“mmns_part_solid”。单击 确定 按钮，进入零件模型空间。

2. 创建特征 1 上杯体

（1）输入“旋转”命令。单击“旋转”图标，或单击【插入】→【旋转】命令，出现旋转操控面板。

（2）设置特征类型。如图 2-41 所示，单击“实体”和“薄体”图标，角度方式采用“盲孔”，旋转角度为 360° 。

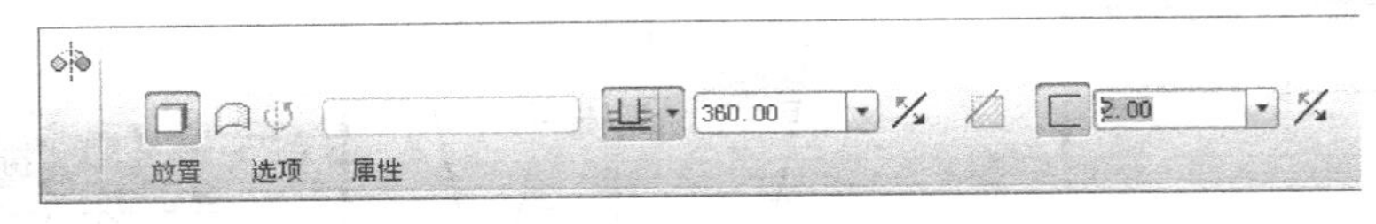

图 2-41

（3）设置草绘平面。在“放置”上滑面板中单击“定义”，弹出“草绘”对话框，选择 FRONT 基准面为草绘平面，在绘图区中自动出现向后视图箭头，同时自动选择 RIGHT 基准面为参照平面，方向朝右，单击“草绘”按钮进入草绘界面。

（4）绘制截面图形。在草绘界面中自动产生水平和垂直参照线，绘制垂直中心线，且与垂直参照线重合，这条中心线将作为旋转特征的回转轴线。按图 2-42 所示绘制截面图形，图形中的一条水平线段应与水平参照重合，圆弧的中心不能约束在特殊位置上，标注对称尺寸、高度尺寸和圆弧半径尺寸，并修改尺寸，完成之后单击工具栏上的✔按钮结束。

（5）设置旋转特征的各项参数。

在薄板厚度文本框中输入 2，单击文本框后面的按钮切换厚度的方向，由于绘制的图形是杯体的外侧线，因此厚度应向内侧偏移。

（6）完成特征 1 上杯体的创建。单击操控面板中的图标预览特征，最后单击图标完成特征的创建，如图 2-43 所示。

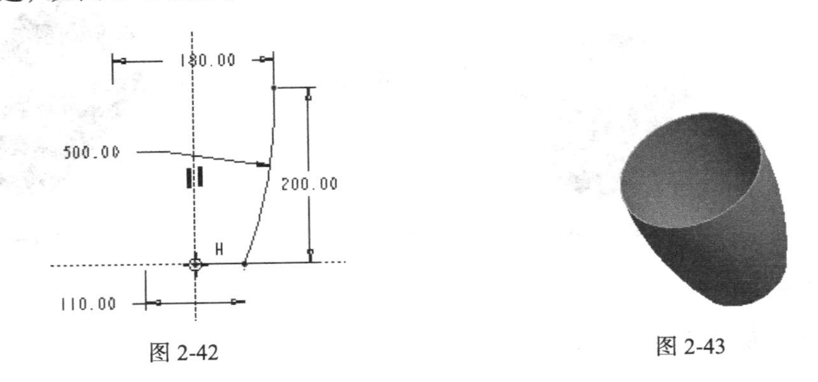

图 2-42　　图 2-43

3. 创建特征 2 杯底

（1）输入“旋转”命令。单击“旋转”图标，出现旋转操控面板。

（2）设置特征类型。在操控面板上单击“实体”和“薄板”图标，角度方式采用“盲孔”，旋转角度为 360° 。

（3）设置草绘平面。在“放置”上滑面板中单击“定义”，弹出“草绘”对话框，如图 2-44 所示。在对话框中有一个“使用先前的”按钮，由于刚才创建的上杯体的草绘平面和目前创建杯底的草绘平面完全相同，因此单击此按钮，直接进入草绘界面。

（4）绘制截面图形。按图 2-45 所示绘制截面图形，用参照的方法选择上杯体的外表面，绘制一条斜线，注意斜线的端点一定要与上杯体外表面交点重合。另外在图中特意不绘制中心线，标注尺寸和高度尺寸，并修改尺寸，完成之后单击工具栏上的✔按钮结束。

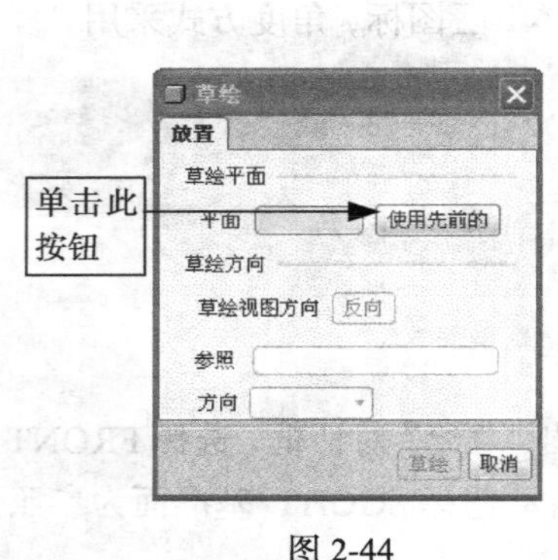

图 2-44

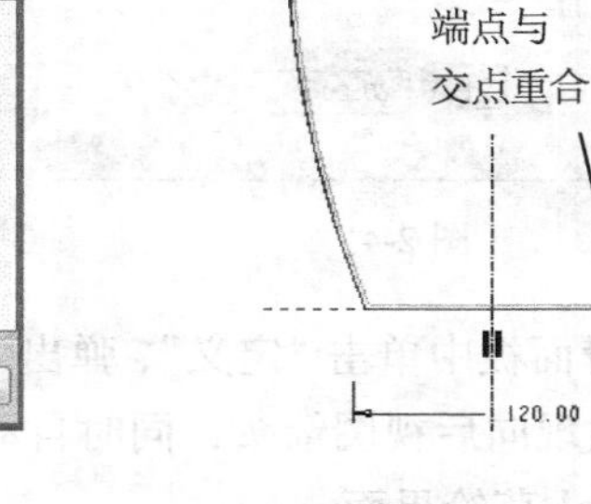

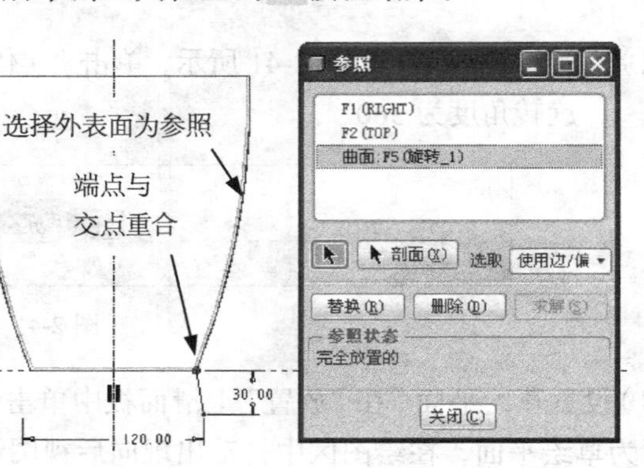

图 2-45

（5）设置旋转特征的各项参数。在薄板厚度文本框中输入深度值 2，同时单击文本框后面的图标按钮可以切换厚度的方向，厚度应向内侧偏移。

由于并没有在截面图形中绘制中心线，因此在旋转操控面板的旋转轴收集器中出现“选择一个项目”，表明旋转特征没有旋转轴，只有在绘图区中选择特征 1 的旋转轴线 A-1，特征 2 才能预览生成，如图 2-46 所示。注意选择轴线时基准轴显示开关一定要打开。

（6）完成特征 2 杯底的创建。单击操控面板中的☑∞图标预览特征，最后单击✔图标完成特征的创建，如图 2-47 所示。

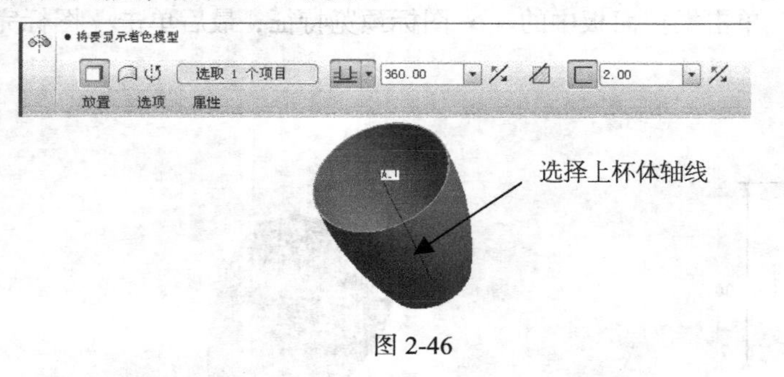

图 2-46

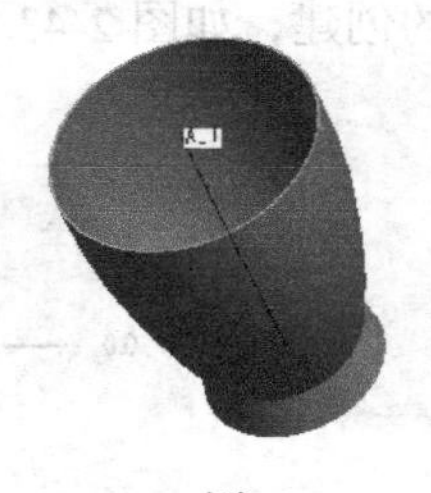

图 2-47

4. 文件保存

单击💾按钮，保存所绘制图形。

五、提高实例——顶杆套零件建模

（一）任务导入与分析

1. 任务导入

按照图 2-48 所示的图纸要求，创建出顶杆套零件模型，零件缺省位置与三维图形应一致。

2. 建模思路分析

（1）图形分析。将零件模型拆分为几个特征，零件主体特征是回转体零件，采用旋转加材料特征，而 Φ5 小孔和 30 两侧面采用拉伸切材料特征。

（2）建模的基本思路。零件创建步骤如下。

① 创建旋转实体加材料特征 1——主体。

② 创建拉伸实体切材料特征 2——切侧面。

③ 创建拉伸实体切材料特征 3——切小孔。

图 2-48

零件模型的创建过程如图 2-49 所示。

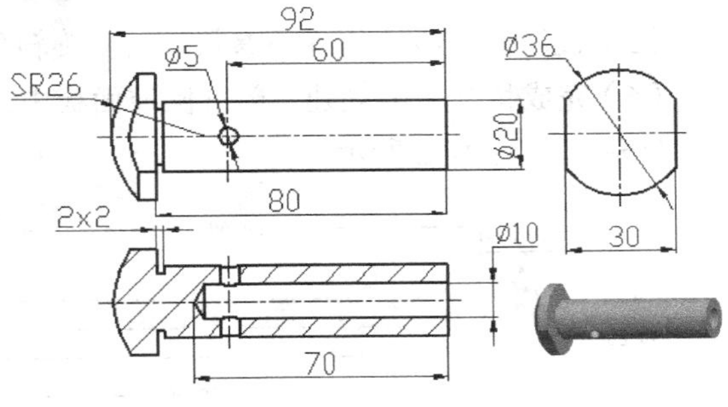

旋转实体加材料特征 1　　拉伸实体切材料特征 2　　拉伸实体切材料特征 3

图 2-49

3. 建模要点及注意事项

（1）特征 1 草绘平面为 FRONT 基准面。

（2）特征 2 草绘平面为特征 1 球头右侧面。

（3）特征 3 草绘平面为 FRONT 基准面，向草绘面两侧拉伸。

（二）基本操作步骤

1. 创建新的零件文件

单击□按钮，选择文件类型为“零件”，子文件类型为“实体”，输入文件名 No2-3，选择公制模板“mmns_part_solid”。单击 确定 按钮，进入零件模型空间。

2. 创建特征 1——顶杆套主体

（1）输入“旋转”命令。单击“旋转”图标，出现旋转操控面板。

（2）设置特征类型。如图 2-50 所示，单击“实体”图标□，角度方式采用“盲孔”，旋转角度为 360°。

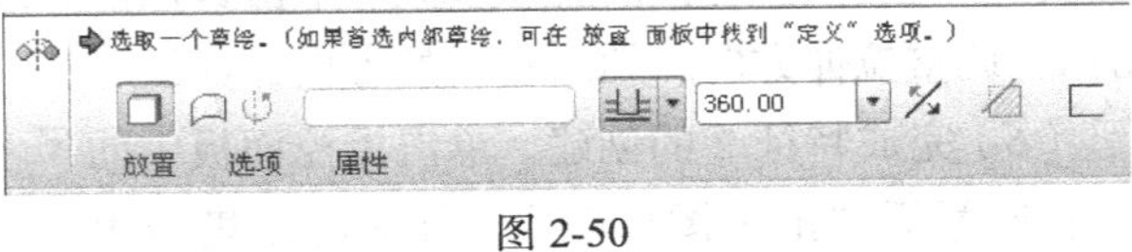

图 2-50

（3）设置草绘平面。单击“放置”上滑面板中的“定义”，弹出“草绘”对话框，选择 FRONT 基准面为草绘平面，自动出现向后视图箭头，同时自动选择 RIGHT 基准面为参照平面，单击“草绘”按钮进入草绘界面。

（4）绘制截面图形。绘制水平几何中心线，且与水平参照线重合，中心线将作为特征的回转轴线，按图 2-51 所示绘制截面图形，注意圆弧 R26 的圆心应在中心线上，标注尺寸并修改尺寸，其中钻孔的锥半角为 60°，完成图形绘制之后用封闭图标检查图形的封闭性，单击工具栏上的✔按钮结束。

（5）设置旋转特征的各项参数。设置旋转角度为 360°。

（6）完成特征 1 的创建。单击操控面板中的☑◎◎图标预览特征，最后单击✔图标完成特征 1 的创建，如图 2-52 所示。

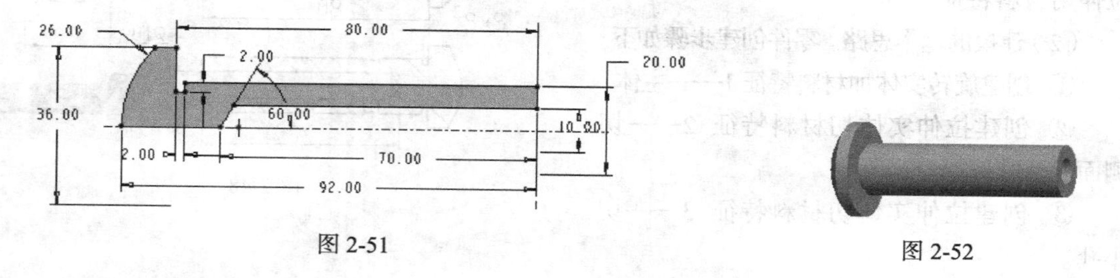

图 2-51

图 2-52

3. 创建特征 2——切侧面

（1）输入“拉伸”命令。单击“拉伸”图标，出现“拉伸”控制面板。

（2）设置特征类型。单击拉伸操控面板中的“实体”图标和“切材料”图标，拉伸深度采用“穿透”，如图 2-53 所示。

图 2-53

（3）设置草绘平面。在“放置”上滑面板中单击“定义”，弹出“草绘”对话框，选择特征 1 球头右侧面为草绘平面，选择 TOP 基准面为参照平面朝顶，单击“草绘”按钮进入草绘界面，如图 2-54 所示。

（4）绘制截面图形。绘制垂直中心线，且与垂直参照线重合，绘制矩形，使矩形左右对称，同时在上下方向上应高于圆周，标注宽度尺寸并修改为 30，如图 2-55 所示。单击工具栏上的✔按钮结束。

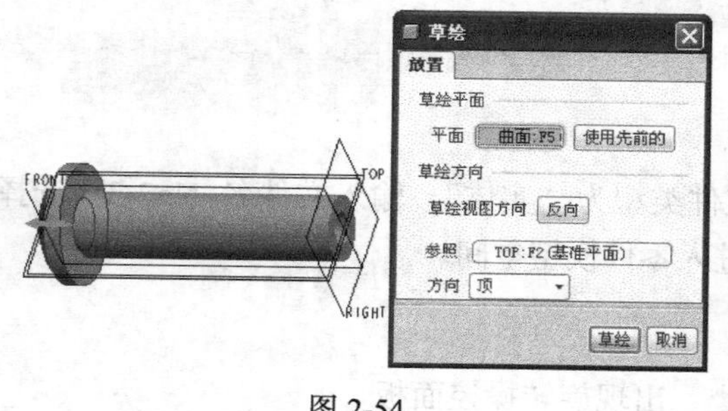

图 2-54

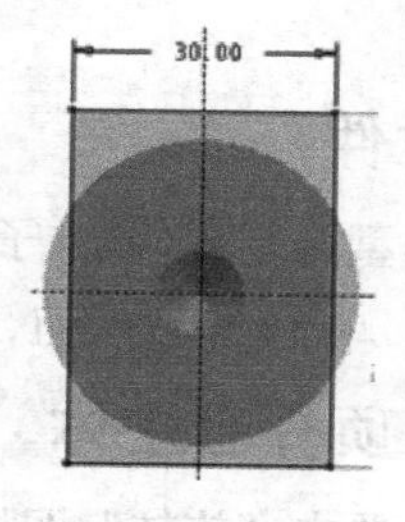

图 2-55

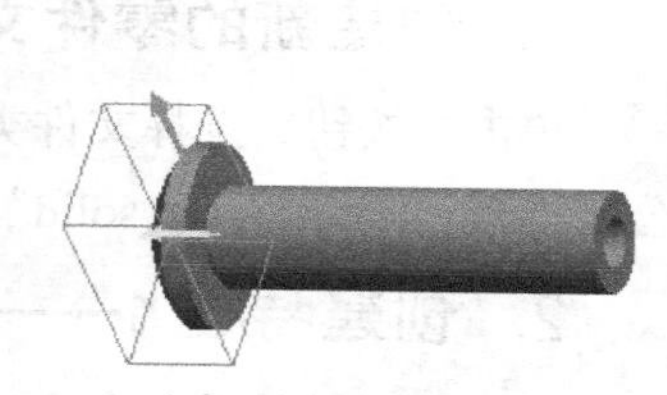

图 2-56

（5）设置拉伸特征的各项参数。单击黄色箭头或单击图标，调整拉伸方向和切除材料的方向，如图 2-56 所示。

（6）完成特征 2 的创建。单击操控面板中的☑◎◎图标预览特征，最后单击✔图标完成特征 2 的创建，如图 2-57 所示。

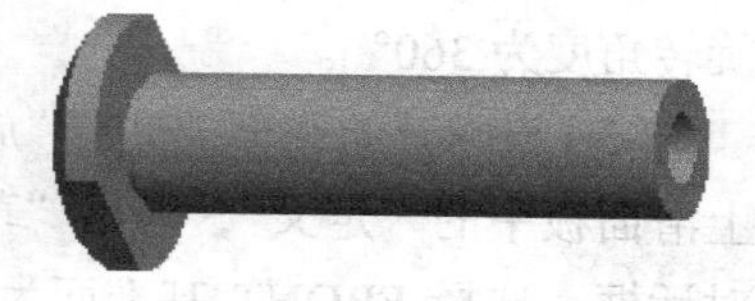

图 2-57

4. 创建特征 3——切小孔

（1）输入“拉伸”命令。单击“拉伸”图标，出现拉伸操控面板。

（2）设置特征类型。单击拉伸操控面板中的“实体”图标和“切材料”图标，拉伸深度采用“穿透”。

（3）设置草绘平面。在“放置”上滑面板中单击“定义”，弹出“草绘”对话框，选择FRONT基准面为草绘平面，选择TOP基准面为参照平面朝顶，单击“草绘”按钮进入草绘界面，如图2-58所示。

（4）绘制截面图形。绘制圆，标注位置尺寸和直径尺寸并分别修改为60和Φ5，如图2-59所示。单击工具栏上的✔按钮结束。

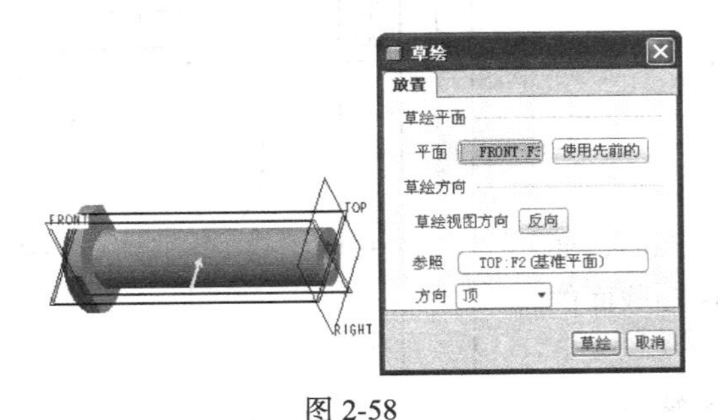

图2-58

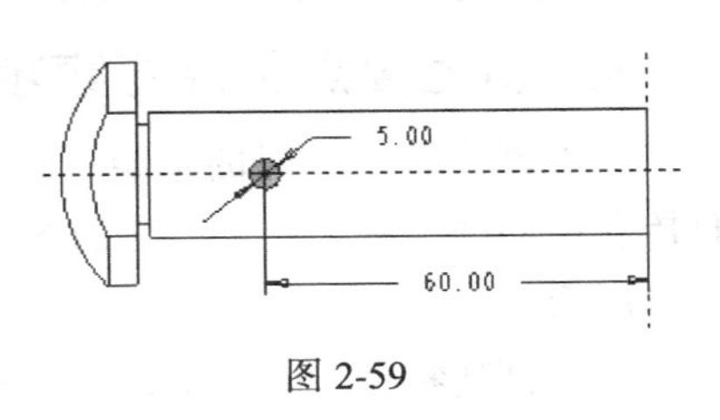

图2-59

（5）设置拉伸特征的各项参数。单击黄色箭头或单击图标，调整拉伸方向和切除材料的方向，在“选项”上滑面板中将侧1和侧2的深度都设定为“穿透”方式，如图2-60所示。

侧1为拉伸箭头方向，侧2为拉伸箭头的反方向。

（6）完成特征3的创建。单击操控面板中的图标预览特征，最后单击✔图标完成特征3的创建，如图2-61所示。

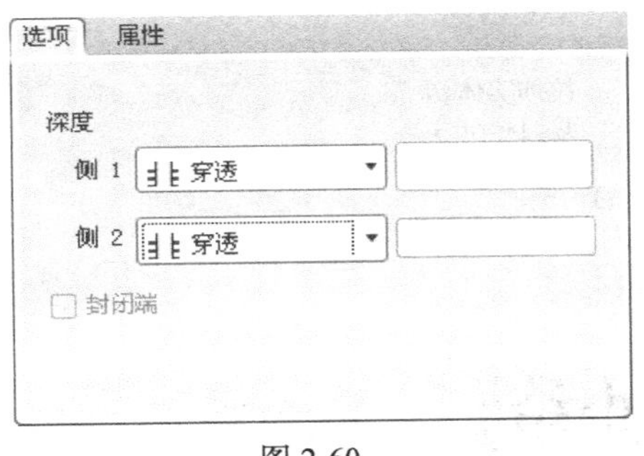

图2-60

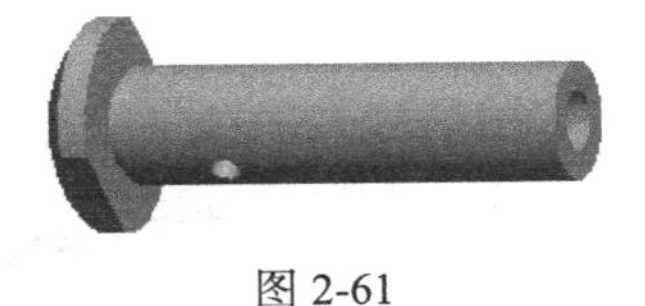

图2-61

5. 文件保存

单击按钮，保存所绘制的图形。

六、自测实例——皮带轮零件建模

（一）任务导入与分析

1. 任务导入

图2-62是一个简易的皮带轮零件，按照图中的尺寸要求，创建出零件模型，并且零件缺省的放置方位应与三维图形放置方位一致。

2. 建模思路分析

（1）图形分析。很显然零件模型的主体属于回转结构，但键槽应采用拉伸切材料特征。

（2）建模的基本思路。根据图形特点，零件创建过程如下。

① 创建旋转实体加材料特征 1——皮带轮主体。

② 创建拉伸实体切材料特征 2——切键槽。

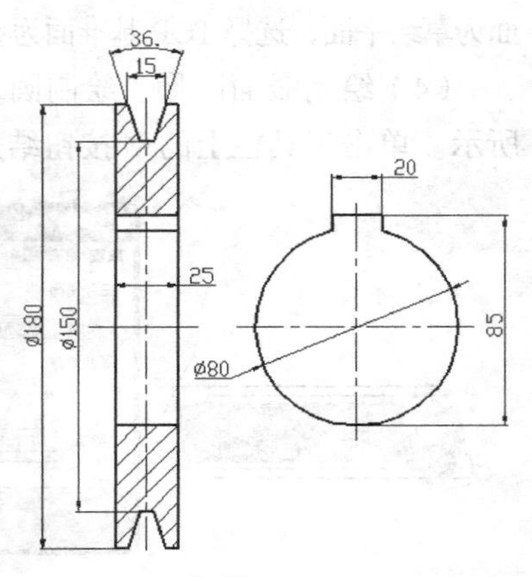

图 2-62

3. 创建要点及注意事项

（1）创建特征 1 时的草绘平面选择 FRONT 基准面，而且旋转中心线应水平绘制，截面图形只能绘制零件轴截面的一半图形。

（2）创建特征 2 时的草绘平面应选择特征 1 的端面，且拉伸深度至下一个方式。

（二）建模过程提示

创建过程如图 2-63 所示。

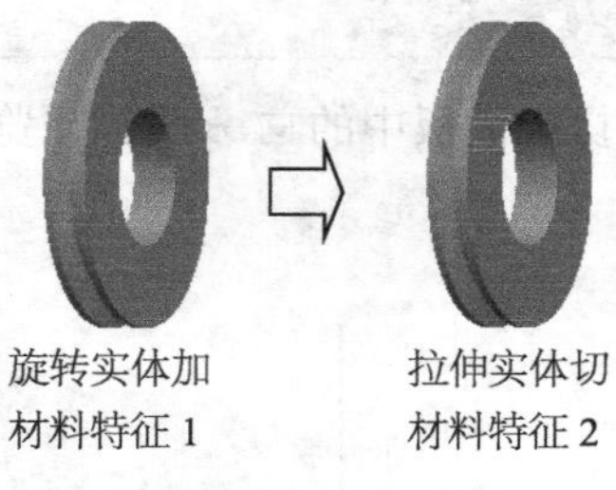

图 2-63

项目小结

本项目主要介绍了拉伸和旋转特征的结构特点、特征命令输入方法、操控面板功能以及创建特征的基本步骤。要求读者不但要熟练掌握创建拉伸和旋转特征的基本步骤，还要灵活掌握特征类型的选择、特征草绘图形的绘制，能根据实际零件的结构创建较为复杂的零件模型。

课后练习题

一、选择题（请将正确答案的序号填写在题中的括号中）

1. 拉伸特征深度的选择方式有（　）种。

（A）6　　（B）5　　（C）4　　（D）3

2. 拉伸和旋转特征的生成方向允许有（　）。
（A）1个　（B）2个　（C）3个　（D）4个

3. 一般情况下在创建拉伸和旋转实体加材料特征时，其截面图形必须（　）。
（A）开放　（B）封闭　（C）可以开放也可以封闭

4. 在创建旋转特征时，绘制的截面图形只能是（　）。
（A）轴截面的一半图形　（B）轴截面图形

二、判断题（请将判断结果填入括号中，正确的填“√”，错误的填“×”）

（　）1. 在创建旋转特征时，必须绘制中心线。
（　）2. 在创建拉伸和旋转特征时，只能生成实体加材料特征。
（　）3. 在创建拉伸和旋转加材料特征时，截面图形只能是封闭图形。
（　）4. 在创建拉伸特征时，草绘平面一定是特征的起始平面。
（　）5. 在创建拉伸特征时，草绘平面一定与特征的拉伸方向垂直。
（　）6. 在创建零件模型时，叠加特征只能加实体材料特征，不能切材料实体特征。
（　）7. 在创建特征选择参照平面时，参照平面与草绘平面必须垂直。
（　）8. 在绘制截面图形时，尺寸标注的几何参照要素可以是平面、几何点、曲线等。

三、建模练习题

1. 按图 2-64 所示的尺寸，创建零件模型。

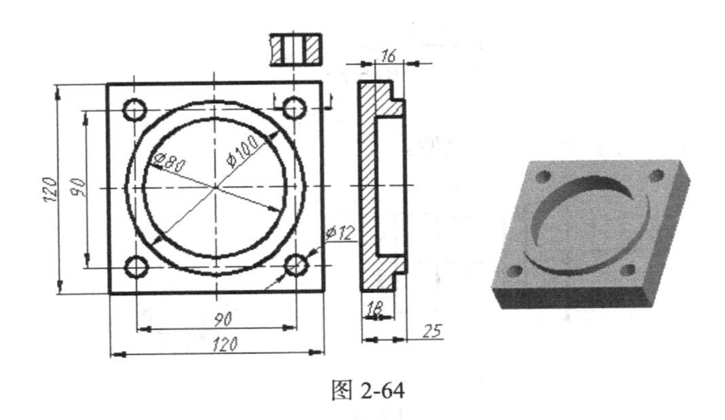

图 2-64

2. 按图 2-65 所示的尺寸，创建零件模型。

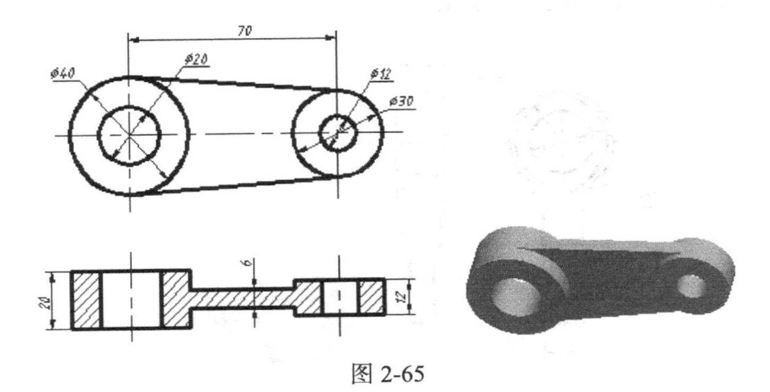

图 2-65

3. 按图 2-66 所示的尺寸，创建零件模型。

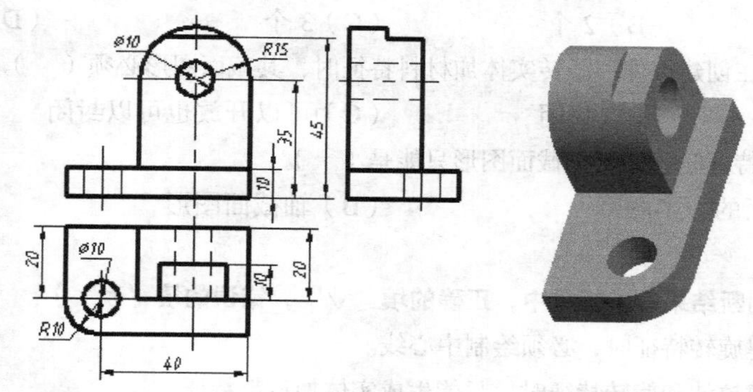

图 2-66

4. 按图 2-67 所示的尺寸，创建零件模型。

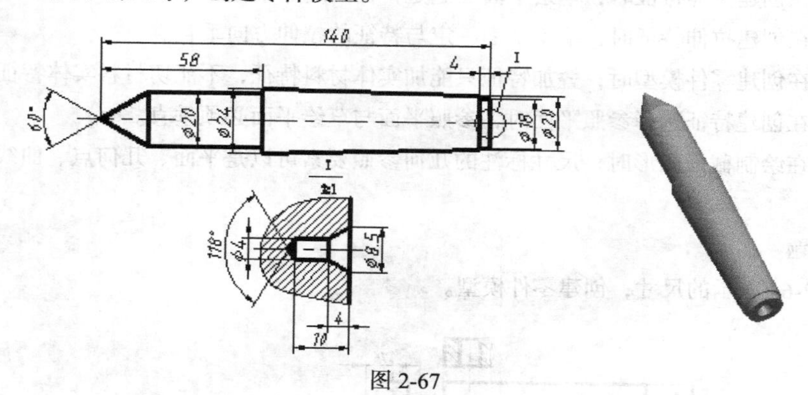

图 2-67

5. 按图 2-68 所示的尺寸，创建零件模型。

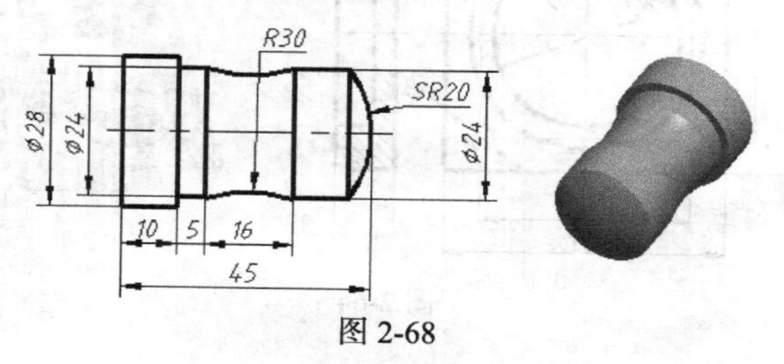

图 2-68

6. 按图 2-69 所示的尺寸，创建零件模型。

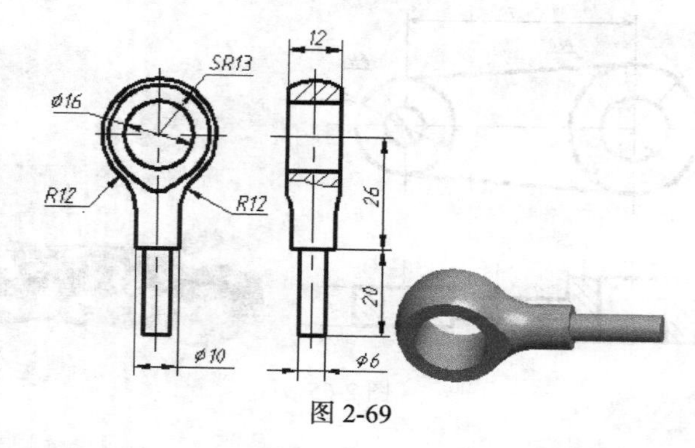

图 2-69

项目三 内六角扳手零件建模

【能力目标】

通过对扫描特征基础知识的认识和内六角扳手零件的建模练习，学生能掌握扫描特征的创建方法；通过提高实例和自测实例的学习，进一步启发学生灵活使用扫描特征的绘图技能。

【知识目标】

1. 掌握扫描特征的结构特点
2. 掌握创建扫描特征的基本方法
3. 掌握扫描特征的属性设置

一、项目导入

图3-1是机械加工中的常用工具——内六角扳手，要求用创建扫描特征的方法创建出零件模型。分析零件结构特点，将一个正六边形截面图形沿着扳手中心线进行扫描，就能形成所需的实体模型。

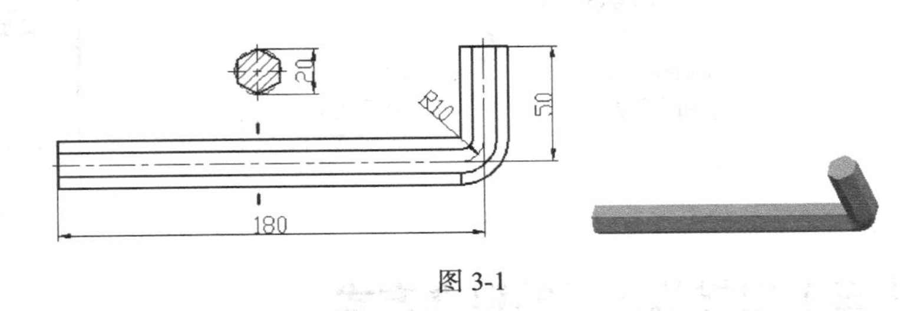

图 3-1

二、相关知识

（一）扫描特征的结构特点

如图 3-2 所示，将空间中的一条平面曲线作为扫描轨迹，在扫描轨迹线的起点位置有一个截面圆，截面沿轨迹线扫描所产生的实体就是扫描特征，在扫描的过程中，扫描截面始终与轨迹线保持垂直。扫描特征的形状是由轨迹线和截面决定的，因此扫描特征主要由两大要素组成：轨迹线和截面图形。

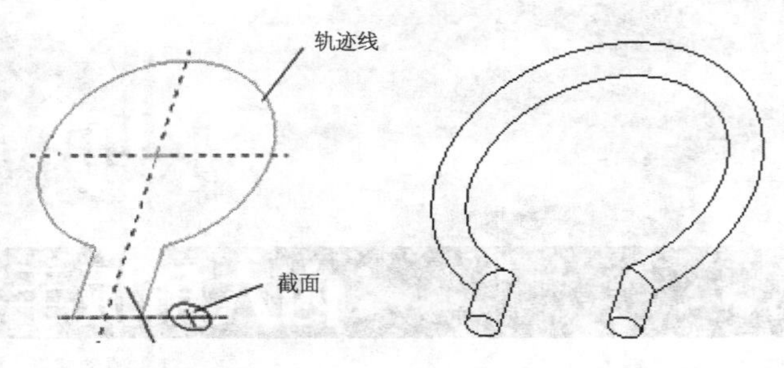

图 3-2

（二）创建扫描特征命令的输入方法

单击【插入】→【扫描】命令，有 7 种特征类型可供选择，如图 3-3 所示。

伸出项：生成实心加材料扫描特征。

薄板伸出项：生成薄板加材料扫描特征。

切口：生成实体切材料扫描特征。

薄板切口：生成薄板切材料扫描特征。

曲面：生成无实体材料的曲面扫描特征。

曲面修剪：对曲面进行扫描修剪。

薄曲面修剪：对曲面进行薄板扫描修剪。

根据需要，选择其中一种类型的特征，自动进入扫描特征创建对话框。图 3-4 为创建实体加材料扫描特征的对话框。可以从对话框的标题栏中发现信息，"如伸出项：扫描"代表生成的特征是扫描实体加材料特征，只需要定义轨迹线和截面图形。

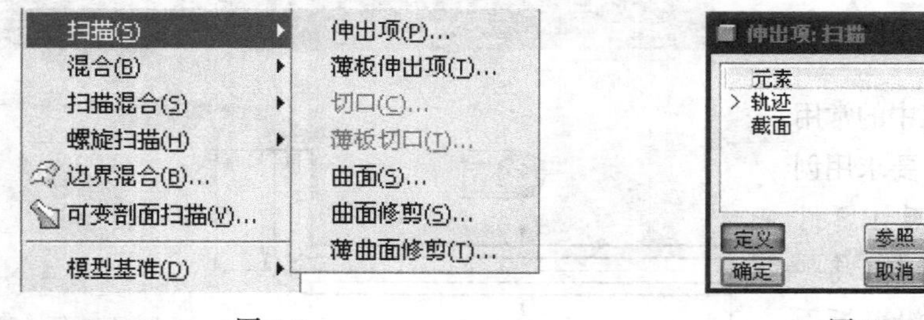

图 3-3　　图 3-4

（三）扫描轨迹线的建立方式

进入扫描特征创建对话框后，首先确定扫描的轨迹线，一般有两种方式创建轨迹线，即草绘轨迹和选取轨迹，如图 3-5 所示。

（1）草绘轨迹。草绘轨迹需要依次定义草绘平面、参考平面及其方向，进入草绘模式绘制所需的轨迹线。

（2）选取轨迹。在创建扫描特征之前，用草绘工具或其他方法预先创建出一条曲线，然后选取该曲线作为扫描轨迹线。

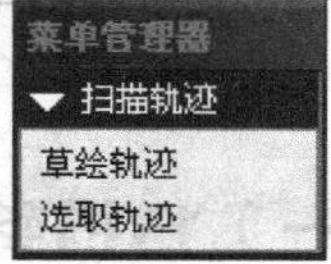

图 3-5

（四）扫描特征的属性设置

在绘制轨迹线时，轨迹线可以是封闭的，也可以是开放的，同样截面图形可以是封闭的，也可以是开放的，这样可以产生不同的组合。另外对于开放的轨迹线可能会出现端点刚好与已经创建完成的实体特征表面重合的情况。根据以上情况的不同，在进入扫描截面图形绘制之前，需要设定扫描特征的属性。

1. 增加内部因素与无内部因素

如果轨迹线为封闭的，系统则提供如图 3-6 所示的两种属性供用户选择。

（1）增加内部因素：要求截面必须是开放的，生成特征时自动添加内部的顶面和底面以形成增加内部实体，如图 3-7 所示。

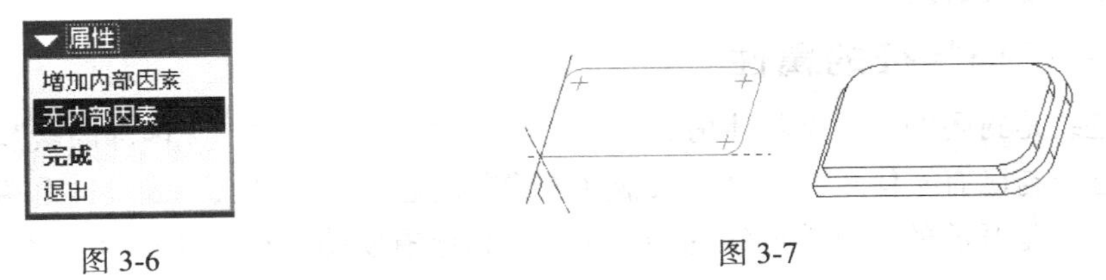

图 3-6　　图 3-7

（2）无内部因素：要求截面必须是封闭的，生成特征时不能添加内部表面，扫描特征的内部是空的，如图 3-8 所示。

如果轨迹线是开放的，则截面图形必须是封闭的，否则不能生成实体特征。

2. 合并终点与自由端点

如果轨迹线为开放的并且其端点与已有实体特征表面重合时，系统自动提供如图 3-9 所示两种属性设定。

（1）合并终点：扫描特征的端面将自动延伸，与已有实体特征合并，如图 3-10 所示。

（2）自由端点：扫描特征的端面不与已有实体特征合并，仍保持原本扫描的状态，即端面与轨迹线保持垂直，如图 3-11 所示。

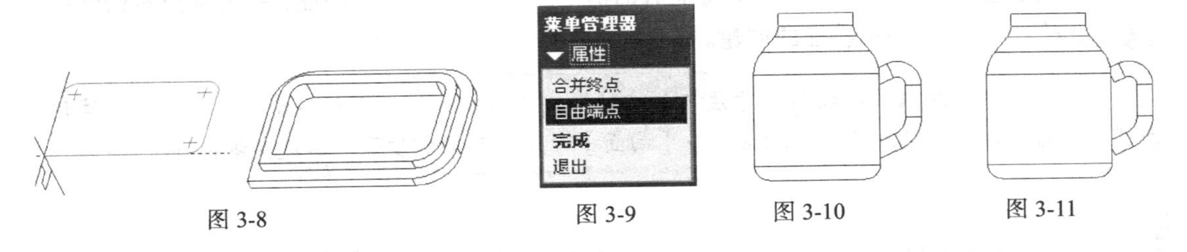

图 3-8　　图 3-9　　图 3-10　　图 3-11

（五）创建扫描特征的一般步骤

1. 建立新的零件文件

（1）单击“新建”图标，或者单击【文件】→【新建】命令，弹出“新建”对话框。

（2）输入文件名，取消选中“使用缺省模板”复选框，单击确定按钮。

（3）在“新文件选项”对话框中选择“mmns_part_solid”模板，单击确定按钮，系统进入零件模型空间。

2. 输入“扫描”命令

单击【插入】→【扫描】→【伸出项】(或其他扫描类型)命令，系统弹出扫描特征对话框(见图 3-4)，并显示“扫描轨迹”菜单管理器(见图 3-5)。

3. 确定扫描轨迹线

(1) 在“扫描轨迹”菜单管理器中单击“草绘轨迹”绘制轨迹，或单击“选取轨迹”选取扫描轨迹。这里以草绘轨迹为例。

(2) 设置草绘平面、参考平面及其方向，进入草绘模式。

(3) 按设计要求绘制所需的轨迹线，在绘制轨迹线过程中系统自动在轨迹线的端点处生成扫描的起点，选择一个点单击鼠标右键，弹出光标菜单，选择“起始点”可以切换扫描的起始点。完成后单击✔图标。

4. 设置扫描特征的属性

如果轨迹线是封闭的，根据具体情况设置“增加内部因素”或“无内部因素”。

如果轨迹线与已有实体表面重合，根据具体情况设置“合并终点”或“自由端点”。

如果轨迹线是开放的，且轨迹线的端点不与其他已有实体特征表面重合，系统直接进入截面图形的绘制。

5. 绘制扫描特征的截面图形

(1) 系统自动进入草绘模式，绘制扫描特征的截面，选择“完成”，结束扫描截面图形的绘制。

绘制截面时，草绘界面显示十字线，其中水平线位于轨迹线平面内，垂直线垂直于轨迹线所在的草绘平面，两条线的交点重合于轨迹线的起点。

(2) 如果该扫描特征为切口，可选择【方向】菜单中的【反向】命令，指定扫描切口材料的去除侧

6. 生成扫描特征

所有特征参数定义完成后，单击特征对话框中的【预览】按钮预览特征，单击特征对话框中的【确定】按钮，完成该扫描特征的创建。

创建扫描曲面特征的方法与创建扫描实体特征相似，区别在于创建扫描曲面特征时，单击【插入】→【扫描】→【曲面】命令，其操作步骤与创建实体扫描特征一样。

三、实例详解——内六角扳手零件建模

(一) 任务导入与分析

1. 建模思路分析

如图 3-12 所示，在轨迹线的任意一点用垂直于轨迹线的平面剖切实体模型，得到的横截面都是正六边形，即在扫描轨迹线各点正截面具有等截面性，根据这一特点，可以认为该零件模

型属于扫描特征，采用扫描实体加材料的方法创建该零件模型。

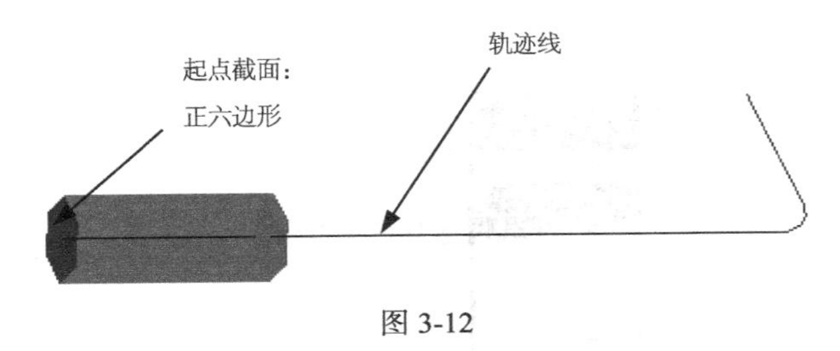

图 3-12

2. 建模要点及注意事项

（1）选择扫描特征类型为实体伸出项。

（2）由于轨迹线是开放的图形，因此截面图形应保证是封闭图形。

（3）根据零件三维模型的摆放方位，轨迹线的草绘平面应选择 FRONT 基准平面。

（二）基本操作步骤

1. 建立新的零件文件

（1）单击“新建”图标🗋，或单击【文件】→【新建】命令，在“新建”对话框中按如图 3-13 所示进行选择，在“名称”文本框中输入 No3-1，取消选中“使用缺省模板”复选框，单击确定按钮。

（2）在“新文件选项”对话框中选择“mmns_part_solid”选项，如图 3-14 所示，单击确定按钮，系统进入零件模型空间。

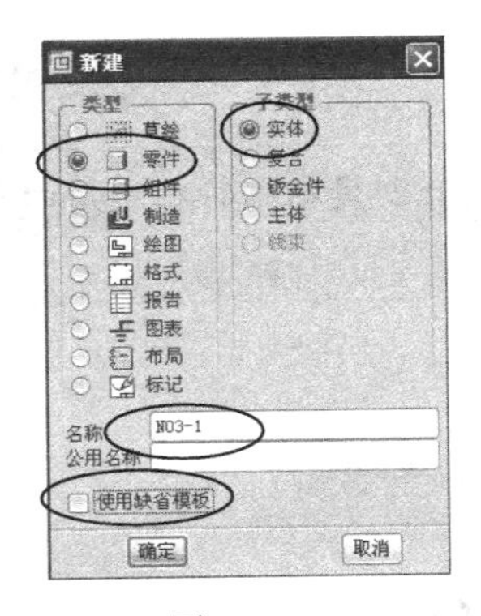

图 3-13

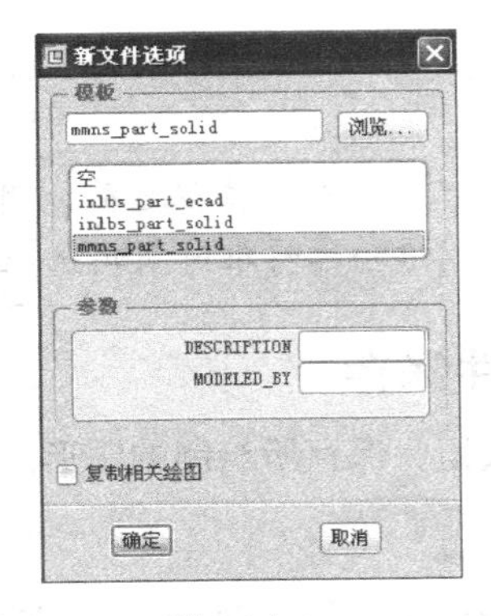

图 3-14

2. 创建内六角扳手扫描实体特征

（1）单击【插入】→【扫描】→【伸出项】命令，打开“伸出项：扫描”对话框，并显示“扫描轨迹”菜单管理器。

（2）单击“草绘轨迹”，出现“设置草绘平面”菜单管理器，如图 3-15 所示，在绘图区中选择 FRONT 面为草绘平面，此时在 FRONT 面中自动出现一个向后的视图箭头，同时在菜单管理器中弹出【正向】、【反向】选择菜单，单击【反向】可以更改视图箭头方向，单击【正向】确认视图箭头方向，单击“设置草绘视图”菜单管理器中的【顶】，如图 3-16 所示，选择 TOP 面为参考平面，以指定其方向朝顶。

（3）进入草绘界面，在 FRONT 基准平面上绘制如图 3-17 所示的扫描轨迹线，完成后单击工具栏上的✔按钮结束。

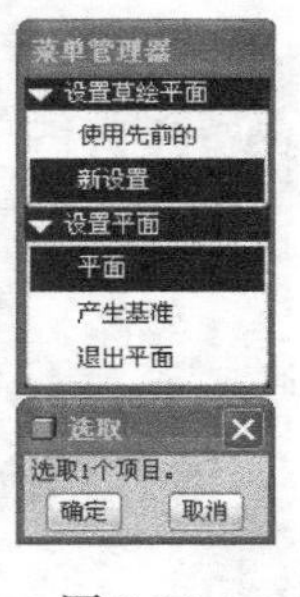

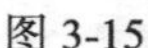
图 3-15

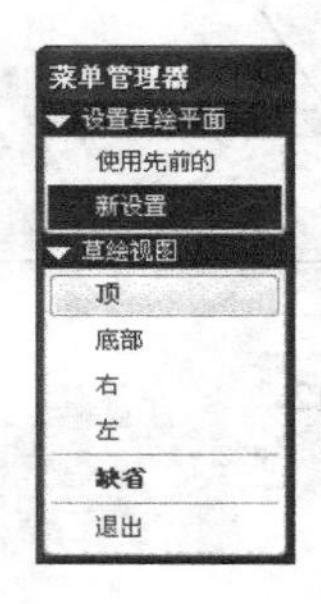

图 3-16

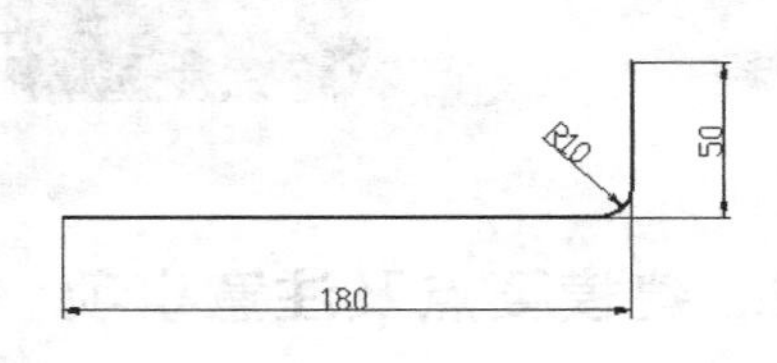

图 3-17

（4）完成轨迹线的绘制（没有属性设置）后，系统自动进入草绘截面环境，绘制如图 3-18 所示的截面图形，单击工具栏上的✔按钮结束截面图形的绘制。

在绘制正六边形时，可以先绘制一个圆，选中圆后单击鼠标右键，出现光标菜单，选择“切换结构”，将该圆变成虚线圆，然后用直线绘图命令在圆上绘制六条边，边的端点一定要落在圆周上，使用相等的约束条件，约束六边长相等。

（5）单击“伸出项：扫描”对话框中的确定按钮完成手柄的创建。至此，完成内六角扳手的建模绘图，如图 3-19 所示。

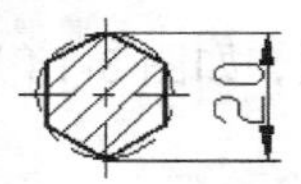

图 3-18

图 3-19

可以在创建特征之前，用草绘工具事先绘制好创建扫描特征所用的轨迹线，然后在创建扫描特征时采用选取轨迹线的方法。

3. 文件保存

单击🖫按钮，保存所绘制的图形。

四、提高实例——简易水杯零件建模

（一）任务导入与分析

1. 任务导入

按照图 3-20 所示的图纸要求，创建出简易水杯。

2. 建模思路分析

零件模型可以拆分为两个特征组成——杯体部分和手柄部分，杯体是回转体且壁厚均匀，而手柄部分沿轨迹线具有等截面特性。

零件模型创建步骤如下。

（1）创建旋转薄板实体特征。

（2）创建扫描实体特征。

图 3-21 为零件模型创建过程的分解图。

图 3-20　　图 3-21

3. 建模要点及注意事项

（1）创建零件模型时必须先创建杯体，然后创建手柄。

（2）绘制手柄扫描轨迹线时，轨迹线的起点和终点必须与杯体外侧面重合。

（3）由于杯体壁厚均匀，所以可采用旋转薄板实体特征的方式创建杯体。

（4）创建手柄实体特征时，设置扫描特征的属性为“合并端点”，以保证手柄和杯体融合在一起。

（二）基本操作步骤

1. 创建新的零件文件

单击“新建”图标🗋，或单击【文件】→【新建】命令，输入名称 No3-2，选择公制模板“mmns_part_solid”。

2. 创建简易水杯杯体

（1）单击“旋转”图标，或者单击【插入】→【旋转】命令，打开旋转特征操控面板，单击操控面板的“实体”按钮建立旋转实体特征，单击“薄体”按钮生成薄壁特征。在操控面板的“放置”上滑面板中单击“定义”按钮，打开“草绘”对话框，选取 FRONT 基准平面为草绘平面，选择 RIGHT 基准平面为参考平面朝右，如图 3-22 所示。

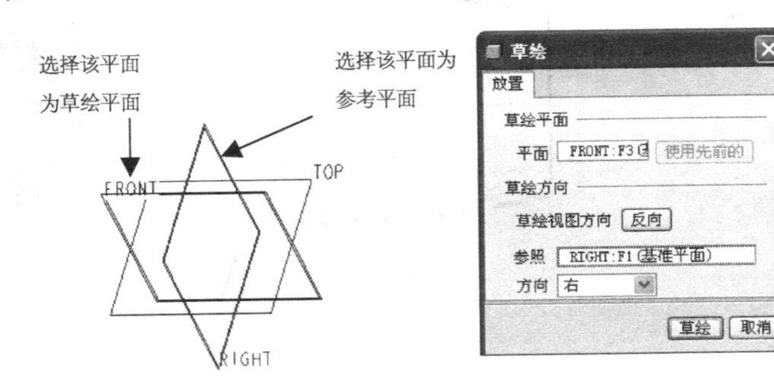

图 3-22

（2）单击“草绘”按钮进入草绘界面，绘制如图 3-23 所示的截面图形，然后单击工具栏上的✔按钮，返回旋转特征操控面板。

在绘制旋转特征截面图形时一定要绘制一条垂直的中心线，而且由于产生薄板特征，所以截面的几何图元只有一条圆弧和底部的水平线。

（3）在旋转特征操控面板中定义旋转角度为 360°，薄体厚度为 2，单击“切换”按钮使薄体厚度增长方向朝内，如图 3-24 所示。

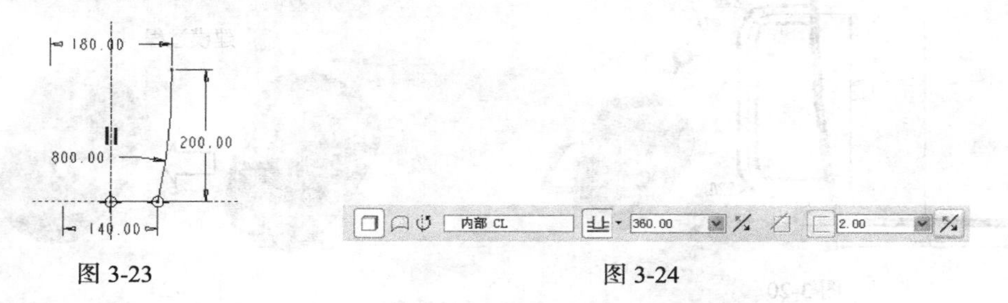

图 3-23　　　　图 3-24

（4）单击✔按钮生成水杯杯体特征。

3. 创建简易水杯手柄

（1）选择【插入】→【扫描】→【伸出项】命令，单击“草绘轨迹”，选取 FRONT 基准平面为草绘平面，选择 RIGHT 基准平面为参考平面朝右，系统自动进入轨迹线的草绘界面。

（2）单击【草绘】→【参照】命令，选择杯体外弧线为草绘参照，绘制如图 3-25 所示的扫描轨迹线，完成之后单击工具栏上的✔按钮结束。

（1）选择杯体外弧线为草绘参照可使扫描轨迹线端点重合在杯体外侧表面。

（2）箭头代表扫描的起始点，可以单击其他点，然后单击鼠标右键，选择光标菜单中的“起始点”，切换扫描的起点。

（3）对于开放的轨迹线，扫描的起点一定要位于两个端点上，不能在中间点上。

（3）单击【属性】→【合并终点】→【完成】命令，进入绘制截面的草绘界面，绘制如图 3-26 所示的扫描截面图形，之后单击工具栏上的✔按钮结束。

（4）单击“伸出项：扫描”对话框中的 确定 按钮完成手柄的创建。至此，完成简易水杯的创建，效果如图 3-27 所示。

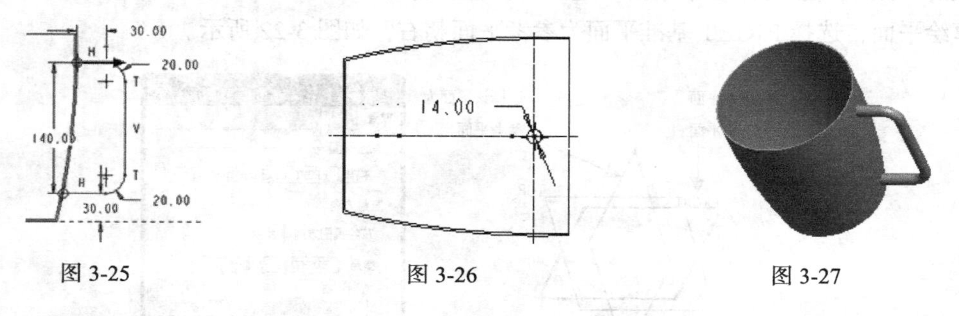

图 3-25　　　　图 3-26　　　　图 3-27

4. 文件保存

单击按钮，保存所绘制的图形。

五、自测实例——衣架零件建模

（一）任务导入与分析

1. 任务导入

按图 3-28 所示的尺寸要求，用扫描的方法创建出零件模型。

2. 建模思路分析

该零件模型的任意截面都是一个直径为ϕ10 的圆，在扫描轨迹线上具有等截面性，因此采用创建扫描特征的方法创建零件模型。

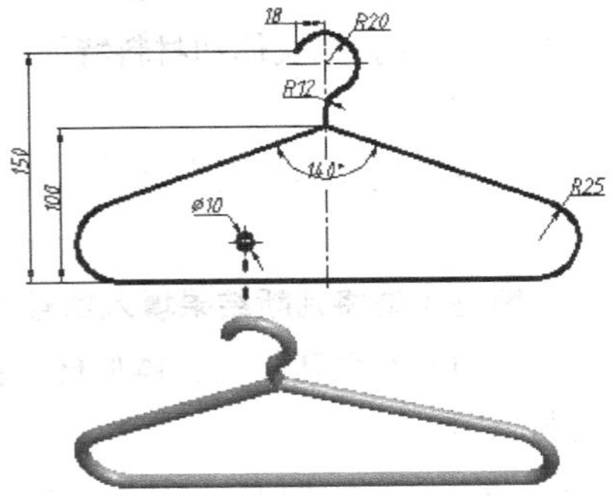

图 3-28

3. 建模要点及注意事项

（1）零件模型在创建完成后，零件的缺省摆放方位应与右侧的轴测图相同。

（2）绘制轨迹线时，应注意扫描的起点应在圆弧的上端点处。

（3）该零件的轨迹线有对称性。

（二）建模过程提示

（1）采用扫描实体加材料方式创建零件模型。

（2）轨迹线的草绘平面应选取 FRONT 基准平面。

（3）可以尝试采用草绘工具事先绘制出扫描的轨迹线，然后在创建扫描特征时采用选取轨迹线的方式。

项目小结

本项目主要介绍了扫描特征的结构特点、输入扫描特征命令的 7 种方式、扫描轨迹线的创建方式、扫描特征的属性设置以及创建扫描特征的基本步骤，要求学生不但要熟练掌握创建扫描特征的基本步骤，还能根据不同的情况正确设置特征的属性，调整扫描起始点的位置。

课后练习题

一、选择题（请将正确答案的序号填写在题中的括号中）

1. 扫描特征的两大要素是（　）。

（A）轨迹线、截面图形　　　　　　（B）轨迹线、扫描起始点

（C）截面图形、扫描起始点　　　　（D）轨迹线、草绘平面

2. 扫描特征在扫描的轨迹线上具有（　）的特性。

（A）不等截面性　（B）等截面性　　（C）截面可变

3. 在创建扫描实体加材料特征时，如果轨迹线是开放的，则截面图形必须（　）。

（A）开放　　　（B）封闭　　　　（C）可以开放也可以封闭

4. 在创建扫描实体加材料特征时，如果轨迹线封闭的，且截面图形也是封闭的，扫描特征的属性必须选择（　）。

（A）增加内部因素　　　　（B）无内部因素　　　　（C）两者都可以

二、判断题（请将判断结果填入括号中，正确的填“√”，错误的填“ × ”）

（　）1. 在创建扫描实体加材料特征时，如果轨迹线是封闭的，则截面图形可以是开放的也可以是封闭的。

（　）2. 在创建扫描特征时，只能加材料。

（　）3. 在创建扫描特征时，如果轨迹线是开放的，则扫描的起始点可以是任意位置。

（　）4. 在创建扫描特征时，如果轨迹线是封闭的，则扫描的起始点可以是任意位置。

三、建模练习题

1. 按图 3-29 所示的尺寸，创建零件模型。

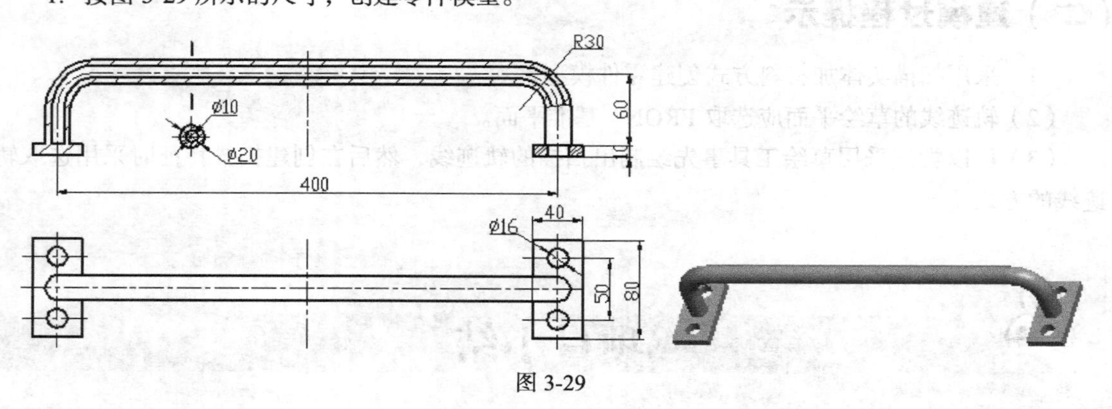

图 3-29

2. 按图 3-30 所示的尺寸，创建零件模型。

3. 按图 3-31 所示的尺寸，创建零件模型。

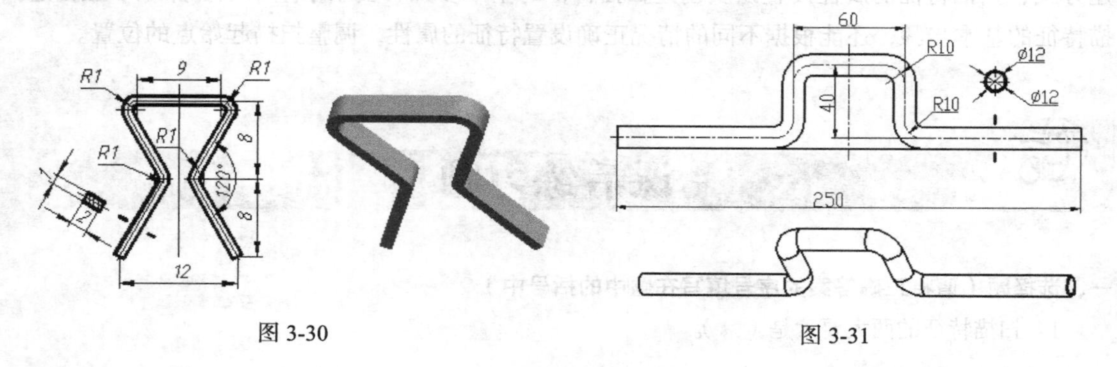

图 3-30　　　　图 3-31

项目四

方杯零件建模

【能力目标】

通过对混合特征基础知识的认识以及方杯零件、变径弯管零件和螺旋输送杆零件的建模练习，学生能熟练掌握3种类型混合特征的基本绘图方法，掌握混合特征截面图形的基本要求以及切换截面、切换起始点、增加混合点的方法，通过提高实例和自测实例的学习，进一步启发学生灵活使用混合特征的绘图技能。

【知识目标】

1. 掌握混合特征的结构特点
2. 掌握创建3种不同类型混合特征的基本步骤
3. 掌握混合特征草绘截面图形的技巧
4. 掌握混合特征属性设置

一、项目导入

图4-1所示的方杯是常见的生活用品，方杯上圆下方，中间镂空，要求用创建混合特征的

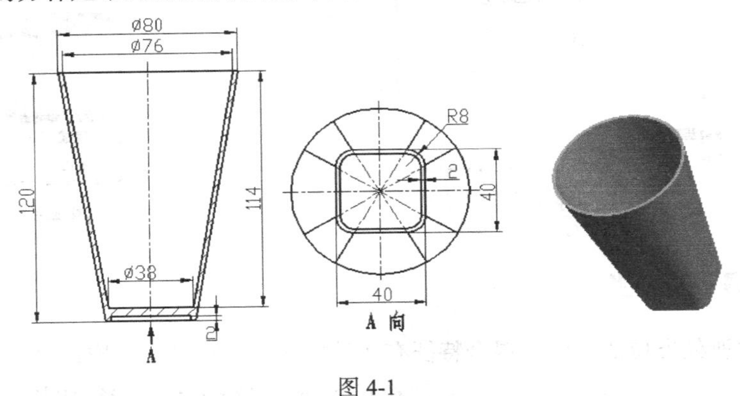

图 4-1

方法，按照图中的尺寸要求创建零件模型。

二、相关知识

（一）混合特征的结构特点

如图 4-2 所示，将空间中的两个或两个以上不同截面的图形，按照特定的混合方式，将对应点依次连接起来所形成的特征实体，就是混合特征，在截面之间产生线性渐变，因此这种特征在不同位置的截面不相等。混合的截面至少两个或两个以上。

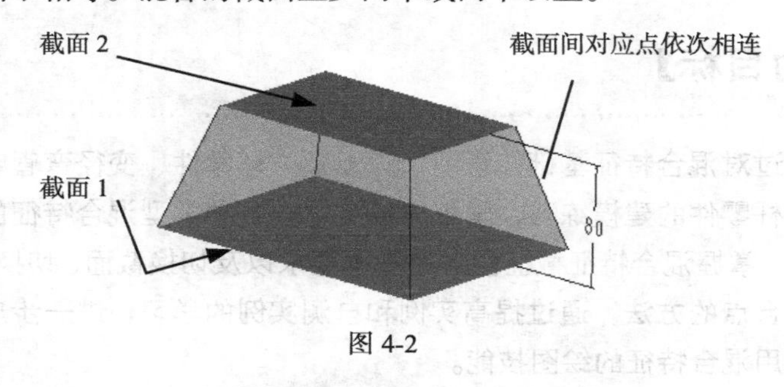

图 4-2

（二）创建混合特征命令的输入方法

单击【插入】→【混合】命令后，有 7 种混合特征类型可供选择，即“伸出项”、“薄板伸出项”、“切口”、“薄板切口”、“曲面”、“曲面修剪”和“薄曲面修剪”，如图 4-3 所示。

选择其中一种混合类型的特征后，系统自动弹出“混合选项”菜单管理器，如图 4-4 所示。截面有两种，一般采用规则截面，而投影截面只是针对平行混合，将平面图形投影到指定的表面。截面的绘制也有两种方式，一种是选取截面，另一种是草绘截面，在没有截面可选的情况下，一般采用草绘截面。

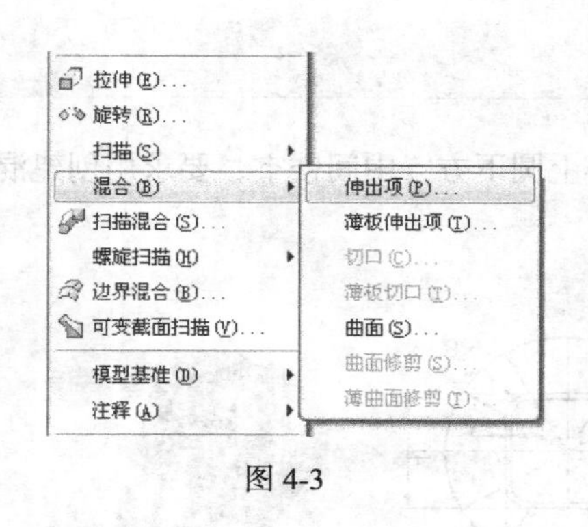

图 4-3

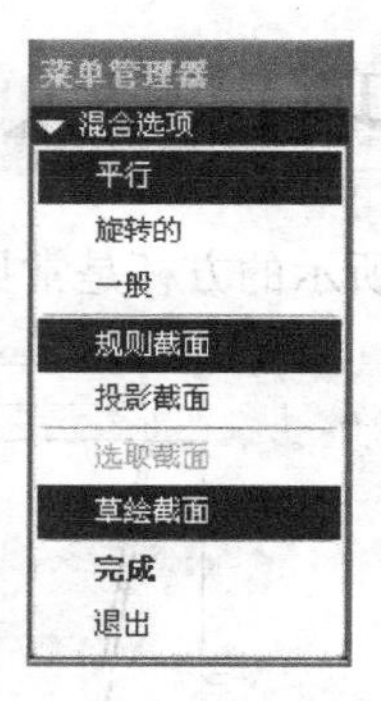

图 4-4

（三）3 种混合方式

根据各截面所处方位的不同，混合特征有 3 种方式：平行混合、旋转混合、一般混合。

（1）平行混合。各混合截面所在的平面相互间处于平行关系，特征成长方向与平面垂直，如图 4-2 所示。

（2）旋转混合。各混合截面所在的平面相互不平行，但各平面间交汇于同一条公共的轴线，如图 4-5 所示。

（3）一般混合。各混合截面所在的平面互相不平行，也没有交汇于同一条公共的轴线，如图 4-6 所示。

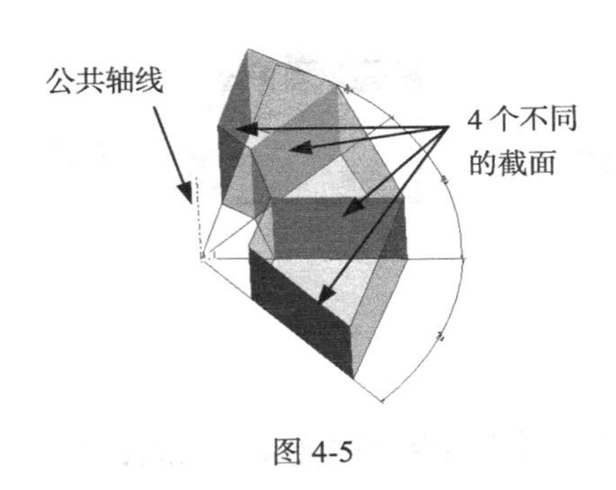

图 4-5

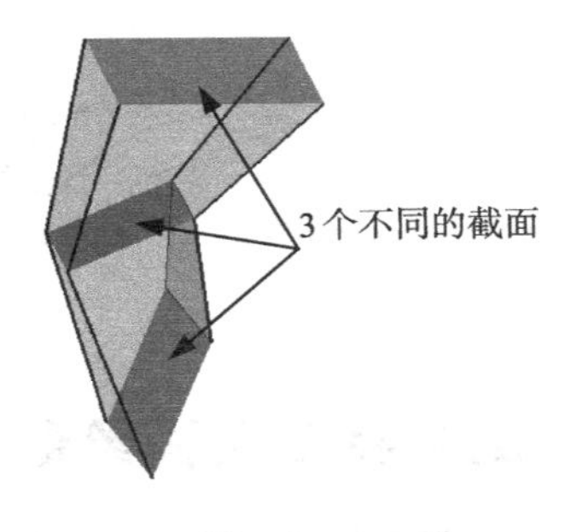

图 4-6

（四）混合特征的属性设置

（1）“直”和“光滑”。不管是平行混合、旋转混合还是一般混合，两个以上的截面之间都可以有两种连接方式。

直：各截面间对应点以直线线性连接。

光滑：各截面间对应点以光滑曲线连接。

图 4-7 为两种不同连接的效果。对于只有两个截面的混合特征，直连接和光滑连接并没有区别。

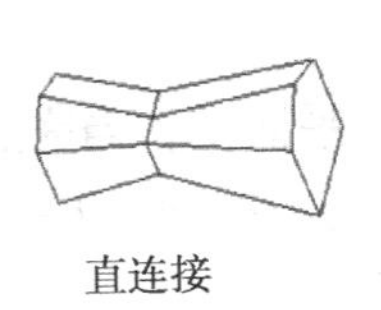

直连接

光滑连接

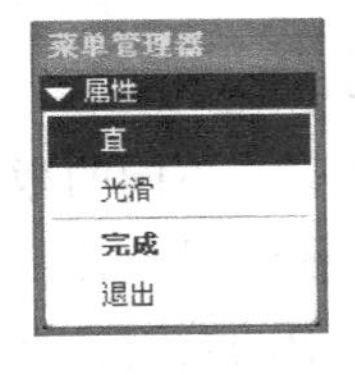

图 4-7

（2）“开放”和“封闭的”。只针对于旋转混合特征，对于第一个截面和最后一个截面之间有两种处理方法。

开放：依次连接各个截面，首尾两个截面不连接，形成开口的实体特征。

封闭的：不但依次连接各个截面，而且将首尾两截面连接，形成封闭的实体特征。

图 4-8 为两种不同属性选项的效果，如果选择“封闭的”选项，特征的截面数必须是 3 个或 3 个以上。

开放

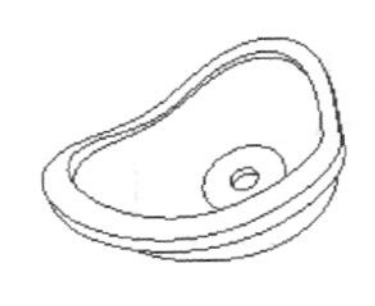

封闭的

图 4-8

（3）“尖点”和“光滑”。在旋转混合特征或一般混合特征中，如果最后的截面只有一个点图元，则该截面的图形设计也有两种处理方法。

尖点：表示截面间连线自然交汇形成尖点。

光滑：表示连线保持与点截面所在的草绘平面相切。

图 4-9 为两种不同属性选项的效果，出现该属性设置的先决条件是最后一个截面必须只有一个点图元。

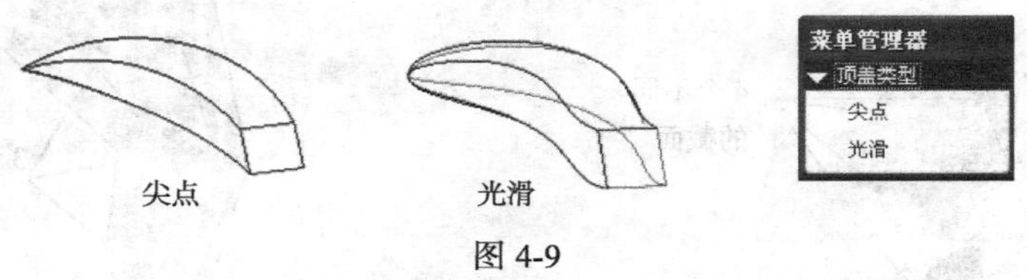

图 4-9

（五）混合特征截面绘制要求

（1）各截面的顶点数必须相等。混合特征是将各截面的顶点依次连接，因此各截面的顶点数量必须相等，否则就有顶点空余，不能完成特征的混合连接。

（2）合理的起始点。每个截面都必须定义一个混合的开始起点，每个截面的起始点相连，然后顺着一个方向顶点依次相连，如果起始点不合理，就容易造成特征的扭曲混合。

（3）混合顶点不能作为起始点。在混合顶点中若存在两个或两个以上点，系统就不知哪个顶点是起始点。

（六）特征工具

为了满足混合特征截面绘制要求，必须使用特征工具对截面图元进行调整。

1. 切换剖面

在平行混合法中，不同的截面图形必须绘制在同一个草绘平面中，当完成其中一个截面图形后，绘制下一个截面图形时，为了区别两个截面图形，必须切换截面，上一个截面图形变灰，进入下一个截面图形的绘制，绘制完后，继续切换截面，进入下一个截面的绘制，如果最后一个截面中没有任何图元，则继续切换剖面，重新回到第一个截面。切换截面的方法有以下 2 种。

（1）单击【草绘】→【特征工具】→【切换截面】命令，如图 4-10 所示。

（2）单击鼠标右键，出现光标菜单，选择“切换截面”，如图 4-11 所示。

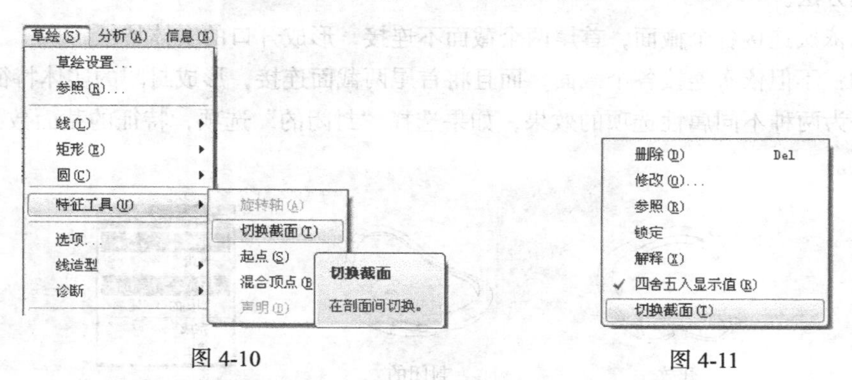

图 4-10　　图 4-11

切换剖面只有在平行混合方式中采用。

2. 切换起始点

草绘截面时，在选择状态下，选择一个图元点，如图 4-12 所示，然后切换起始点。切换起始点的方法也有两种。

（1）单击【草绘】→【特征工具】→【起点】命令，如图 4-13 所示。

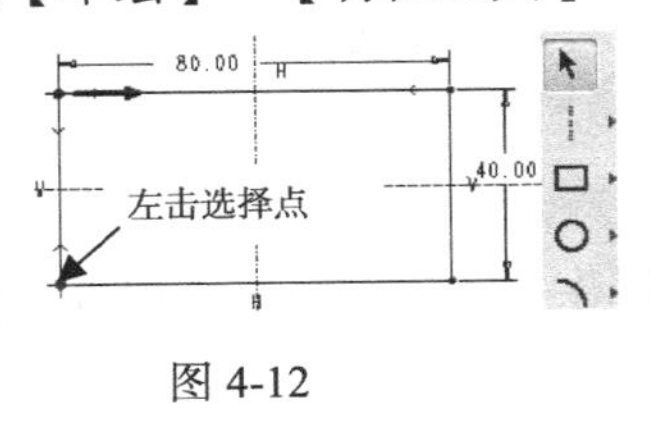

图 4-12

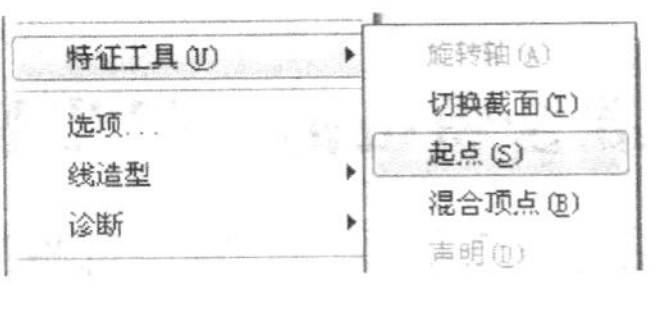

图 4-13

（2）单击鼠标右键，出现光标菜单，选择“起点”，如图 4-14 所示。

3. 分割点

图 4-15 所示的混合特征中有两个截面，截面 1 是一个矩形，有 4 个顶点，截面 2 是一个圆，没有顶点，两个截面的顶点数不同。

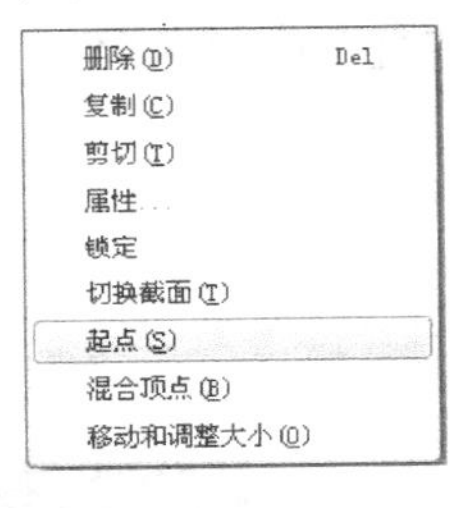

图 4-14

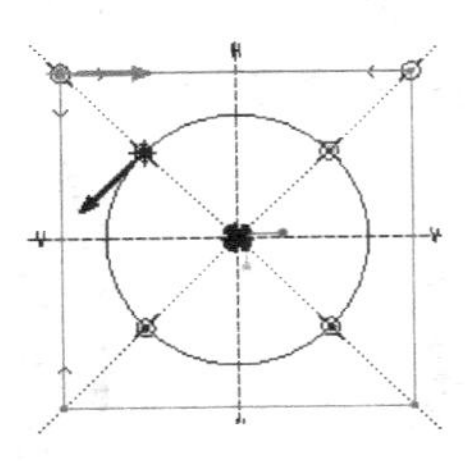

图 4-15

为了使两截面顶点数相等，可以使用草绘工具中的分割命令，将截面 2 的图元分割成 4 个顶点。截面顶点数不同时一般采用“以少变多”的方法，分割点就是其中的方法之一。具体方法如下。

（1）绘制经过圆中心和矩形顶点的两条中心线。

（2）单击“分割”图标，将光标移动到圆和中心线的交点上单击，完成打断。

4. 混合顶点

当混合特征中一个截面的一个点与相邻截面的两个或两个以上点同时连接时，在该点需要增加混合点。单击右侧工具栏图标，使系统处于选择状态下，鼠标左击选择一个点。

（1）单击【草绘】→【特征工具】→【混合顶点】命令，如图 4-16 所示。

（2）单击鼠标右键，出现光标菜单，选择“混合顶点”，如图 4-17 所示。

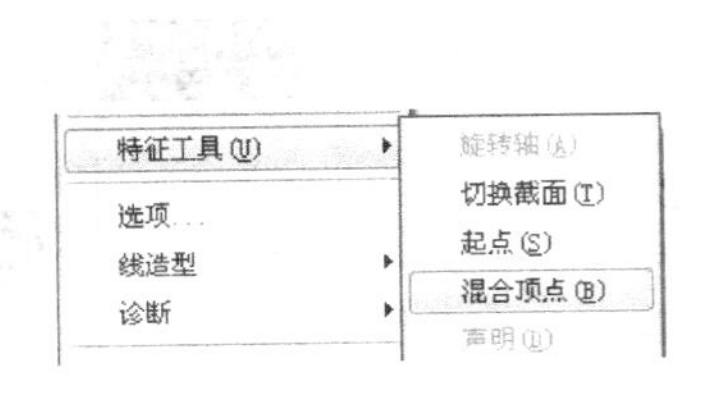

图 4-16

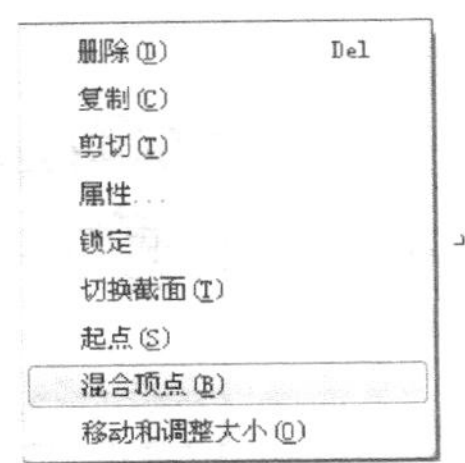

图 4-17

在图 4-18 所示的混合特征效果图中，上截面的一个点同时与下截面的两个点同时连接。如果一个截面图形只有唯一的一个点，则该点可以与多个点同时连接，如图 4-19 所示。

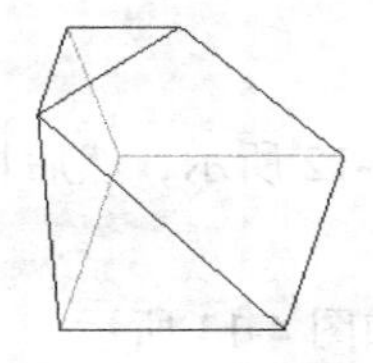
图 4-18

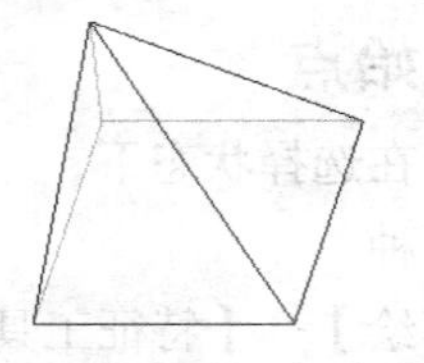
图 4-19

（七）创建混合特征的一般步骤

由于特征混合有 3 种混合方式，每种混合方式的操作步骤不同，以下仅以“伸出项”为例说明创建 3 种混合方式特征的操作步骤。

1. 平行混合特征的操作步骤

（1）单击【插入】→【混合】→【伸出项】命令，弹出“混合选项”菜单管理器，如图 4-20 所示，选择“平行”、“规则截面”、“草绘截面”，单击“完成”，进入平行混合特征创建对话框，如图 4-21 所示。

（2）属性设置。根据需要，选择截面之间的连接为“直”或“光滑”，单击“完成”，进入草绘平面设置，如图 4-22 所示。

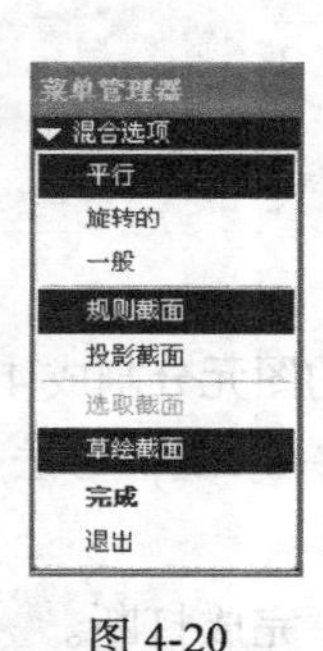

图 4-20

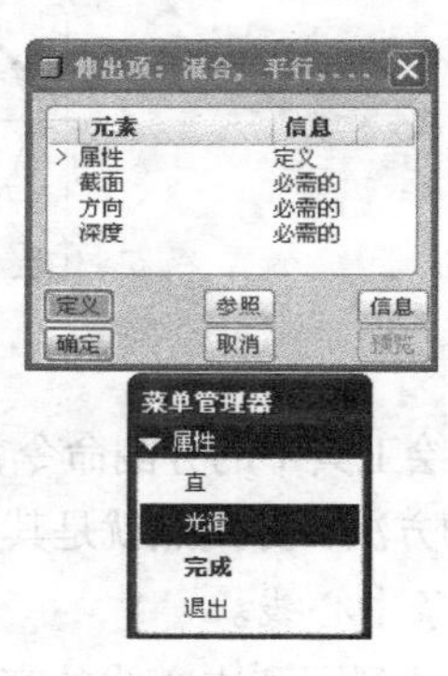

图 4-21

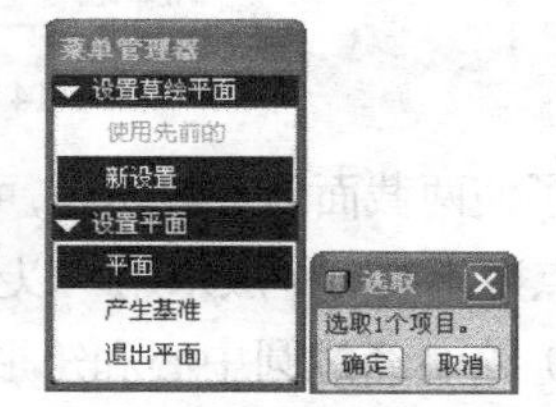

图 4-22

（3）设置草绘平面。所选择的草绘平面为特征第一个截面所在位置，在草绘平面上自动出现一个红色的箭头，如图 4-23 所示。箭头代表平行混合特征成长方向，单击“反向”可以切换特征成长方向，单击“确定”弹出参照面设置，如图 4-24 所示，选择参照面的朝向，如顶、底部、右、左，再选择参照面，自动进入草绘界面。此时箭头方向是指向绘图者的。

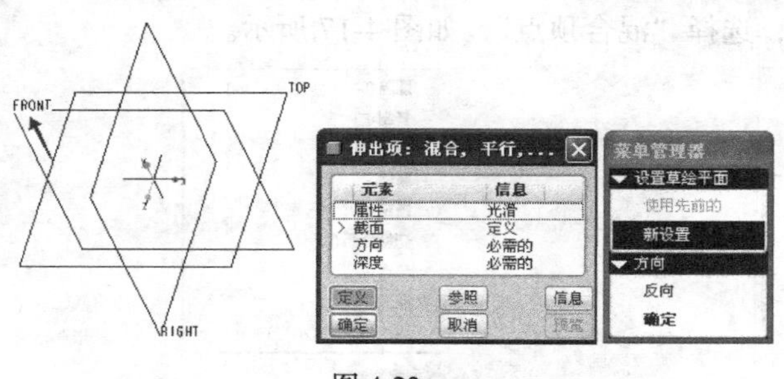

图 4-23

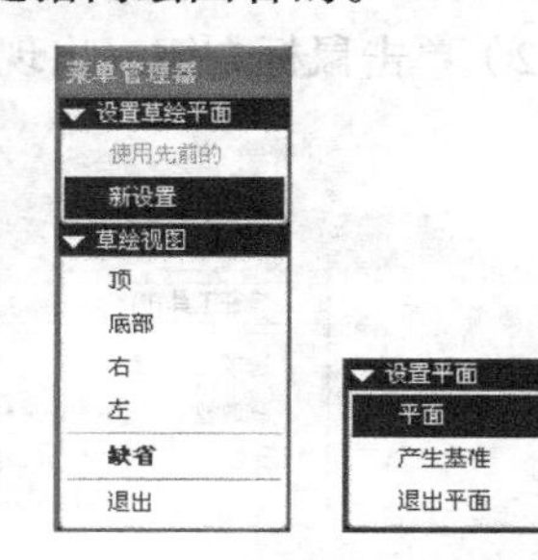

图 4-24

草绘平面可以选择现有的平面，如果不能选取，可以单击“产生基准”来创建一个新的基准平面。

对于第一个特征，草绘面和参照面都只能选择基准平面。一般而言，如果选择草绘面为

FRONT 或 TOP 面，则选择 RIGHT 面为参照面朝右，这种选择就是系统的缺省定位方式；但如选择 RIGHT 面为草绘面，最好选择 TOP 面朝顶，而不用缺省定位方式。

平行混合特征草绘平面选取原则如下。
草绘平面一定是特征的第一个截面所在的面。
草绘平面一定要在平行混合特征成长方向垂直的面。

（4）绘制截面 1 图形。进入草绘界面后，绘制第一个截面图形，绘制截面时要注意顶点数相同和合理的起始点。

（5）切换截面绘制截面 2。切换截面后，第一个截面图形自动变成灰阶状态，绘制第二个截面图形时也要注意顶点数和起始点。如果有截面 3、截面 4 图形，可以一直切换下去，直到最后一个截面绘制完成，最后单击✔按钮。

（6）输入相邻截面的深度。在绘图区的上方输入截面 2 和截面 3 的深度，依此类推。

（7）完成特征创建。单击混合特征对话框中的“预览”，可以对特征进行预览，单击“确定”完成特征的创建。

2. 旋转混合特征的创建步骤

（1）单击【插入】→【混合】→【伸出项】命令，弹出“混合选项”菜单管理器。选择“旋转”、“规则截面”、“草绘截面”，单击“完成”，进入旋转混合特征创建对话框，如图 4-25 所示。

（2）属性设置。根据需要，截面连接选择“直”或“光滑”，首尾截面是否封闭选择“开放”或“封闭的”，单击“完成”，进入草绘平面设置。

（3）设置草绘平面。选择草绘平面后，该草绘平面上自动出现一个红色的箭头，如图 4-26 所示。箭头代表旋转混合特征草绘平面的视图方向，单击“反向”可以切换视图方向，单击“确定”出现参照面设置，选择参照面的朝向，再选择参照面，自动进入草绘界面。

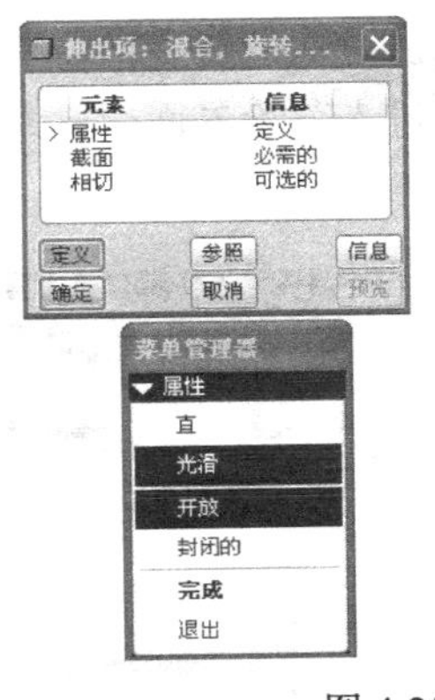

图 4-25

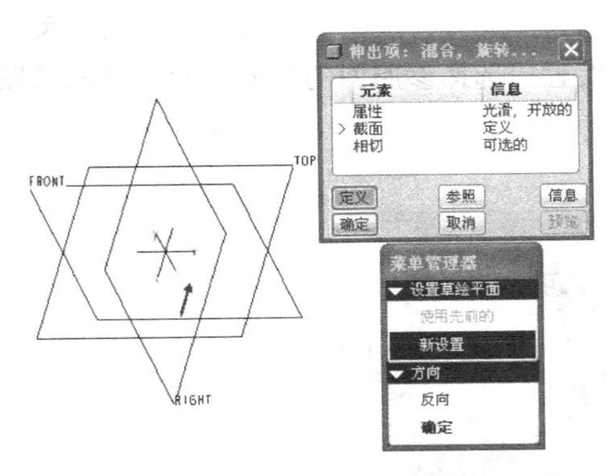

图 4-26

旋转混合特征草绘平面选取原则如下。
草绘平面一定是特征的第一个截面所在的面。
草绘平面一定要在旋转混合特征旋转轴线所在的面。

（4）绘制截面 1 图形。进入草绘界面后，绘制第一个截面图形。

绘制每个截面时必须在图形中单击图标来绘制坐标，坐标的 Y 轴就是旋转特征的旋转轴线，而且无论如何 Y 轴始终垂直朝上，同时在绘制截面时也要注意顶点数相同和合理的起始点，单击✔按钮结束当前截面的草绘。

（5）输入截面 2 绕 Y 轴的旋转角度（0～120°）。

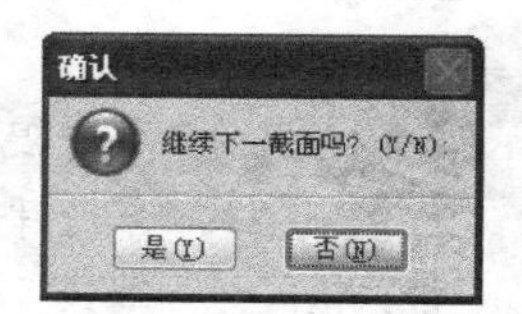

图 4-27

（6）绘制截面 2 图形。系统自动进入草绘界面，绘制第二个截面图形，绘图时也要注意绘制坐标、顶点数要相等，且要有合理的起始点。完成后单击✔按钮。

（7）提示“继续下一截面吗”，如图 4-27 所示，如果单击“是”按钮，则进入下一截面的绘制，如果单击“否”按钮，则结束截面的绘制，完成旋转特征的创建。

（8）如果最后一个截面的图形只是一个点，则提示选择顶盖类型，如图 4-28 所示。

图 4-28

（9）完成特征创建。单击混合特征对话框中的“预览”，可以对特征进行预览，单击“确定”完成特征的创建。

绕 Y 轴旋转的角度范围为 0°～120°。
每个截面都必须绘制坐标。

3. 一般混合特征的创建步骤

（1）单击【插入】→【混合】→【伸出项】命令，弹出“混合选项”菜单管理器。选择“一般”、“规则截面”、“草绘截面”，单击“完成”，进入一般混合特征创建对话框，如图 4-29 所示。

（2）属性设置。根据需要，属性选择“直”或“光滑”，单击“完成”，进入草绘平面设置。

（3）设置草绘平面。选择草绘平面，该草绘平面上自动出现一个红色的箭头，如图 4-30 所示。箭头代表一般混合特征的创建方向，单击“反向”可以切换特征创建方向，单击“确定”出现参照面设置，选择参照面的朝向，然后选择参照面，自动进入草绘界面，此时特征创建方向指向绘图者。

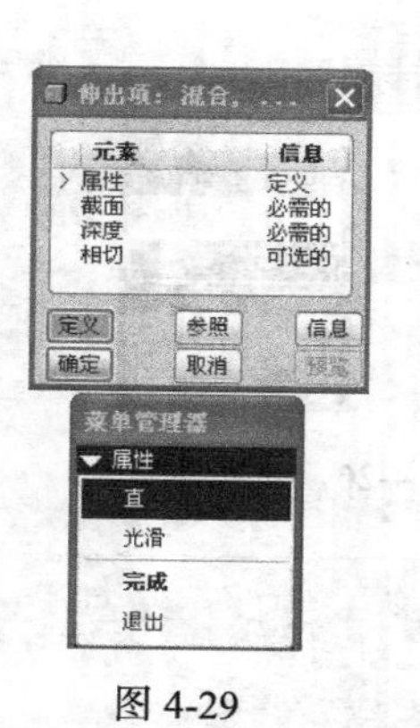

图 4-29

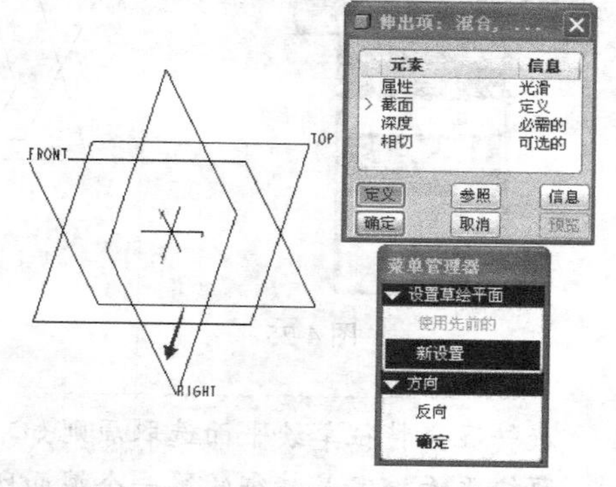

图 4-30

一般混合特征草绘平面选取原则如下。
草绘平面一定是特征的第一个截面所在的面。

（4）绘制截面 1 图形。进入草绘界面后，绘制第一个截面图形。绘制每个截面时必须在图形中单击图标来绘制坐标，此时坐标的 X 轴水平朝右，Y 轴垂直朝上，Z 轴垂直草绘平面向外，即指向绘图者，同时在绘制截面时也要注意顶点数相同和合理的起始点，单击✔按钮结束当前截面的草绘。

（5）输入截面 2 绕 X 轴的旋转角度、绕 Y 轴的旋转角度以及绕 Z 轴的旋转角度（−120°～120°）。

（6）绘制截面 2 图形。系统自动进入草绘界面，绘制第二个截面图形，绘图时也要注意绘制坐标，顶点数相等和合理的起始点。完成后单击✔按钮。

（7）提示“继续下一截面吗”，如果单击“是”按钮，则输入绕 X、Y、Z 轴的旋转角度，进入下一截面的绘制；如果单击“否”按钮，结束截面的绘制。

（8）分别输入截面 2、截面 3 等截面的深度值，结束特征的创建。深度的定义是两个相邻截面坐标间的距离。

（9）如果最后一个截面的图形只是一个点，提示选择顶盖类型是尖点还是光滑，根据具体需要进行选择。

（10）完成特征创建。单击混合特征对话框中的“预览”，可以对特征进行预览，单击“确定”图标完成特征的创建。

绕 X、Y、Z 轴旋转的角度范围为−120°～120°，每个截面都必须绘制坐标。

三、实例详解——方杯零件建模

（一）任务导入与分析

1. 建模思路分析

（1）图形分析。如图 4-31 所示，方杯的内空属于回转体，可以用旋转切材料的方法创建。方杯底部的方形槽，可以用拉伸切材料的方法创建。方杯的主体，上端为 ϕ80 的圆，下端为 40×40 的四边形，且两截面图形平面平行，因此可以采用平行混合特征的方法创建。

（2）建模的基本思路。将零件模型拆分为 3 个特征，创建思路如图 4-32 所示。

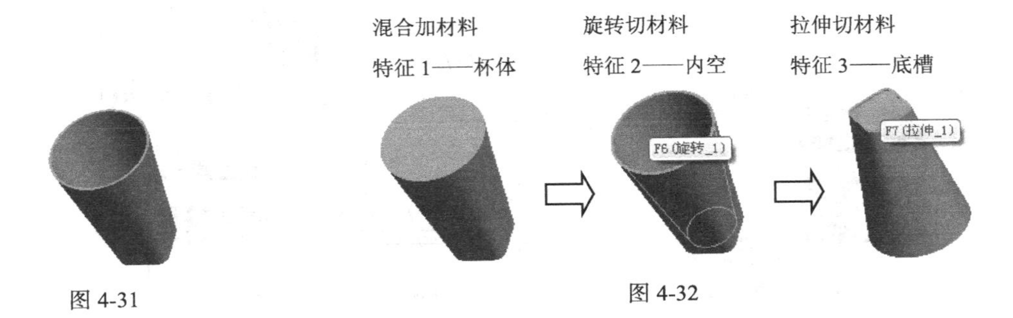

图 4-31　　图 4-32

2. 建模要点及注意事项

（1）特征 1 为特征加材料，特征 2、特征 3 为切材料。

（2）特征 1 采用平行混合加材料，其草绘平面选择 TOP 基准平面，特征成长深度可以往上或往下，注意第一个截面图形一定要在草绘平面内。

（3）特征 2 采用切材料，草绘平面选择 FRONT 基准平面；特征 3 也采用切材料，草绘平面选择特征 1 下表面。

（二）基本操作步骤

1. 建立新的零件文件

单击“新建”图标🗋，或单击【文件】→【新建】命令，在“新建”对话框中选择文件类型为“零件”，子文件类型为“实体”，在“名称”文本框中输入 No4-1，取消选中“使用缺省模板”复选框，单击 确定 按钮进入“新文件选项”对话框，选择“mmns_part_solid”选项，单击 确定 按钮，进入零件模型空间。

2. 创建特征 1 杯体

（1）输入“混合”命令。单击【插入】→【混合】→【伸出项】命令，出现“混合选项”菜单管理器，选择“平行”、“规则截面”、“草绘截面”，如图 4-33 所示，单击“完成”进入混合特征对话框，如图 4-34 所示。

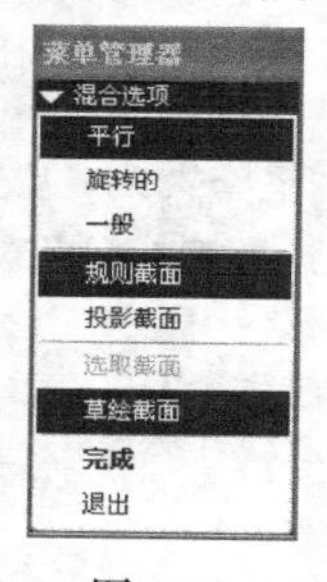

图 4-33

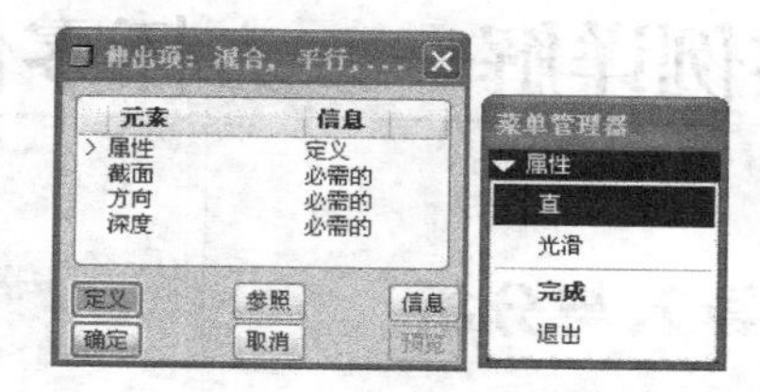

图 4-34

（2）设置属性。选择“直”，再单击“完成”，进入草绘平面设置，如图 4-35 所示。

（3）设置草绘平面。选择 TOP 基准平面为草绘平面，如图 4-36 所示，出现红色朝上箭头表示特征成长方向，单击“确定”，进入如下设置，如图 4-37 所示，单击“右”，在绘图区中选择 RIGHT 面或单击“缺省”（也可以单击“顶”选择 TOP 面），进入草绘界面。

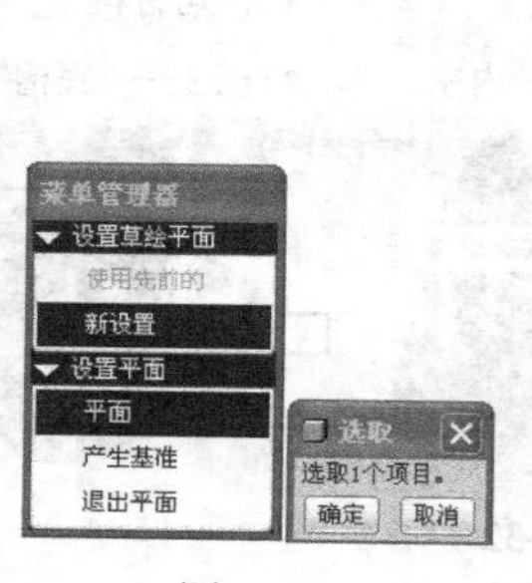

图 4-35

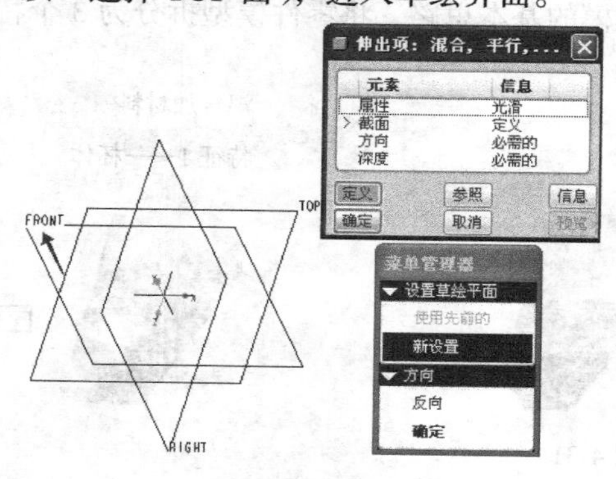

图 4-36

（4）绘制截面 1 图形。先绘制水平和垂直中心线，且中心线与参照重合，再绘制矩形并倒圆角，约束 4 个圆角半径相等且圆心相对中心线对称，标注尺寸并修改尺寸如图 4-38 所示。

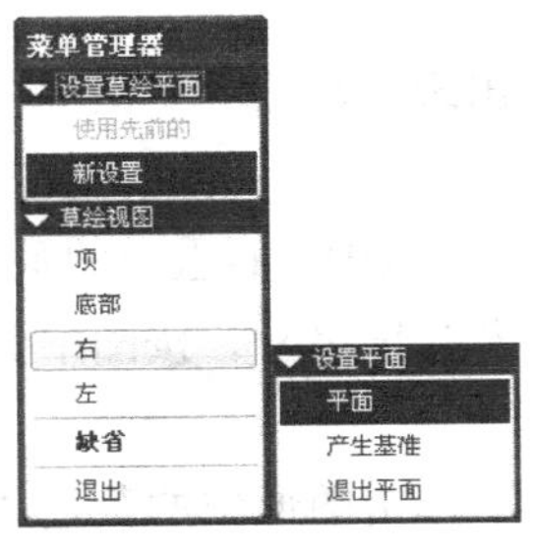

图 4-37

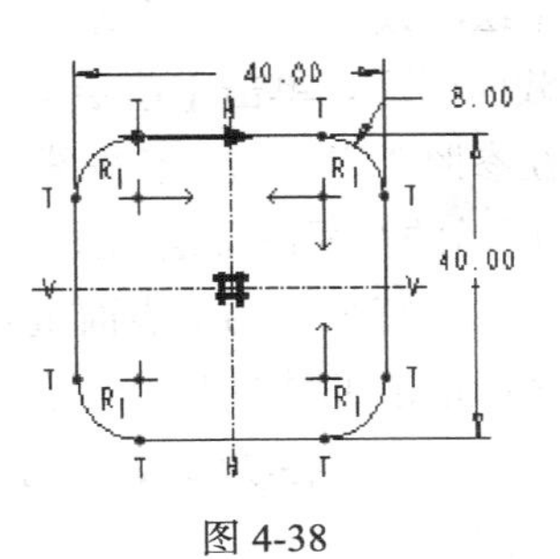

图 4-38

（5）切换截面并绘制截面 2 图形。单击【草绘】→【特征工具】→【切换截面】命令，或单击鼠标右键，出现光标菜单，选择“切换截面”，截面 1 变灰阶，绘制截面 2 的图形，如图 4-39 所示。

过中心与圆弧切点绘制 4 条中心线，再绘制圆，标注圆的直径且修改尺寸为 $\phi 80$。

单击按钮，执行“分割”命令，单击圆和斜中心线的交点，将圆分割为 8 个断点。

注意截面的起始点是否合理，如果不合理，应切换起始点，具体操作步骤如下。

选择点，单击【草绘】→【特征工具】→【起点】命令，或单击鼠标右键出现光标菜单，选择“起点”。注意起始点箭头方向不同无关紧要，只要起始点合理即可。

绘制混合特征截面图形时应注意顶点数相等和合理的起始点。

完成所有截面图形的绘制后单击 ✔ 按钮。

（6）输入截面的深度。为截面 2 输入深度 120。

（7）完成特征创建。单击混合特征对话框中的“预览”，可以对特征进行预览，单击“确定”按钮完成特征的创建，如图 4-40 所示。

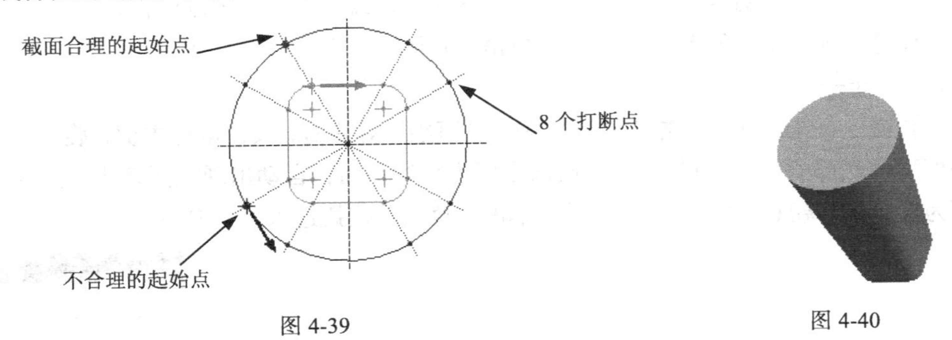

图 4-39　　图 4-40

3. 创建特征 2——内空

（1）输入“旋转”命令。单击“旋转”图标，或单击【插入】→【旋转】命令，出现旋转操控面板。

图 4-41

（2）设置特征类型。如图 4-41 所示，单击“实体”和“切材料”图标，角度方式采用“盲孔”，设置旋转角度为 360°。

（3）设置草绘平面。在“放置”上滑面板中单击“定义”，弹出“草绘”对话框，选择 FRONT 基准平面为草绘平面，自动出现向后视图箭头，同时选择 RIGHT 基准平面为参照平面，方向朝右，单击“草绘”按钮进入草绘界面。

（4）绘制截面图形。单击【草绘】→【参照】命令，出现“参照”对话框，选择特征 1 上表面为参照，在参照要素上出现长虚线。

按图 4-42 所示的截面图形绘制图形，注意要绘制一条与 RIGHT 面重合的垂直几何中心线，同时上面的线段应与特征 1 的上表面重合，标注对称尺寸及高度尺寸，按图中要求修改为正确的尺寸，完成之后单击工具栏上的✔按钮结束截面的绘制。

（5）设置旋转特征的各项参数。选择旋转角度为 360°，单击图形中的黄色箭头确认特征切除材料为内侧方向。

（6）完成特征创建。单击操控面板中的☑👓图标预览特征，单击✔图标完成特征 2 的创建，如图 4-43 所示。

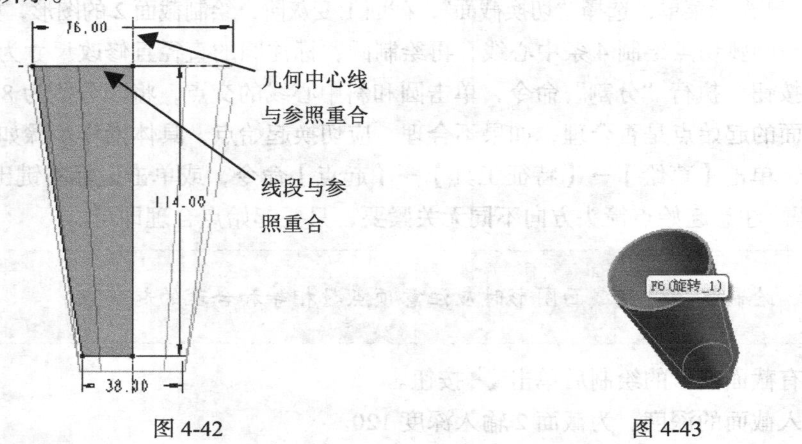

图 4-42　　图 4-43

4. 创建特征 3——底槽

（1）输入“拉伸”命令。单击“拉伸”图标，出现“拉伸”控制面板。

（2）设置特征类型。如图 4-44 所示，单击“实体”图标和“切材料”图标，深度方式采用“盲孔”。

在“放置”上滑面板中单击“定义”，弹出“草绘”对话框，按住鼠标中键，旋转零件模型，使零件模型的底部朝上，选择特征 1 底部表面为草绘平面，自动出现视图箭头，选择 RIGHT 基准面为参照平面朝右，如图 4-45 所示。单击“草绘”按钮进入草绘界面。

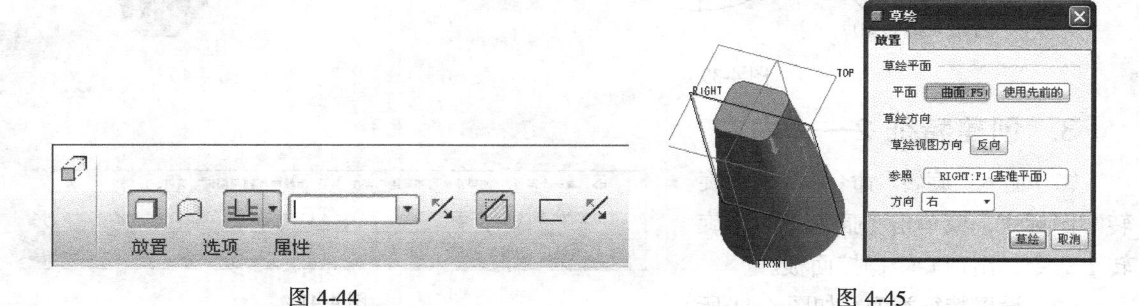

图 4-44　　图 4-45

（3）绘制截面图形。单击按钮，弹出“类型”对话框，单击“环”，在图形中选择方杯底部表面，弹出偏移值输入框，同时在方杯底面边界线上出现箭头，箭头方向为正偏移值，在文本框中输入偏移值 2，如图 4-46 所示，单击偏移文本框右边的✔按钮，绘制截面图形如图 4-47 所示。单击工具栏上的✔按钮结束截面的绘制。

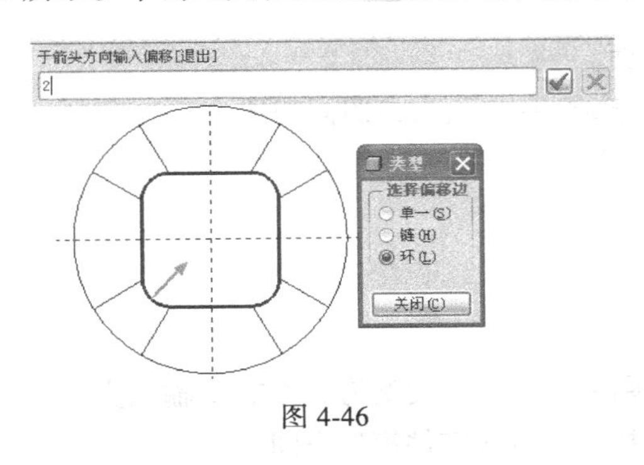

图 4-46

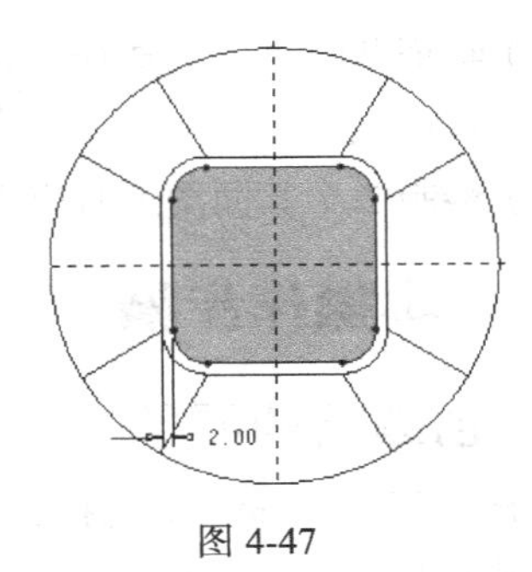

图 4-47

（4）设置特征的各项参数。在深度文本框中输入深度值 2。切换图形中的特征成长黄色箭头保证特征朝上，切换切材料侧黄色箭头保证切除内侧材料，如图 4-48 所示。

（5）完成特征创建。单击操控面板中的☑ 6o图标预览特征，单击☑图标完成特征的创建，如图 4-49 所示。

5. 文件保存

单击工具栏中的按钮，弹出下拉菜单，如图 4-50 所示，选择“标准方向”，使零件模型为标准的视图方向，如图 4-51 所示。单击按钮，保存所绘制的图形。

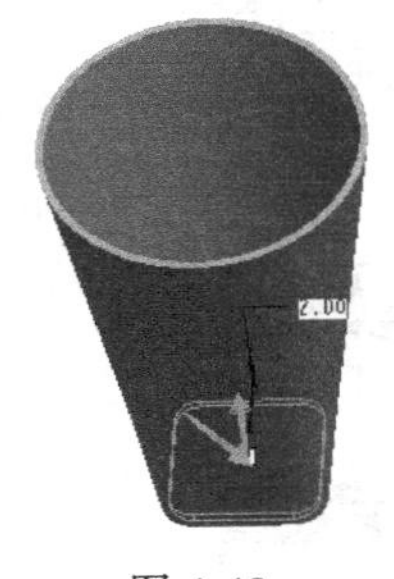

图 4-48

图 4-49

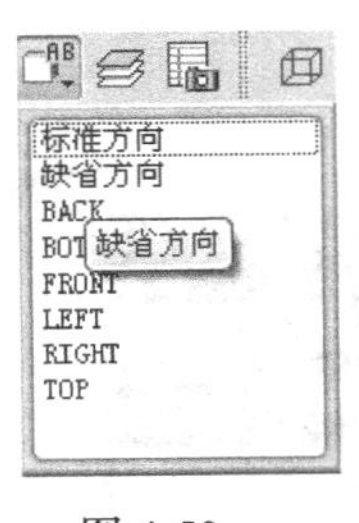

图 4-50

图 4-51

四、提高实例——变径弯管零件建模

（一）任务导入与分析

1. 任务导入

按照图 4-52 所示的图纸要求，创建变径弯管零件模型，零件缺省方位应与三视图保持一致。

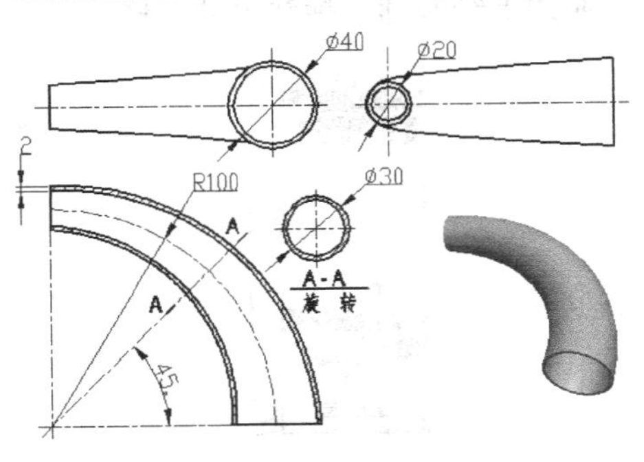

图 4-52

2. 建模思路分析

（1）图形分析。该零件模型属于薄体特征，在 3 个不同角度的截面上有 3 个不同的截面图形，而且 3 个截面有公共的轴线，属于薄体旋转混合特征。

（2）建模的基本思路。采用薄体旋转混合特征创建零件模型。

3. 建模要点及注意事项

（1）特征草绘平面应选择 FRONT 基准平面。

（2）特征绕 Y 轴旋转且旋向朝后，因此应选择 TOP 面为参照面朝顶。

（3）绘制 3 个截面图形时应当注意先后顺序。

（二）基本操作步骤

1. 创建新的零件文件

单击“新建”图标，选择文件类型为“零件”，子文件类型为“实体”，输入文件名 No4-2，选择公制模板“mmns_part_solid”。单击 确定 按钮，进入零件模型空间。

2. 创建混合特征

（1）输入“混合”命令。单击【插入】→【混合】→【薄板伸出项】命令，出现“混合选项”菜单管理器，选择“旋转”、“规则截面”、“草绘截面”，单击“完成”进入混合特征对话框，如图 4-53 所示。

（2）设置属性。选择“光滑”、“开放”，单击“完成”，进入草绘平面设置，如图 4-54 所示。选择 FRONT 面为草绘平面，视图方向朝后，单击“确定”，进入参照面的设置，如图 4-55 所示，单击“顶”，在绘图区中选择 TOP 面为参照面。进入草绘界面。

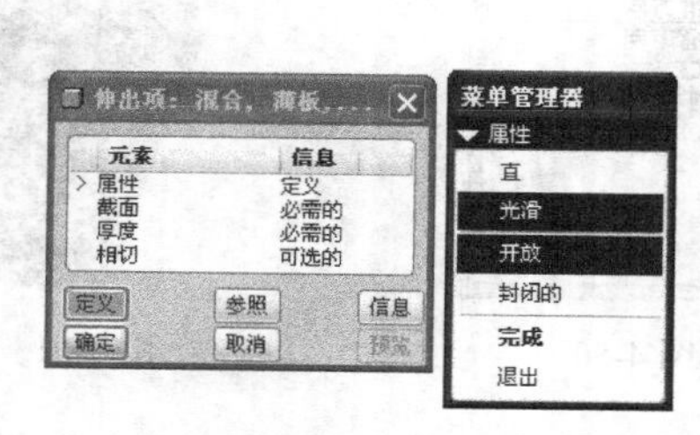

图 4-53

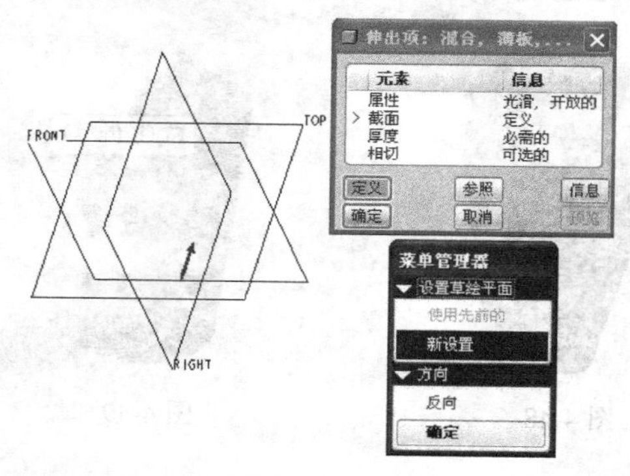

图 4-54

（3）绘制截面 1 图形。单击按钮，在中心点绘制坐标，应保证坐标的 Y 轴朝上；在水平参照线上绘制圆，标注尺寸并修改尺寸如图 4-56 所示。

图 4-55

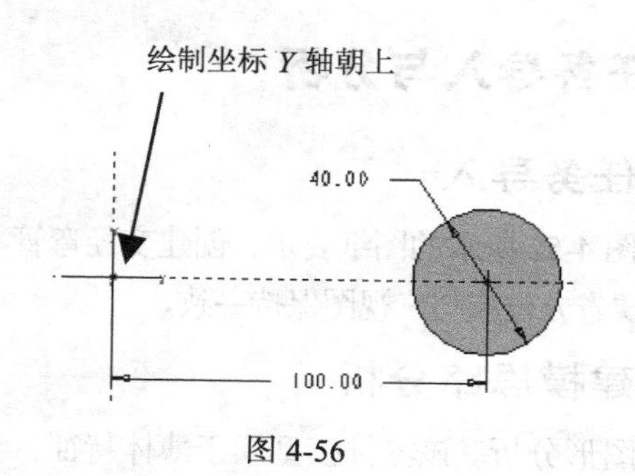

图 4-56

注意 (1)记住一定要绘制坐标。
(2)绕 Y 轴的旋转方向要符合右手法则。

(4)保存截面图形文件。截面 2、截面 3 的图形与截面 1 的图形基本相似，因此可以将该草绘图形文件保存。

单击【文件】→【保存副本】命令，输入副本文件名 SEC1，单击“确定”，返回草绘界面。单击工具栏上的✔按钮结束截面 1 的绘制。

(5)确定薄板厚度方向。出现薄板选项，同时在截面图形上出现红色箭头，单击“反向”可以切换薄板厚度在图元的内侧还是外侧，单击“两者”使薄板厚度对称分布。本例中所绘制的图元是外侧图形，因此材料应该生成在图元的内侧，单击“确定”。

(6)输入截面 2 绕 Y 轴的旋转角度 45°，单击文本框右边的✔按钮，进入截面 2 的绘制。

(7)绘制截面 2 图形。截面 2 与截面 1 的图形相似，只需要将 $\phi 40$ 直径修改为 $\phi 30$。

单击【草绘】→【数据来自文件】→【文件系统】命令，弹出“打开文件”对话框，选择步骤(5)保存的草绘文件“SEC1”文件，在窗口中任意一点单击，弹出“移动和调整大小”对话框，如图 4-57 所示，将“缩放”修改为 1，单击✔图标，将 $\phi 40$ 直径修改为 $\phi 30$，如图 4-58 所示。单击工具栏上的✔按钮结束截面的绘制。

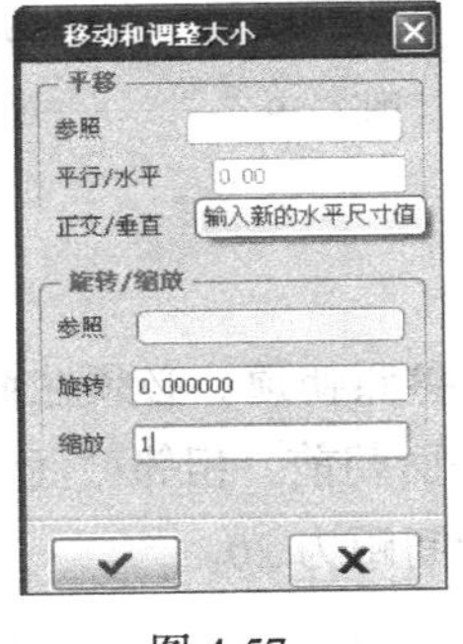

图 4-57

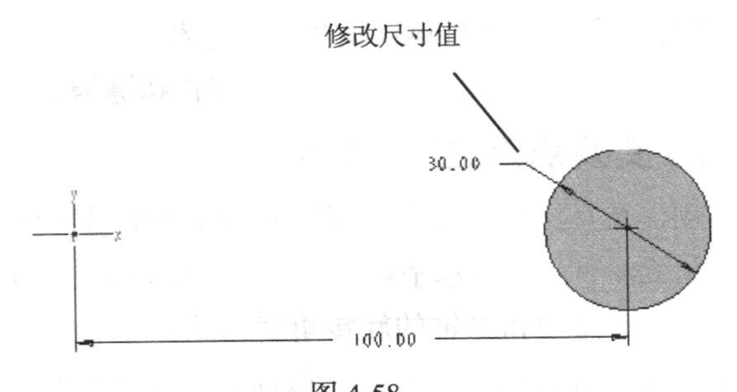

图 4-58

(8)确定薄板厚度方向。与步骤(5)完全相同。

(9)提示“继续下一截面吗”，单击“是”按钮。

(10)为截面 3 输入绕 Y 轴的旋转角度 45°，单击文本框右边的✔按钮，进入截面 3 的绘制。

(11)绘制截面 3 图形。截面 3 与截面 1 的图形相似，只需要将 $\phi 40$ 直径修改为 $\phi 20$，具体操作方法与步骤(7)相同。单击工具栏上的✔按钮结束截面 3 的绘制。

(12)确定薄板厚度方向。与步骤(5)完全相同。

(13)提示“继续下一截面吗”，单击“否”按钮。

(14)输入薄板厚度 2，单击文本框右边的✔按钮。

(15)完成特征的创建。单击操控面板中的☑○○图标预览特征，最后单击✔图标完成特征的创建。

3. 文件保存

单击工具栏中的按钮，弹出下拉菜单，选择“标准方向”，使零件模型为标准的视图方向。单击按钮，保存所绘制的零件模型。

五、自测实例——螺旋输送杆零件建模

（一）任务导入与分析

1. 任务导入

图 4-59 是一个螺旋输送杆零件，按照图中的尺寸要求，创建零件模型，并且零件缺省的放置方位应与三维图形放置方位一致。

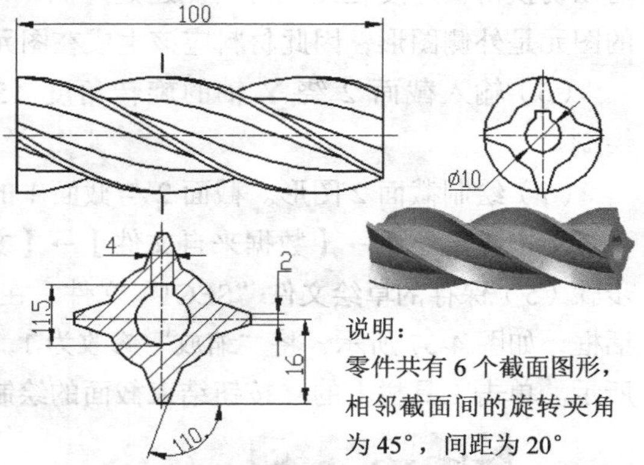

说明：
零件共有 6 个截面图形，相邻截面间的旋转夹角为 45°，间距为 20°

图 4-59

2. 建模思路分析

（1）图形分析。零件模型的主体属于混合加材料特征，混合的方式为一般混合，但键槽及孔属于拉伸切材料特征。

（2）建模的基本思路。根据图形特点，零件创建过程如下。

① 创建混合实体加材料特征 1——主体。

② 创建拉伸实体切材料特征 2——切孔和键槽。

3. 建模要点及注意事项

（1）创建特征 1 时，草绘平面选择 RIGHT 基准面，TOP 面为参照朝顶。必须在截面图形圆心位置绘制坐标，*X* 轴水平朝右，*Y* 轴垂直朝上，*Z* 轴垂直草绘平面朝前，相邻截面都是绕 Z 轴旋转 45°，绕 *X* 轴和 *Y* 轴的旋转角度都是 0°，相邻截面间的坐标间距为 20。

（2）一般混合特征 1 共有 6 个截面，截面图形都相同，只是相互间的角度旋转 45°，在绘制截面 1 后保存副本，后面的截面图形都可以单击【草绘】→【数据来自文件】→【文件系统】命令调入。

（3）创建特征 2 的草绘平面时可以选择特征 1 的端面，拉伸深度采用“穿至下一个”，注意键槽和孔可以同时生成，以减少特征的数量。

（二）建模过程提示

创建过程如图 4-60 所示。

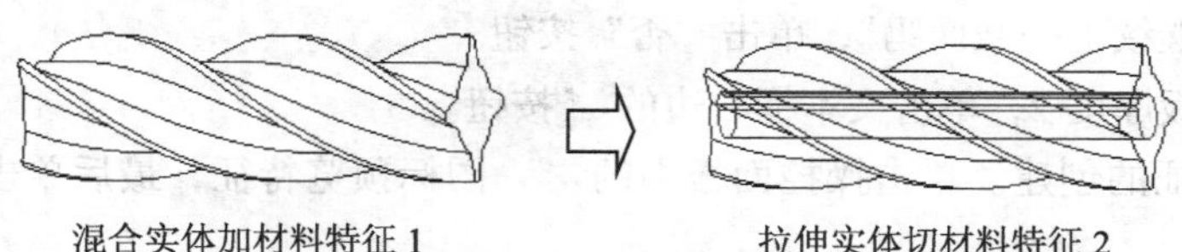

混合实体加材料特征 1　　　拉伸实体切材料特征 2

图 4-60

项目小结

本项目主要介绍了混合特征的结构特点、特征混合的 3 种方式、3 种混合特征的创建方法、创建特征的基本步骤，以及截面绘制过程中特征工具的使用场合和操作方法，要求读者不但要熟练掌握创建混合特征的基本步骤，而且应灵活应用特征创建技巧，能根据实际零件的结构创建较为复杂的零件模型。

课后练习题

一、选择题（请将正确答案的序号填写在题中的括号中）

1. 特征混合的方式有（　）种。
（A）6　（B）5　（C）4　（D）3
2. 混合特征截面绘制的基本要求是（　）。
（A）顶点数相等　（B）起始点合理　（C）顶点数相等，起始点合理
3. 创建特征时，如果截面图形不相同，且截面所在的平面之间相互平行，应选择（　）混合方式。
（A）平行　（B）旋转　（C）一般
4. 在创建混合特征时，绘制的截面至少是（　）。
（A）3 个以上　（B）两个或两个以上　（C）4 个以上
5. 在创建旋转混合特征时，绕 Y 轴旋转的角度范围是（　）。
（A）0°～150°　（B）−120°～+120°　（C）−120°～0°　（D）0°～120°
6. 在创建一般混合特征时，绕 *X*、*Y*、*Z* 轴旋转的角度范围是（　）。
（A）0°～150°　（B）−120°～+120°　（C）−120°～0°　（D）0°～120°

二、判断题（请将判断结果填入括号中，正确的填“√”，错误的填“×”）

（　）1. 在创建平行混合特征时，截面必须绘制坐标。
（　）2. 在创建旋转混合特征时，至少需要 3 个或 3 个以上截面图形。
（　）3. 在创建一般混合特征时，只需要输入绕 *Y* 轴的旋转角度。
（　）4. 在创建旋转混合特征时，截面图形一定是绕 *Z* 轴旋转。
（　）5. 在创建旋转混合特征时，截面绕 *Y* 轴旋转应符合右手法则。
（　）6. 在创建混合特征时，如果各截面的顶点数不同，解决的方法是为顶点数少的截面增加顶点数。
（　）7. 增加顶点数的方法是增加混合点和分割点。
（　）8. 在混合特征中，如果截面中只有一个顶点，则该顶点可以和任意个顶点相连。
（　）9. 平行混合特征中绘制截面时必须绘制坐标。
（　）10. 在创建一般混合特征时，绕 *X*、*Y*、*Z* 轴旋转角度的范围是 0～120°。

三、建模练习题

1. 按图 4-61 所示的尺寸，创建零件模型。
2. 按图 4-62 所示的尺寸，创建零件模型。

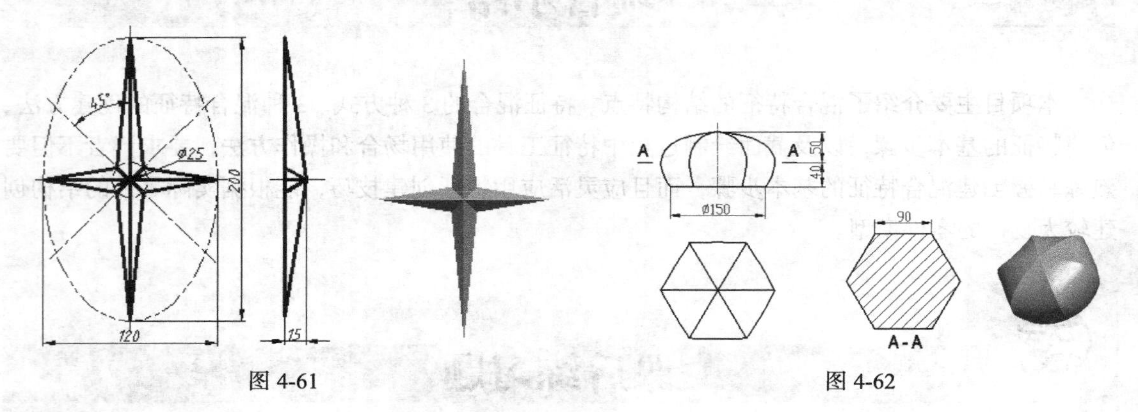

图 4-61　　　　图 4-62

3. 按图 4-63 所示的尺寸，创建零件模型。

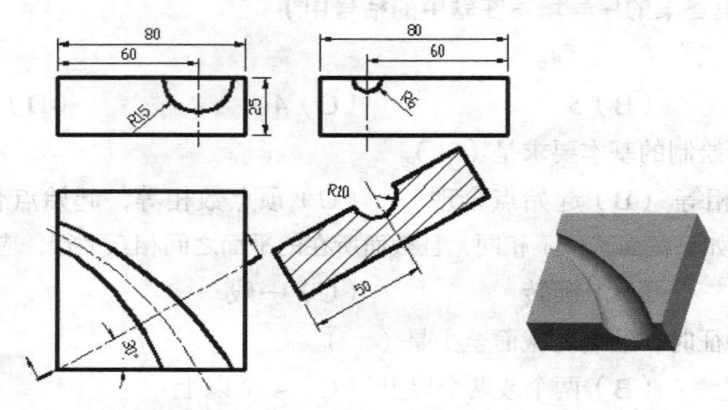

图 4-63

4. 按图 4-64 所示的尺寸，创建零件模型。
5. 按图 4-65 所示的尺寸，创建零件模型。

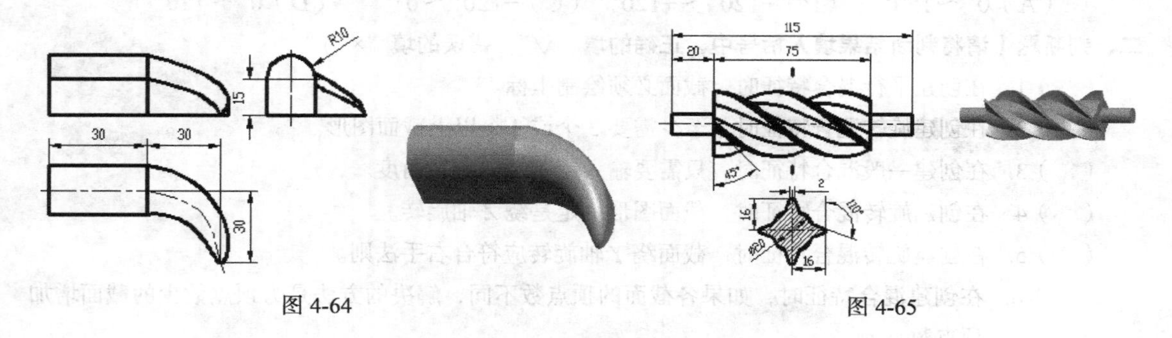

图 4-64　　　　图 4-65

项目五

斜块滑枕零件建模

【能力目标】

通过对基准特征基础知识的认识以及斜块滑枕零件、草莓状曲线建模例题的详解，学生能熟练掌握基准特征的创建方法和空间曲线的创建方法，通过自测实例练习，进一步提高学生的零件模型分析能力和拆解零件能力，充分发挥学生的空间想象力。

【知识目标】

1. 掌握基准特征的种类和作用
2. 掌握创建基准面、轴、点、坐标特征的基本方法和操作步骤
3. 掌握创建空间曲线特征的基本方法和操作步骤
4. 灵活运用基准特征创建零件模型

一、项目导入

图 5-1 所示的斜块滑枕是机床中的主要附件，斜块滑枕上边的凸台特征的正截面位于角度为 60° 的平面上，直接选择这个面有困难，必须创建辅助基准才能生成所需要的零件模型。按照图中的尺寸要求创建零件模型。

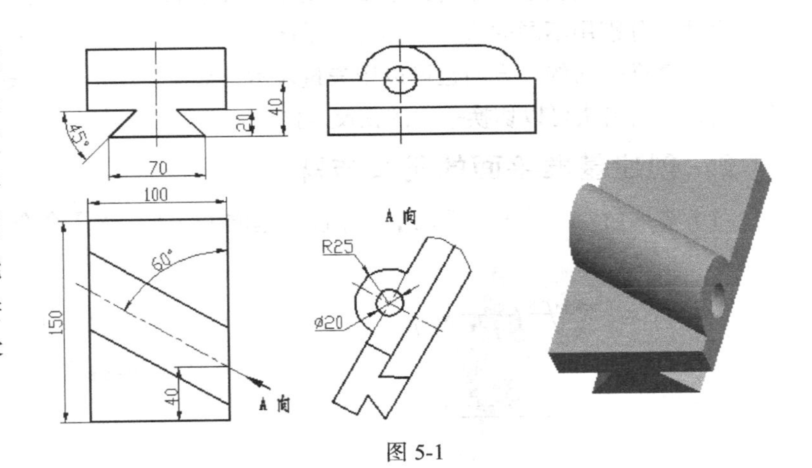

图 5-1

二、相关知识

（一）基准特征的种类和作用

1. 基准特征的种类

基准特征也是三维建模中的一种重要特征，使用模板进入模型空间后，系统自动生成 3 个基准平面和一个基准坐标系，但在创建零件模型时还需要创建其他的基准特征来辅助建模。

基准特征包括：基准平面、基准轴、基准点、基准坐标，曲线作为复杂零件建模的重要工具，其作用类似于基准特征。

2. 基准特征的作用

基准特征是三维零件建模的重要辅助工具，其主要作用见表 5-1。

表 5-1　基准特征的主要作用

基准名称	主要作用	默认显示名称
基准平面	草绘平面、参照平面、尺寸标注参照等	DTM1、DTM2 等
基准轴	旋转特征的旋转轴、环形阵列的中心轴、同轴参照等	A_1、A_2 等
基准点	曲线的经过点、参数定义点、作用力的作用点等	PNT0、PNT1 等
基准坐标	数控加工原点、重心、装配约束参照等	CS0、CS1 等
曲线	构建实体框架线、扫描轨迹线、边界曲面的边界线等	

（二）创建基准平面特征

1. 基准平面的显示方式

基准平面是所有基准特征中使用最频繁，同时也是最重要的基准特征。

基准平面没有具体的几何形状，只是一个特征而已，它以矩形边框和文字名称显示，矩形边框的大小可以随创建模型的大小发生变化，文字名称可以由用户修改。同一基准平面具有正反两面性，分别用不同的边框线颜色以示区别，正方向用棕色的边框线显示，反方向用弱黑色线显示。基准平面的正方向也可以用矢量表示，如图 5-2 所示，图中箭头代表基准平面正方向的矢量，单击箭头可以切换平面的正反方向。

2. 创建基准平面的基本步骤

（1）输入命令。单击【插入】→【模型基准】→【平面】命令，如图 5-3 所示，或单击

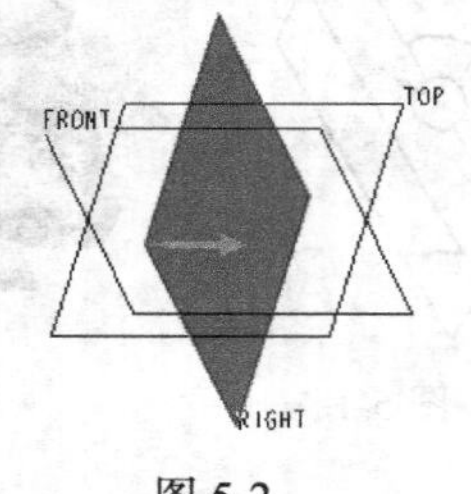

图 5-2

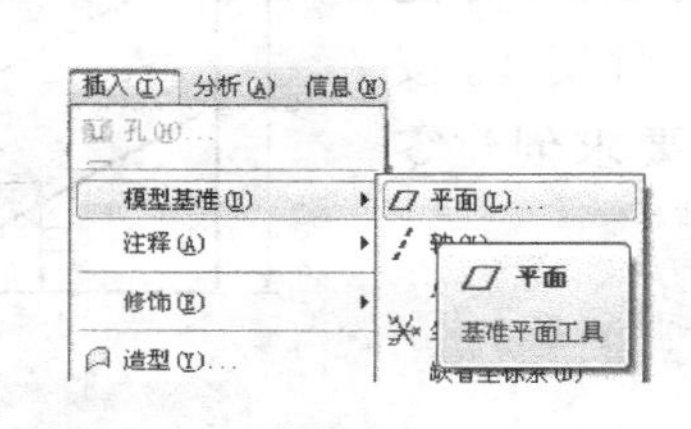

图 5-3

按钮，弹出“基准平面”对话框，如图 5-4 所示。对话框中有 3 个选项卡，分别是“放置”、“显示”和“属性”。

（2）选择参照。在“放置”选项卡中选择与创建基准平面相关的几何要素，同时选择相应的约束条件。

（3）输入参数值。对于有些约束条件，需要在“偏移”对话框中输入必要的参数值。

（4）修改基准平面的正方向。单击“显示”选项卡，如图 5-5 所示，单击绘图区中基准面的黄色箭头或单击对话框中的“反向”按钮可以切换基准面的正反方向，选中“调整轮廓”可以调整基准平面的显示大小。

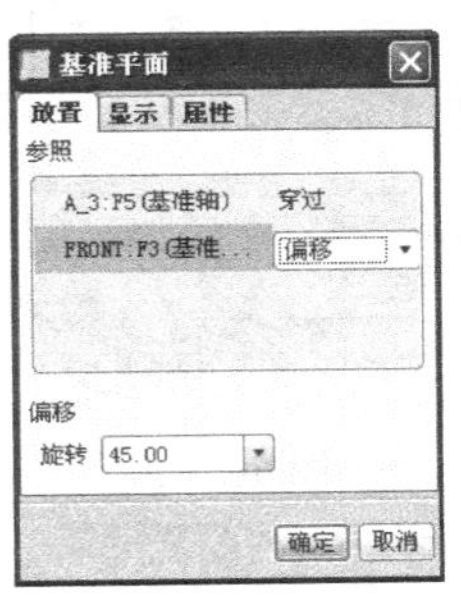

图 5-4

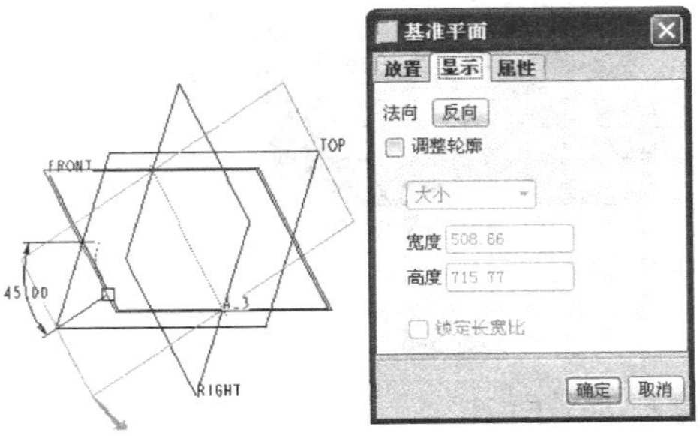

图 5-5

（5）修改名称。单击“属性”选项卡可以修改基准平面的名称。

（6）单击“确定”按钮完成基准平面的创建。

3. 创建基准平面的参照要素以及约束条件

创建一个基准平面必须选择与之相关的几何要素，并给定相应的约束条件。约束条件和参照要素的关系见表 5-2。

表 5-2　　基准平面约束条件与参照要素

约束条件	参照要素	约束条件的含义
穿过	轴、边、曲线、点/顶点、平面、圆柱	基准平面穿过选定的参照
偏移	平面、坐标系	基准平面由选定的参照平移而成
平行	平面	基准平面与选定的参照平行
法向	轴、边、曲线、平面	基准平面与选定的参照垂直
角度	平面	基准平面由选定的参照旋转而成
相切	圆柱	基准平面与选定的参照相切
混合截面	混合截面	基准平面与选定的混合特征截面重合

4. 创建基准平面的注意事项

（1）除了穿过、偏移及混合截面约束条件外，创建基准平面一般都需要选择两个或两个以上的参照以及约束条件。

（2）若需选择多个参照，应按住 Ctrl 键，在图形窗口中选择新的对象作为参照。

5. 创建基准平面初步尝试

图 5-6 为用不同方法创建的不同基准平面，练习创建基准平面的操作过程。

（1）新建文件，输入拉伸命令，按图 5-6 中的图形创建拉伸加材料特征 1，尺寸自定。

（2）创建基准平面 A。

要求：基准平面 A 与特征 1 右侧面偏移 30。

操作步骤：单击右侧工具栏中的▱按钮，选择特征 1 右侧面作为参照，约束条件为“偏移”，在文本框中输入偏移距离 30（见图 5-7），单击“属性”选项卡，修改基准名称为 A，单击黄色箭头修改基准平面的正方向，单击“确定”按钮，完成基准平面 A 的创建。

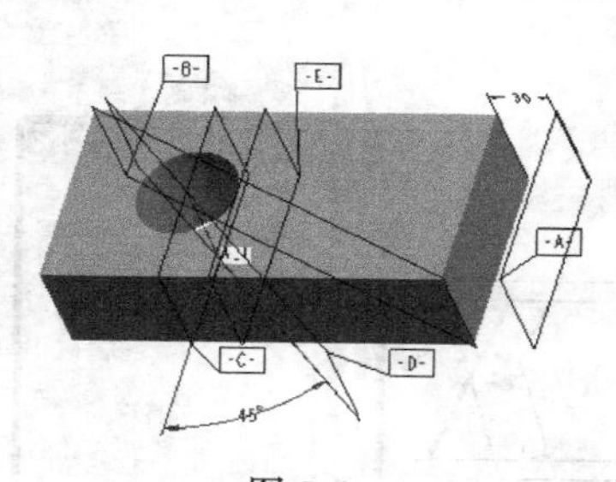

图 5-6

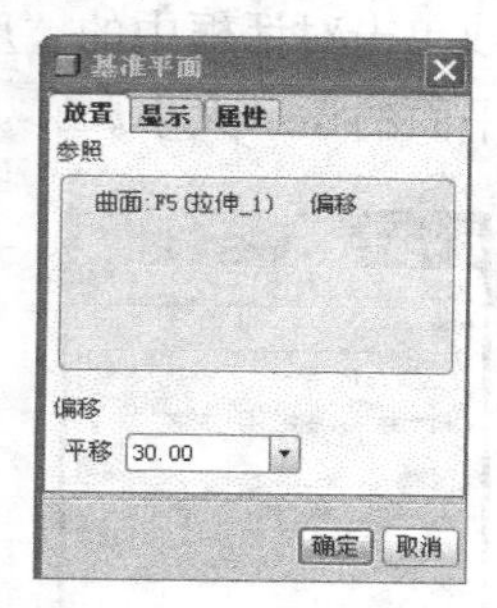

图 5-7

（3）创建基准平面 B。

要求：基准平面 B 经过特征 1 对角的两条边。

操作步骤：单击右侧工具栏中的▱按钮，选择特征 1 对角的两条边，设置约束条件为“穿过”，单击“属性”选项卡，修改基准名称为 B，单击“确定”按钮，完成基准平面 B 的创建，如图 5-8 所示。

（4）创建基准平面 C。

要求：基准平面 C 经过特征 1 孔中心线，且平行于特征 1 右侧面。

操作步骤：单击右侧工具栏中的▱按钮，选择特征 1 孔中心线，约束条件为“穿过”；按住 Ctrl 键选择特征 1 右侧面，约束条件为“平行”，单击“属性”选项卡，修改基准名称为 C，单击“确定”按钮，完成基准平面 C 的创建，如图 5-9 所示。

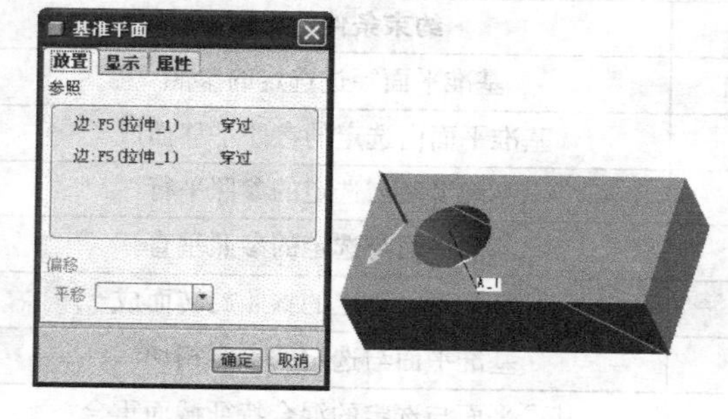

图 5-8

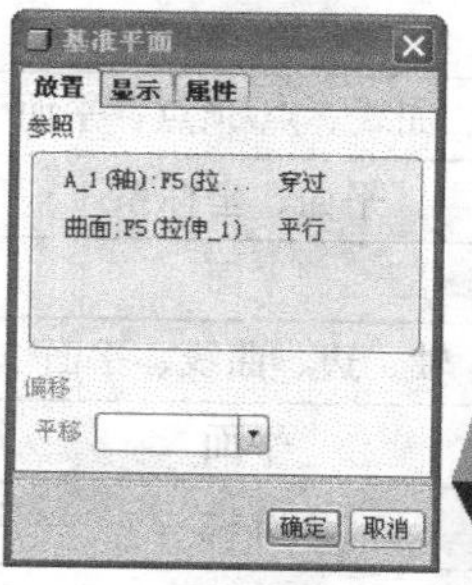

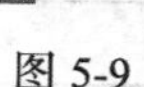

图 5-9

（5）创建基准平面 D。

要求：基准平面 D 经过特征 1 孔中心线，且与特征 1 右侧面夹角 45°。

操作步骤：单击右侧工具栏中的▱按钮，选择特征 1 孔中心线，约束条件为“穿过”；按住 Ctrl 键选择特征 1 右侧面，约束条件为“偏移”，在“偏移”文本框中输入 45，单击“属性”选项卡，修改基准名称为 D，单击“确定”按钮，完成基准平面 D 的创建，如图 5-10 所示。

（6）创建基准平面 E。

要求：基准平面 E 平行于特征 1 右侧面，且与特征 1 孔的圆柱面相切。

操作步骤：单击右侧工具栏中的▱按钮，选择特征 1 右侧面，约束条件为“平行”；按住 Ctrl 键选择特征 1 孔的圆柱面，约束条件为“相切”，单击“属性”选项卡，修改基准名称为 E，单击“确定”按钮，完成基准平面 E 的创建，如图 5-11 所示。选择圆柱面的不同位置可以得到不同的相切面。

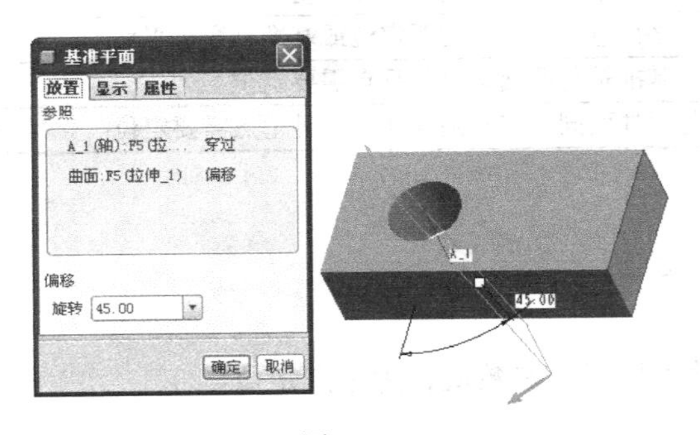

图 5-10

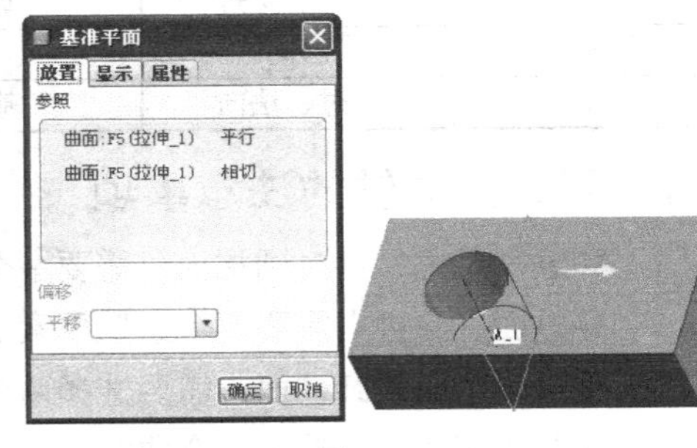

图 5-11

（三）创建基准轴特征

1. 基准轴的显示方式

基准轴是用一根虚线中心线以及文本名称来表示的，如图 5-12 所示。一般默认的定义名称按先后顺序定义为 A_1、A_2 等。

2. 创建基准轴的基本步骤

（1）输入命令。单击［插入］→［模型基准］→［轴］命令，或单击/按钮，弹出“基准轴”对话框，如图 5-13 所示。对话框中有 3 个选项卡，分别是“放置”、“显示”和“属性”，它们作用与“基准平面”对话框中的相同。

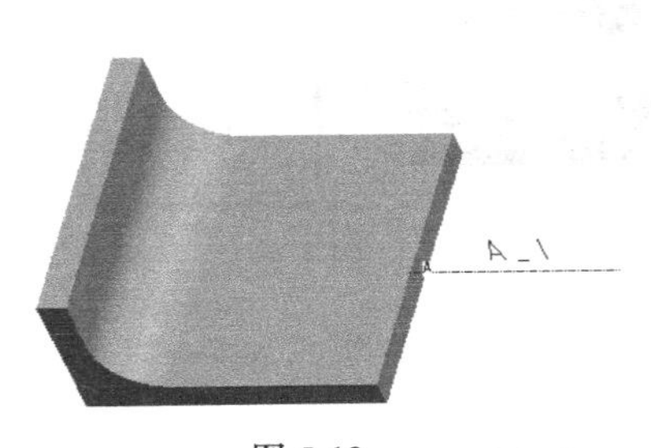

图 5-12

图 5-13

（2）选择参照。在“放置”选项卡中选择几何要素，同时选择与之对应的约束条件。

（3）输入参数值。有些约束条件需要定位参照，单击“偏移参照”列表框，使其处于激活状态，在模型中选择对应的轴定位参照，输入必要的参数值，选择多个参照要素必须按住 Ctrl 键。

（4）单击“确定”按钮完成基准轴的创建。

3. 创建基准轴的参照要素以及约束条件

基准轴参照要素、约束条件及其含义见表 5-3。

表 5-3　　基准轴参照要素与约束条件

参照要素	约束条件	约束条件的含义
点	穿过	基准轴穿过选定的点
边线	穿过、相切	基准轴与边线重合或与边线在某点相切
曲线	相切	基准轴与曲线在某点相切
平面	法向、穿过	基准轴与平面垂直且垂点需要定位或基准轴穿过平面
曲面	法向	基准轴与曲面垂直且垂点需要定位
圆柱	穿过、法向	基准轴与圆柱面同轴或与圆柱面垂直且垂点需要定位

4. 创建基准轴的注意事项

（1）穿过一条边、穿过圆柱面只需要一个参照要素。

（2）穿过面、穿过点需要两个参照要素。

（3）垂直一个面或圆柱面，需要选择两个偏移参照以及参数值，为垂点定位。

（4）与曲线相切需要选择一个曲线的相切点。

5. 创建基准轴初步尝试

图 5-14 为用不同方法创建的不同基准轴。

（1）新建文件，输入拉伸命令，按图 5-14 中的图形创建拉伸加材料特征 1，尺寸自定。

（2）创建基准轴 A_1。

要求：基准轴 A_1 与特征 1 右下侧边重合。

操作步骤：单击工具栏中的/按钮，选择特征 1 右下侧边作为参照，选择约束条件为“穿过”，单击“确定”按钮，完成基准轴 A_1 的创建，如图 5-15 所示。

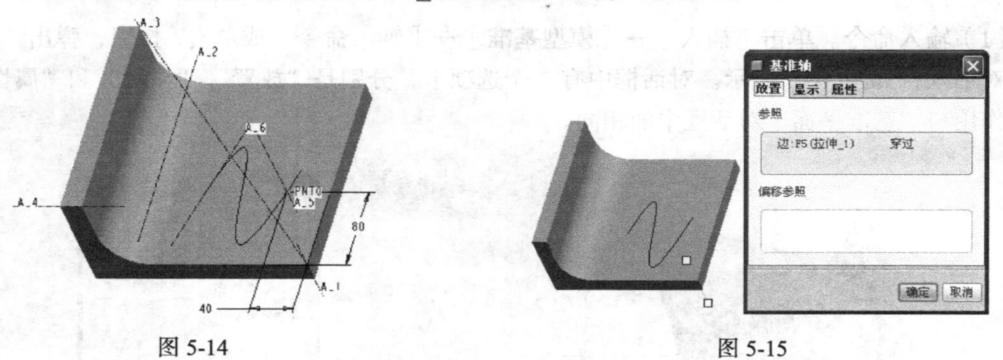

图 5-14　　图 5-15

（3）创建基准轴 A_2。

要求：基准轴 A_2 与圆角圆柱面的轴线同轴。

操作步骤：单击工具栏中的/按钮，选择特征 1 圆角圆柱面，约束条件为“穿过”，单击“确定”按钮，完成基准轴 A_2 的创建。

（4）创建基准轴 A_3。

要求：基准轴 A_3 穿过特征 1 的两个顶点。

操作步骤：单击工具栏中的/，选择特征 1 上的一个顶点，约束条件选择“穿过”，按 Ctrl 键的同时选择特征 1 的另外一个顶点，约束条为“穿过”，单击“确定”按钮，完成基准轴 A_3 的创建。

（5）创建基准轴 A_4。

要求：基准轴 A_4 穿过特征 1 的两个面。

操作步骤：单击工具栏中的/按钮，选择特征1上的一个面，约束条件选择“穿过”，按Ctrl键的同时选择特征1的另外一个面，约束条为“穿过”，单击“确定”按钮，完成基准轴A_4的创建。

（6）创建基准轴A_5。

要求：基准轴A_5垂直于特征1的一个面，同时垂点的定位尺寸为80、40。

操作步骤：单击工具栏中的/按钮，选择特征1上的一个面，约束条件选择“垂直”，单击“偏移参照”，使该列表框激活变绿，在模型中选择特征1前侧面，输入尺寸80，按Ctrl键的同时选择特征1的右侧面，输入尺寸40，单击“确定”按钮，完成基准轴A_5的创建，如图5-16所示。

（7）创建基准轴A_6。

要求：基准轴A_6经过曲线的一个端点且与曲线在该点相切。

操作步骤：单击工具栏中的/按钮，选择曲线，约束条件选择“相切”，按Ctrl键的同时选择曲线端点，约束选择“穿过”，单击“确定”按钮，完成基准轴A_6的创建，如图5-17所示。

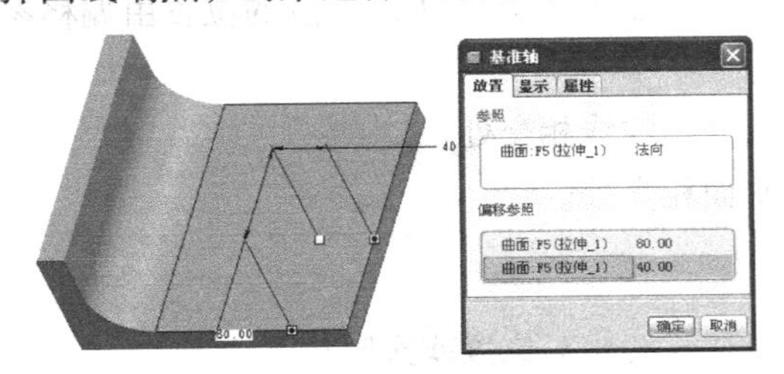

图5-16

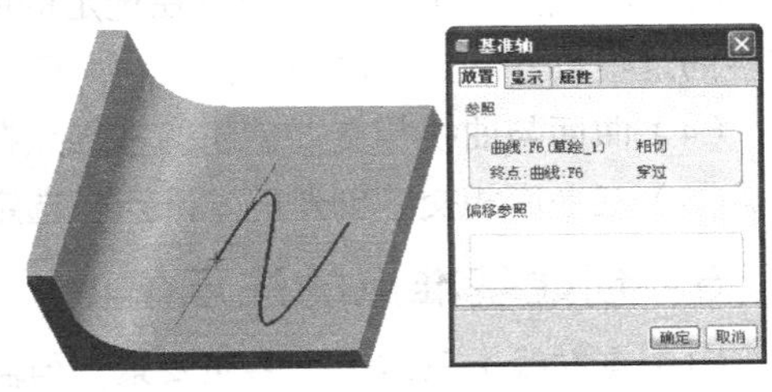

图5-17

（四）创建基准点特征

1. 基准点的显示方式

基准点在模型中只是一个特征点，它是用一个斜十字交叉的点以及文本名称来表示的，如图5-18所示。一般默认的定义名称按先后顺序定义为PNT0、PNT 1等。

2. 创建基准点的几种方法

创建基准点的方法主要有3种：基准点工具、坐标偏移点和域点。

（1）单击【插入】→【模型基准】→【点】命令，下拉子菜单包括3种方法，如图5-19所示。

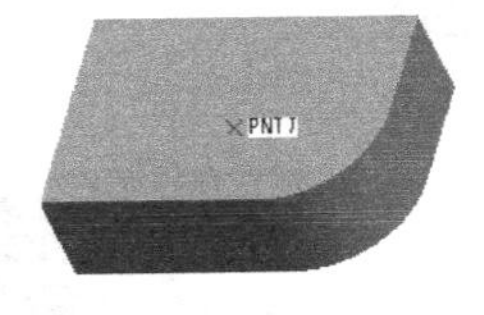

图5-18

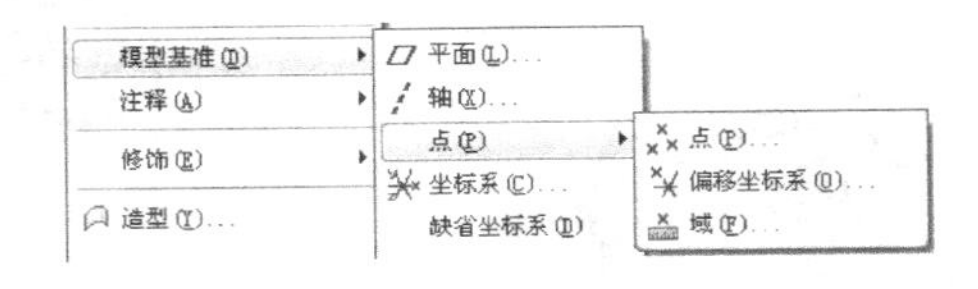

图5-19

（2）单击右侧工具栏中图标按钮创建点，该图标带有下拉子菜单。

：基准点工具，是创建基准点的主要方法。

：坐标基准点，选择坐标分别输入*X*、*Y*、*Z*坐标值，可同时创建多个基准点。

：域点，单击该图标后出现对话框，在绘图区实体表面上单击，即可在该表面上创建一个域点。

创建基准点最常用方法是基准点工具，下面介绍用这种方法创建基准点的基本操作步骤。

3. 创建基准点的基本步骤

（1）输入命令。单击按钮，输入创建基准点命令，弹出“基准点”对话框，如图5-20所示。

（2）选择参照。在绘图区中选择顶点、边线、曲线、圆弧、面等参照要素，给定约束条件。

（3）输入参数值。对于有些约束条件需要为基准点定位，选择定位参照，输入相应的参数值。

（4）单击“新点”，创建新的基准点，重复上面的步骤。

（5）单击“确定”按钮，完成基准点的创建。

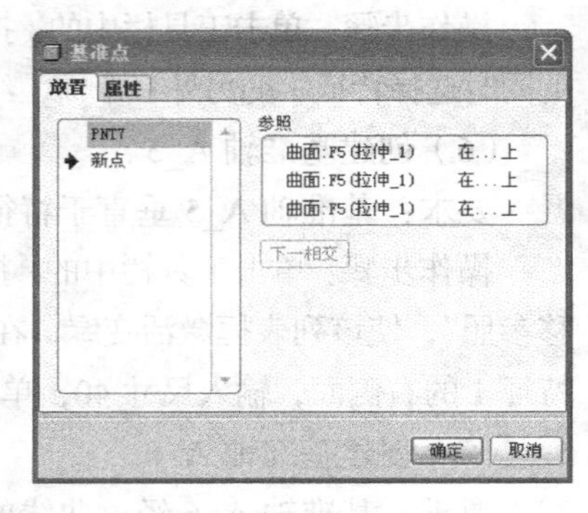

图 5-20

4. 放置基准点的几种状况

（1）在顶点上：创建的基准点在选定的顶点上。

（2）在线上：创建的基准点在选定的直线或曲线上，点的位置由其在线上的位置比率或距离确定。

（3）在面上：创建的基准点在选定的曲面上或偏移该曲面一定的距离。点的位置由偏移参照栏的定位尺寸和点到曲面的偏移距离确定。

（4）曲面与曲线相交：创建的基准点在选定的曲面与曲线相交处。

（5）三平面相交：创建的基准点在选定的 3 个平面相交处。

5. 创建基准点的注意事项

（1）点在线上只需一个参照要素，但需要输入点在线的相对位置或实际位置距离。

（2）点在面上也只需一个参照要素，但需要点在面上的定位参照和定位尺寸。

（3）点在面的偏移距离上，除了以上的步骤外，还需要输入偏距点距离面的垂直高度。

6. 创建基准点初步尝试

图 5-21 为用不同方法创建的不同基准点。

（1）新建文件，输入拉伸命令，按图中的图形创建拉伸加材料特征 1，尺寸自定。

（2）创建基准点 PNT0。

要求：基准点 PNT0 与特征 1 左下角的顶点重合。

操作步骤：单击工具栏中的 ×× 按钮，选择特征 1 左下角的顶点为参照，约束条件为“在其上”，单击“新点”进行下一个新点的绘制，完成 PNT0 的创建，如图 5-22 所示。

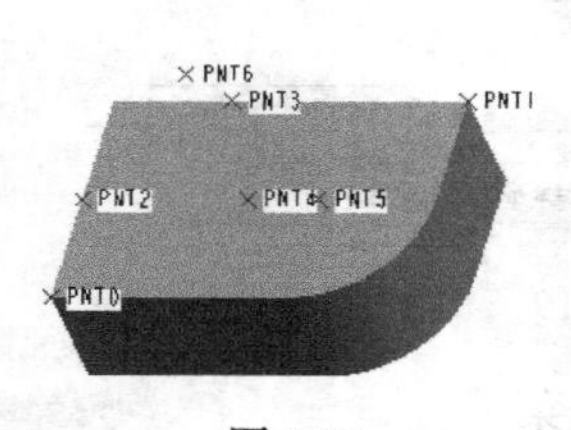

图 5-21

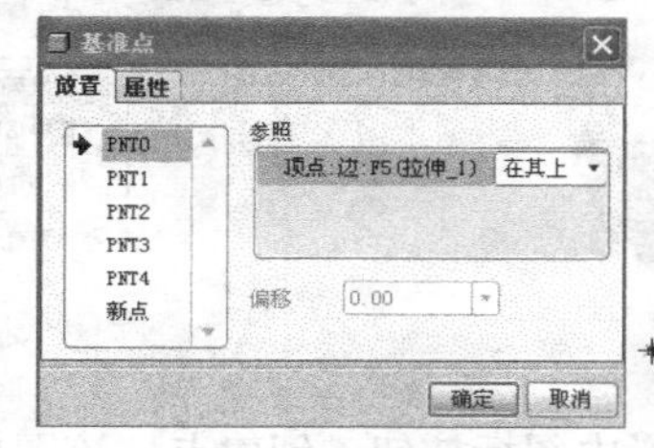

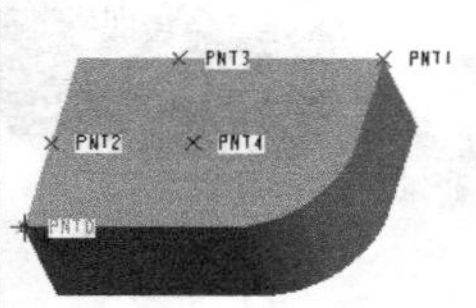

图 5-22

（3）创建基准点 PNT1。

要求：基准点 PNT1 在特征 1 右侧面、顶面和后侧面三面的交点上。

操作步骤：参照分别选择特征 1 右侧面、顶面和后侧面，约束条件为“在其上”，单击“新点”进行下一个新点的绘制，完成 PNT1 的创建。

（4）创建基准点 PNT2。

要求：基准点 PNT2 在特征 1 的左边线上且在线的中间位置。

操作步骤：参照选择特征1左边线，约束条件为“在其上”，选择“比率”，在“偏移”文本框中输入0.5，单击“新点”进行下一个新点的绘制，完成PNT2的创建，如图5-23所示。

（5）创建基准点PNT3。

要求：基准点PNT3在特征1的后边线上且距离左端点50。

操作步骤：参照选择特征1后边线，约束条件为“在其上”，在“比率”下拉列表中选择“实数”，在“偏移”文本框中输入50，如果参照端点不是左端点，可以单击“下一端点”重新调整数值，单击“新点”进行下一个新点的绘制，完成PNT3的创建，如图5-24所示。

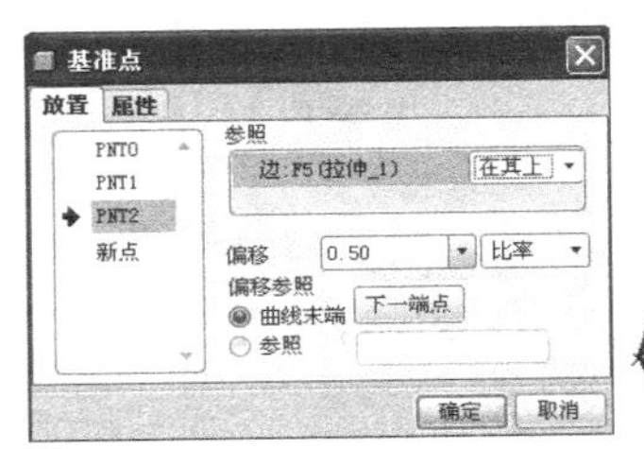
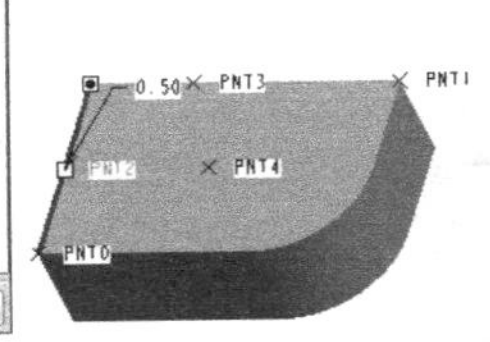

图5-23

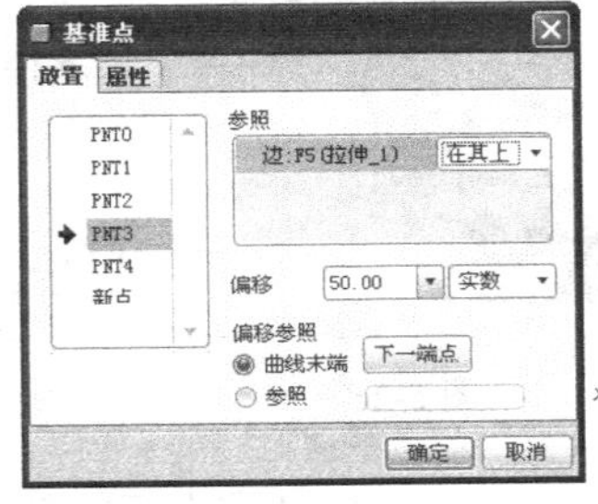
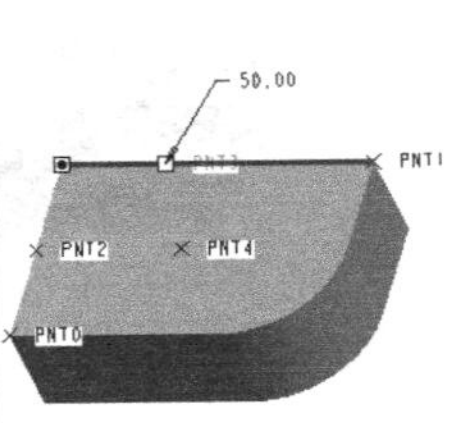

图5-24

（6）创建基准点PNT4。

要求：基准点PNT4在特征1的顶面上且距离左端面70、后端面50。

操作步骤：参照选择特征1的顶面，约束条件为“在其上”，对话框中发生变化，激活“偏移参照”列表框，分别选择左端面和后侧面，输入距离值分别为70和50，单击“新点”进行下一个新点的绘制，完成PNT4的创建，如图5-25所示。

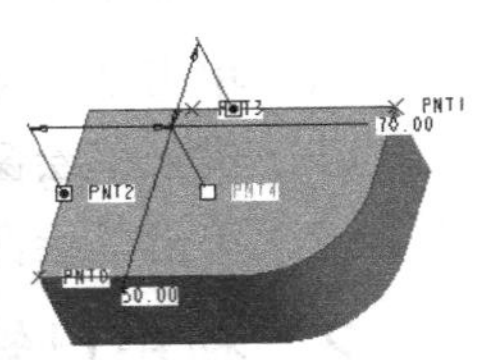

图5-25

（7）创建基准点PNT5。

要求：基准点PNT5在特征1顶面圆弧的圆心上。

操作步骤：参照选择特征1的顶面圆弧，约束条件为“居中”，单击“新点”进行下一个新点的绘制，完成PNT5的创建。

（8）创建基准点PNT6。

要求：基准点PNT6在特征1顶面垂直上方20的位置上，基准点在顶面的投影点距离左端面70、后端面50。

操作步骤：参照选择特征1顶面，约束条件为“偏移”，在“偏移”文本框中输入20，激活“偏移参照”列表框，分别选择左端面和后侧面，输入距离值分别为70和50，单击“确定”按钮，完成PNT6和所有基准点的创建。

注意

使用基准点工具可以同时创建多个基准点，整个基准点为一个特征，如果使用删除命令，整个基准点都被删除。

（五）创建基准坐标特征

创建基准坐标的基本步骤如下。

（1）输入命令。单击【插入】→【模型基准】→【坐标】命令，或单击※按钮，输入创建基准坐标命令，弹出“坐标系”对话框，如图 5-26 所示。

（2）选择参照。在绘图区中选择边线、面等参照要素，给定约束条件。

（3）单击“方向”选项卡，如图 5-27 所示，单击图中“确定”或“投影”框中的黑色三角按钮，选择 X、Y、Z 轴，单击“反向”按钮可以切换 X、Y、Z 的方向。

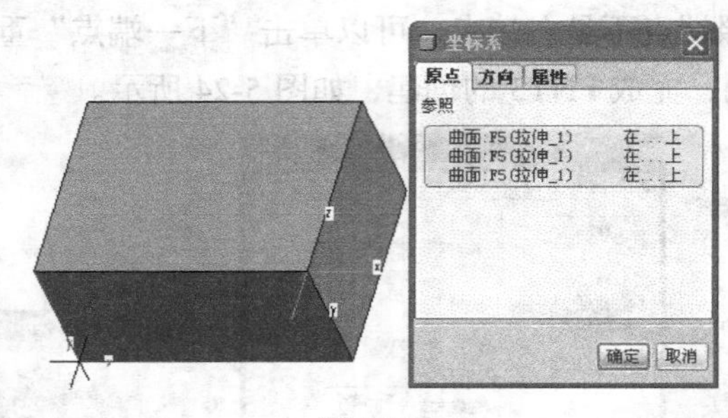

图 5-26

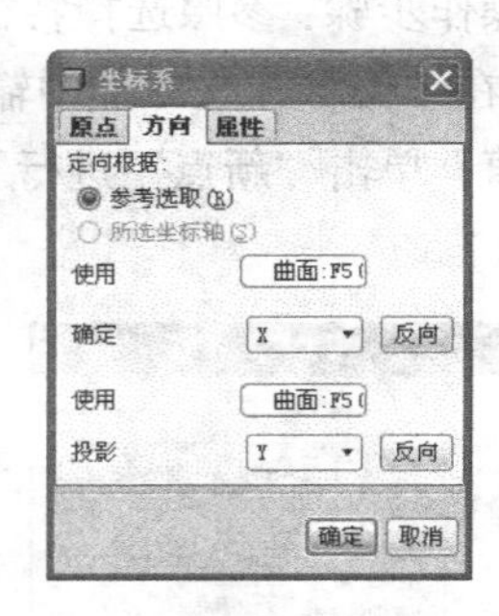

图 5-27

（4）单击“确定”按钮完成基准坐标的创建。

（六）创建基准曲线特征

创建基准曲线特征的方法有两种：草绘基准曲线和利用已知条件创建基准曲线。

1. 草绘基准曲线

选择一个草绘平面，草绘曲线图形来创建一条或多条基准曲线的基本步骤如下。

（1）单击基准特征工具栏中的按钮，选择草绘平面和参考平面。

（2）进入草绘窗口，绘制所需的曲线。

（3）单击草绘窗口中的✔按钮，完成基准曲线的创建。

2. 利用已知条件创建基准曲线

利用已知的条件（如一系列的空间点）来创建基准曲线的方法如下。

单击右侧工具栏中的按钮，出现“曲线选项”菜单管理器，如图 5-28 所示。有 4 种创建基准曲线的方式：“经过点”、“自文件”、“使用剖截面”和“从方程”。

下面介绍使用“通过点”和“从方程”方法创建基准曲线的基本步骤。

（1）使用“通过点”创建曲线。

① 输入命令。单击基准特征工具栏中的按钮，弹出“曲线选项”菜单管理器，选择“通过点”单击“完成”，弹出如图 5-29 所示的“曲线：通过点”对话框。

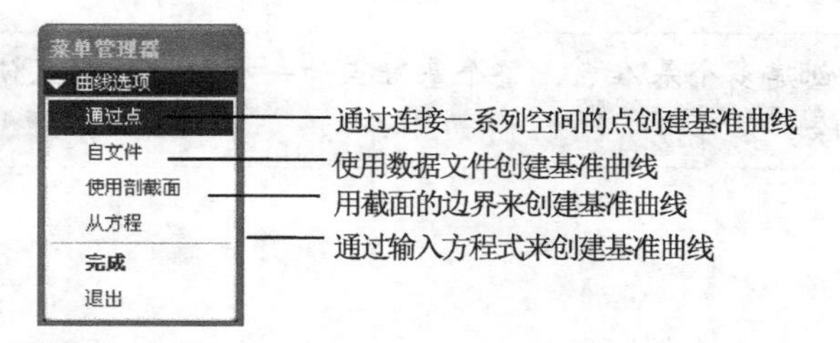

图 5-28

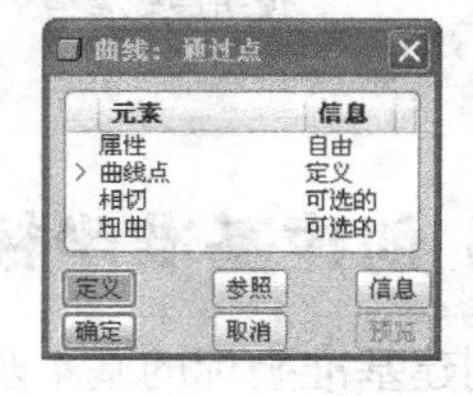

图 5-29

② 选择连接类型。图 5-30 为 3 种连接类型。

样条：各点之间以平滑曲线相连。

单一半径：整条线段各折弯处的圆角半径均相同。

多重半径：整条线段各折弯处的圆角半径可以不相同。

单击“样条”→“整个阵列”→“添加点”。

③ 选择连接的各点。依次在模型空间中选择几何点或基准点。

如果连接类型选择“单一半径”，在选择第三个点时提示输入连接半径值；如果连接类型选择“多重半径”，则从选择第三个点开始，每个点都提示输入连接半径值。

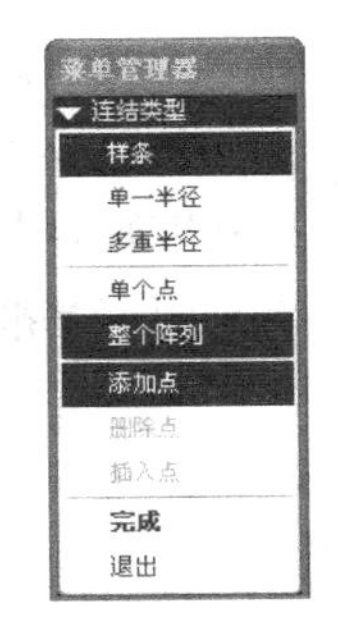

图 5-30

④ 完成曲线特征的创建。单击“完成”返回图 5-29 所示的“曲线：通过点”对话框，单击“预览”按钮可以对特征进行预览，单击“确定”按钮完成曲线特征的创建。

（2）使用“从方程”创建曲线。

① 输入命令。单击基准特征工具栏中的 ~ 按钮，弹出“曲线选项”菜单管理器，单击“从方程”，再单击“完成”，弹出如图 5-31 所示的“曲线：从方程”对话框。

② 选取坐标、设置坐标类型。在模型空间中选取坐标，弹出如图 5-32 所示的“设置坐标类型”菜单管理器。共有 3 种坐标方式：笛卡尔坐标、圆柱坐标和球坐标，一般可选择笛卡尔坐标。选择后系统弹出方程输入记事本。

③ 输入方程。按图 5-33 所示输入方程，这是一个位于 FRONT 基准平面圆的方程，圆心在缺省坐标原点，圆的半径为 50。

图 5-31

图 5-32

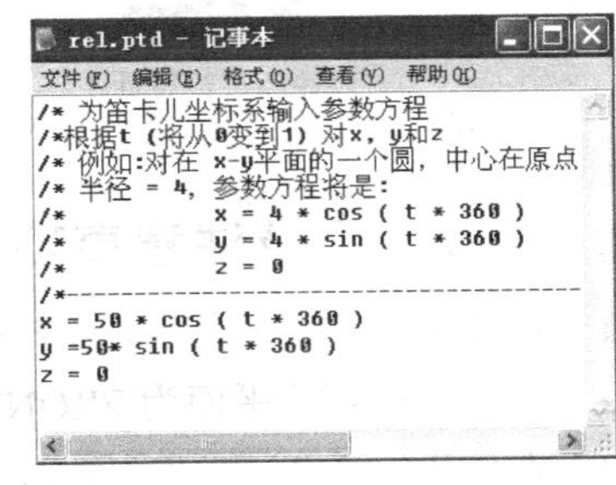

图 5-33

④ 单击记事本中的【文件】→【保存】命令保存并关闭记事本，系统返回到图 5-31 所示的对话框中。

⑤ 完成曲线特征的创建。单击“预览”可以对特征进行预览，单击“确定”按钮完成曲线特征的创建。

三、实例详解——斜块滑枕零件建模

（一）任务导入与分析

1. 建模思路分析

（1）图形分析。如图 5-34 所示，斜块滑枕零件创建的难点在于上部的凸台，R20 圆弧顶的正截面位于与右侧面成 60° 的夹角面，而这个面不能直接选取。因此必须先创建所需要的基准平面，然后以此平面为草绘平面创建凸台特征。

如图 5-35 所示，基准面 A 与前侧面偏距 40，基准轴为 A 面和右侧面的交线，基准面 B 穿过基准轴且与右侧面成 60° 夹角，基准面 C 穿过前侧棱边且垂直于基准面 B，基准面 C 就是草绘平面，基准面 B 为参照面。

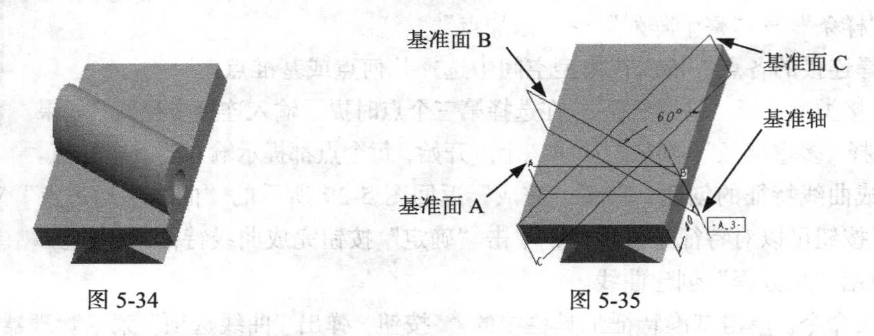

图 5-34　　　　图 5-35

（2）建模的基本思路。将零件模型拆分为 3 个特征，在创建第二个特征之前要先创建辅助基准面。创建思路如图 5-36 所示。

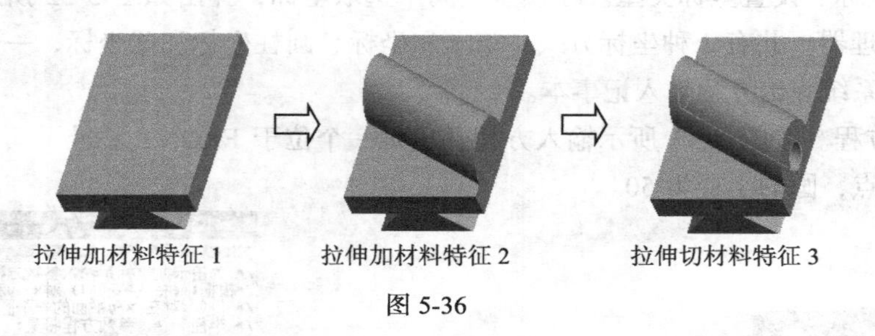

图 5-36

2. 建模要点及注意事项

（1）特征 1、特征 2 为特征加材料，特征 3 为切材料。

（2）特征 1 的草绘平面为 FRONT 基准面，截面图形对称。

（3）在创建特征 2、特征 3 之前必须创建基准面 A 和 B 以及基准轴，特征 2、3 的草绘平面为上述的基准面 C，拉伸为前后拉伸，前后拉伸的深度为“至选定项”，指定特征 1 的左右侧面。

（二）基本操作步骤

1. 建立新的零件文件

单击“新建”图标，选择文件类型为“零件”，输入文件名 No5-1，取消选中“使用缺省模板”复选框，单击确定按钮，选择“mmns_part_solid”选项，单击确定按钮，进入零件模型空间。

2. 创建拉伸加材料特征 1

（1）输入“拉伸”命令。单击“拉伸”图标，出现拉伸操控面板。

（2）设置特征类型。在操控面板上单击“实体”图标，深度方式采用“盲孔”。

（3）设置草绘平面。在“放置”上滑面板中单击“定义”，弹出“草绘”对话框，选择 FRONT 基准平面为草绘平面，选择 RIGHT 基准面为参照平面朝右，视图方向朝后，单击“草绘”按钮进入草绘界面。

（4）绘制截面图形。按图 5-37 所示绘制截面图形，图形应保证左右对称。单击✔按钮结束截面的绘制。

（5）设置特征的各项参数。在深度文本框中输入深度值 150，拉伸方向朝前。

（6）完成特征创建。单击操控面板中的☑👓图标预览特征，单击☑图标完成特征的创建，如图 5-38 所示。

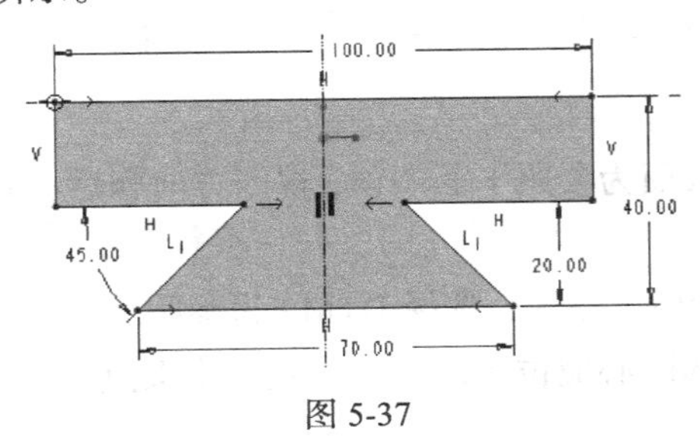

图 5-37

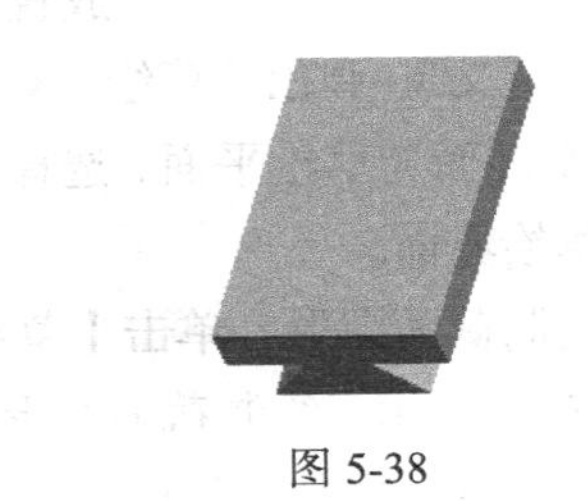

图 5-38

3. 创建基准平面 DTM1

单击右侧工具栏中的▱按钮，弹出对话框，选择特征 1 前侧面作为参照，约束条件为“偏移”，输入偏移距离 40，注意基准平面应在前侧面之后，单击“确定”按钮，完成基准平面 DTM1 的创建，如图 5-39 所示。

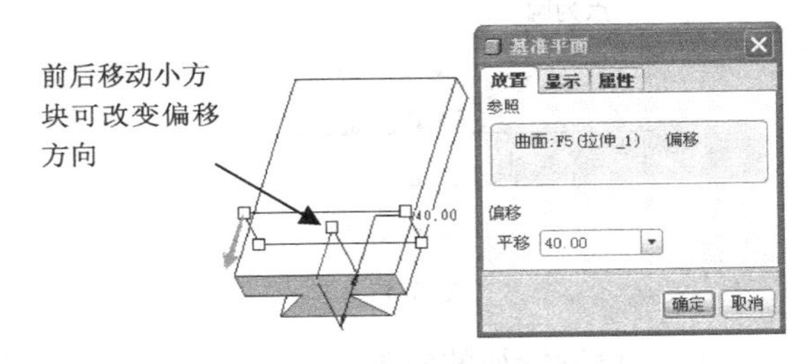

图 5-39

4. 创建基准轴 A_1

单击工具栏中的/按钮，选择特征 1 的右侧面，约束条件为“穿过”，按 Ctrl 键的同时选择 DTM1 基准面，约束条为“穿过”，单击“确定”按钮，完成基准轴 A_1 的创建，如图 5-40 所示。

5. 创建基准平面 DTM2

单击右侧工具栏中的▱按钮，弹出“基准平面”对话框，选择基准轴 A_1 作为参照，约束条件为“穿过”，按 Ctrl 键的同时选择特征 1 右侧面，约束条件为“偏移”，输入偏移旋转角度 60，单击“确定”按钮，完成基准平面 DTM2 的创建，如图 5-41 所示。

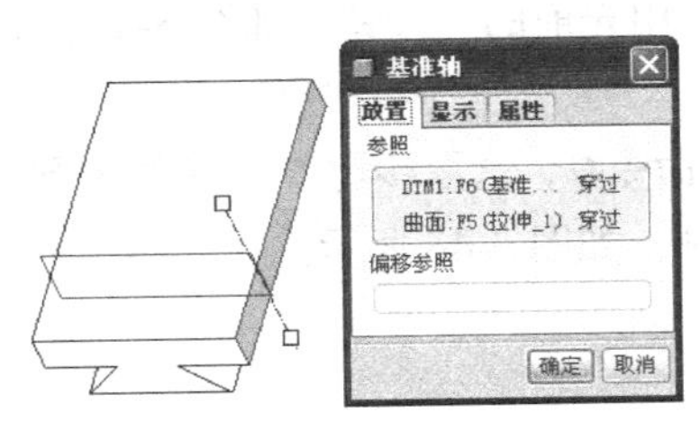

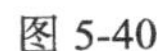

图 5-40

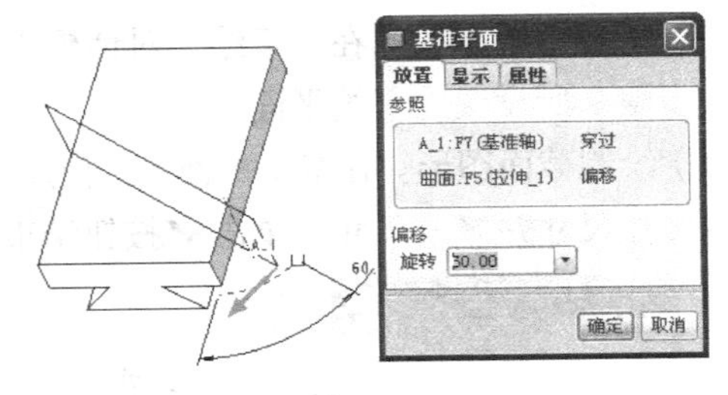

图 5-41

6. 创建基准平面 DTM3

单击右侧工具栏中的▱按钮，弹出“基准平面”对话框，选择特征 1 前侧棱边为参照，约束条件为“穿过”，按 Ctrl 键的同时选择 DTM2 基准面，约束条件为“垂直”，单击“确定”按钮，完成基准平面 DTM3 的创建，如图 5-42 所示。

7. 创建拉伸加材料特征 2

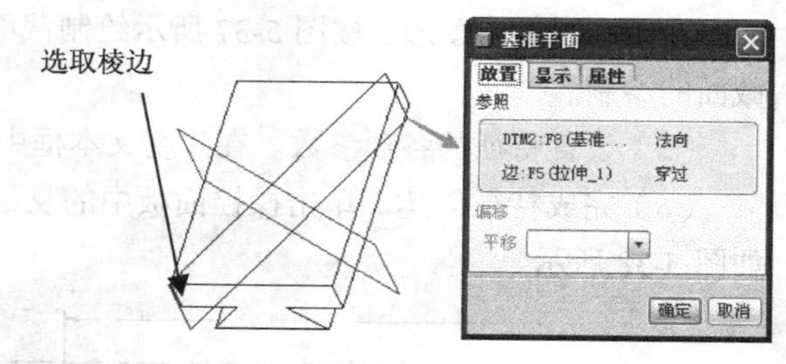

图 5-42

（1）输入“拉伸”命令。单击“拉伸”按钮，出现拉伸操控面板。

（2）设置特征类型。在控制面板上单击“实体”图标。

（3）设置草绘平面。在“放置”上滑面板中单击“定义”，弹出“草绘”对话框，选择 DTM3 基准面为草绘平面，选择特征 1 上表面为参照平面朝顶，视图方向朝后，单击“草绘”按钮进入草绘界面。

（4）绘制截面图形。单击【草绘】→【参照】命令，选择 DTM2 为参照。

按图 5-43 所示，绘制截面图形，半圆弧的圆心应位于尺寸参照线的交叉点上。将标注半径尺寸修改为 *R*25。单击✔按钮结束截面绘制。

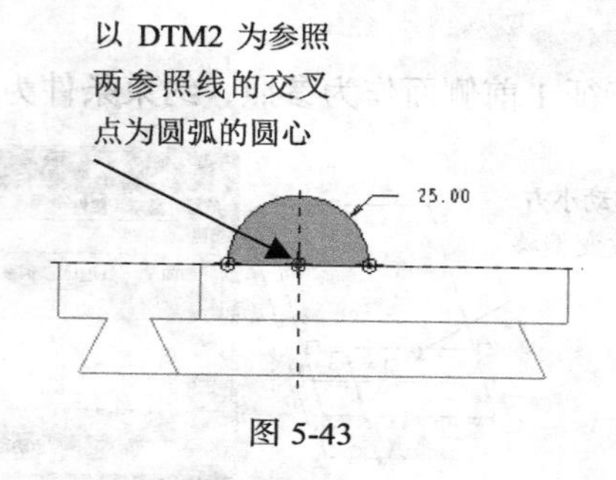

图 5-43

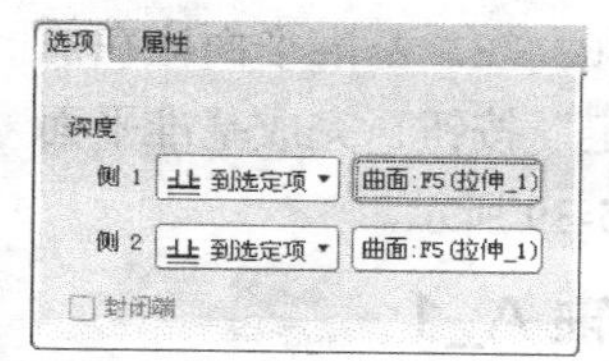

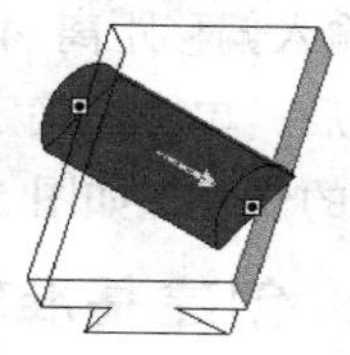

图 5-44

（5）设置特征的各项参数。单击“选项”上滑面板，侧 1 的深度方向即箭头方向，方式采用“至选定项”，在图形中指定特征 1 右侧面，侧 2 的深度方向即箭头的反方向，方式采用“至选定项”，在图形中指定特征 1 左侧面。

（6）完成特征创建。单击操控面板中的图标预览特征，单击图标完成特征的创建。

8. 创建拉伸减材料特征 3

（1）输入“拉伸”命令。单击“拉伸”按钮，出现拉伸操控面板。

（2）设置特征类型。在操控面板上单击“实体”图标和“切材料”图标。

（3）设置草绘平面。在“草绘”对话框中，单击“使用先前的”按钮，如图 5-45 所示，直接进入步骤 7 所设置的草绘平面。

（4）绘制截面图形。在草绘平面中，使用“同心圆”命令，选取步骤 7 创建的顶圆弧，绘制圆，标注尺寸并修改尺寸。单击✔按钮结束截面的绘制，如图 5-46 所示。

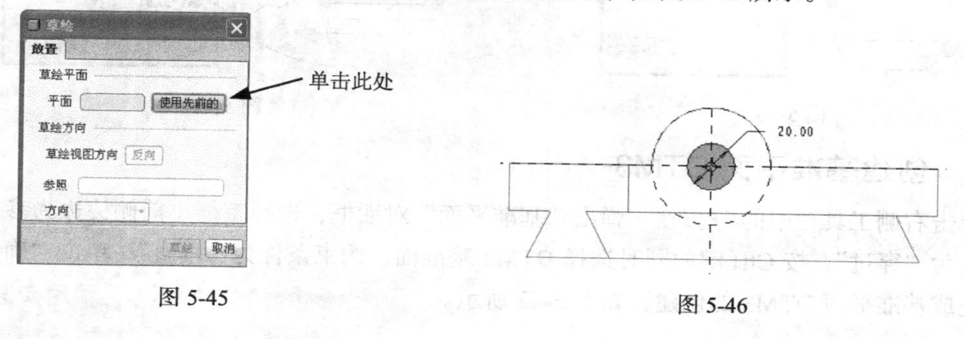

图 5-45

图 5-46

（5）设置特征的各项参数。特征 3 的深度设置与特征 2 完全一致，切材料箭头应指向圆内侧。

（6）完成特征创建。单击操控面板中的☑∞图标预览特征，单击☑图标完成特征的创建。

9. 文件保存

单击按钮，选择“标准方向”，使零件模型为标准的视图方向。单击按钮，保存所绘制的图形。

四、提高实例——梅花曲线建模

（一）任务导入与分析

1. 任务导入

按图 5-47 所示的尺寸创建梅花曲线模型，模型缺省方位应与三视图保持一致。

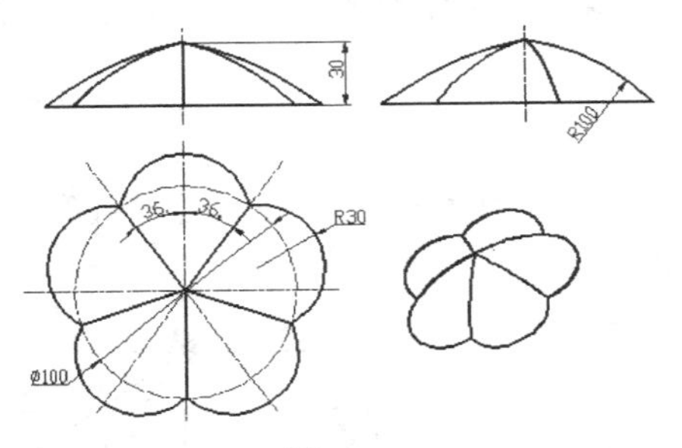

图 5-47

2. 建模思路分析

（1）图形分析。这是一个草莓状的曲线模型，它构成了某个实体零件的边线框架，从图 5-47 中可以看出，整个曲线模型由底部的草莓平面曲线和 6 根圆弧曲线组成，这些曲线都是平面曲线，而且都有对称性。

（2）建模的基本思路。采用草绘工具，选择适当的平面绘制曲线，然后通过“镜像”命令复制曲线。具体创建步骤如图 5-48 所示。

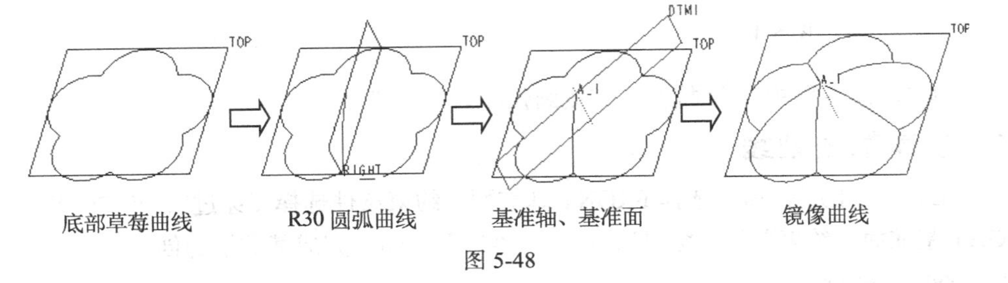

图 5-48

3. 创建要点及注意事项

（1）底部的草莓曲线的草绘平面应选择 TOP 基准平面。

（2）创建必要的对称基准面，为后续的镜像做准备。

（3）先在 RIGHT 基准面上绘制 *R*100 圆弧曲线，然后用镜像的方法创建其他的曲线。

（二）基本操作步骤

1. 创建新的零件文件

单击“新建”图标，文件类型为“零件”，输入文件名 No5-2，选择公制模板“mmns_part_solid”。单击 确定 按钮，进入零件模型空间。

2. 创建底部的草莓曲线

（1）输入"草绘工具"命令。单击右侧工具栏中的按钮，弹出"草绘"对话框，选择 TOP 基准面为草绘平面，RIGHT 基准面为参照朝右，单击"草绘"按钮进入草绘界面。

（2）绘制草绘图形。绘制 $\phi 100$ 中心圆，切换构建，绘制水平和垂直中心线以及两条斜中心线，标注角度尺寸 36°，绘制圆弧，圆弧的两个端点分别在中心圆和中心线的交点上，通过镜像的方法，将其他 4 条圆弧镜像出来。注意镜像过程中会出现"解决草绘"对话框，将角度标注删除，如图 5-49 所示。

（3）单击草绘界面中的按钮，完成底部草莓曲线的创建。

3. 创建 R30 圆弧曲线

（1）输入"草绘工具"命令。单击右侧工具栏中的按钮，弹出"草绘"对话框，选择 RIGHT 基准面为草绘平面，TOP 基准面为参照朝顶，单击"草绘"按钮进入草绘界面。

（2）绘制草绘图形。单击【草绘】→【参照】命令，将模型切换到缺省视图方向，选择圆弧端点为参照，绘制 R100 圆弧，圆弧的一个端点在参照点上，另一个端点在垂直参照线上，如图 5-50 所示。

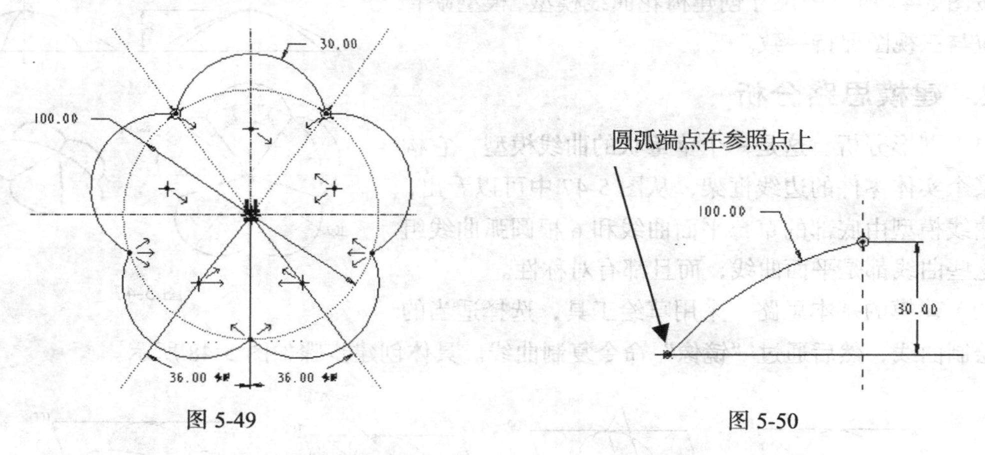

图 5-49　　　　图 5-50

（3）单击草绘界面中的按钮，完成圆弧曲线的创建。

4. 创建基准轴线

单击工具栏中的按钮，选择 FRONT 基准面，约束条件选择"穿过"，按 Ctrl 键的同时选择 RIGHT 基准面，约束条为"穿过"，单击"确定"按钮，完成基准轴的创建。

5. 创建基准面

单击按钮，选择轴线为参照，约束条件为"穿过"；按住 Ctrl 键选择底部圆弧的一个端点为参照，约束条件为"穿过"，单击"确定"按钮，完成基准面的创建，如图 5-51 所示。

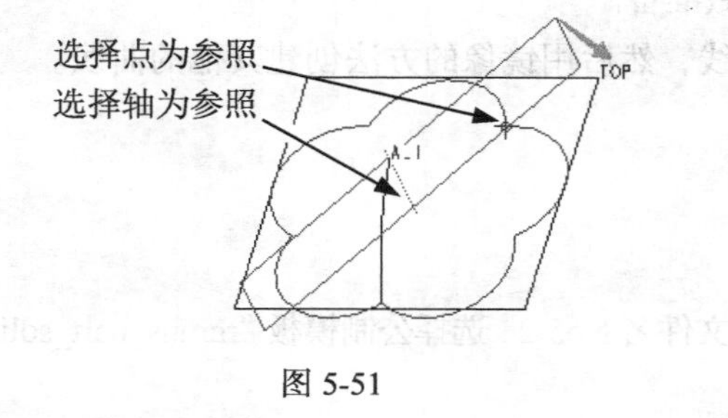

图 5-51

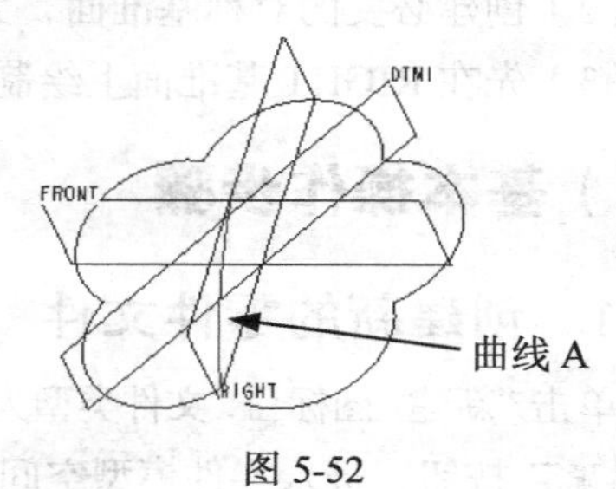

图 5-52

6. 创建其他 R30 圆弧曲线

图 5-52 所示的曲线 A 为第一条创建的 *R*30 曲线。

选择 A，单击图标，选择 DTM1 为镜像面，单击"镜像"中的图标，得到 B 曲线。

选择 B，单击图标，选择 RIGHT 为镜像面，单击"镜像"中的图标，得到 C 曲线。

选择 C，单击图标，选择 DTM1 面为镜像面，单击"镜像"中的图标，得到 D 曲线。

选择 D，单击图标，选择 RIGHT 为镜像面，单击"镜像"中的图标，得到 E 曲线。

效果如图 5-53 所示。

7. 文件保存

单击按钮，选择"标准方向"，使零件模型为标准的视图方向，如图 5-54 所示。单击按钮，保存所绘制的图形。

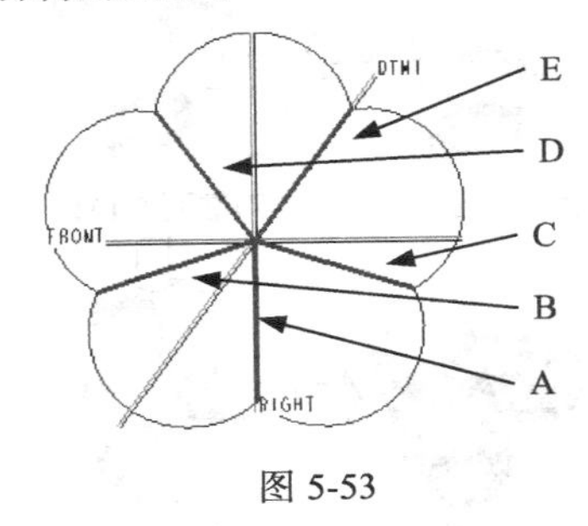

图 5-53

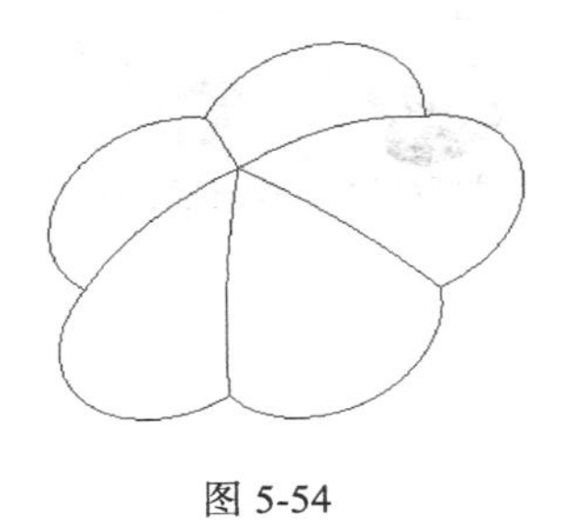

图 5-54

五、自测实例——销钉支座零件建模

（一）任务导入与分析

1. 任务导入

图 5-55 是一个销钉支座零件，按照图中的尺寸要求，创建出零件模型，并且零件缺省的放置方位应与三维图形放置方位一致。

2. 创建思路分析

（1）图形分析。零件模型由多个特征组成，主要是拉伸和旋转特征，关键的问题是创建 *R*18 支耳特征和 ϕ12 凸台时不能直接选择草绘平面，因此必须事先创建基准平面。

（2）绘图的基本思路。根据图形特点，零件大致由 5 个实体特征和两个基准特征组成，具体创建过程如下。

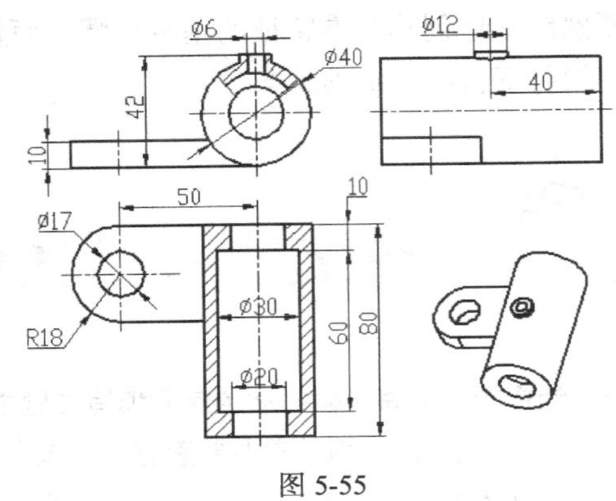

图 5-55

创建拉伸加材料特征 1 圆柱体→创建基准面 DTM1→创建拉伸加材料特征 2 支耳→创建旋转切材料特征 3 内腔→创建基准面 DTM2→创建拉伸加材料特征 4 凸台→创建拉伸切材料特征 5 螺钉孔。

3. 创建要点及注意事项

（1）创建特征 1 时，草绘平面选择 FRONT 基准面。

（2）创建基准面 DTM1 的参照要素为 TOP 基准面平行和圆柱下表面相切。

（3）创建特征 2 时，草绘平面选择 DTM1，向上拉伸深度 10；创建特征 4 时，草绘平面选择 DTM2，向下拉伸深度至指定面；创建特征 5 时，草绘平面选择凸台上表面，向上拉伸深度至下一个。

（4）先创建加材料特征 2，然后再创建切材料特征 3。

（二）建模过程提示

零件模型的创建过程如图 5-56 所示。

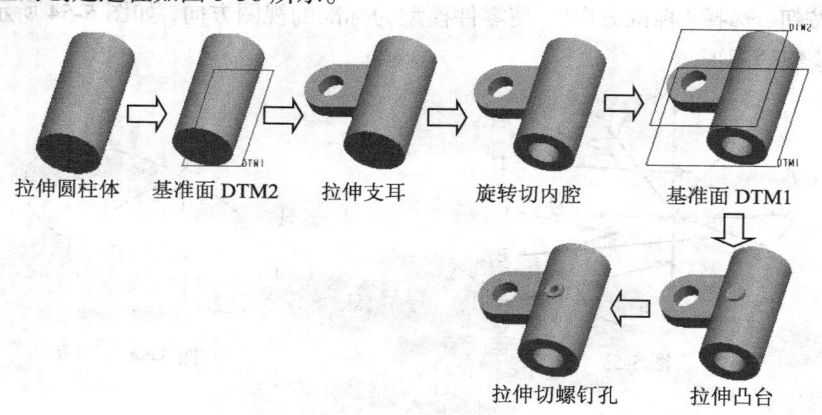

图 5-56

项目小结

本项目主要介绍了基准特征的种类、基准特征的作用、基准特征的显示方式以及创建基准特征的基本步骤，重点介绍了基准平面、基准轴、基准坐标和基准曲线的创建方法。读者不但要熟练掌握创建基准特征的基本步骤，而且应灵活应用于零件实体建模过程中，为今后的曲面建模打下良好的基础。

课后练习题

一、选择题（请将正确答案的序号填写在题中的括号中）

1. 创建基准平面的参照要素有（　）。

（A）1 个以上　（B）至少 1 个　（C）至少 2 个　（D）至少 3 个

2. 基准特征的名称能不能更改？（　）

（A）能　（B）不能

3. 创建基准平面特征时，采用平行的约束条件，所能选择的参照要素为（　）。

（A）平面　（B）点　（C）圆柱面　（D）曲线

4. 在创建基准轴特征时，所选择的参照要素是圆柱面，约束条件为“穿过”，所产生的基准在（　）上。

（A）圆柱面　（B）圆柱面的轴线　（C）不能产生基准轴特征

5. 在创建基准点特征时，如果所选择的参照要素是圆弧，约束条件是“居中”，则产生的基准点在（　）上。

（A）圆弧任意一点　（B）圆弧的端点

（C）圆弧的圆心

6. 在创建基准坐标中，能否改变 X、Y、Z 轴的方向？（　）

（A）能　（B）不能

二、判断题（请将判断结果填入括号中，正确的填“√”，错误的填“×”）

（　）1. 在创建基准轴特征时，选择两个平面一定能产生一个基准轴。

（　）2. 在创建基准平面特征时，选择两条边线一定能创建一个基准面。

（　）3. 在创建基准点特征时，每次输入命令只能创建一个基准点特征。

（　）4. 创建基准特征的主要用途是辅助建模。

（　）5. 经过两个顶点产生一个基准轴线。

（　）6. 基准平面特征的显示由矩形边框和名称组成，边框的颜色不能更改。

（　）7. 基准平面特征具有正反两个方向，创建时不能修改其正方向。

（　）8. 创建的基准轴线能用于旋转特征的旋转轴。

（　）9. 使用草绘工具创建的曲线只能是平面曲线。

（　）10. 用通过点的方法创建空间曲线，所选择的点只能是基准点。

三、建模练习题

1. 按图 5-57 所示的尺寸，创建零件模型。

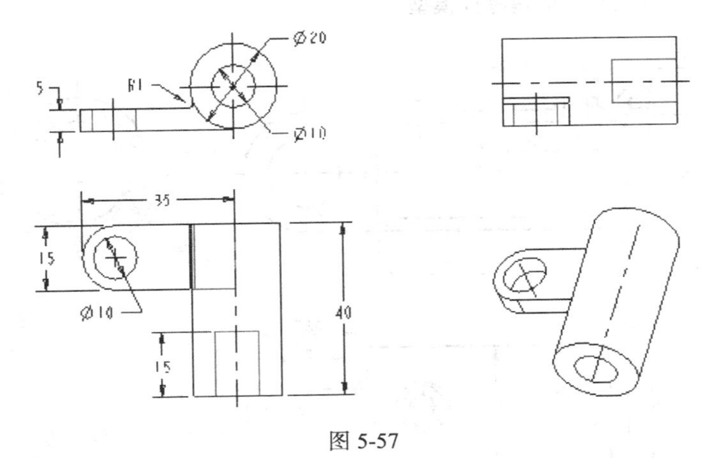

图 5-57

2. 按图 5-58 所示的尺寸，创建零件模型。

3. 按图 5-59 所示的尺寸，创建零件模型。

4. 按图 5-60 所示的尺寸，创建零件模型。

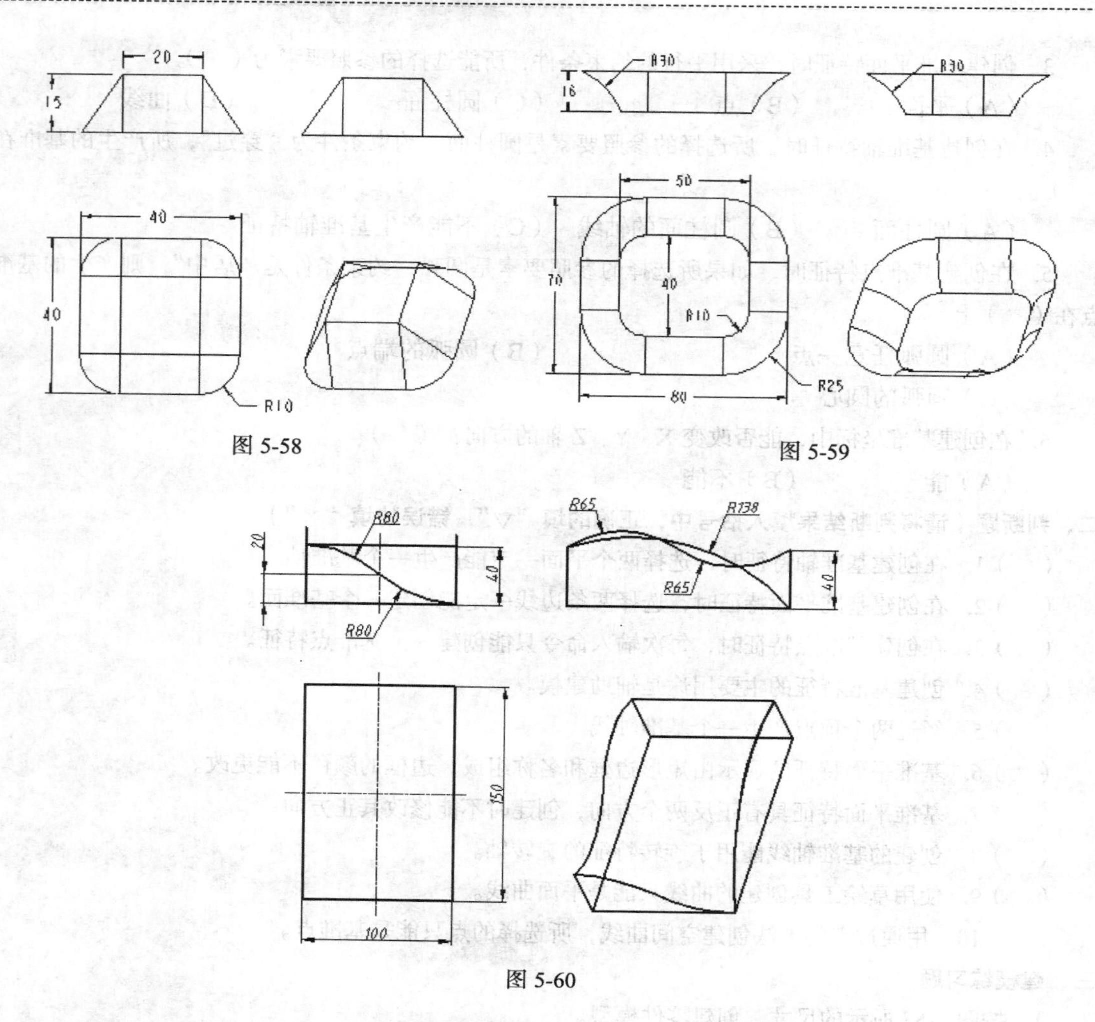

图 5-58　　图 5-59

图 5-60

5. 按图 5-61 所示的尺寸，创建零件模型。

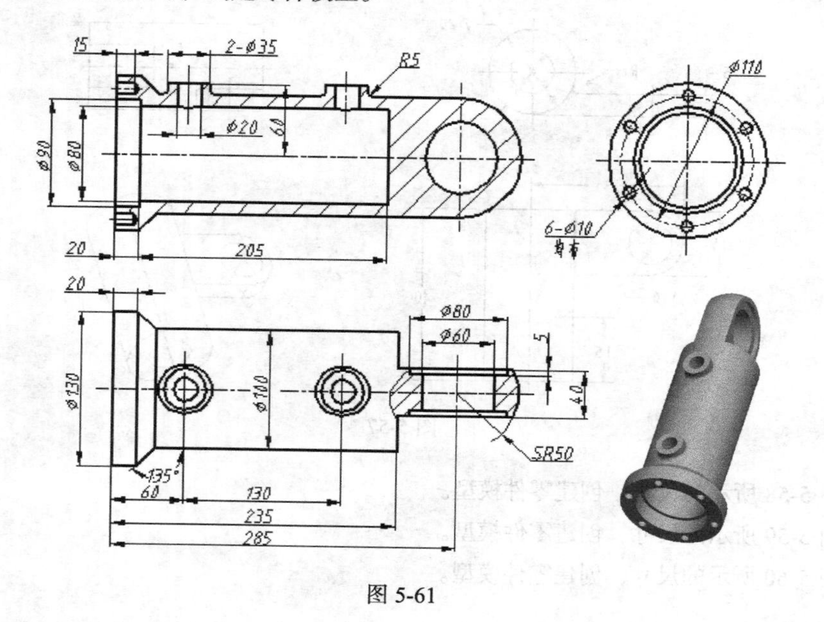

图 5-61

项目六

底壳零件建模

【能力目标】

通过对工程特征基础知识的认识以及底壳零件实例的详细讲解，学生能够熟练掌握孔特征、倒圆角特征、倒角特征、筋板特征、壳特征以及拔模特征的基本操作；通过梯形底盒提高实例的讲解，学生能进一步提高三维建模的操作技巧，灵活运用工程特征创建三维零件模型；通过自测实例建模练习，开发学生的创新能力，提高学习兴趣。

【知识目标】

1. 掌握各种工程特征的基本操作方法
2. 灵活运用工程特征创建零件模型

一、项目导入

图 6-1 所示的底壳零件是电器行业中的一种常用塑料零件，零件的建模过程中频繁使用了钻孔、圆角、筋板、抽壳等特征。按照图中的形状及尺寸要求创建零件模型。

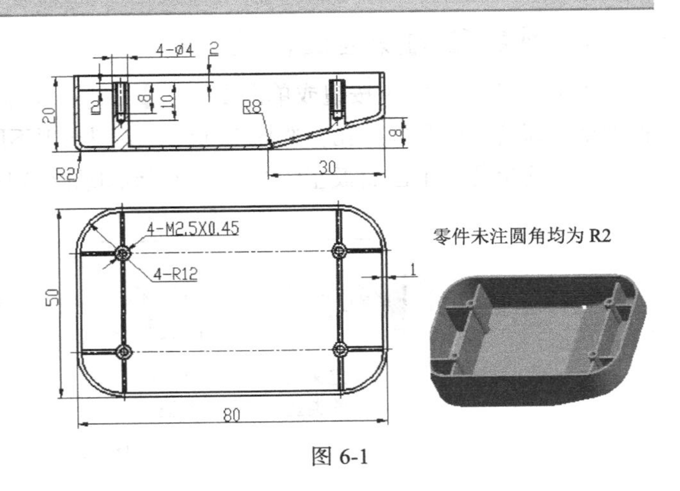

图 6-1

二、相关知识

(一)工程特征的种类和功能

1. 工程特征的种类

工程特征是三维建模中最常用的简单特征，创建工程特征时只需输入特征的形状大小以及定位尺寸，除个别外，工程特征一般都是切材料特征。

常用的工程特征包括：孔特征、圆角特征、倒角特征、壳特征、筋板特征以及拔模特征。图 6-2 所示为各种工程特征命令输入的图标按钮。

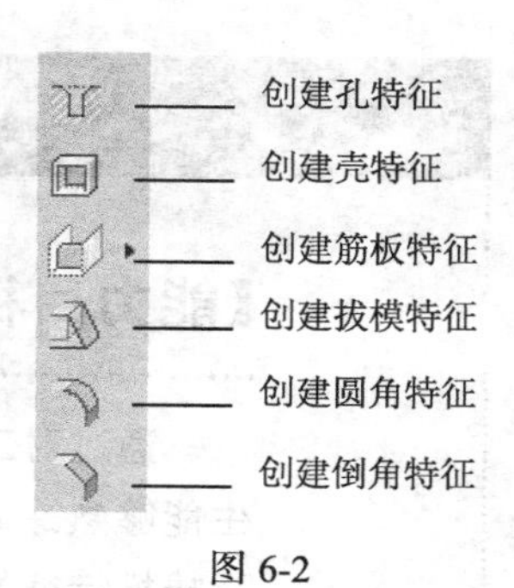

图 6-2

2. 工程特征的作用

工程特征的主要功能见表 6-1。

表 6-1　工程特征的主要功能

特 征 名 称	主 要 功 能
孔特征	创建各种孔特征
壳特征	对实体内部去除材料保留壳厚处理
筋板特征	构建加强筋板
拔模特征	对实体平面扭曲倾斜处理
圆角特征	对实体边或实体面与面间进行圆角处理
倒角特征	对实体边或顶点进行倒直角处理

(二)创建孔特征

1. 孔特征的操控面板简介

单击工具栏上的 按钮或单击【插入】→【孔】命令，系统弹出孔特征操控面板。孔有两种类型，即简单孔和标准孔，选择不同的孔类型出现不同的操控面板。

(1)简单孔：单击面板左侧的 按钮得到如图 6-3 所示的简单孔的操控面板。

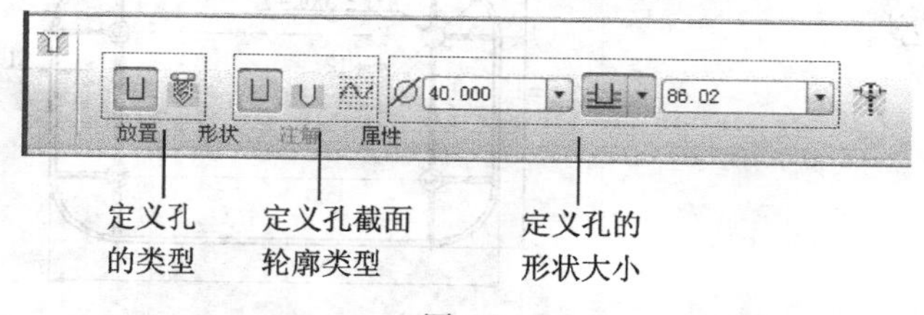

图 6-3

简单孔操控面板中的图标按钮说明如下。

① ：简单孔，无螺纹钻孔。

② ：标准孔，是基于相关工业标准的螺纹孔。

③ ：矩形截面轮廓孔，即直孔。

④ ：标准钻孔轮廓，即带有钻头锥度、埋头或沉头孔。

⑤ ：草绘截面轮廓孔。

⑥ ∅ 40.000 ：输入孔的直径。

⑦ 86.02 ：输入孔深。

⑧ ：设置为轻量化开关。

（2）标准孔：单击面板左侧的按钮，得到如图 6-4 所示的标准孔操控面板。

标准孔操控面板中的图标按钮说明如下。

图 6-4

① ：添加螺纹显示开关。

② ：创建锥形孔。

③ ISO ：选择螺纹的国际标准，常用 ISO 标准。

④ M1x.25 ：选择或输入螺纹规格大小。

⑤ 2.25 ：输入螺纹孔深度。

⑥ ：选择孔深的测量方式，包括锥孔深和直孔深。

⑦ ：定义埋头孔开关。

⑧ ：定义沉头孔开关。

孔操控面板上共有 4 个上滑面板，简单介绍其中的两个主要面板选项的具体功能。

（3）“放置”选项：单击该选项按钮，弹出如图 6-5 所示的“放置”上滑面板，该上滑面板主要用于定义孔的放置位置。

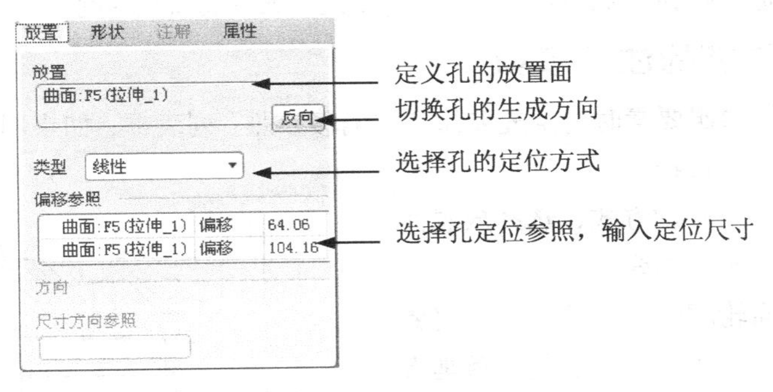

图 6-5

孔的定位方式有 4 种：线性定位、径向定位、直径定位和同轴定位。

① 线性定位：给定孔轴线到两个相互垂直定位参照的距离值，如图 6-6（a）所示。

② 径向定位：给定孔轴线到定位参照轴的半径尺寸和角度偏移值，如图 6-6（b）所示。

③ 直径定位：给定孔轴线到定位参照轴的直径尺寸和角度偏移值，如图 6-6（c）所示。

④ 同轴定位：选择放置面的同时选择轴线，孔的轴线与参考轴线同轴，如图 6-6（d）所示。

（4）“形状”选项：单击该选项按钮，弹出如图 6-7 所示的“形状”上滑面板，该上滑面板主要用于定义孔的形状大小。

2. 创建孔特征的基本步骤

（1）输入命令。单击工具栏上的 按钮，弹出孔特征操控面板（见图 6-3）。

（2）选择孔类型和孔轮廓类型。在孔特征操控面板上单击不同的图标按钮组合，如选择“简单孔”→“矩形轮廓”。

（3）选择孔的放置平面。单击“放置”选项按钮，在绘图区中选取某一平面作为孔的放置平面。

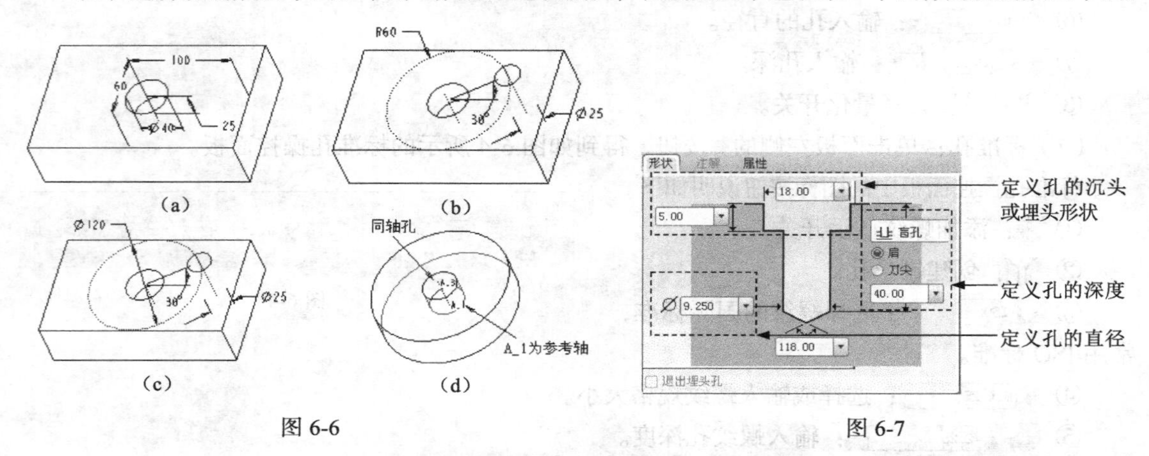

图 6-6　　　　图 6-7

（4）确定孔的定位尺寸。从“类型”下拉列表中选择定位类型，激活“偏移参照”列表框，从绘图区中选择定位参照，修改定位尺寸。

（5）确定孔的形状尺寸。单击“形状”选项按钮，输入孔的直径和深度，如果采用“草绘”的方式，单击 按钮，进入草绘界面绘制孔截面形状。

（6）确定孔的工艺结构尺寸。如有需要，在操控面板上单击“埋头孔”或“沉头孔”图标，再单击“形状”选项按钮，输入各结构尺寸。

（7）单击“预览”按钮预览特征，单击 ✓ 按钮完成孔特征的创建。

3. 创建孔特征的注意事项

（1）在选择定位参照要素时一定先要激活“偏移参照”列表框，如果同时有两个参照要素，一定要按住 Ctrl 键进行选择。

（2）如果定位采用同轴方式，选择放置面的同时按住 Ctrl 键再选择轴线。

（3）草绘孔截面轮廓时，草绘图中一定要绘制一条垂直中心线，而且至少绘制一条垂直于中心线的垂线，最上面的垂线位于放置面上。

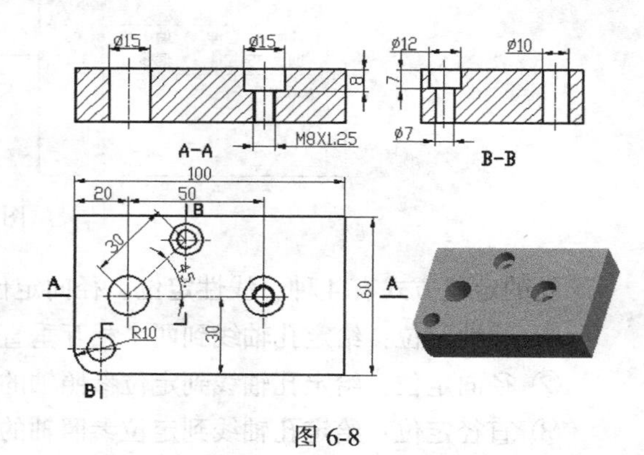

图 6-8

4. 创建孔特征初步尝试

图 6-8 所示为用不同方法创建的不同孔特征，练习创建孔特征的操作过程。

（1）新建文件，输入拉伸命令，按图 6-8 中的尺寸创建拉伸加材料特征。

（2）创建 ϕ15 通孔特征 1。操作步骤如下。

① 单击 按钮，输入“孔”命令。

② 单击孔操控面板中的（简单孔）和（矩形轮廓）图标，单击“放置”选项，选取长方体上表面为放置平面，从“类型”下拉列表中选“线性”，激活“偏移参照”列表框，按住Ctrl键选取长方体的前侧面和左侧面为定位参照面，分别修改定位尺寸为30、20，单击“形状”选项，输入孔的直径ϕ15，设置深度为“穿透”。

③ 单击“预览”按钮预览特征，单击按钮完成孔特征1的创建。

（3）创建ϕ7沉头通孔特征2。操作步骤如下。

① 单击按钮，输入“孔”命令。

② 单击（简单孔）和（标准钻孔轮廓）图标，单击“放置”选项，选取长方体上表面为放置平面，从“类型”下拉列表中选“径向”，激活“偏移参照”列表框，按住Ctrl键选取ϕ15通孔轴线和前侧面为定位参照面，分别修改定位半径尺寸为15、角度尺寸为45，单击“形状”选项，输入孔的直径ϕ7，设置深度为“穿透”，沉头孔直径为ϕ12，沉孔深为7。

③ 单击“预览”按钮预览特征，单击按钮完成孔特征2的创建。

（4）创建ϕ10同轴通孔特征3。操作步骤如下。

① 单击按钮，输入“孔”命令。

② 单击（简单孔）和（矩形轮廓）图标，单击“放置”选项，选取长方体上表面为放置平面，按住Ctrl键选取长方体圆角轴线，如果没有基准轴线可以创建基准轴线。

③ 单击“预览”按钮预览特征，单击按钮完成孔特征3的创建。

（5）创建M8X1.25沉头螺纹孔特征4。操作步骤如下。

① 单击按钮，输入“孔”命令。

② 单击“孔”操控面板中的（螺纹孔）、（螺纹显示）和（沉头开关）图标，选择ISO国际标准和螺纹规格M8×1.25，单击“放置”选项，选取长方体上表面为放置平面，从“类型”下拉列表中选“线性”，激活“偏移参照”列表框，选取长方体的前面，修改定位尺寸为30，按住Ctrl键选择ϕ15轴线为定位参照，修改定位尺寸为50，单击“形状”选项，输入沉头孔的直径ϕ15，设置沉头深度为8，选择螺纹长度为全螺纹。

③ 单击“预览”预览按钮预览特征，单击按钮完成孔特征4的创建。

（三）创建倒圆角特征

1. 倒圆角特征的操控面板简介

单击工具栏中的按钮或单击【插入】→【倒圆角】命令，弹出倒圆角特征操控面板，如图6-9所示。

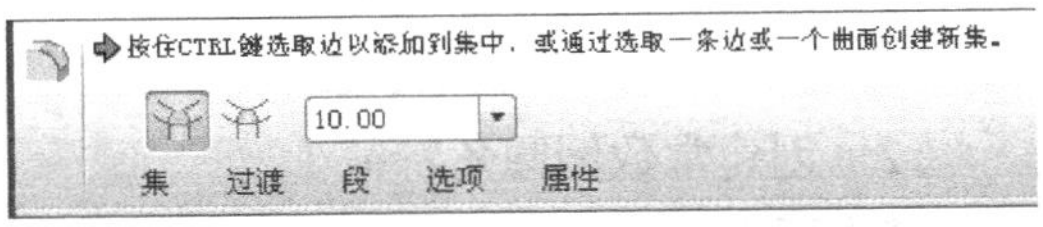

下面介绍操控面板中的图标和上滑面板选项的功能。

图 6-9

：集模式，倒圆角的模式，可以在该模式下选择倒圆角的边、输入半径等。

：过渡模式，多段圆角汇交区域过渡模式，为过渡区域选择不同的连接方式。

10.00：输入圆角半径。

倒圆角特征操控面板中共有5个上滑面板，分别是“集”、“过渡”、“段”、“选项”和“属性”，最常用的是“集”上滑面板，如图 6-10 所示。

通过对操控面板不同图标功能的组合，可以生成不同的圆角特征，其中常用的圆角特征有 4 种。

（1）常数倒圆角：表示建立的圆角特征半径为一个常数值。

（2）完全倒圆角：表示在选取的曲面之间或选取的边之间自动产生相切全圆角。

（3）通过曲线倒圆角：表示对边线倒圆角，选取一条曲线，圆角半径由曲线到边线的距离决定。

（4）可变半径倒圆角：表示建立的圆角特征可以在不同的点设置不同的半径。

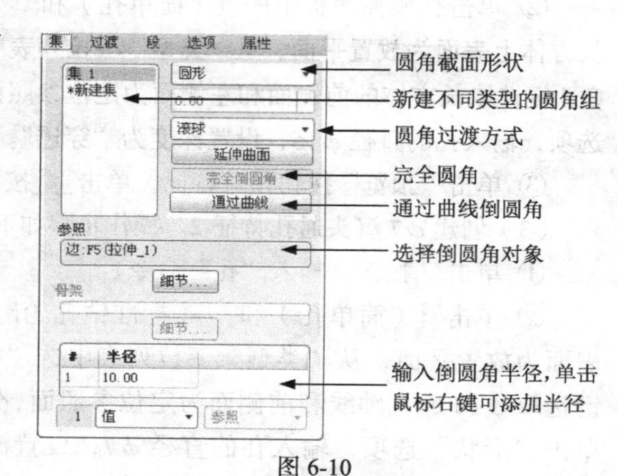

图 6-10

2. 创建倒圆角特征的基本步骤

（1）输入命令。单击工具栏中的按钮，弹出如图 6-9 所示的倒圆角特征操控面板。

（2）输入圆角半径值。

（3）选择倒圆角参照。单击“集”上滑面板，选择边或面作为圆角的参照要素，按住 Ctrl 键可以同时选择多条边倒同一圆角特性的圆角。

（4）创建不同圆角特性的圆角。单击“新建集”，重新设置圆角半径，重复上一步骤倒新的圆角。

（5）单击“预览”按钮预览特征，单击按钮完成圆角特征的创建。

3. 创建倒圆角特征初步尝试

图 6-11 所示为用不同方法创建的不同圆角特征。

（1）新建文件，输入拉伸命令，按图 6-11 中所示的图形创建拉伸加材料特征，在特征表面上绘制草绘图形，尺寸自定。

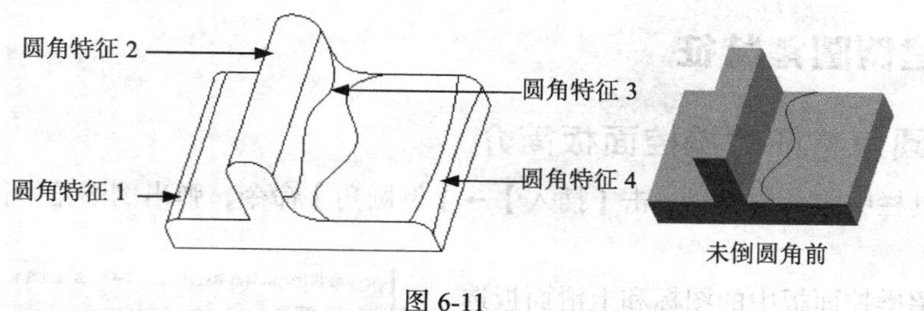

图 6-11

（2）创建常数倒圆角特征 1。

基本要求：圆角半径不变，半径自定义。

操作步骤：单击工具栏中的按钮→输入圆角半径值 → 选择拉伸特征左侧边。

（3）创建完全倒圆角特征 2。

要求：倒圆角特征 2 与拉伸特征顶部两侧面相切，半径值由两面间距决定。

操作步骤：单击“集”选项中的“新建集”，同时选择拉伸特征顶部左右两侧边，单击“集”

选项中的“完全倒圆角”。

（4）创建通过曲线倒圆角特征3。

要求：倒圆角特征3的圆角半径由曲线位置决定。

操作步骤：单击“集”选项中的“新建集”，选择曲线旁的边线，单击“集”选项中的“通过曲线”，选择曲线。

（5）创建可变半径倒圆角特征4。

要求：倒圆角特征4半径发生变化，倒圆角边的两端点半径相同，边的中间点圆角半径与端点半径不同。

操作步骤：单击“集”选项中的“新建集”，选择拉伸特征右侧面的边线；单击“集”选项，在“半径”输入框中输入序号1的半径值；单击鼠标右键，出现光标菜单，选择“添加半径”，序号2的半径值与序号1的半径值相同，同时在倒圆角边线的两个端点上显示该半径值的“位置”；再次单击鼠标右键，选择光标菜单中的“添加半径”，出现序号3的半径值，输入新的半径值，在序号3的“位置”文本框中输入0.5，表明新的半径值发生在边线的中间点。

（6）单击“预览”按钮预览特征，单击 ✓ 按钮完成圆角特征组的创建。

（四）创建倒角特征

Pro/ENGINEER中提供了两种倒角方式，即边倒角和拐角倒角。

1. 边倒角

（1）操控面板简介。单击工具栏上的按钮或单击【插入】→【倒角】→【边倒角】命令，弹出边倒角特征操控面板，如图6-12所示。倒角的主要类型如下。

① $D \times D$：倒角两切边尺寸相同，输入一个参数值。

② $D1 \times D2$：倒角两切边尺寸不相同，输入两个参数。

③ $45 \times D$：倒角夹角为45°，输入一个切边尺寸。

④ 角度 $\times D$：输入倒角夹角和切边尺寸。

单击操控面板的“集”上滑面板选项，弹出如图6-13所示的对话框。

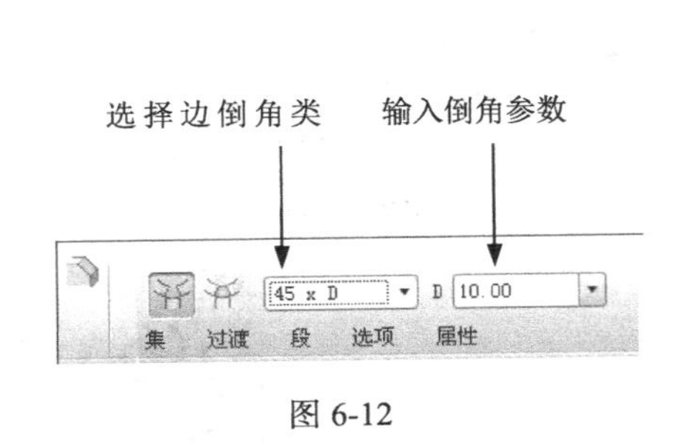

图6-12

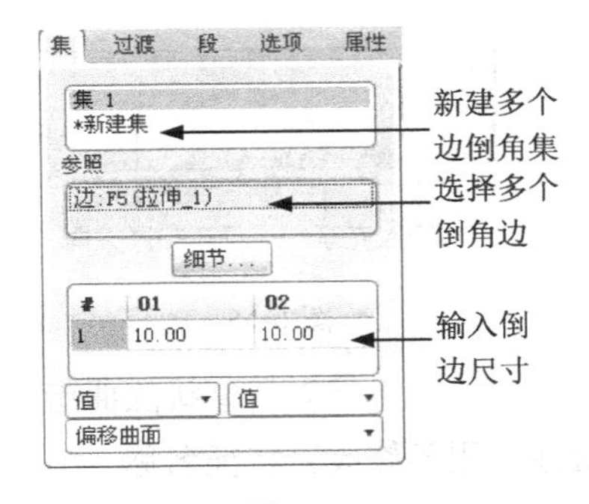

图6-13

（2）创建边倒角的基本操作。

① 输入命令。单击工具栏上的按钮或单击【插入】→【倒角】→【边倒角】命令，弹出边倒角特征操控面板。

② 选择边倒角类型，输入倒角参数，选择需倒角的边或面。单击“集”上滑面板中的“新建集”可以新建不同参数的倒角。

③ 单击“预览”按钮预览特征，单击 √ 按钮完成边倒角特征的创建。

2. 拐角倒角

创建拐角倒角的基本操作步骤如下。

① 单击【插入】→【倒角】→【拐角倒角】命令，弹出“倒角（拐角）：拐角”对话框，如图 6-14 所示。

② 选择零件模型的一个顶点，弹出“选出/输入菜单管理器”对话框，如图 6-15 所示，同时构成顶点的其中一条边显亮，单击“输入”，在文本框中输入该边切边长度值，单击按钮，依此类推，构成顶点的另外两条边一一显亮，分别输入不同的切边值，单击按钮。

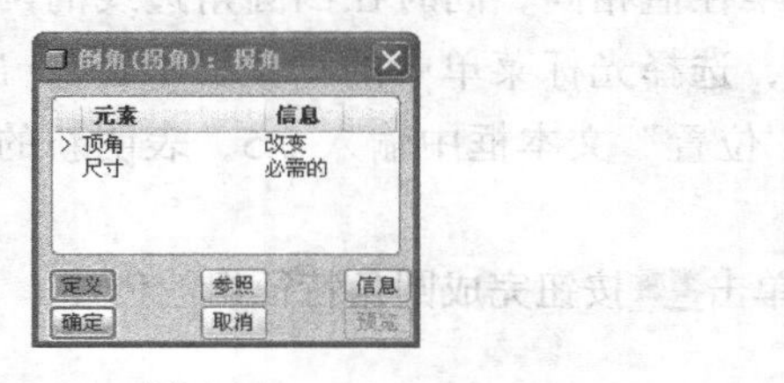

图 6-14

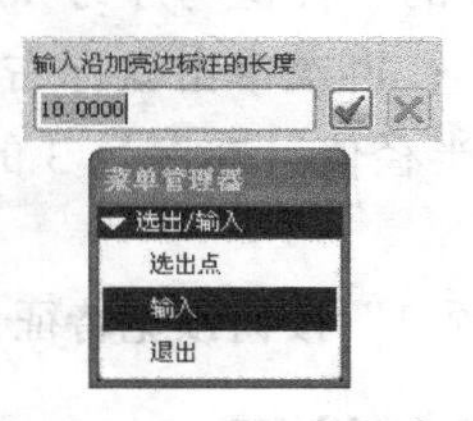

图 6-15

③ 单击“预览”按钮预览特征，单击“确定”按钮完成拐角倒角特征的创建。

（五）创建壳特征

壳特征用于将实体模型内部材料挖除，以指定的厚度保留外表面从而形成薄壳实体。

1. 壳特征的操作面板简介

单击工具栏上的按钮或单击【插入】→【壳】命令，系统弹出壳特征操控面板，如图 6-16 所示。在壳特征操控面板中有 3 个上滑面板选项，分别是“参照”、“选项”和“属性”。

参照：用于选择壳特征移除曲面，指定非默认厚度面，并输入非缺省厚度，如图 6-17 所示。

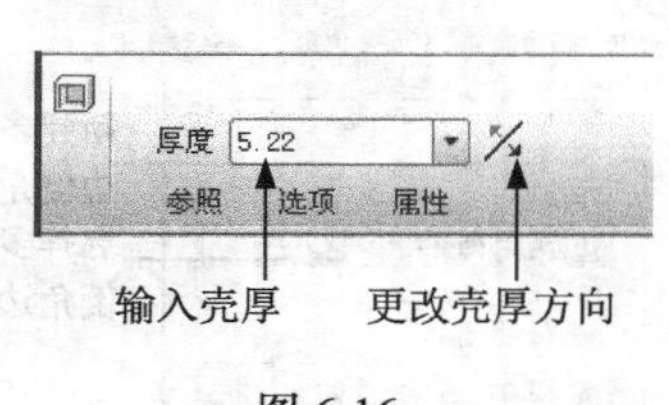

图 6-16

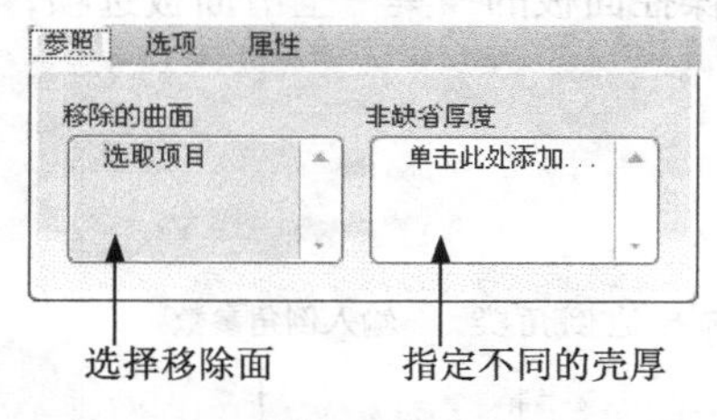

图 6-17

选项：用于选择壳特征排除曲面，如图 6-18 所示。

属性：用于修改壳特征名称。

2. 创建壳特征的基本步骤

（1）输入命令。单击工具栏中的按钮，弹出如图 6-16 所示的壳特征操控面板。

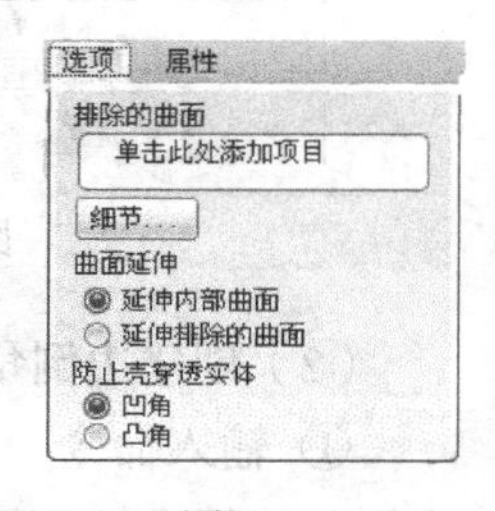

图 6-18

（2）输入壳厚。

（3）选择移除面。单击“参照”上滑面板，选择实体特征的表面作为壳特征的移除面，如果有多个移除面，应按住 Ctrl 键的同时选择多个面。

（4）选择非缺省厚度。单击“参照”上滑面板中的“非缺省厚度”列表框，选择非缺省厚度面，输入不同的壳厚。

（5）选择排除面。单击“选项”上滑面板，如果需要，选择不抽壳的排除面。

（6）单击“预览”按钮预览特征，单击 ✓ 按钮完成壳特征的创建。

（六）创建筋板特征

筋板特征的创建有两种方法：轮廓筋和轨迹筋，不管是哪种创建方法，都必须绘制草绘图形，轮廓筋绘制筋的轮廓，轨迹筋绘制筋的轨迹图，它们都属于等厚的薄板特征，不过草绘图形都必须是开放的图形。

1. 轮廓筋

（1）轮廓筋操控面板简介。

单击工具栏中的按钮或单击【插入】→【筋】→【轮廓筋】命令，弹出轮廓筋特征操控面板，如图 6-19 所示。

筋板厚度有 3 个方向，即向草绘平面的一侧或另一侧生长厚度，以及向草绘平面双向对称生长厚度，通过单击“更改厚度方向”图标可以在三者之间切换。

轮廓筋操控面板中有两个上滑面板选项，即“参照”和“属性”。

单击“参照”，出现图 6-20 所示的“参照”上滑面板，可以选择或定义筋板的草绘平面，进入草绘平面绘制筋板的轮廓图形。

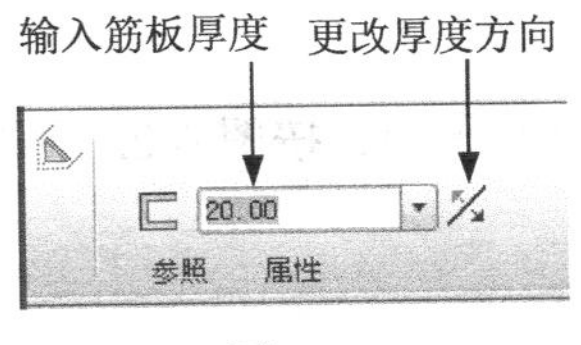

图 6-19

图 6-20

绘制筋板截面图形时应注意以下几个问题。

① 截面只能是开放的图形。

② 开放截面要依附在已有实体的表面上，绘图时尽量使用参照。

（2）创建轮廓筋的基本操作步骤。

① 单击工具栏中的按钮输入命令后，弹出轮廓筋特征操控面板，见图 6-19。

② 在“参照”上滑面板中单击“定义”，选择草绘平面、定向平面及朝向，进入草绘界面，绘制截面图形。单击草绘界面中的 ✓ 按钮，完成筋板截面的绘制。

③ 输入筋板厚度，单击操控面板中的“更改厚度方向”按钮，切换筋板厚度的生成方向。

④ 单击“预览”按钮预览筋板特征，单击 ✓ 按钮完成轮廓筋板特征的创建。

2. 轨迹筋

（1）轨迹筋操控面板简介。单击工具栏中的按钮或单击【插入】→【筋】→【轨迹筋】

命令，系统弹出轨迹筋特征操控面板，如图 6-21 所示。

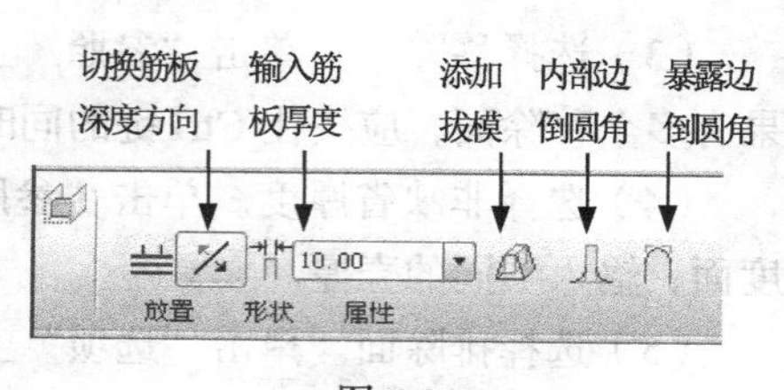

图 6-21

（2）创建轨迹筋的基本操作步骤。

① 单击工具栏中的按钮输入命令后，弹出筋特征操控面板，如图 6-21 所示。

② 单击“放置”上滑面板中的“定义”，选择草绘平面、定向平面及朝向，进入草绘界面，绘制筋板轨迹图形。单击草绘界面中的按钮，完成筋板轨迹线的绘制。

③单击操控面板中的“深度切换”按钮切换筋板深度方向，输入筋板厚度，根据需要单击其他按钮，可以添加拔模、生成内部边倒圆角和暴露边倒圆角。

④ 单击“预览”按钮预览筋板特征，单击按钮完成轨迹筋板特征的创建。

3. 创建轮廓筋、轨迹筋初步尝试

图 6-22 为分别用轮廓筋和轨迹筋方法创建的不同筋板特征。

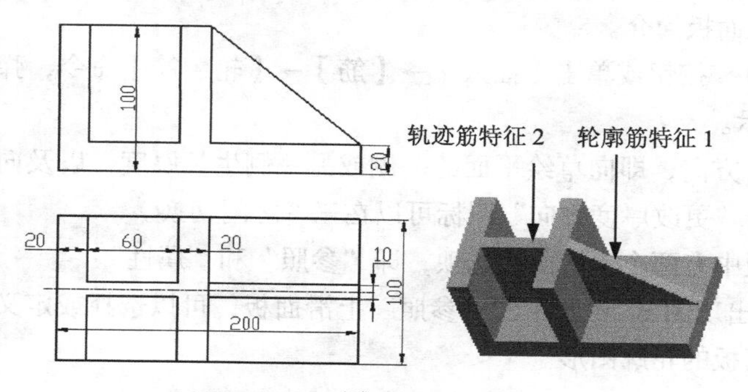

图 6-22

（1）新建文件，输入拉伸命令，选择 FRONT 基准面为草绘平面，按图 6-22 中的图形和尺寸创建拉伸加材料特征，拉伸深度采用对称深度。

（2）创建轮廓筋特征 1。

① 单击工具栏中的按钮输入命令后，弹出轮廓筋特征操控面板。

② 在“参照”上滑面板中单击“定义”，选择 FRONT 面为草绘平面，RIGHT 面为参照面朝右，进入草绘界面，使用参照的方法，选择轮廓筋依附的两个面，绘制一条斜边，线的端点应在交点上，如图 6-23 所示。单击草绘界面中的按钮，完成筋板截面的绘制。

③ 单击操控面板中的“更改厚度方向”按钮，筋板厚度的生成方向应为对称方式，输入筋板厚度 10。

④ 单击“预览”按钮预览筋板特征，单击按钮完成轮廓筋特征的创建。

（3）创建轨迹筋特征 2。

① 单击工具栏中的按钮输入命令后，弹出轨迹筋特征操控面板。

② 在“放置”上滑面板中单击“定义”，选择拉伸特征上端表面为草绘平面，选择右侧端面为定向平面朝右，进入草绘界面，绘制筋板轨迹图形，如图 6-24 所示。单击草绘界面中的按钮，完成筋板轨迹线的绘制。

③ 单击操控面板中的“深度切换”按钮，切换筋板深度方向朝向内侧，输入筋板厚度 10。

④ 单击“预览”按钮预览筋板，单击按钮完成轨迹筋特征的创建。

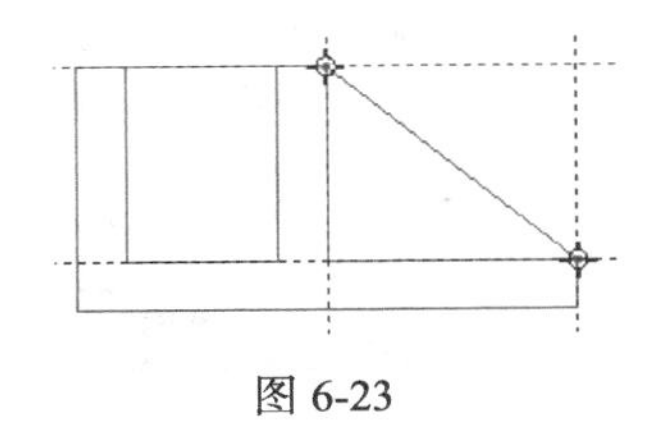

图 6-23

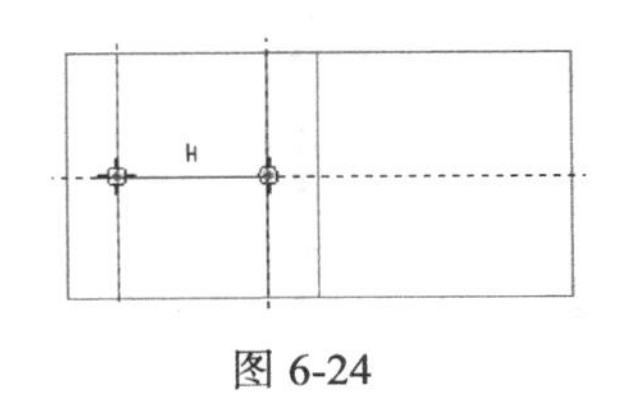

图 6-24

（七）创建拔模特征

1. 拔模实例分析及名词解释

（1）实例分析。图 6-25（a）为未拔模的原始零件，零件的 4 个侧面垂直于顶面，图 6-25（b）中的 4 个侧面同时向外倾斜扭曲，图 6-25（c）中的 4 个侧面以中间面为分界线同时向两个方向倾斜扭曲，图 6-25（b）和图 6-25（c）中的 4 个侧表面就是拔模。

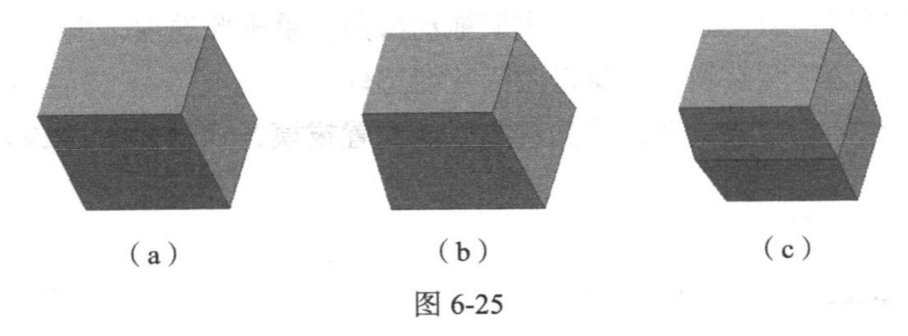

（a）　　（b）　　（c）

图 6-25

所谓拔模，就是将零件在某一方向上的侧垂面产生倾斜扭曲变形，以便于零件在制作过程中顺利从模具中拔出。

（2）名词解释。

① 拔模面：产生倾斜扭曲的一个或多个垂直面，一般与零件的拔模方向平行，如图 6-26 中实体的 4 个侧面。

② 拔模枢轴：拔模面在倾斜扭曲中的旋转轴，对于一个拔模面而言，一般是一条边线，而对多个拔模面而言，就应当为多根边线。

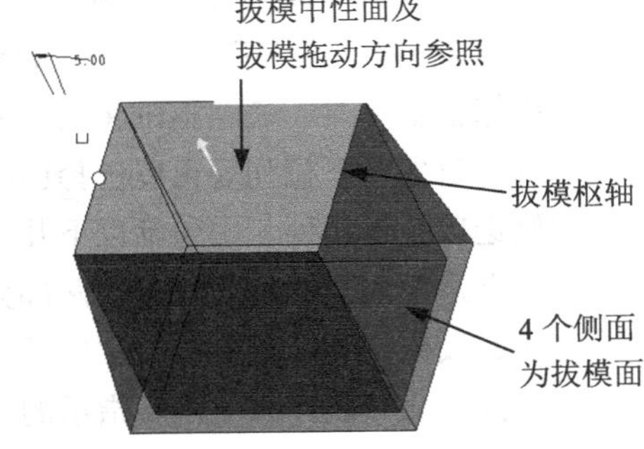

图 6-26

③ 中性面：指定一个与拔模面垂直的面，该面与拔模面的交线即为枢轴，换句话说，拔模面在拔模扭曲中，在该面的横截面形状没有发生变化，因此该面被称为中性面，如图 6-26 所示的顶面。

④ 拖动方向参考：选择一条边或选择一个面，该边线的方向或该面的法线方向即为拔模 0° 的参考方向。

⑤ 拔模不分割：所有拔模面向一个方向倾斜，只有一个拔模角度，拔模面没有被分割。

⑥ 按枢轴分割：以拔模枢轴为分割线将拔模面分成两个部分，分别按不同的拔模角度进行拔模，如图 6-25（c）所示。

2. 拔模操控面板简介

单击工具栏中的按钮或单击【插入】→【斜度】命令，弹出拔模特征操控面板，如图 6-27 所示。

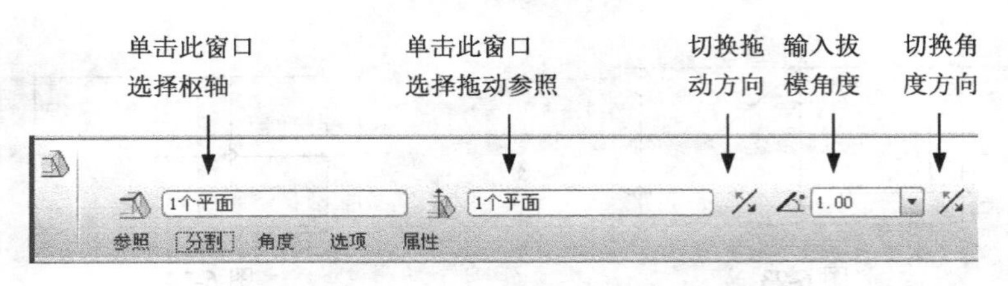

图 6-27

图标功能和上滑面板选项功能简要说明如下。

单击操控面板左侧窗口激活选择枢轴或中性面。

单击操控面板中间窗口激活选择拔模拖动的参照。

如果选择中性面为枢轴，系统自动以该中性面的法线方向为拔模拖动的参照方向。

在拔模操控面板中有 5 个上滑面板选项，分别为“参照”、“分割”、“角度”、“选项”和“属性”，其中常用的是“参照”和“分割”。

参照：用于选择拔模面、拔模枢轴、拔模拖动参照，单击此选项，出现如图 6-28 所示的对话框。枢轴和选择拖动参照必须单击窗口激活才能选取。

分割：用于选择分割方式、选择分割对象以及设置拔模方式，如图 6-29 所示。

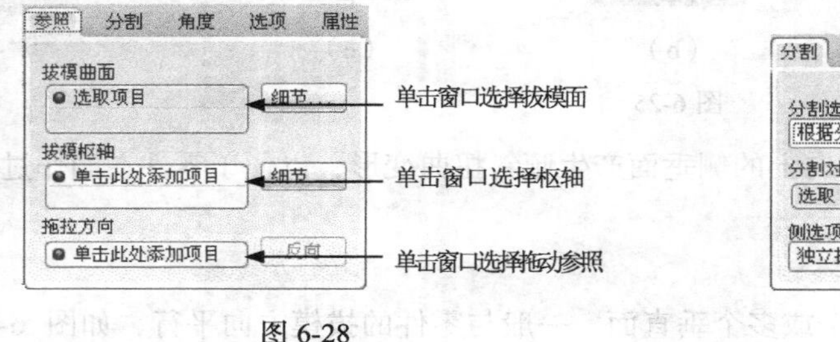

图 6-28

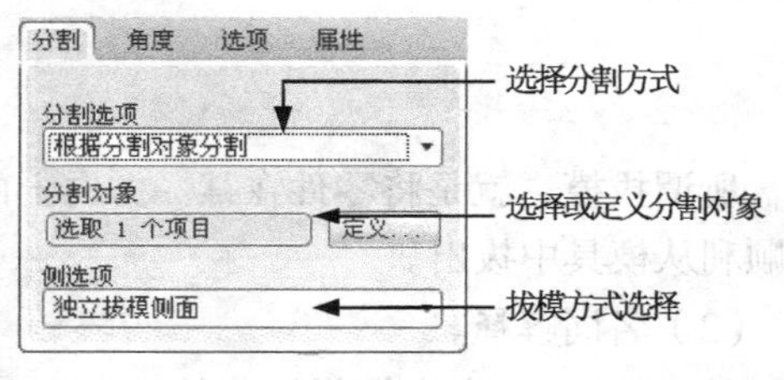

图 6-29

分割选项下拉列表中包括以下几个选项。

“不分割”表示拔模面不分割，输入一个拔模角度。

“根据分割对象分割”表示分割对象将拔模面分割成两部分，分别输入拔模角。

“根据枢轴分割”表示枢轴将拔模面分割成两部分，分别输入拔模角度。

“分割对象”下拉列表可以选择已有的图形进行分割，也可以重新草绘图形分割。

“侧选项”下拉列表中包括以下几个选项。

“独立拔模侧面”可对分割成两部分的拔模面分别输入拔模角度。

“从属拔模侧面”只能对分割成两部分的拔模面输入一个拔模角度。

“只拔模第一侧”只对箭头指示的一侧拔模面拔模。

“只拔模第二侧”只对箭头指示的另一侧拔模面拔模。

3. 创建拔模特征的基本步骤

（1）输入命令。单击工具栏中的按钮或单击【插入】→【斜度】命令，弹出如图 6-27 所示的操控面板。

（2）选择拔模面。在绘图区中选择需拔模的侧表面。

（3）选择中性面或枢轴。单击“拔模”操控面板中的左窗口，选择与拔模面垂直的面为中性面，或者选择一条边线作为拔模枢轴。

（4）选择拔模拖动方向参照。单击“拔模”操控面板中的中间窗口，选择边线或面作为拔模拖动方向的参照。

（5）选择分割方式。在“分割”上滑面板中选择分割方式。

（6）输入拔模角度。分别在对话框中输入拔模角度，调整拔模角度的方向，如果采用按枢轴分割方式，对话框中需要输入两个拔模角度。

拔模角度范围为−30°～+30°。

（7）如果采用按分割对象分割，则需要选择或草绘分割对象。

（8）单击“预览”按钮预览拔模特征，单击 √ 按钮完成拔模特征的创建。

4. 创建拔模特征的初步尝试

如图 6-30 所示，长方体的长、宽、高分别为 200、150、200，在长方体的 4 个侧面创建拔模特征。

拔模特征 1 要求：拔模面不分割，中性面为长方体的顶面，拔模角度为 5°，长方体底部变大。

拔模特征 2 要求：拔模面按枢轴分割，中性面为长方体的中间面，两个方向的拔模角度都是 5°，长方体顶部和底部变小。

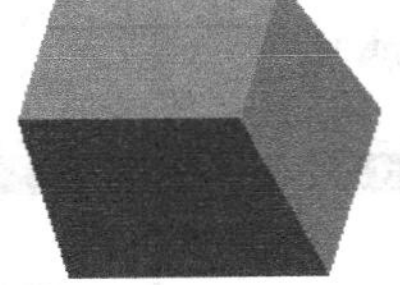
拔模特征 1

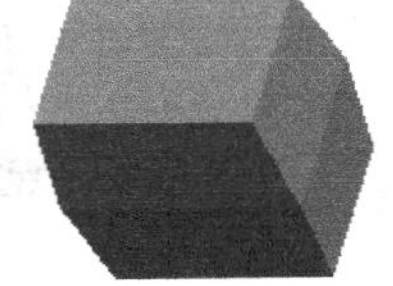
拔模特征 2

图 6-30

（1）新建文件，输入拉伸命令，按尺寸创建拉伸加材料特征，草绘平面选择 TOP 面，拉伸深度采用对称深度。

（2）创建拔模特征 1。

① 单击工具栏中的按钮输入命令，弹出拔模特征操控面板。

② 选择长方体的 4 个侧面为拔模面，可以用环的方式选择，具体方法为先选择上表面，按住 Ctrl 键的同时用单击顶面的一条边线，这样可以将 4 个侧面同时选中。

③ 单击操控面板的左窗口，选择长方体顶面作为中性面，同时该面也作为拔模拖动方向参照。

④ 输入拔模角度 5°，单击“切换角度方向”按钮，保证长方体底部变大。

⑤ 单击“预览”按钮预览拔模特征，单击 √ 按钮完成拔模特征 1 的创建。

（3）创建拔模特征 2。

① 单击工具栏中的按钮输入命令，弹出拔模特征对话框。

② 选择长方体的 4 个侧面为拔模面。

③ 单击操控面板的左窗口，激活该窗口，选择 TOP 面作为中性面，同时该面也作为拔模拖动方向参照。

④ 单击操控面板的“分割”选项，选择“按枢轴分割”。

⑤ 分别输入两个方向的拔模角度 5°，分别单击切换角度的方向按钮，调整拔模方向，保证长方体的顶部和底部变小。

⑥ 单击“预览”按钮预览拔模特征，单击 √ 按钮完成拔模特征 2 的创建。

三、实例详解——底壳零件建模

（一）任务导入与分析

1. 建模思路分析

（1）图形分析。图 6-1 的零件属于等壁厚的薄壳零件，创建零件的主体特征后采用抽壳的方法完成壳体特征的创建，零件钻孔应采用标准螺纹孔，筋板可以采用轨迹筋的方法创建，零件建模过程中还包括倒圆角、倒角等特征。

（2）建模的基本思路。零件建模过程因人而异，可以有不同的方法，为配合本章教学需要，将零件模型拆分为 8 个特征，主要创建过程如图 6-31 所示。

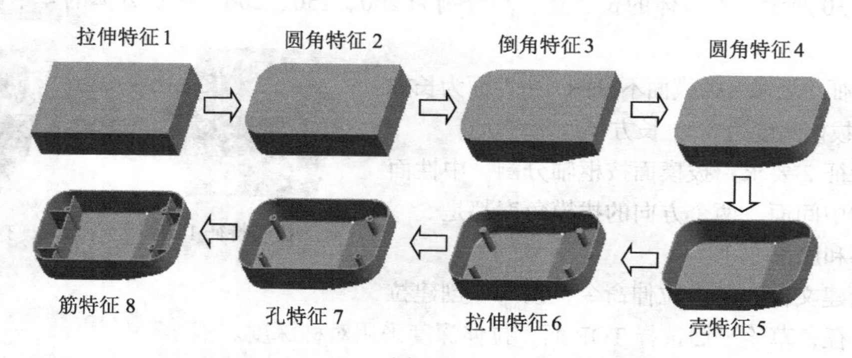

图 6-31

2. 建模要点及注意事项

（1）拉伸特征 1 在建模时相对于 FRONT 基准面保持图形前后对称。

（2）底壳下面的斜边可以采用倒角的方法创建，但应注意两边倒角距离不同。

（3）拉伸特征 7 可以同时在一个草绘平面内绘制多个圆同时生成 4 个安装柱，草绘平面应创建一个基准面，距零件最上表面下移 2。

（4）在创建筋特征 8 时采用轨迹筋的创建方法，其草绘平面也应创建一个基准面，向下生成筋板，所有的筋板一次性创建完成。

（二）基本操作步骤

1. 建立新的零件文件

单击□按钮，选择文件类型为“零件”，输入文件名 No6-1，取消选中“使用缺省模板”复选框，单击 确定 按钮，选择“mmns_part_solid”选项，单击 确定 按钮，进入零件模型空间。

2. 创建拉伸特征 1

（1）单击“拉伸”按钮，出现拉伸操控面板，输入“拉伸”命令。

（2）在控制面板上单击“实体”图标□，深度方式采用“盲孔”。

（3）选择 TOP 面为草绘平面，选择 RIGHT 基准面为参照平面朝右，视图方向朝下，单击“草绘”按钮进入草绘界面。

（4）按图 6-32 绘制截面图形，图形应保证上下对称。单击✔按钮结束截面绘制。

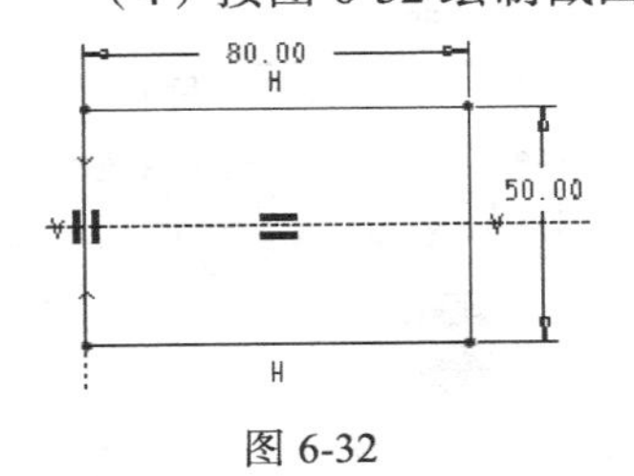

图 6-32

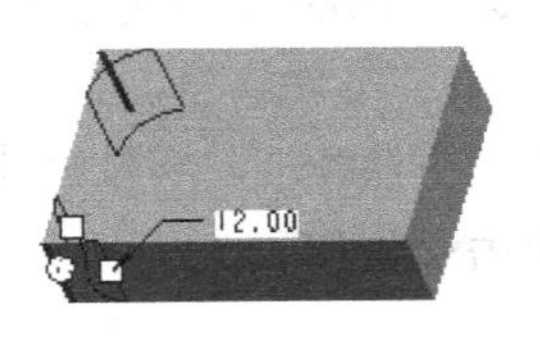

图 6-33

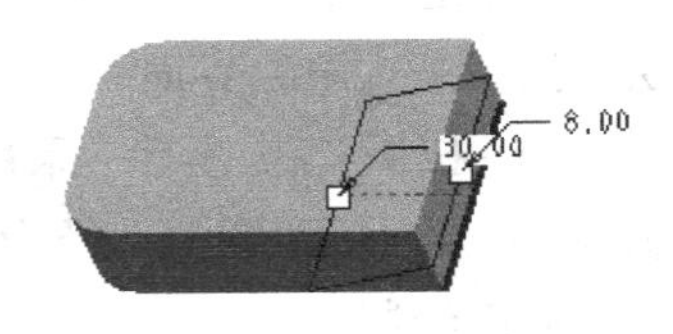

图 6-34

（5）在深度文本框中输入深度值 20，拉伸方向朝上。

（6）单击✔图标完成拉伸特征 1 的创建。

3. 创建圆角特征 2

单击工具栏中的按钮，弹出倒圆角特征操控面板，输入圆角半径 12，选择特征 1 左侧两条竖边线，如图 6-33 所示，单击✔图标完成圆角特征 2 的创建。

4. 创建倒角特征 3

单击工具栏中的按钮，弹出倒角特征操控面板，选择倒角方式为 D1 × D2，分别输入倒角距离 30 和 8，选择特征 1 右侧面下边线，注意切换倒角方向，30 的倒角边应位于底面，如图 6-34 所示，单击✔图标完成倒角特征 3 的创建。

5. 创建倒圆角特征 4

单击工具栏中的按钮，弹出倒圆角特征操控面板，输入圆角半径 12，选择特征 1 右侧面两条竖边线，如图 6-35 所示，单击✔图标完成圆角特征 4 的创建。

6. 创建壳底圆角特征

单击工具栏中的按钮，弹出倒圆角特征操控面板，输入圆角半径 8，如图 6-36 所示。选择壳底边线，单击“集”选项，单击新建集，修改圆角半径为 2，选择壳底周圈边线，单击✔图标完成壳底圆角特征的创建。

7. 创建壳特征 5

单击工具栏上的按钮，弹出壳操控面板，输入壳厚 1，单击“参照”上滑面板选项，选择实体特征的上表面为移除面，单击✔图标完成壳特征 5 的创建，如图 6-37 所示。

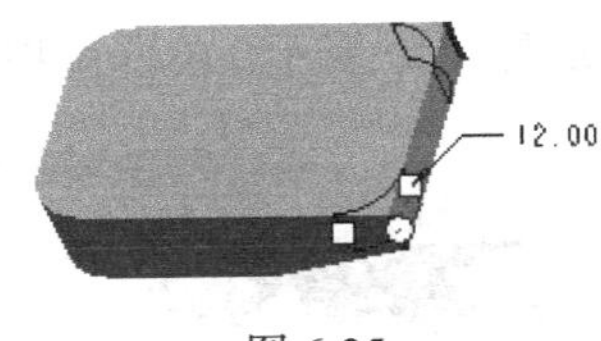

图 6-35

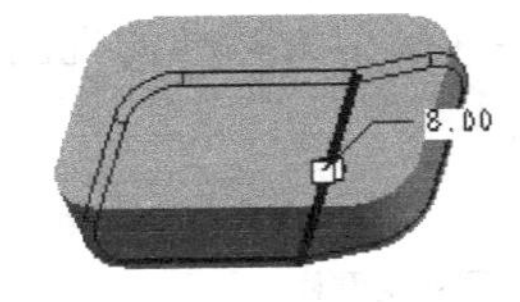

图 6-36

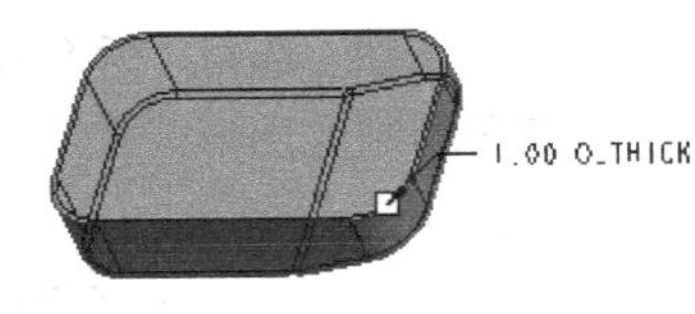

图 6-37

8. 创建基准平面 DTM1

单击按钮，选择实体特征的上表面，约束条件为“偏移”，输入偏移值 2，偏移方向往下，单击“确定”按钮，完成基准面 DTM1 的创建。

9. 创建拉伸特征 6

（1）单击“拉伸”按钮，出现拉伸控制面板，输入“拉伸”命令。

（2）在控制面板上单击“实体”图标，深度方式采用“至下一个”。

（3）选择 DTM1 面为草绘平面，选择 RIGHT 面为参照平面朝右，视图方向朝下，单击“草绘”按钮进入草绘界面。

（4）按图 6-38 所示，采用同心圆的方法绘制 4 个圆，标注圆的直径为 $\phi4$，单击按钮结束截面绘制。

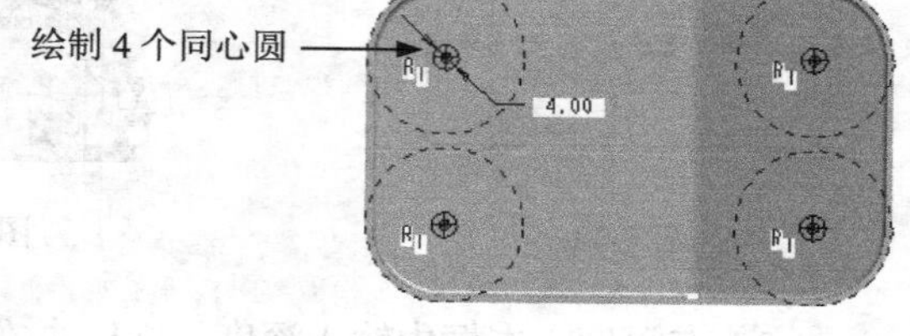

图 6-38

（5）切换拉伸方向朝下。

（6）单击图标完成拉伸特征 6 的创建。

10. 创建孔特征 7

（1）单击按钮，输入“孔”命令，弹出孔操控面板。

（2）单击孔操控面板中的、图标，选择 ISO 国际标准、螺纹规格 M2.5 × 0.45。

（3）单击“放置”选项，选取特征 6 螺纹柱的上表面，按住 Ctrl 键选择螺纹柱的轴线。

（4）单击“形状”选项，输入孔深 10 和螺纹深 8。

（5）单击“预览”按钮预览特征，单击按钮完成孔特征 7 的创建。

（6）用相同的方法创建出其他 M2.5 × 0.45 螺纹孔。

11. 创建基准平面 DTM2

单击按钮，选择螺纹柱的上端面，约束条件为“偏移”，输入偏移值 2，偏移方向往下，单击“确定”按钮，完成基准面 DTM2 的创建。

12. 创建筋板特征 8

（1）单击工具栏中的按钮输入轨迹筋命令后，系统弹出轨迹筋特征操控面板。

（2）在“放置”上滑面板中单击“定义”，选择 DTM2 为草绘平面，RIGHT 面为定向参照朝右，进入草绘界面。

（3）绘制筋板轨迹图形，选择螺纹圆柱面和底壳内表面为尺寸定位参照，绘制筋板轨迹图形，如图 6-39 所示，单击草绘界面中的按钮，完成筋板轨迹线的绘制。

（4）单击操控面板中的“深度切换”按钮切换筋板深度方向朝内，输入筋板厚度 2。

（5）单击“预览”按钮预览筋板，单击按钮完成筋板特征 8 的创建。

13. 文件保存

单击按钮，选择“标准方向”，使零件模型为标准的视图方向，如图 6-40 所示。单击按钮，保存所绘制的图形。

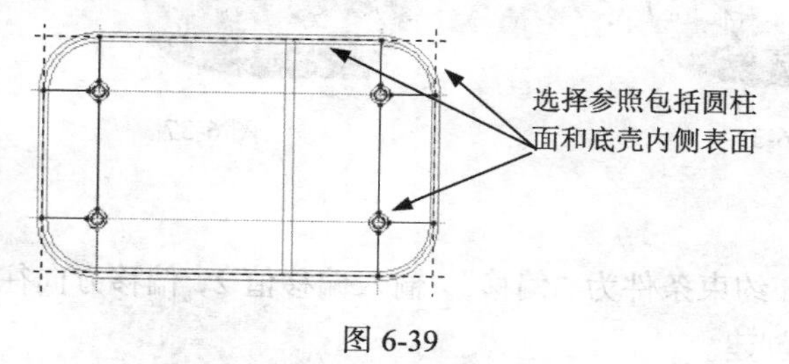

图 6-39

图 6-40

四、提高实例——梯形底盒零件建模

（一）任务导入与分析

1. 任务导入

按图 6-41 所示的尺寸创建出梯形底盒模型，模型缺省方位应与三视图保持一致，尺寸必须与图中尺寸一致。

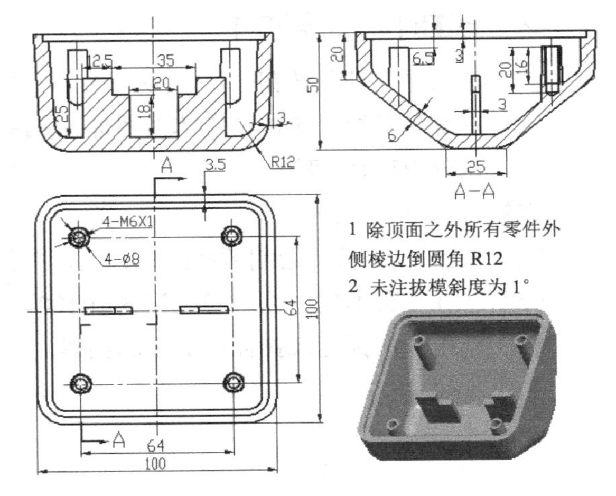

图 6-41

2. 建模思路分析

（1）图形分析。零件模型壁厚基本均匀，考虑采用壳特征，零件前后左右属于对称图形，在创建主体特征时应保持模型的对称特点，4 个螺钉安装柱也可以采用镜像的方法创建，零件外侧垂直面和螺钉安装柱外圆柱面都有拔模特征，中性面应选择顶面。

（2）建模的基本思路。首先创建拉伸主体，倒圆角、拔模后抽壳，在此基础上创建内部的安装支板以及螺钉安装柱，可以先创建 4 个螺钉安装柱中的一个安装柱，然后镜像。基本的建模过程如图 6-42 所示。

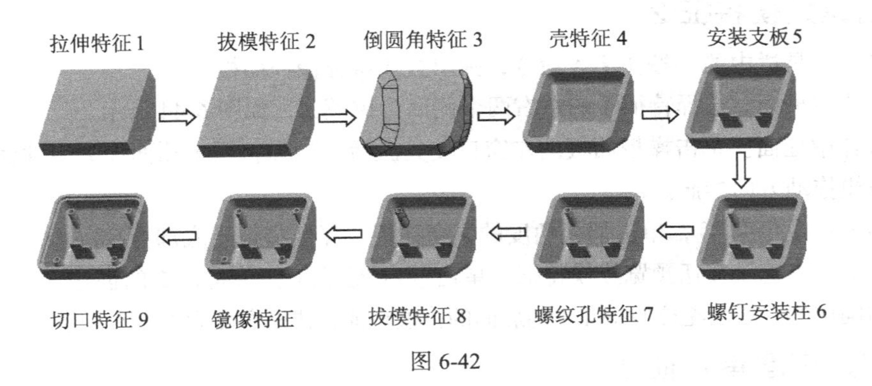

图 6-42

3. 创建要点及注意事项

（1）拉伸特征 1 草绘平面选择 RIGHT 面，TOP 面朝顶，绘制的图形左右对称，深度对称。

（2）拔模特征 2 的拔模面为左右侧面和前后侧面，中性面选择特征 1 的顶面。

（3）圆角特征 3 最好分两次进行，先选择梯形底部的 4 条平行线倒圆角，然后再进行其他边线的倒圆角。

（4）拉伸安装支板 5 的草绘平面为 FRONT 面，对称拉伸，两块支板可以在一个草绘平面中同时绘出。

（5）螺钉安装柱面的拔模特征 8 的拔模面为圆柱面，中性面为圆柱顶面。

（6）4 根螺钉安装柱、钻孔、拔模特征应先组成组，然后镜像。

（二）基本操作步骤

1. 创建新的零件文件

单击□按钮，设置文件类型为“零件”，输入文件名 No6-2，选择公制模板“mmns_part_solid”。单击[确定]按钮，进入零件模型空间。

2. 创建拉伸特征 1

（1）单击“拉伸”按钮，出现“拉伸”控制面板，输入“拉伸”命令。

（2）在操控面板上单击“实体”图标□，深度方式采用“对称”。

（3）选择 RIGHT 面为草绘平面，选择 TOP 面为参照平面朝顶，视图方向朝左，单击“草绘”按钮进入草绘界面。

（4）按图 6-43 所示绘制截面图形，图形应保证左右对称。单击✔按钮结束截面绘制。

（5）在深度文本框中输入对称深度值 100。

（6）单击☑图标完成拉伸特征 1 的创建。

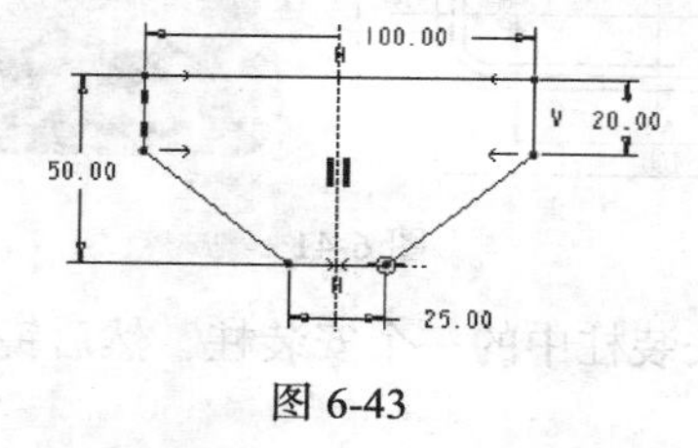

图 6-43

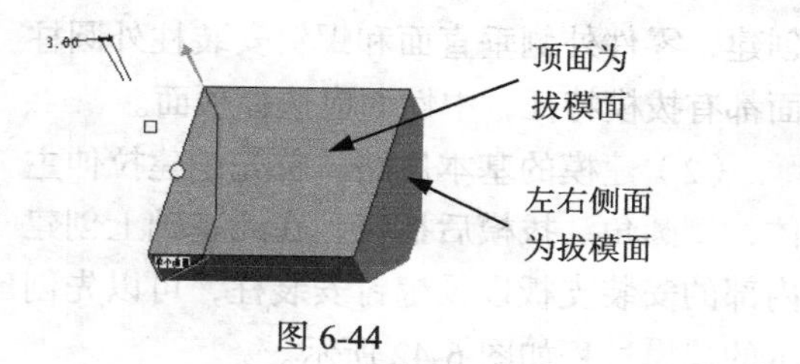

图 6-44

3. 创建拔模特征 2

（1）单击工具栏中的按钮输入命令，弹出拔模特征操控面板。

（2）选择拔模面。选择特征 1 的左右两个侧面为拔模面，如图 6-44 所示。

（3）选择中性面。单击操控面板的左窗口使其激活，选择特征 1 顶面作为中性面，同时该面也作为拔模拖动方向参照。

（4）输入拔模角度 3°，单击切换角度的方向按钮，保证特征 1 底部变小。

（5）单击“预览”按钮预览拔模特征，单击✓按钮完成拔模特征 2 的创建。

（6）用同样的方法创建拉伸特征 1 前后面的拔模特征，拔模角度为 1，保证特征 1 底部变小。

4. 创建倒圆角特征 3

（1）单击工具栏中的按钮，弹出倒圆角特征操控面板，输入圆角半径 R12，选择如图 6-45 所示的 4 条边线，单击☑图标完成圆角特征的创建。

（2）用同样的方法，选择如图 6-46 所示的两条边，系统自动获得整个相切的边线链进行倒圆角，圆角半径为 *R*12。

5. 创建壳特征 4

单击工具栏中的按钮，弹出壳操控面板，输入壳厚 6，单击“参照”上滑面板，选择拉伸特征 1 的上表面作为壳特征的移除面，单击☑图标完成壳特征 4 的创建。

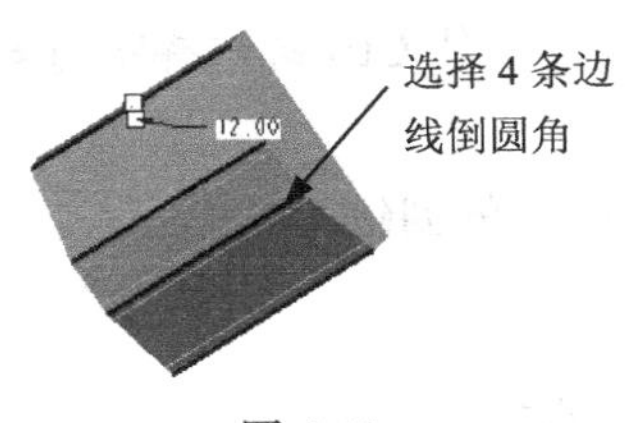

图 6-45

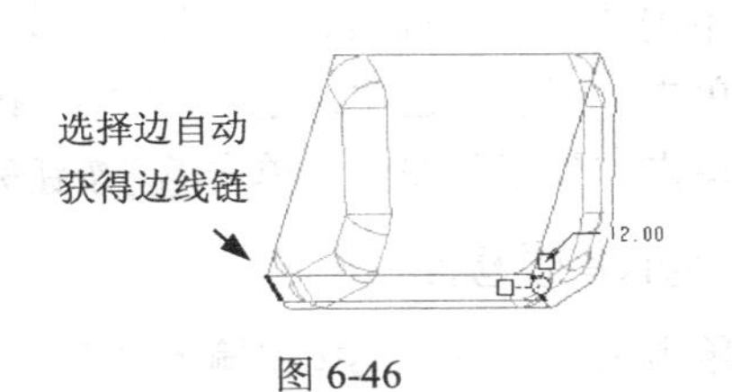

图 6-46

6. 创建安装支板 5

（1）单击“拉伸”按钮，出现拉伸操控面板，输入“拉伸”命令。

（2）在操控面板上单击“实体”图标，深度方式采用 “对称”。

（3）选择 FRONT 面为草绘平面，选择壳底面为参照平面朝顶，视图方向朝后，如图 6-47 所示，单击“草绘”按钮进入草绘界面。

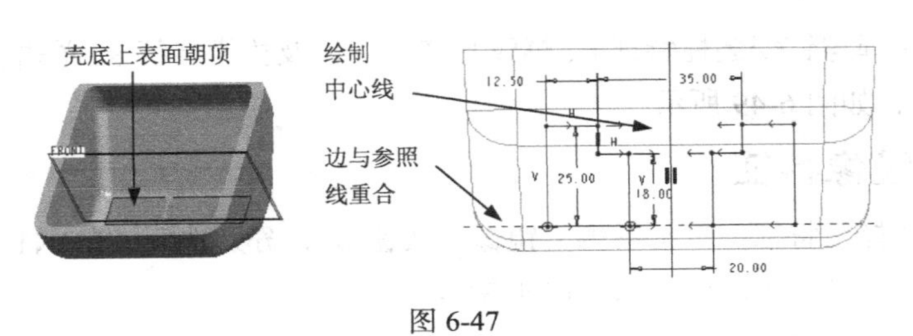

图 6-47

（4）按图 6-47 所示绘制截面图形，可以先绘制左侧图形，然后将左侧图形镜像，标注尺寸并修改尺寸。单击✔按钮结束截面绘制。

（5）在深度文本框中输入对称深度值 3。

（6）单击图标完成安装支板 5 的创建。

7. 创建基准平面 DTM1

单击按钮，选择实体上表面，约束条件为“偏移”，向下偏移，输入偏移距离 6.5，单击“确定”按钮，完成基准面 DTM1 的创建。

8. 创建螺钉安装柱 6

（1）单击“拉伸”按钮，出现拉伸操控面板，输入“拉伸”命令。

（2）在操控面板上单击“实体”图标，深度方式采用“至下一个”。

（3）选择 DTM1 面为草绘平面，RIGHT 面为参照面朝右，视图方向朝下，单击“草绘”按钮进入草绘界面。

（4）按图 6-48 所示绘制截面图形，标注并修改尺寸。单击✔按钮结束截面绘制。

（5）单击图标完成螺钉安装柱 6 的创建。

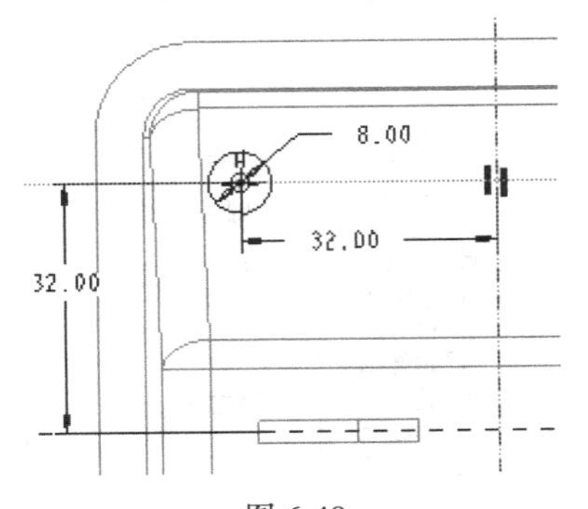

图 6-48

9. 创建螺纹孔特征 7

（1）单击按钮，输入“孔”命令，弹出孔操控面板。

（2）单击孔操控面板中的、图标，选择 ISO 国际标准、螺纹规格 M6×1。

（3）单击“放置”选项，选取螺钉安装柱 6 的上表面，按住 Ctrl 键选择螺钉安装柱轴线。

（4）单击“形状”选项，输入孔深 20 和螺纹深 16。

（5）单击“预览”按钮，单击 √ 按钮完成螺纹孔特征 7 的创建。

10. 创建拔模特征 8

（1）单击工具栏中的按钮输入命令，弹出拔模特征操控面板。

（2）选择螺钉安装柱的圆柱面为拔模面。

（3）单击操控面板的左窗口，激活该窗口，选择螺钉安装柱的顶面作为中性面，同时该面也作为拔模拖动方向参照。

（4）输入拔模角度 1°，单击切换角度的方向按钮，使圆柱底部变大。

（5）单击“预览”按钮预览拔模特征，单击 √ 按钮完成拔模特征 8 的创建。

11. 创建组特征

在模型树中选择螺钉安装柱特征 6、螺纹孔特征 7 以及拔模特征 8，单击鼠标右键出现光标菜单，选择“组”，如图 6-49 所示。

12. 创建镜像特征

在模型树中选择组特征，单击右侧“镜像”按钮，分别选择 FRONT 基准面和 RIGHT 基准面作为镜像面，单击按钮，完成特征镜像。

13. 创建切口特征 9

（1）单击“拉伸”按钮，出现拉伸操控面板。

（2）单击“实体”按钮和“切材料”按钮，深度方式采用“盲孔”。

（3）在“放置”上滑面板中，单击“定义”，弹出“草绘”对话框，选择零件的上部表面为草绘平面，自动出现视图箭头，选择 RIGHT 基准面为参照平面朝右，单击“草绘”按钮进入草绘界面。

（4）绘制截面图形。

单击按钮，弹出“类型”对话框，单击“环”，在图形中选择零件的上部表面，此时所选的面有两个边界线，单击菜单对话框中的“下一个”按钮可以切换不同的边界线，选择外边界线，单击“接受”按钮，弹出偏移值文本框，同时在边界线上出现箭头，在文本框中输入偏移值-3.5，往内侧偏移，如图 6-50 所示。单击偏移文本框中的按钮，所绘制的截面图形如图 6-51 所示。单击工具栏上的按钮结束截面的绘制。

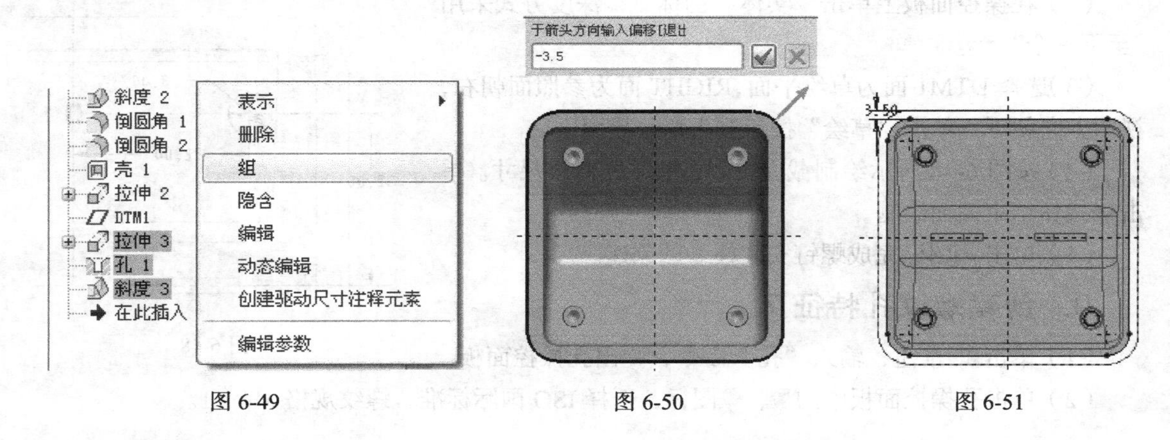

图 6-49　　图 6-50　　图 6-51

（5）在深度文本框中输入深度值 3。切换图形中的特征成长箭头和切材料侧箭头保证切除内侧材料。

（6）单击操控面板中的图标预览特征，单击图标完成特征的创建。

14. 完成零件建模

图 6-52

单击按钮，选择“标准方向”，使零件模型为标准的视图方向，如图 6-52 所示。单击按钮，保存所绘制的图形。

五、自测实例——液压滑块零件建模

（一）任务导入与分析

1. 任务导入

图 6-53 是一个液压油路连接用液压滑块零件，油从顶部流入，从 3 个侧面流出，油路内部是相通的，3 个侧油口接头尺寸相同，按照图 6-53 中的尺寸要求，创建出零件模型，并且零件缺省的放置方位应与三维图形放置方位一致。

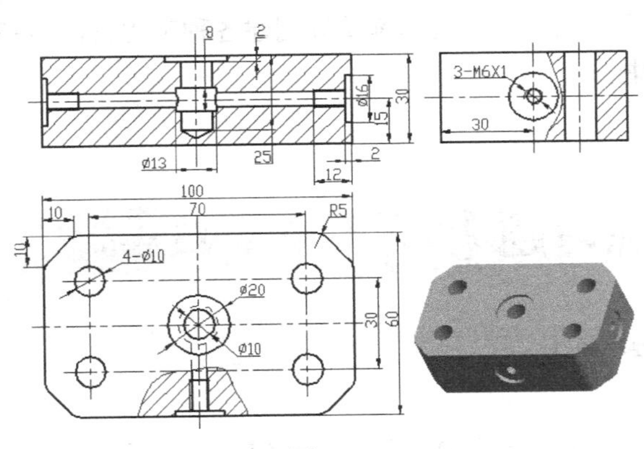

图 6-53

2. 创建思路分析

（1）图形分析。零件模型由多个特征组成，应用拉伸创建零件主体特征后，主要使用倒角、倒圆角以及孔命令来创建各油口特征，该零件具有对称性，因此在建模过程中可以考虑使用特征镜像的方法创建特征。

（2）绘图的基本思路。根据图形特点，零件大致由以下特征组成，具体创建过程如下。

创建拉伸加材料长方体特征→创建 4 个倒角特征→创建倒圆角特征→创建ϕ10 通孔特征→镜像其余 3 个ϕ10 通孔特征→创建顶部草绘孔特征→创建右侧螺纹孔特征→镜像右侧螺纹孔特征→创建前侧螺纹孔特征。

3. 创建要点及注意事项

（1）创建拉伸加材料长方体特征时，草绘平面选择 TOP 基准面，绘制图形时保持对称。

（2）ϕ10 通孔镜像的对称面分别为 FRONT 和 RIGHT 基准面。

（3）创建顶部草绘孔特征时，草绘截面应绘制孔截面一半图形，并且绘制垂直中心线。

（4）创建右侧螺纹孔特征和前侧螺纹孔特征时，其深度的选择方式为“至下一个”。

（二）建模过程提示

图 6-54 为零件模型创建过程示意图。

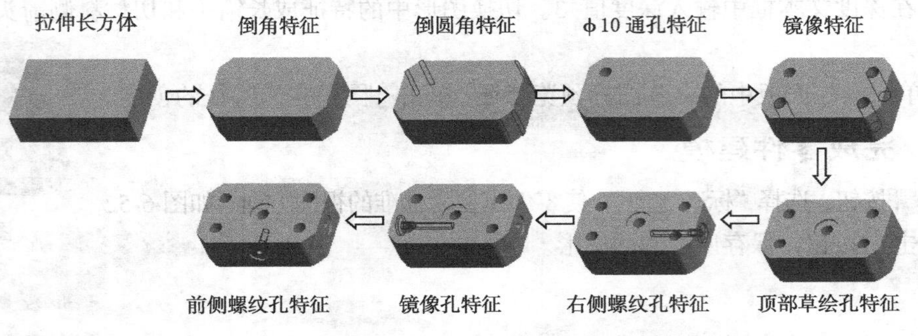

图 6-54

项目小结

本项目主要介绍了工程特征的种类和创建的基本方法，重点介绍了孔特征、倒圆角特征、倒角特征、筋板特征和拔模特征的创建方法，要求读者不但要熟练掌握创建各种工程特征的基本步骤，而且应灵活应用于零件实体建模过程中。

课后练习题

一、选择题（请将正确答案的序号填写在题中的括号中）

1. 创建倒圆角特征的参照要素有（　）。

（A）一条边　（B）一个面　（C）一条边和一个面　（D）不需要

2. 创建孔特征时线性定位参照需要（　）。

（A）1 个　（B）2 个　（C）3 个　（D）4 个

3. 如果孔截面图形复杂，常用（　）的方法创建。

（A）简单孔　（B）标准孔　（C）草绘孔　（D）随便

4. 在创建圆角特征时，不需要输入圆角半径值的是（　）。

（A）常数圆角　（B）可变圆角　（C）通过曲线圆角

5. 在创建拔模特征时，所输入的拔模角度的范围是（　）。

（A）−15° ～+15°　（B）0～+15°　（C）−30° ～+30°

6. 要实现双向拔模，在创建拔模特征过程中，拔模分割应采用（　）方式。

（A）不分割　（B）根据枢轴分割

二、判断题（请将判断结果填入括号中，正确的填“√”，错误的填“×”）

（　）1. 在创建拔模特征时，输入的拔模角度只能是正值。

（　）2. 在创建孔特征时，选择线性定位，所选择的定位参照一定是两平面。

（　）3. 在创建孔特征时，采用同轴定位，定位的参照之一一定是轴线。

(　　) 4. 创建轮廓筋板特征时，草绘截面一定是封闭的图形。

(　　) 5. 对于轮廓筋板特征，其筋板的厚度一定是相对于草绘平面对称放置。

(　　) 6. 对于轨迹筋板特征，其筋板的厚度一定是相对于草绘平面对称放置。

(　　) 7. 创建倒圆角特征时，每次只能创建一个圆角特征。

(　　) 8. 创建壳特征时，壳的厚度只能有一个，不允许有不同的壳厚。

(　　) 9. 创建倒角特征时，只能创建边倒角。

(　　) 10. 对一条边线创建圆角特征时，圆角半径值可以不同。

三、建模练习题

1. 按图 6-55 所示的尺寸，创建零件模型。
2. 按图 6-56 所示的尺寸，创建零件模型。

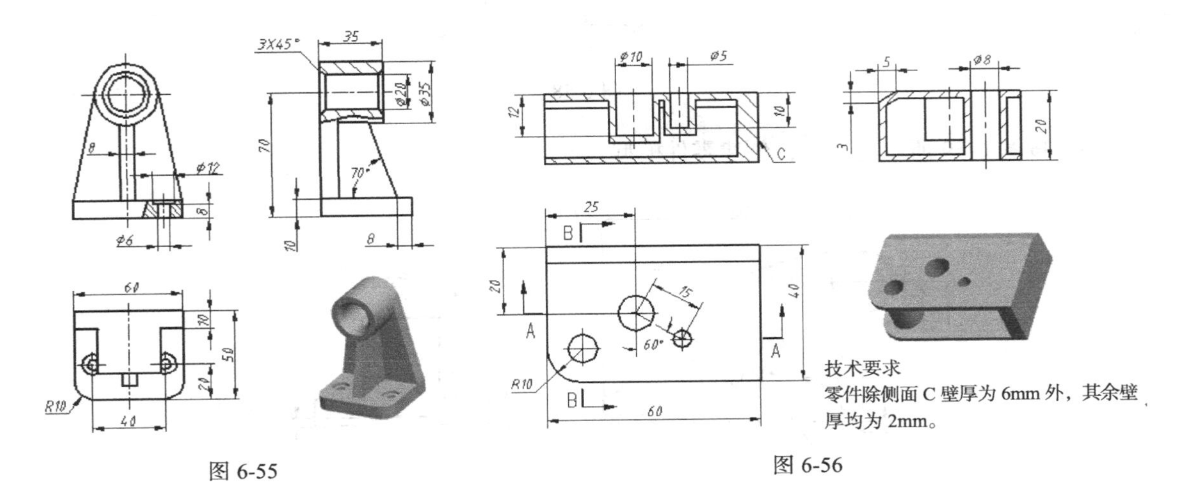

图 6-55　　　　图 6-56

3. 按图 6-57 所示的尺寸，创建零件模型。

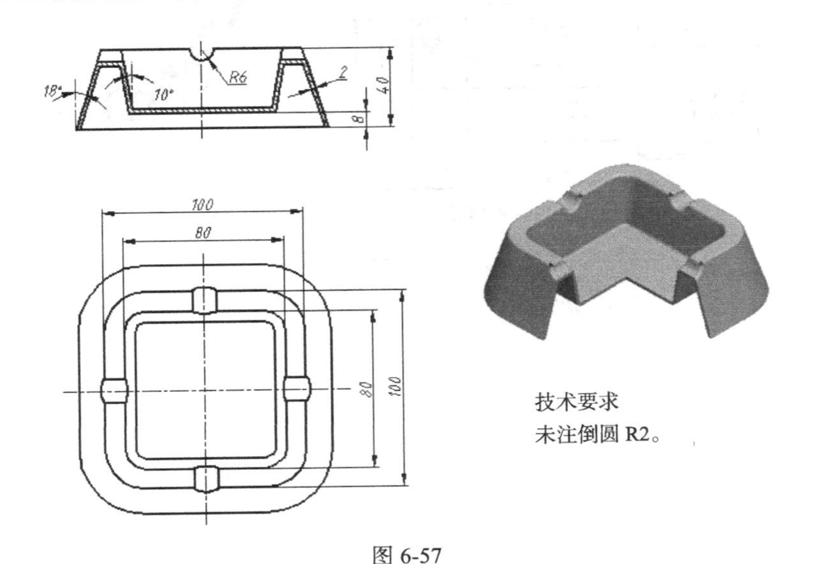

图 6-57

4. 按图 6-58 所示的尺寸，创建零件模型。

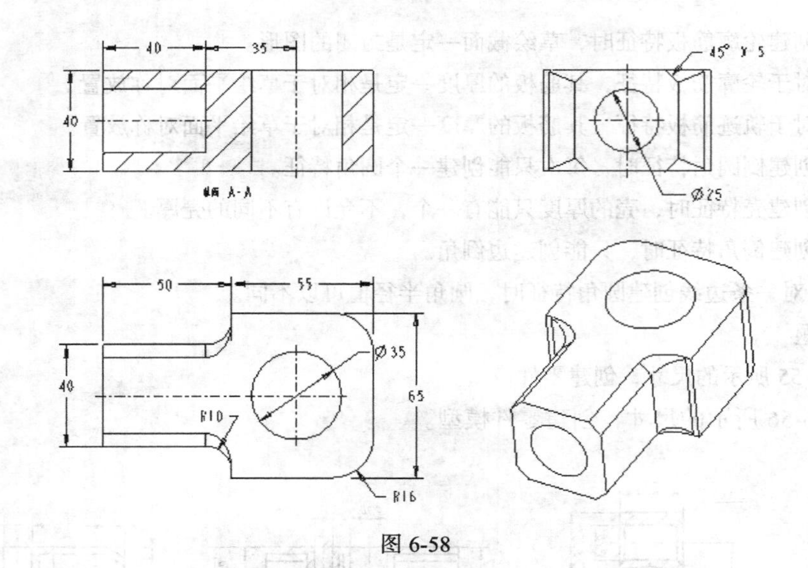

图 6-58

5. 按图 6-59 所示的尺寸，创建零件模型。

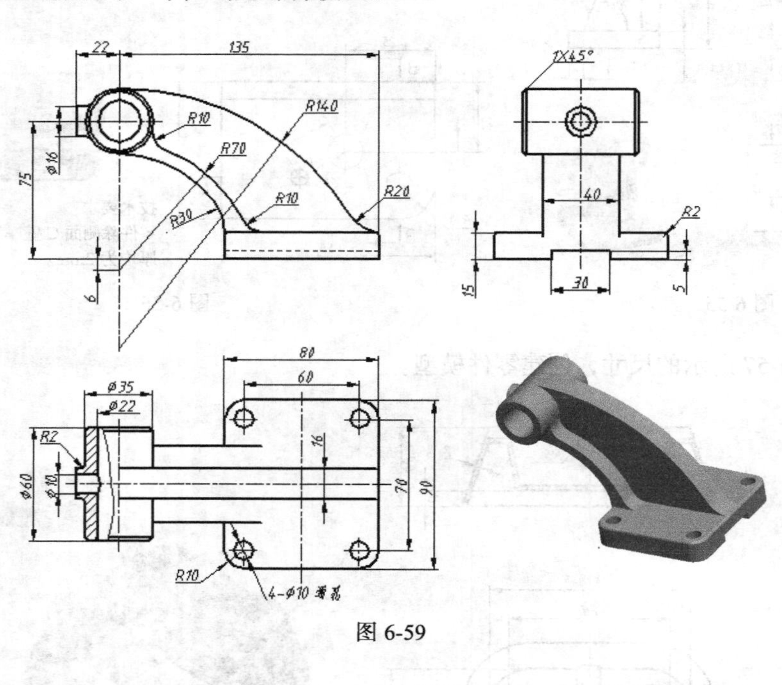

图 6-59

项目七

安装板零件建模

【能力目标】

通过对安装板零件建模实例的分析和步骤讲解，学生对特征操作、特征复制、特征阵列等基础知识有一定的了解，熟练掌握其操作方法；通过肥皂盒底盒提高实例的讲解，提高学生对特征操作的使用技巧，强化学生灵活掌握特征复制和特征阵列的运用能力；通过自测实例建模的练习，开发学生的创新能力，提高学习兴趣

【知识目标】

1. 掌握特征的基本操作方法
2. 熟练掌握特征移动、复制的基本操作方法
3. 熟练掌握尺寸阵列、方向阵列、填充阵列、轴阵列的基本操作方法

一、项目导入

图 7-1 所示的安装板零件是机械行业中的一种常用零件，该零件模型中存在多个相同形状的孔，应考虑使用阵列或复制的方法创建特征。按照图中的尺寸要求创建零件模型。

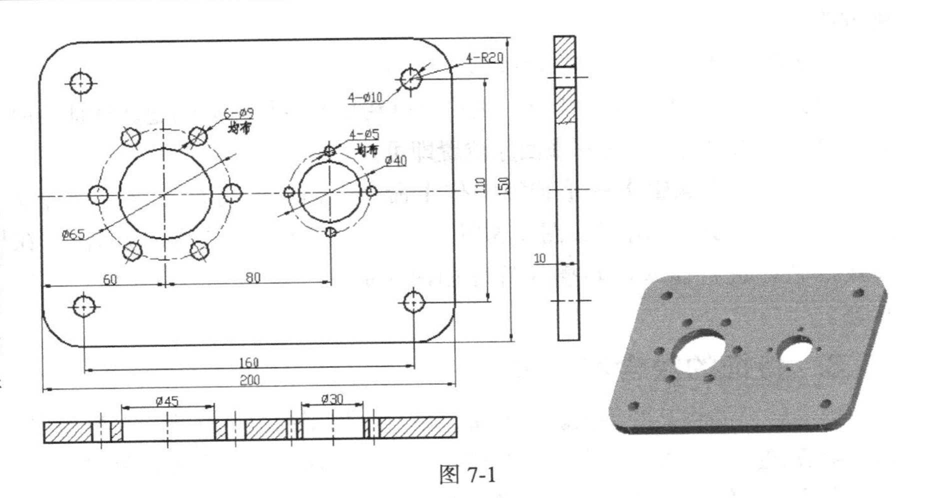

图 7-1

二、相关知识

（一）特征操作

在三维零件设计过程中，设计者常常会对已设计的内容进行修改，通过“编辑”菜单，可以输入各种特征操作命令，不同的特征所使用的操作命令不同，针对实体特征而言，主要的操作命令有：删除特征、插入特征、隐含特征、编辑特征及重定义特征等。

1. 删除特征

删除特征是将一个特征从零件模型中永久地删除。删除特征的操作步骤如下。在模型树或者零件模型中选中要删除的特征，单击鼠标右键，在弹出的光标菜单中选择“删除”命令，如图 7-2 所示，或单击【编辑】→【删除】命令，弹出如图 7-3 所示的“删除”对话框，单击“确定”按钮，所选中的特征被删除，如果删除的特征包含子特征，则显亮的子特征都将被一同删除，因此单击“确定”按钮之前应谨慎小心。

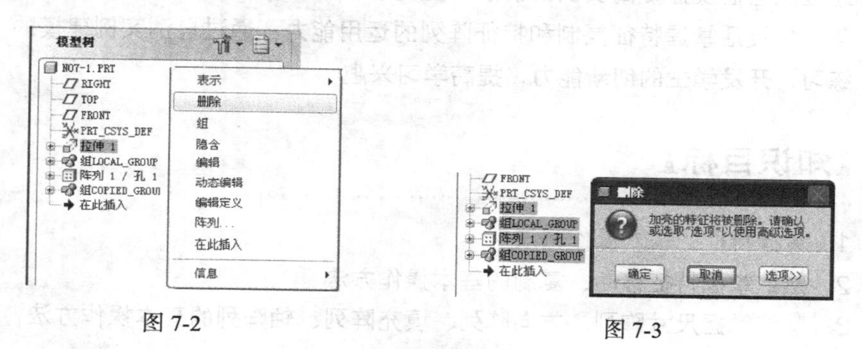

图 7-2　　图 7-3

2. 插入特征

在零件建模过程中，需要在某个已创建完成的特征之后插入一个特征，插入一个特征有两种方法。

（1）选中模型树中的“在此插入”，拖动鼠标到指定的特征之后，该指定特征之后的特征都被隐含，同时“在此插入”上移，用户可以在指定特征之后创建新特征。创建完成新特征之后，只需将“在此插入”用鼠标拖回原位置即可。

（2）单击【编辑】→【特征操作】命令，出现“特征”菜单管理器，如图 7-4 所示。选择“插入模式”，出现如图 7-5 所示的菜单管理器，选择“激活”，在模型树窗口中选择指定的特征进行插入。新插入特征创建完成后，单击图 7-5 中的“取消”，返回到原先的状态。

3. 特征的隐含和恢复

隐含特征是将某些特征隐含起来，不参与模型的再生计算，在模型中也不显示，使模型简洁且运算快捷，隐含的特征并不会删除。使用“恢复”命令可恢复隐含的特征。特征隐含与特征隐藏有所不同，隐藏只是对本特征进行不显示处理，不隐藏子特征。

隐含特征的操作步骤如下。

在模型树中或零件模型上选中要隐含的特征，单击鼠标右键弹出光标菜单，选择“隐含”，弹出窗口提示“加亮的特征将被隐含请确定”，单击“确定”按钮，被选择的特征将隐含，如果其他特征与该特征有父子关系，将一同隐含。

恢复隐含特征的操作步骤如下。

在绘图区中单击鼠标右键出现光标菜单，如图 7-6 所示。选择“恢复”，被隐含的特征将被恢复。

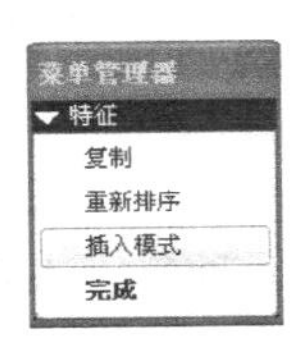

图 7-4

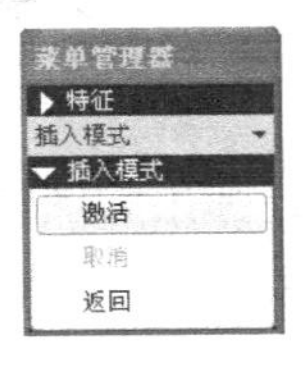

图 7-5

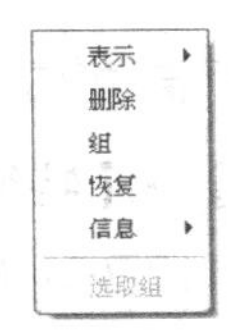

图 7-6

4. 特征的“编辑定义”

特征的“编辑定义”命令允许用户对已创建好的特征进行修改，包括重新修改特征的参照、属性、几何尺寸以及截面形状等。具体操作步骤如下。

在模型树中或零件模型上选中要修改的特征，单击鼠标右键弹出光标菜单，如图 7-2 所示，选择“编辑定义”命令，弹出创建该特征时的对话框或操控面板，重新修改特征参数值或重新绘制截面图形。单击特征对话框中的“完成”按钮，完成对特征的修改。

如果修改了后续的特征参照边线，系统会对受影响的特征重新定义，必须重新选择后续特征的参照。

5. 特征的编辑

如果对有些特征的修改仅仅局限于尺寸参数的修改，则可以使用特征“编辑”命令。具体操作步骤如下。

在模型树中或零件模型上选中要修改的特征，单击鼠标右键弹出光标菜单，如图 7-2 所示，选择“编辑”，在模型中该特征的所有参数值都显示出来，双击需修改的尺寸值，修改尺寸，如图 7-7 所示，所有需修改尺寸修改完毕后，单击“再生”按钮，如图 7-8 所示，图形根据修改的尺寸值自动修改图形大小。在绘图区中双击特征，显示特征所有尺寸，修改尺寸。

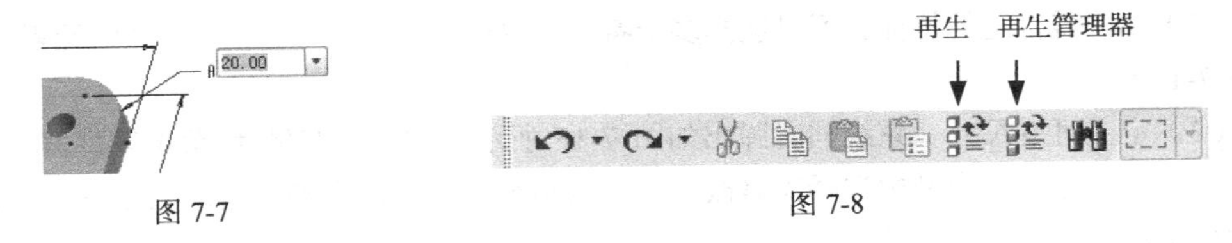

图 7-7　　图 7-8

6. 特征再生或生成失败的解决

如果修改尺寸后单击“再生”按钮，特征不能生成，就出现了特征再生失败，系统自动出现如图 7-9 所示的信息框，零件模型变红。解决特征失败的方法有两种，单击“确定”按钮接受零件模型中的错误特征，在特征中修改，或单击“取消”按钮返回未修改之前的尺寸值。

（二）特征复制

特征复制是将一个或多个特征复制到同一模型或不同模型零件的不同位置上，新产生的特征形状与原特征相似，但允许特征的尺寸及各种参照不同。复制特征与原特征的关系包括从属关系和独立关系，从属关系两者相互关联，独立关系两者互不相干。

1. 特征复制的方式

单击【编辑】→【特征操作】命令，弹出如图 7-4 所示的“特征”菜单管理器，选择“复制”命令，弹出如图 7-10 所示的“复制特征”菜单，菜单中列出了 4 种复制方式。

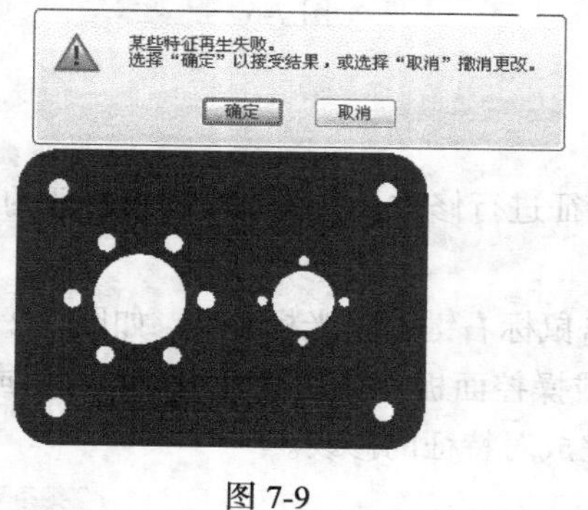

图 7-9

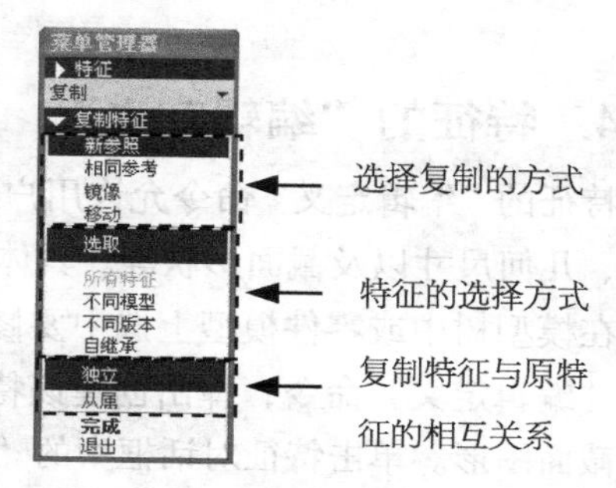

图 7-10

①“新参照”复制，与复制的原特征相比，复制的新特征选择了新的草绘平面、新的参照平面以及新的尺寸标注参照，如图 7-11 所示。

②“相同参考”复制：与复制的原特征相比，复制的新特征具有相同的草绘平面、相同的参照平面和相同的尺寸标注参照，如图 7-12 所示。

③“镜像”复制：复制后的特征与原特征相对于镜像面对称，如图 7-13 所示。

④“移动”复制：将原复制特征平移或旋转进行复制。

2. 新参照复制

基本操作步骤如下。

（1）单击【编辑】→【特征操作】→【复制】命令，选择“新参照”/“选取”/“独立”/“完成”，输入“新参照”复制命令。

（2）选取需复制的特征，可以选择多个特征，单击“完成”按钮，弹出“组元素”对话框，如图 7-14 所示。

（3）定义可变尺寸。系统同时弹出如图 7-15 所示的“组可变尺寸”菜单管理器，显示当前特征的所有尺寸，在模型中选择需修改的尺寸为可变尺寸，或在菜单管理器中直接单击相应的尺寸变量名，再单击“完成”。

（4）在信息提示区分别输入相应新特征的尺寸值 ，并单击☑按钮，如图 7-16 所示。

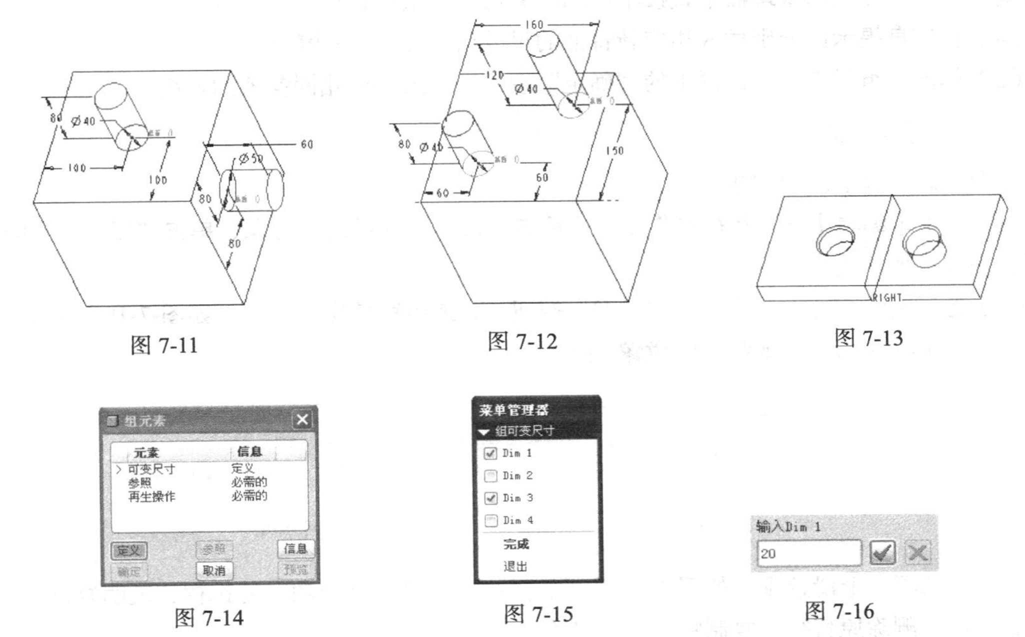

图 7-11　图 7-12　图 7-13

图 7-14　图 7-15　图 7-16

（5）设置新的草绘平面、参照平面和定位平面。此时在零件模型中依次显亮原特征的草绘平面、参照平面和尺寸定位平面，用户根据先后顺序依次选择复制特征对应的平面。在“参考”菜单管理器中有 3 种选择方式，包括“替换”、“相同”、“跳过”，如图 7-17 所示。

① 替换：选择一个新的参考替换原特征的对应参考。

② 相同：使用与原特征相同的参考。

③ 跳过：暂时不选择对应的参考。

参照信息：显示参照信息。

（6）设置新特征定位朝向。在新老特征中自动出现箭头，其中红色箭头代表复制特征定位面朝向，可以通过菜单管理器中的“反向”进行调整，如图 7-18 所示。单击“确定”，完成设置，系统返回“组元素”对话框。

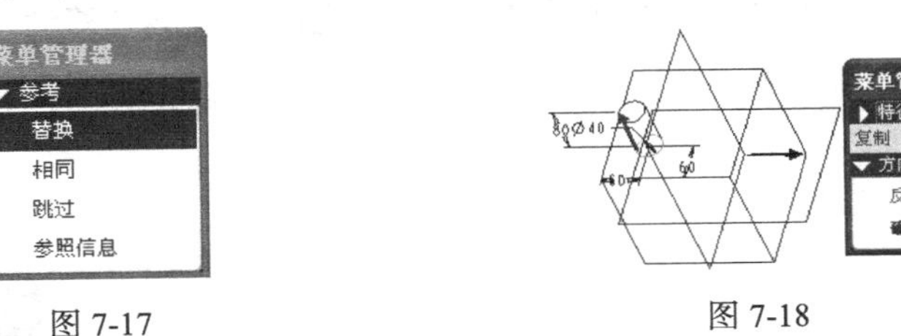

图 7-17　图 7-18

（7）单击“组元素”对话框中的“确定”，完成特征新参照的复制。

3. 相同参考复制

基本操作步骤如下。

（1）单击【编辑】→【特征操作】→【复制】命令，选择“相同参考”/“选取”/“独立”/“完成”，输入“相同参考”复制命令。

（2）选取需复制的特征，可以选择多个特征，单击“完成”，弹出“组元素”对话框。

（3）定义可变尺寸。系统同时弹出“组可变尺寸”菜单管理器，在模型中选择需修改的尺寸为可变尺寸，或在菜单管理器中直接单击相应的尺寸变量名，单击“完成”。

（4）在信息提示区分别输入相应新特征的尺寸值，并单击☑按钮。

（5）单击“组元素”对话框中的“确定”按钮，完成特征相同参考的复制。

4. 镜像复制

镜像复制有以下两种方法。

（1）单击【编辑】→【特征操作】→【镜像】命令，选择镜像对象，单击“完成”，选择镜像面，完成特征的镜像。

（2）选择镜像特征，单击右侧“镜像”按钮，弹出镜像操控面板，如图 7-19 所示，选择镜像面，单击☑按钮，完成特征的镜像。

图 7-19

图 7-20

单击“选项”上滑选项，如图 7-20 所示，选中“复制为从属项”复选框，表明复制特征属于从属关系，删除原特征，复制特征也被删除。

5. 移动复制

移动复制包括平移复制和旋转复制两种，一个移动复制可以是单独的平移或旋转复制，也可以是平移和旋转的组合复制。以下以实例说明移动复制的操作步骤。

操作要求：按图 7-21 所示的尺寸拉伸圆柱体特征，创建底部长方体特征作为复制的原特征，圆柱上部的长方体相对于底部长方体往上平移 35 且旋转 90°，同时长度由 25 变成 40。

操作步骤如下。

（1）创建圆柱体和下部长方体特征。

（2）单击【编辑】→【特征操作】→【复制】命令，选择“移动”/“选取”/“独立”/“完成”，输入“移动”复制命令。

（3）选取需复制的特征，可以选择多个特征，单击“完成”，出现“移动特征”菜单管理器，如图 7-22 所示。

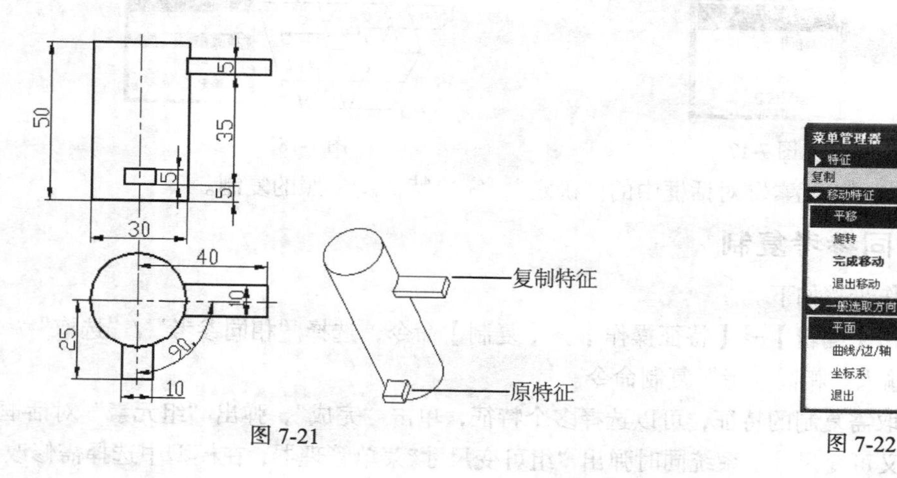

图 7-21

图 7-22

（4）单击“平移”，出现平移方向选择菜单，有 3 种选择方式。

平面：所选平面的法线方向为平移方向。

曲线/边/轴：所选的曲线、边及轴线为平移方向。

坐标：选择坐标，以坐标的 X、Y、Z 轴为平移方向。

采用“平面”方式，选择圆柱的顶面，出现向上箭头，如图 7-23 所示，可通过“反向”切换平移方向，平移方向向上，单击“确定”，在文本框中输入 35，单击☑按钮完成一次平移。系统返回“移动特征”菜单管理器。

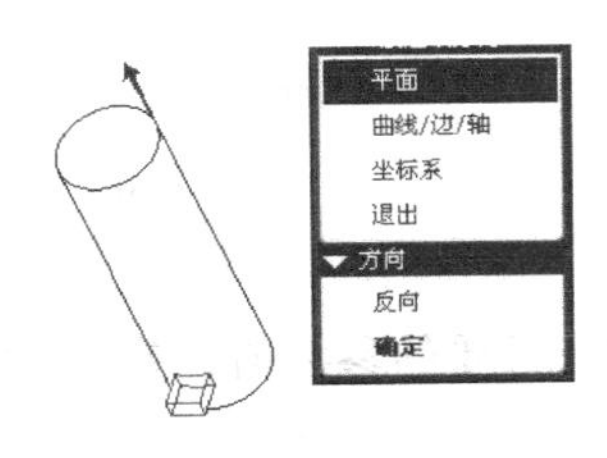

图 7-23

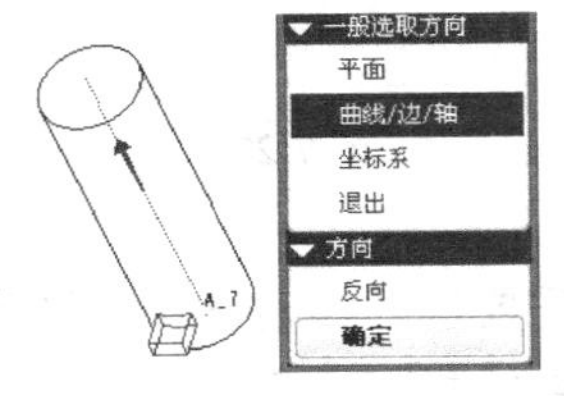

图 7-24

（5）单击“旋转”，出现“一般选取方向”菜单，单击“曲线/边/轴”，选择圆柱体轴线，在轴线上出现箭头，如图 7-24 所示，用右手法则确定旋转的正方向，单击“确定”，复制特征向后旋转，输入 90，单击☑按钮完成一次旋转复制。系统返回“移动特征”菜单管理器。

（6）单击“完成移动”，同时弹出“组元素”对话框和“组可变尺寸”菜单管理器，在模型中选择需修改的尺寸 25 为可变尺寸，单击“完成”，输入相应新特征的尺寸值 40，并单击☑按钮。

（7）单击“组元素”对话框中的“确定”按钮，完成特征复制。

一个移动复制中允许多个平移复制和旋转复制的组合。

对于移动复制，还有另外一种方法，以下简要介绍。

① 选择需复制特征，单击“复制”按钮，如图 7-25 所示。

② 单击“选择性粘贴”按钮，弹出“选择性粘贴”对话框，如图 7-26 所示。取消选中“从属副本”复选框，选中“对副本应用移动/旋转变换”，单击“确定”按钮，弹出复制操控面板，如图 7-27 所示。

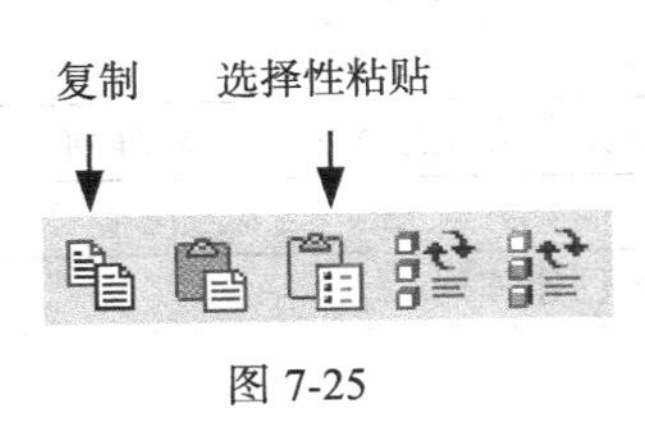

图 7-25

图 7-26

③ 操控面板图标功能如图 7-27 所示。

单击“变换”上滑面板，出现图 7-28 所示的对话框。

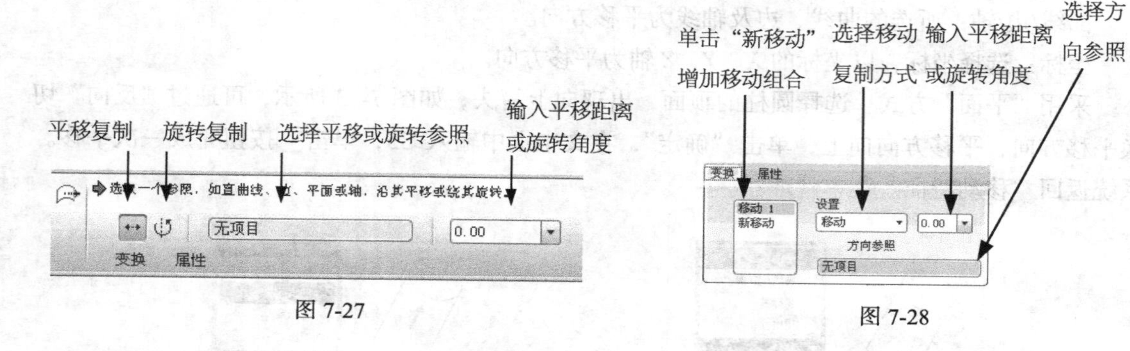

图 7-27

图 7-28

用户根据需要选择移动方式和移动方向的参照，输入必要的参数值，单击“新移动”，增加复制组合，所有复制完成后，单击☑按钮完成特征复制。

（三）特征阵列

阵列命令可以一次性建立多个排列规整、形状相似的特征组合，一般阵列的体现形式主要是矩形阵列和环形阵列，如图 7-29 所示。

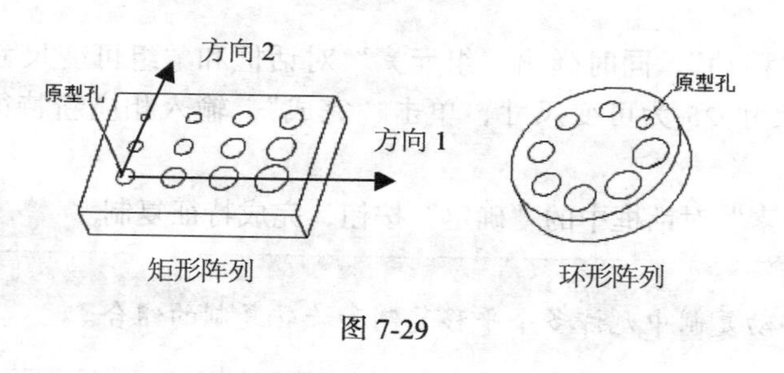

图 7-29

1. 阵列的类型及功能

阵列的类型及功能见表 7-1。

表 7-1 阵列的类型及功能

阵列类型	功能及说明
尺寸阵列	选取原特征的定位尺寸为阵列方向，以尺寸的增量值为阵列间隔创建阵列
方向阵列	指定阵列方向（如直线、平面、坐标轴等），输入阵列间隔创建阵列
轴 阵 列	以指定的轴线为中心，圆周均布及径向尺寸增量为阵列的间隔来创建阵列
填充阵列	以栅格定位的方式自动填充所定义的区域创建阵列
表 阵 列	通过一张可编辑表，为阵列中的每个子特征指定定位和定形尺寸来创建阵列
参照阵列	参照已有的特征阵列方式创建阵列
曲线阵列	选取曲线作为参照，复制的子特征沿曲线排列来创建阵列

2. 阵列的操控面板简介

选中需要阵列的原始特征，只能选择一个特征，单击【编辑】→【阵列】命令或单击工具栏中的▦按钮，弹出如图 7-30 所示的阵列操控面板。

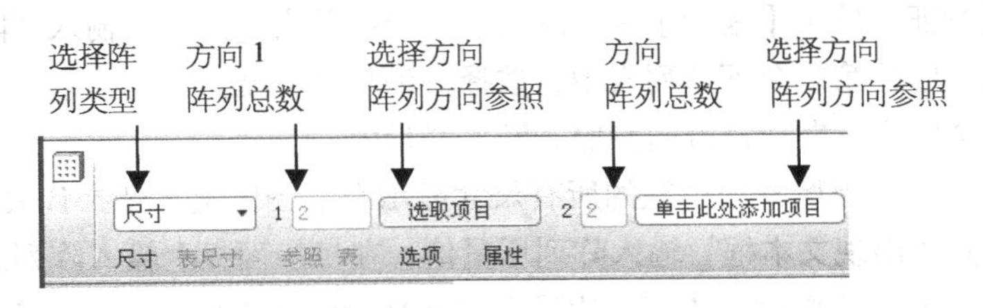

图 7-30

单击操控面板中的“尺寸”上滑面板，出现如图 7-31 所示的操控面板。

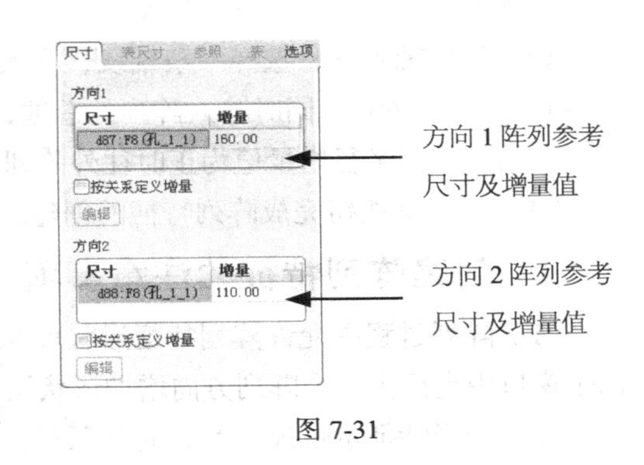

图 7-31

选择不同的阵列类型，操控面板会出现不同的变化，图 7-32 为方向阵列的操控面板，图 7-33 为轴阵列的操控面板，图 7-34 为填充阵列的操控面板。

在填充阵列方式中，阵列图形方案包括方形阵列、菱形阵列、六边形阵列、同心圆阵列、螺旋线阵列、沿草绘曲线阵列。

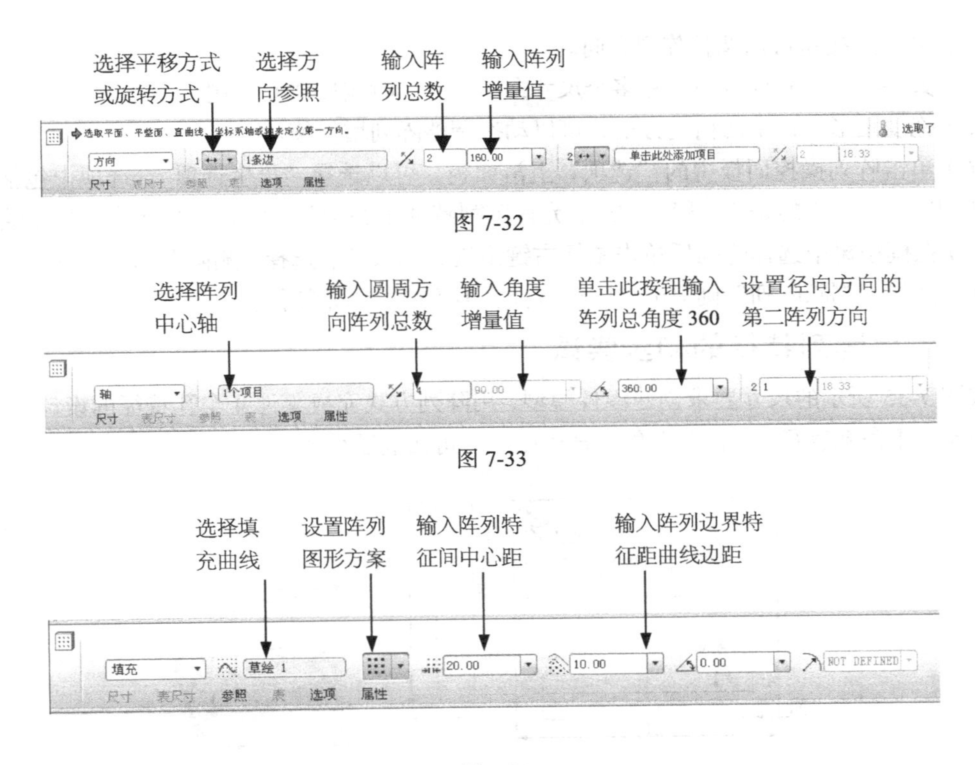

图 7-32

图 7-33

图 7-34

3. 创建阵列特征的基本步骤

（1）选择阵列特征，单击【编辑】→【阵列】命令或单击按钮，输入“阵列”命令。

（2）在操控面板中的第一个下拉列表中，选择一种阵列类型。

（3）分别为两个阵列方向选择方向参照、输入增量值。

如果采用尺寸阵列，原始阵列特征的所有尺寸显示在绘图区上，选择代表阵列方向的定位尺寸为方向参照，同时出现文本框，输入阵列增量值，在操控面板上输入阵列总数。

如果采用方向阵列，选择边线或面，边线方向或平面法线方向代表阵列方向，在操控面板上输入该方向阵列的增量值和阵列总数。

如果采用轴阵列，选择一条轴线，在操控面板上输入角度方向阵列的角度增量值或输入阵列总角度范围 360°，同时输入阵列的总数；如果在阵列方向 2 的阵列总数窗口中输入 2，再输入半径增量值，半径增量值为正时往外阵列，为负时往内阵列。

（4）单击按钮完成阵列特征的创建。

4. 创建阵列特征的注意事项

（1）阵列过程中允许阵列特征形状尺寸发生变化，单击“尺寸”选项，在方向 1 和方向 2 两个窗口中允许为每个阵列方向增加形状尺寸参照并输入该尺寸的增量值。

（2）选择特征定位尺寸为方向参照时，尺寸具有方向性，从标注基准指向定位要素的方向为其正方向。

（3）单击按钮可以调整阵列方向。

（4）如果在一个阵列方向上有多个尺寸参照，选择时应按住 Ctrl 键。

（5）拖动图形窗口中的白色方框，可以动态调整阵列增量值。

（6）单击阵列操控面板中的“选项”上滑面板，可以选择“再生选项”，选项中包括一般、可变和相同。最常用的是“一般”方式，允许阵列特征重叠交叉，阵列特征允许超出草绘平面。

（7）在模型树中选择阵列后单击鼠标右键出现光标菜单，选择“删除”，则连同原始特征一起删除，选择“删除阵列”则只删除阵列特征，但不删除原始特征。

5. 创建阵列特征的初步尝试

按图 7-35 所示的尺寸要求创建零件模型，用阵列方式完成零件 4 个孔特征的设计，右下角孔直径比左下角孔直径大 5，左上角孔直径比左下角孔直径小 2。

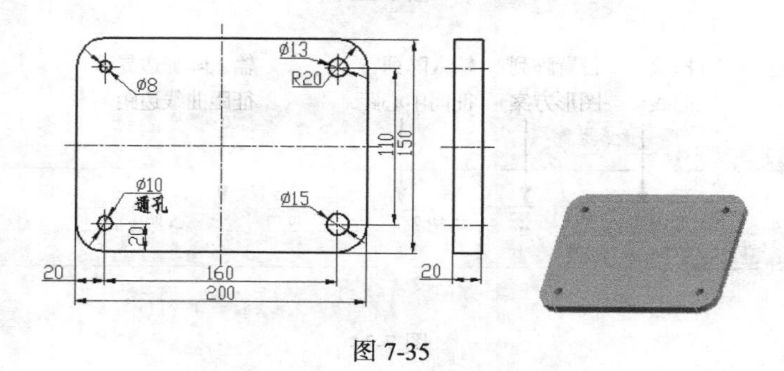

图 7-35

（1）新建文件，输入拉伸命令，按图中的尺寸创建拉伸加材料特征。

（2）输入倒圆角命令，对薄板的 4 个垂直棱边倒圆角 *R*20。

（3）输入钻孔命令，在薄板上创建左下角ϕ10 小孔，定位方式采用线性定位。

（4）选择ϕ10 孔特征，单击【编辑】→【阵列】命令或单击按钮，输入“阵列”命令，弹出“阵列”操控面板。

（5）选择阵列类型为尺寸阵列，原始孔特征的定位尺寸和形状尺寸都显示出来，选择水平尺寸 20，在弹出的文本框中输入阵列增量值 160，单击“尺寸”选项，在“方向 1”列表框中按住 Ctrl 键选择ϕ10 尺寸，在文本框中输入 5，输入方向 1 阵列总数 2；单击“尺寸”选项卡中的“方向 2”列表框，使其激活，在绘图区中选择垂直方向的尺寸 20，在文本框中输入阵列增量值 110，按住 Ctrl 键选择ϕ10 尺寸，在文本框中输入−2，输入方向 2 阵列总数 2，如图 7-36 所示。

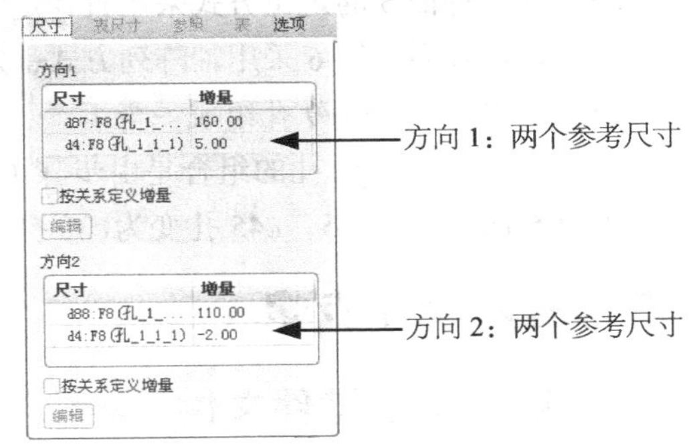

图 7-36

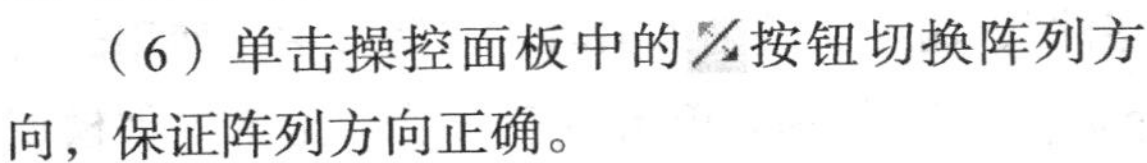

（6）单击操控面板中的按钮切换阵列方向，保证阵列方向正确。

（7）单击按钮完成阵列特征的创建。

本例题中也可以采用方向阵列，方向阵列的参照可以选择向右的水平边线和向后的垂直边线，也可以选择薄板的右侧面和前侧面，但应切换阵列方向。

三、实例详解——安装板零件建模

（一）任务导入与分析

1. 建模思路分析

（1）图形分析。图 7-1 所示的零件三视图，零件中有许多排列整齐的相同孔特征，其中 4-ϕ10 呈矩形分布，6-ϕ9 和 4-ϕ5 呈环形分布，左侧ϕ45 孔以及 6-ϕ9 的组合与右侧ϕ30 以及 4-ϕ5 的组合有相似之处。

（2）建模的基本思路。针对本项目零件的结构特点，可以采用特征的矩形阵列和环形阵列以及特征移动复制来创建零件模型。主要创建过程如图 7-37 所示。

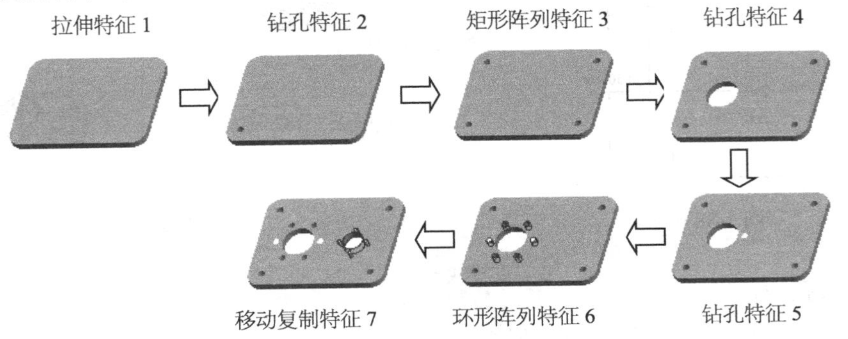

图 7-37

2. 建模要点及注意事项

（1）钻孔特征 2 的定位方式采用同轴方式。

（2）矩形阵列特征 3 采用方向阵列。

（3）钻孔特征 5 的定位方式采用直径定位。

（4）环形阵列特征 6 采用轴阵列方式，定位参照选择ϕ45 孔轴线。

（5）将ϕ45 孔和 6-ϕ9 孔组成一个组。

（6）ϕ30 孔和 4-ϕ5 孔的组合是由步骤（5）组成组移动复制而成的，移动距离为 80，可变尺寸组由 6-ϕ9 变为 4-ϕ5，ϕ45 孔变为ϕ30 孔。

（二）基本操作步骤

1. 建立新的零件文件

单击“新建”按钮，选择文件类型为“零件”，输入文件名 No7-1，取消选中“使用缺省模板”复选框，单击确定按钮，选择“mmns_part_solid”选项，单击确定按钮，进入零件模型空间。

2. 创建拉伸特征 1

（1）单击“拉伸”按钮，出现拉伸操控面板，输入“拉伸”命令。

（2）在控制面板上单击“实体”按钮，深度方式采用“盲孔”。

（3）选择 TOP 面为草绘平面，按图 7-38 所示，绘制截面图形，图形应保证上下左右对称。单击按钮结束截面绘制。

（4）设置盲孔深度为 10，单击按钮完成拉伸特征 1 的创建。

3. 创建钻孔特征 2

（1）单击按钮，输入“孔”命令，弹出“孔”操控面板。

（2）选择“简单孔”，深度为“至下一个曲面”，单击“放置”选项，在“放置”窗口中选择特征 1 的上表面为放置面，孔应该与倒角圆柱面同轴，在绘图区中并没有显示轴线，此时单击右侧工具栏中的“基准轴线”按钮，在绘图区中选择倒角圆柱面，产生临时基准轴线，该轴线被选择为创建孔的主参照之一，如图 7-39 所示。

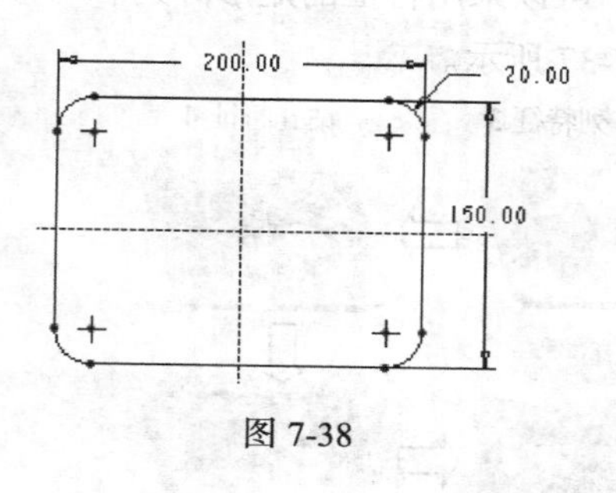

图 7-38

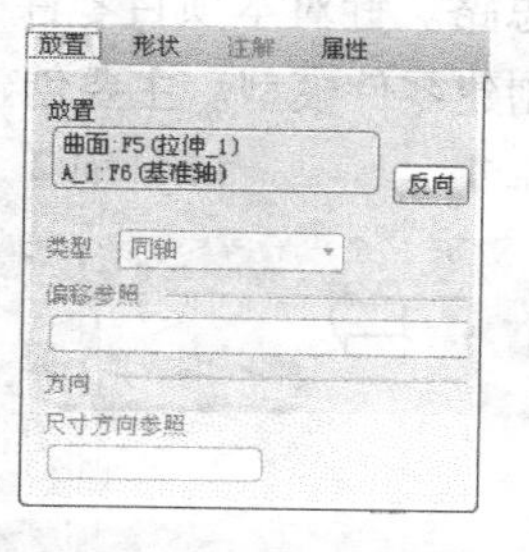

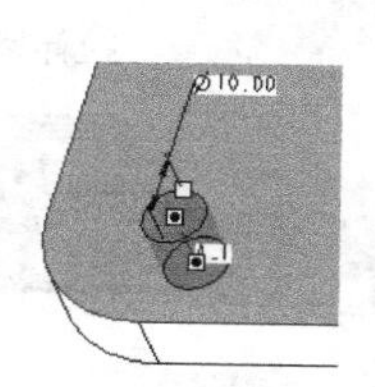

图 7-39

（3）输入孔的直径ϕ10。

（4）单击图标完成孔特征 2 的创建。

4. 创建矩形阵列特征 3

（1）选择ϕ10 孔特征，单击【编辑】→【阵列】命令或单击按钮，输入“阵列”命令，弹出阵列操控面板。

（2）选择阵列类型为方向阵列，选择特征 1 水平边线为方向 1 的方向参照，在操控面板的文本框中输入增量值 160；激活方向 2 的“方向选择窗口”，选择特征 1 向后的垂直边线为方向 2 的方向参照，在操控面板的文本框中输入增量值 110，如图 7-40 所示。输入两个方向的阵列总数都为 2。

（3）单击图标完成矩形阵列特征 3 的创建。

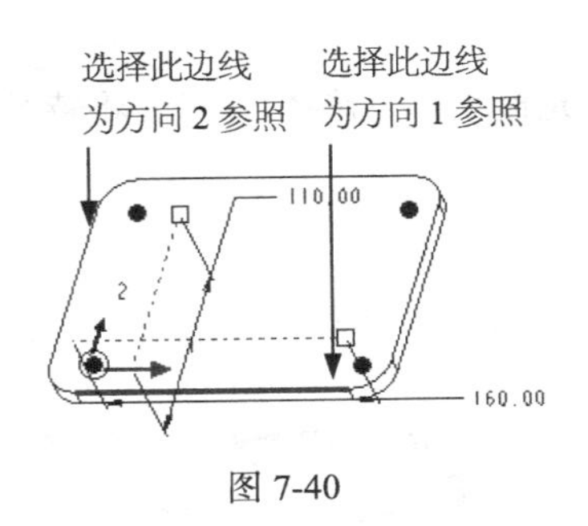

图 7-40

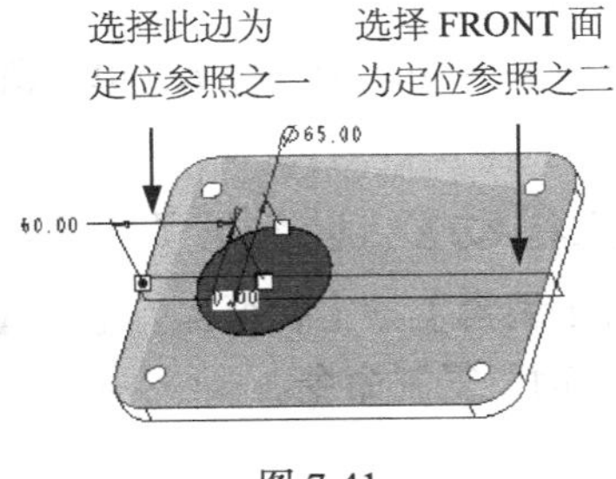

图 7-41

5. 创建钻孔特征 4

（1）单击“孔”按钮，输入“孔”命令，弹出孔操控面板。

（2）选择“简单孔”，深度为“至下一个”，单击“放置”选项，在“放置”窗口中选择特征 1 的上表面为放置面，选择定位类型为线性定位，激活“偏移参照”列表框，在模型中选择左边线为定位参照，输入偏移值 60，按住 Ctrl 键的同时选择 FRONT 基准面，输入偏移值 0，如图 7-41 所示。

（3）输入孔的直径ϕ45。

（4）单击图标完成孔特征 4 的创建。

6. 创建钻孔特征 5

（1）单击“孔”按钮，输入“孔”命令，弹出孔操控面板。

（2）选择“简单孔”，深度为“至下一个”，单击“放置”选项，在“放置”窗口中选择特征 1 的上表面为放置面，选择定位类型为直径定位，激活“偏移参照”列表框，在模型中选择ϕ45 的轴线为定位参照，输入直径尺寸ϕ65，按住 Ctrl 键的同时选择 FRONT 基准面，输入偏移角度 0，如图 7-42 所示。

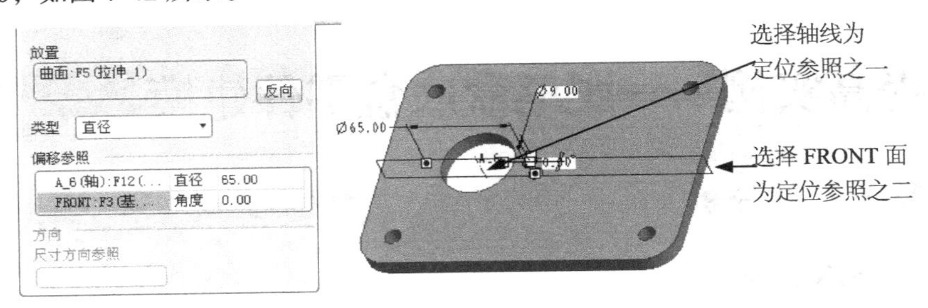

图 7-42

（3）输入孔的直径$\phi 9$。

（4）单击✓图标完成孔特征 5 的创建。

7. 创建环形阵列特征 6

（1）选择$\phi 9$孔特征，单击【编辑】→【阵列】命令或单击按钮，输入“阵列”命令，弹出阵列操控面板。

（2）选择阵列类型为轴阵列，选择$\phi 45$的轴线为环形阵列的中心线，输入阵列总数 6，在操控面板中的 360.00 下拉列表中选择环形阵列的角度方位范围为 360°。

（3）单击✓图标完成环形阵列特征 6 的创建。

8. 创建组特征

选择钻孔特征 5 和环形阵列 6，单击鼠标右键出现光标菜单，选择“组”，将特征 5 和特征 6 组成一个组。

9. 创建移动复制特征 7

（1）单击【编辑】→【特征操作】→【复制】命令，选择“移动”、“选取”、“独立”、“完成”，输入“移动”复制命令。

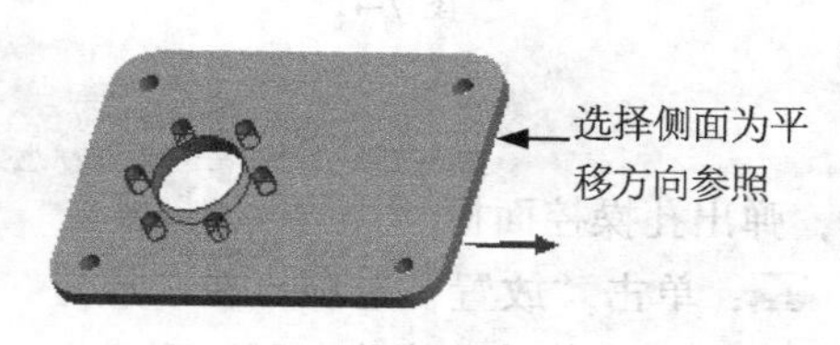

图 7-43

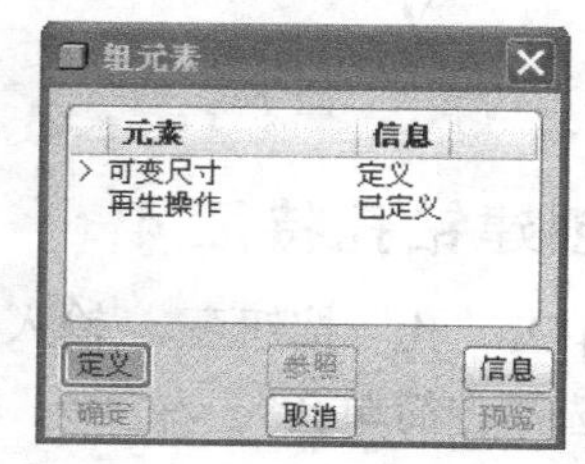

图 7-44

（2）选取组特征为移动复制的原始特征，单击“完成”，出现“移动特征”菜单管理器，选择“平移”，再选择零件模型的右侧面为平移的参考方向，保证箭头方向朝右，如图 7-43 所示，单击“确定”，在文本框中输入 80，单击✓图标，再单击“完成移动”，弹出“组元素”对话框，如图 7-44 所示，同时出现“组可变尺寸”菜单管理器。

（3）选择$\phi 45$尺寸、$\phi 9$尺寸、$\phi 65$尺寸和阵列总数 6 作为可变尺寸组，单击“完成”，分别将尺寸修改为$\phi 45 \rightarrow \phi 30$、$\phi 9 \rightarrow \phi 5$、$\phi 65 \rightarrow \phi 40$、$6 \rightarrow 4$。

（4）单击“确定”按钮完成孔移动复制特征 7 的创建。

10. 文件保存

单击按钮，选择“标准方向”，使零件模型为标准的视图方向。单击按钮，保存所绘制的图形。

四、提高实例——肥皂盒底盒零件建模

（一）任务导入与分析

1. 任务导入

按图 7-45 所示的尺寸创建出肥皂盒底盒模型，模型缺省方位应与三视图保持一致，尺寸必须与图中尺寸一致。

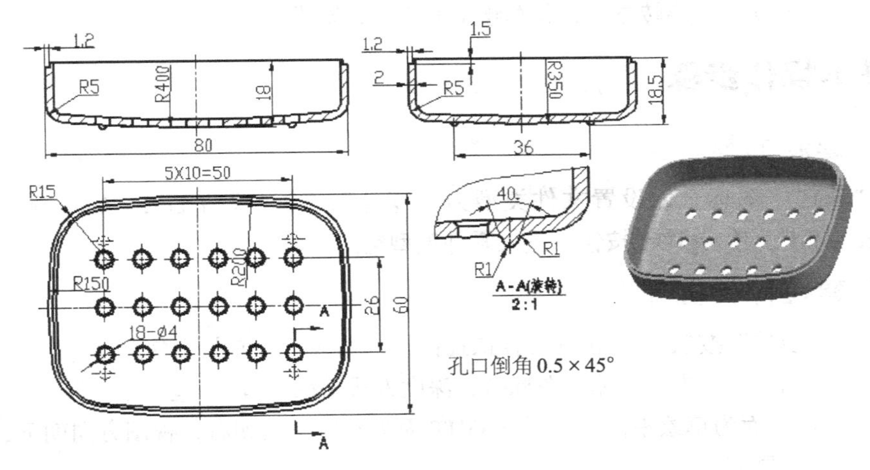

图 7-45

2. 建模思路分析

（1）图形分析。零件模型壁厚基本均匀，考虑采用壳特征，零件左右前后属于对称图形，在创建主体特征时应保持模型的对称特点，18-ϕ4 孔及倒角均可采用阵列方式，底部支撑凸台也可以采用阵列特征。零件底面属于空间曲面，创建时可以采用扫描切材料。

（2）建模的基本思路。首先创建拉伸主体，扫描切底面，倒圆角后抽壳，在此基础上创建底部孔特征和孔倒角特征，阵列孔和倒角特征，旋转加材料创建底部凸台，阵列凸台，最后切肥皂盒止口。基本的建模过程如图 7-46 所示。

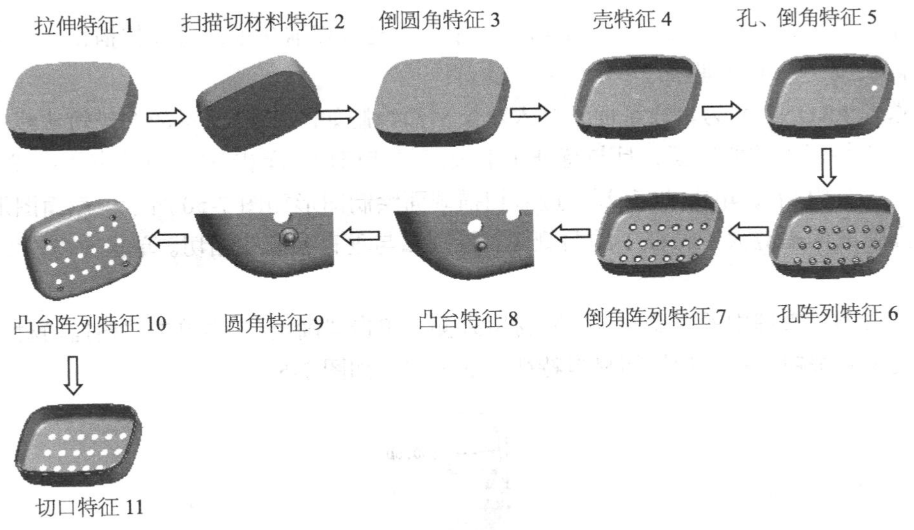

图 7-46

3. 创建要点及注意事项

（1）扫描切材料特征 2 的轨迹线为 R400 圆弧，圆弧端点应大于左右侧面，截面图形为 R350 的圆弧。

（2）倒圆角之后进行壳特征的创建。

（3）盒底ϕ4 孔和 0.5×45° 倒角可以组成组再进行阵列，也可以采用参照阵列的方法。

（4）凸台特征 9 采用旋转方法，其草绘平面应创建基准平面。

（二）基本操作步骤

1. 创建新的零件文件

单击“新建”图标□，设置文件类型为“零件”，输入文件名 No7-2，选择公制模板“mmns_part_solid”。单击确定按钮，进入零件模型空间。

2. 创建拉伸特征 1

（1）单击“拉伸”按钮，出现拉伸操控面板，输入“拉伸”命令。

（2）在控制面板上单击“实体”图标□，深度方式采用“盲孔”。

（3）选择 TOP 面为草绘平面，选择 RIGHT 面为参照平面朝右，视图方向朝下，单击“草绘”按钮进入草绘界面。

（4）按图 7-47 所示绘制截面图形，图形应保证上下左右对称。单击✔按钮结束截面绘制。

（5）在深度文本框中输入对称深度值 18。

（6）单击✔图标完成拉伸特征 1 的创建，如图 7-48 所示。

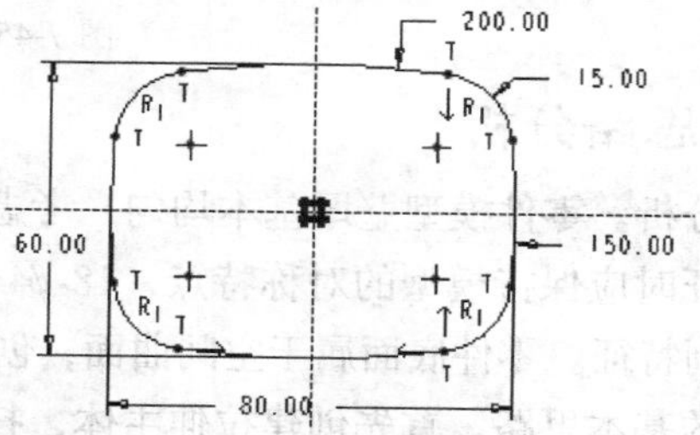

图 7-47

图 7-48

3. 创建扫描切材料特征 2

（1）单击【插入】→【扫描】→【切口】命令，输入扫描命令，打开扫描特征对话框，并显示“扫描轨迹”菜单管理器，单击“草绘轨迹”。

（2）选择 FRONT 面为草绘平面，进入草绘平面绘制如图 7-49 所示的扫描轨迹线。轨迹线的两端应宽于特征 1 的两侧面，且与特征 1 下表面保持相切。单击✔按钮结束轨迹线的绘制。设置属性为“自由端”，单击“完成”，进入扫描截面绘制图形如图 7-50 所示，截面图形也是一段圆弧，圆弧的两端应大于特征 1 的两侧面，且圆弧与垂直参照线相切。单击✔按钮结束截面的绘制。

（3）单击菜单管理中的“反向”切除材料外侧，单击“确定”，再单击“扫描切材料”对话框中的“确定”按钮，完成扫描切材料特征 2 的创建，如图 7-51 所示。

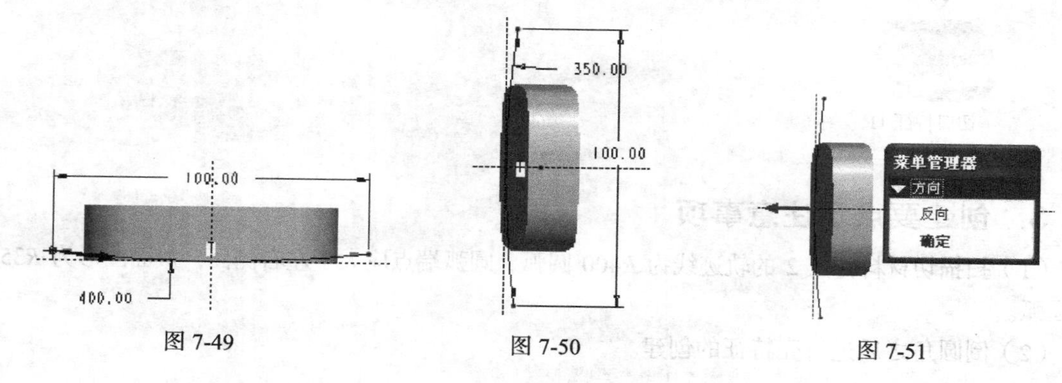

图 7-49　　图 7-50　　图 7-51

4. 创建倒圆角特征 3

单击工具栏中的按钮，弹出倒圆角特征操控面板，输入圆角半径 *R*5，选择如图 7-52 所示的边线，单击图标完成圆角特征 3 的创建。

5. 创建壳特征 4

单击工具栏中的按钮，弹出壳操控面板，输入壳厚 2，单击“参照”选项，选择拉伸特征 1 的上表面作为壳特征的移除面，如图 7-53 所示，单击图标完成壳特征 4 的创建。

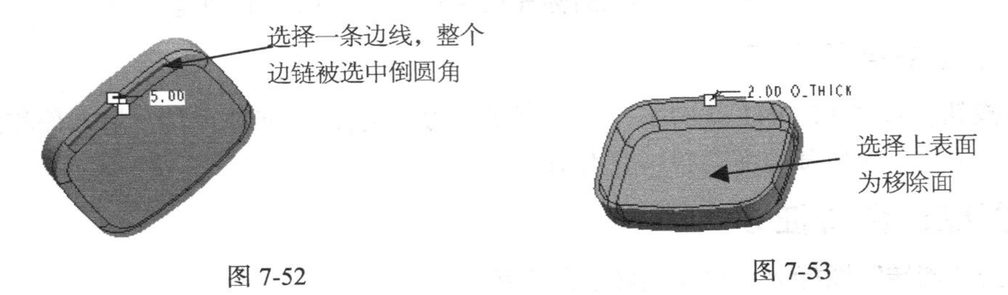

图 7-52　　图 7-53

6. 创建孔特征 5

（1）单击“拉伸”按钮，出现拉伸操控面板，输入“拉伸”命令。

（2）在控制面板上单击“实体”图标和“切材料”图标，深度方式采用“至指定面”。

（3）选择 TOP 面为草绘平面，单击“草绘”按钮进入草绘界面，绘制圆如图 7-54 所示。

（4）指定特征拉伸深度的指定面为壳特征的上表面，同时切换箭头，保证特征朝上生长，切除孔内侧材料，如图 7-55 所示。

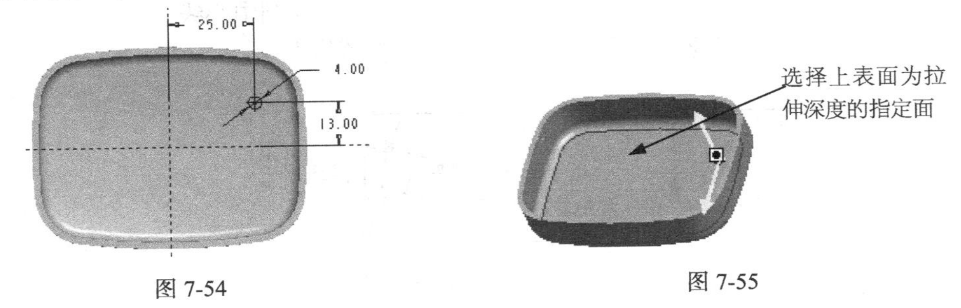

图 7-54　　图 7-55

（5）单击图标完成孔特征 5 的创建。

7. 创建倒角特征

单击工具栏上的按钮，选择边倒角类型 DxD，输入倒角参数 0.5，选择孔上边，单击按钮完成边倒角特征的创建。

8. 创建孔阵列特征 6

（1）选择ϕ4 孔，单击按钮，输入“阵列”命令，弹出阵列操控面板。

（2）选择阵列类型为尺寸阵列，选择孔特征 5 定位尺寸 25 为方向 1 的方向参照，在弹出的文本框中输入增量值 −10，阵列总数均为 6；激活方向 2 的“方向选择窗口”，选择孔特征 5 定位尺寸 13 为方向 2 的方向参照，在文本框中输入增量值−13，阵列总数均为 3，如图 7-56 所示。

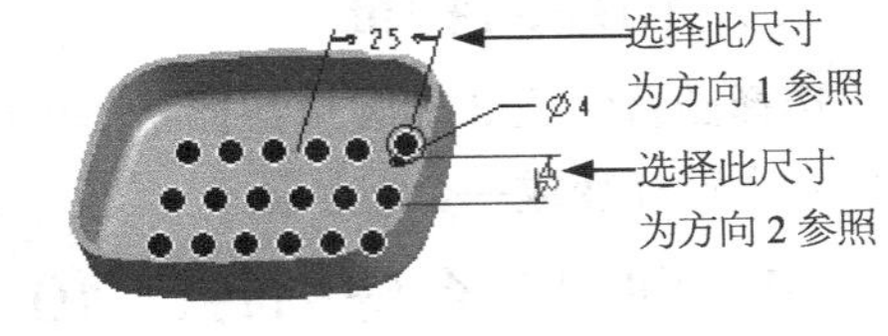

图 7-56

尺寸 25 的方向从左往右，而阵列方向从右往左，所以输入增量值-10。尺寸 13 同样道理。

（3）单击✔图标完成孔阵列特征 6 的创建。

9. 创建倒角阵列特征

选择ϕ4 孔的倒角特征，单击▦按钮，输入“阵列”命令，弹出“阵列”操控面板，系统自动以“参照阵列”方式进行阵列，单击✔图标完成倒角阵列特征 7 的创建。

10. 创建基准平面 DTM1

单击▱按钮，选择 FRONT 基准平面，约束条件为“偏移”，向前偏移，输入偏移距离 18，单击“确定”按钮，完成基准面 DTM1 的创建。

11. 创建凸台特征 8

（1）单击“旋转”图标，出现旋转控制面板。

（2）单击“实体”按钮□，角度方式采用“盲孔”，旋转角度为 360°。

（3）选择 DTM1 基准面为草绘平面，选择 RIGHT 基准面为参照平面朝右，单击“草绘”按钮进入草绘界面。

（4）绘制截面图形。绘制垂直中心线，这条中心线将作为旋转特征的回转轴线，按图 7-57 所示绘制截面图形，标注尺寸并修改尺寸，完成之后单击工具栏上的✔按钮结束。

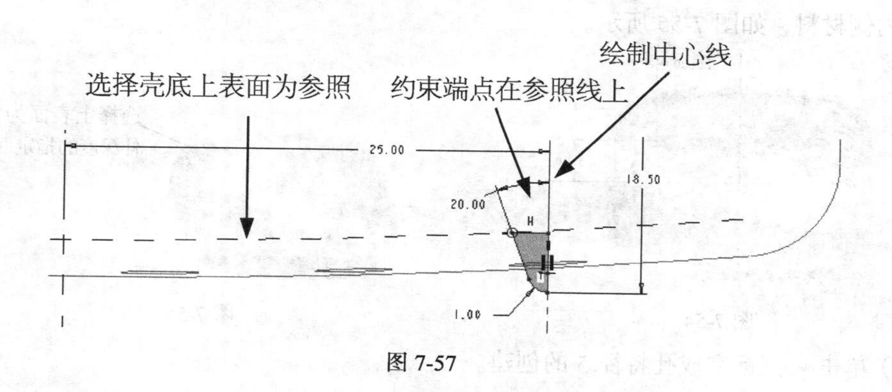

图 7-57

（5）单击✔按钮完成凸台特征 8 的创建。

12. 创建倒圆角特征 9

单击工具栏中的按钮，弹出倒圆角特征操控面板，输入圆角半径 R1，选择如图 7-58 所示的边线，单击✔图标完成圆角特征 9 的创建。

13. 创建组特征

选择凸台特征 8 和圆角特征 9，单击鼠标右键，出现光标菜单，选择“组”，在模型树窗口中这两个特征变成一个组特征。

14. 创建凸台阵列特征 10

（1）选择步骤 13 创建的组，单击▦按钮，输入“阵列”命令，弹出阵列操控面板。

（2）选择阵列类型为方向阵列，选择 RIGHT 面为方向 1 的方向参照，在操控面板中输入增量值-50，阵列总数均为 2；激活方向 2 的“方向选择窗口”，选择 FRONT 面为方向 2 的方向参照，在操控面板中输入增量值-36，阵列总数均为 2，如图 7-59 所示。

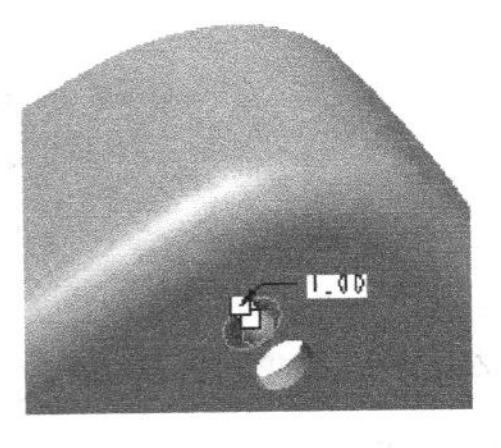

图 7-58

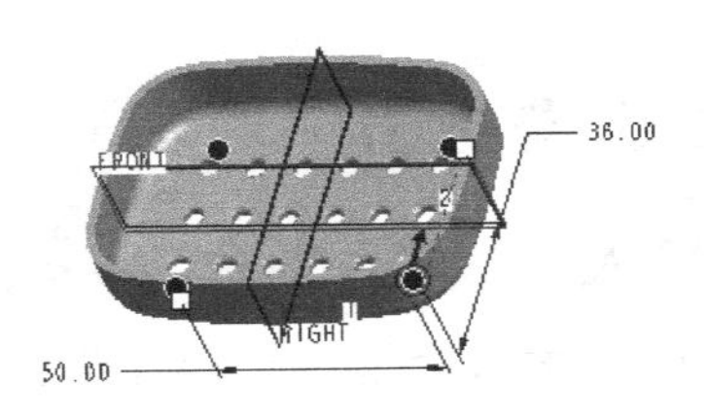

图 7-59

（3）单击✔图标完成凸台阵列特征 10 的创建。

注意

因为 RIGHT 面的正方向朝右，而方向 1 的阵列方向朝左，所以输入增量值-50。因为 FRONT 面的正方向朝前，而方向 2 的阵列方向朝后，所以输入增量值-36。

15. 创建切口特征 11

（1）单击“拉伸”按钮，出现拉伸操控面板。

（2）单击“实体”按钮和“切材料”按钮，深度方式采用“盲孔”。

（3）在“放置”上滑面板中，单击“定义”，弹出“草绘”对话框，选择零件的上部表面为草绘平面，自动出现视图箭头，选择 RIGHT 基准面为参照平面朝右，单击“草绘”按钮进入草绘界面。

（4）绘制截面图形。单击按钮，弹出“类型”对话框，单击“环”，在图形中选择零件的上部表面，此时所选的面有两个边界线，单击菜单管理器中的“下一个”，可以切换不同的边界线，选择外侧边界线，单击“接受”，弹出偏移值输入框，同时在边界线上出现箭头，在文本框中输入偏移值-1.2，单击偏移文本框中的✔按钮，截面图形绘制完成，如图 7-60 所示。单击工具栏上的✔按钮，结束截面的绘制。

（5）在深度文本框中输入深度值 1.5。切换图形中的特征成长箭头和切材料侧箭头，保证切除外侧材料。

（6）单击操控面板中的☑👓图标预览特征，单击✔图标完成特征的创建。

16. 完成零件建模

单击按钮，选择“标准方向”，使零件模型为标准的视图方向，如图 7-61 所示。单击按钮，保存所绘制的图形。

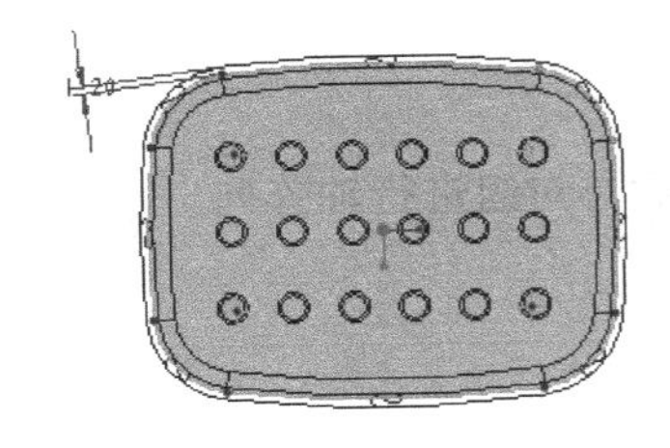

图 7-60

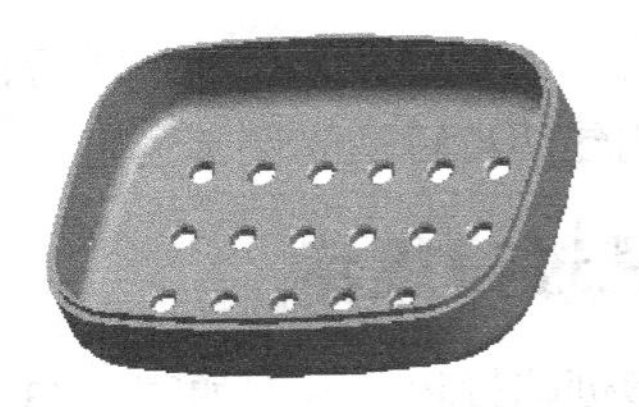

图 7-61

五、自测实例——棘轮零件建模

（一）任务导入与分析

1. 任务导入

如图 7-62 所示，零件棘轮共有 18 个齿，沿轴向均匀分布，按照图中的尺寸要求，创建出零件模型，并且零件缺省的放置方位应与三维图形放置方位一致。

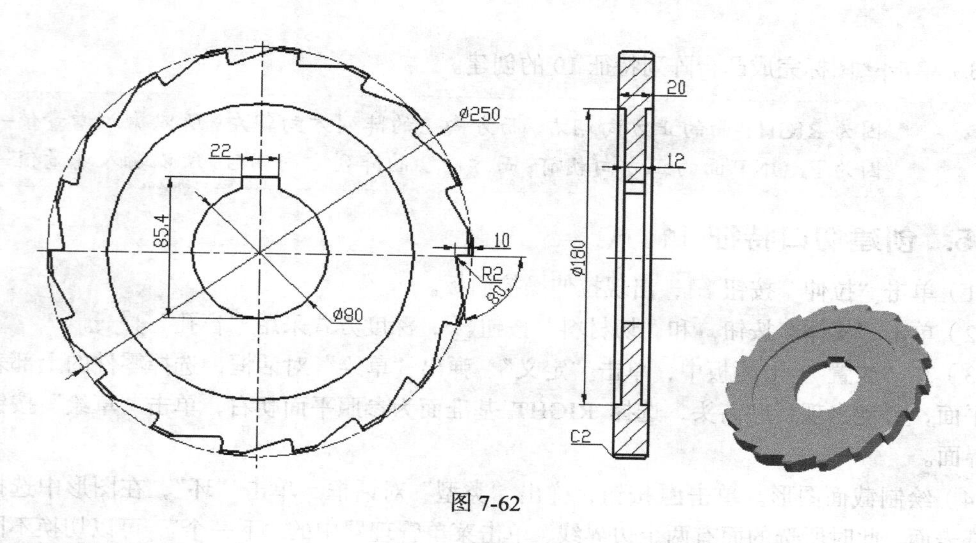

图 7-62

2. 创建思路分析

（1）图形分析。零件模型由旋转、拉伸和阵列等特征组成，使用旋转命令创建零件主体特征后，使用拉伸切材料切除孔特征和单个齿，用轴阵列命令创建多个齿。该零件具有对称性，因此在建模过程中考虑对称放置零件。

（2）绘图的基本思路。根据图形特点，零件大致由以下特征组成，具体创建过程如下。

创建旋转加材料特征→创建拉伸切材料孔特征→创建倒角特征→创建拉伸切材料单个齿特征→创建齿槽倒圆角特征→创建组特征→创建轴阵列特征。

3. 创建要点及注意事项

（1）创建旋转加材料特征时，草绘平面选择 FRONT 基准面，绘制图形时，绘制垂直中心线为旋转轴线，且图形上下对称。

（2）倒角特征一定要在拉伸切齿特征之前创建。

（3）先创建切齿特征和倒圆角特征为组特征，然后再对组进行轴阵列。

（二）建模过程提示

零件模型创建过程示意图如图 7-63 所示。

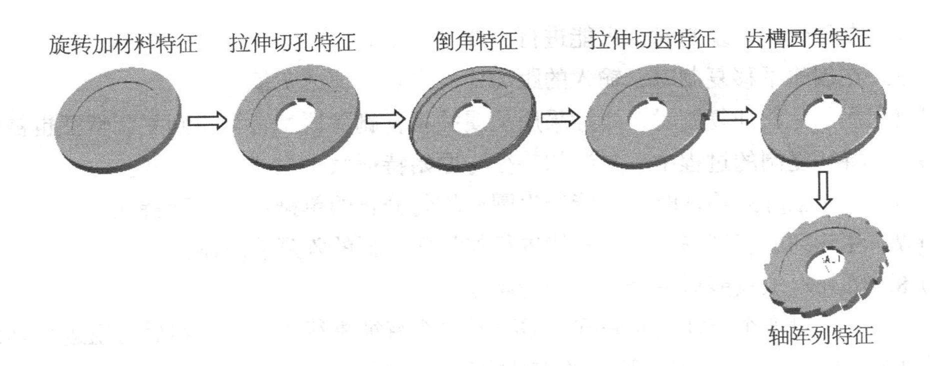

图 7-63

项目小结

本项目主要介绍了新参考复制、相同参考复制、移动复制、镜像复制、特征阵列创建的基本方法和基本操作，重点介绍了移动复制、镜像复制、特征阵列，要求读者不但要熟练掌握各种特征复制和特征阵列创建的基本步骤，而且应灵活应用于零件实体建模过程中。

课后练习题

一、选择题（请将正确答案的序号填写在题中的括号中）

1. 特征镜像复制的参照要素是（　）。
   （A）一条边　（B）轴线　（C）一个面　（D）不需要
2. 特征阵列所选择的特征有（　）。
   （A）1 个　（B）2 个　（C）3 个　（D）4 个
3. 矩形阵列的方向最多有（　）。
   （A）1 个　（B）2 个　（C）3 个　（D）4 个
4. 多个圆周均匀分布的特征阵列时，常采用（　）方式。
   （A）尺寸阵列　（B）方向阵列　（C）填充阵列　（D）轴阵列
5. 特征阵列时采用轴阵列方式时，阵列的参照要素应选择（　）。
   （A）面　（B）曲线　（C）轴线　（D）点
6. 修改特征时需要对草绘图形进行修改，应采用（　）方式。
   （A）编辑　（B）编辑定义　（C）双击特征　（D）删除特征重画

二、判断题（请将判断结果填入括号中，正确的填“√”，错误的填“×”）

（　）1. 采用新参照复制时，不需要重新选择草绘平面。

(　　) 2. 在创建移动复制时，只能进行直线平移复制。

(　　) 3. 在创建平移复制时，输入的距离值可以是正值或负值。

(　　) 4. 在创建特征复制时，属性采用从属关系，删除原始特征，则复制特征也被删除。

(　　) 5. 特征复制的过程中，复制的特征与原始特征大小只能完全一样。

(　　) 6. 采用轴阵列特征时，只能产生圆周均匀分布的单排环形阵列特征。

(　　) 7. 在阵列或复制操作中，只能进行加材料特征的阵列或复制。

(　　) 8. 阵列对象只能对一个特征进行操作。

(　　) 9. 为了对多个特征同时阵列，需要对多个特征进行组处理，然后对组进行阵列。

(　　) 10. 新参照复制可以从不同的零件模型中选择复制特征。

三、建模练习题

1. 按图 7-64 所示的尺寸，创建零件模型。
2. 按图 7-65 所示的尺寸，创建零件模型。

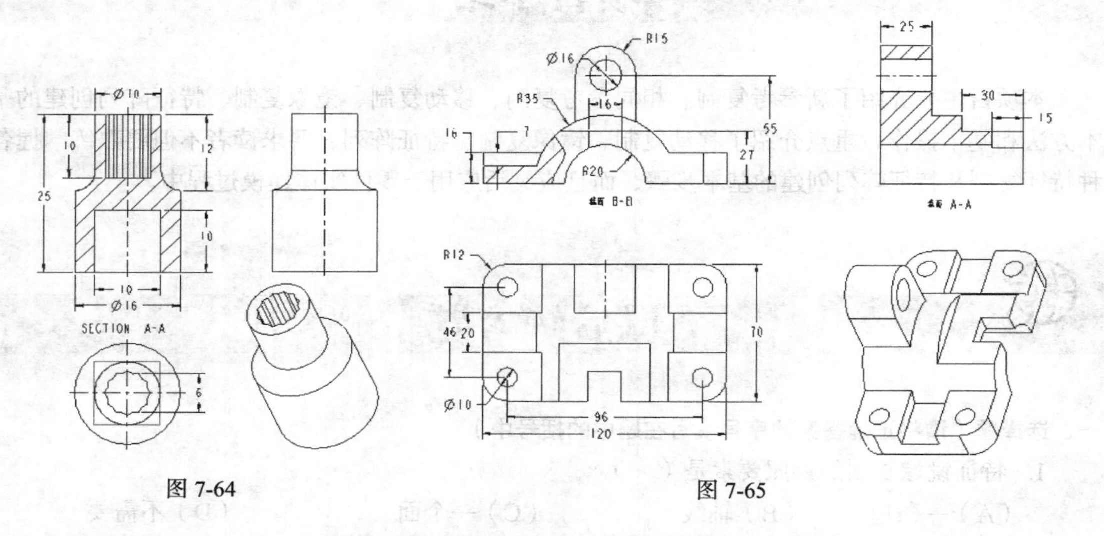

图 7-64　　　　图 7-65

3. 按图 7-66 所示的尺寸，创建零件模型。

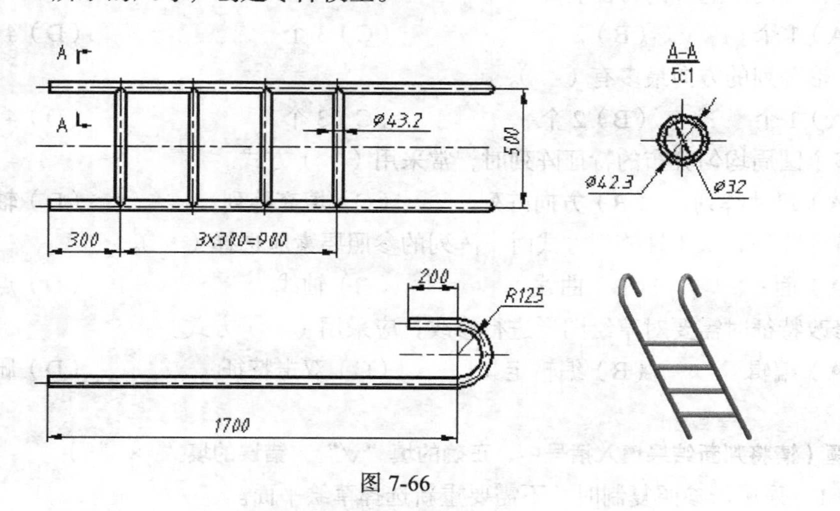

图 7-66

4. 按图 7-67 所示的尺寸，创建零件模型。

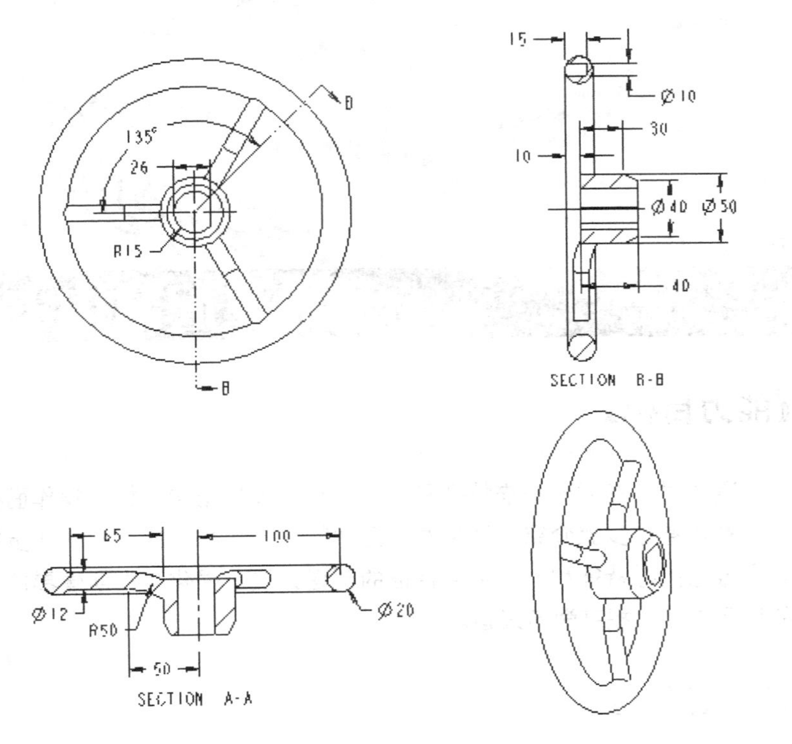

图 7-67

5. 按图 7-68 所示的尺寸，创建零件模型。

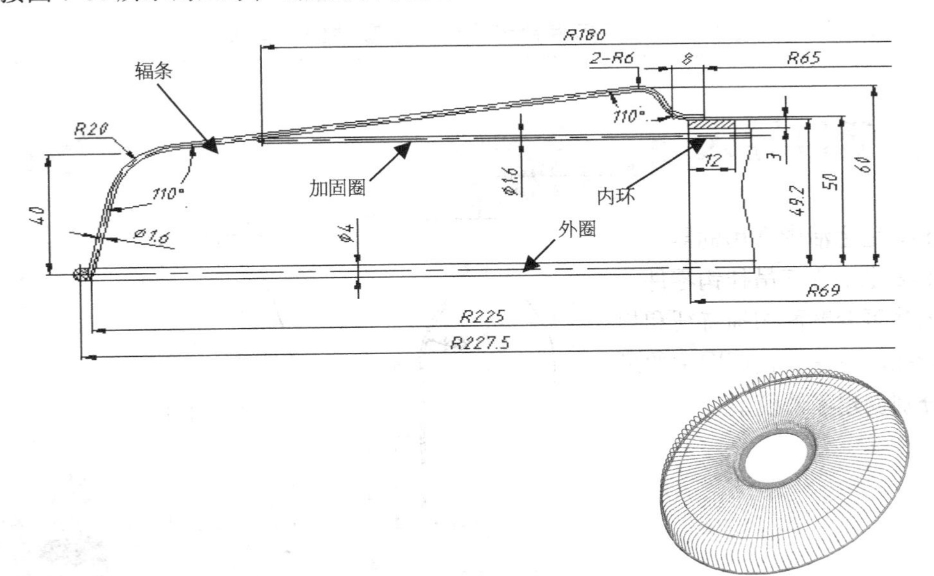

图 7-68

项目八

方酒瓶、起吊钩零件建模

【能力目标】

通过对可变截面扫描特征和扫描混合特征的结构分析、操作面板简介、基本操作步骤介绍，学生对这两种特征有了初步的认知，初步掌握可变截面扫描特征和扫描混合特征的创建方法，强化学生创建零件特征的绘图技能，提高学习兴趣。

【知识目标】

1. 熟悉可变截面扫描特征和扫描混合特征的操控面板
2. 掌握创建可变截面扫描特征和扫描混合特征的基本步骤
3. 将可变截面扫描和扫描混合灵活应用于零件的建模设计中

一、项目导入

图 8-1 是生活中常用的器皿零件，图 8-2 是工程起吊挂钩零件，要求用创建可变截面扫描特征和扫描混合特征的方法，按照图中的尺寸要求分别创建零件模型。

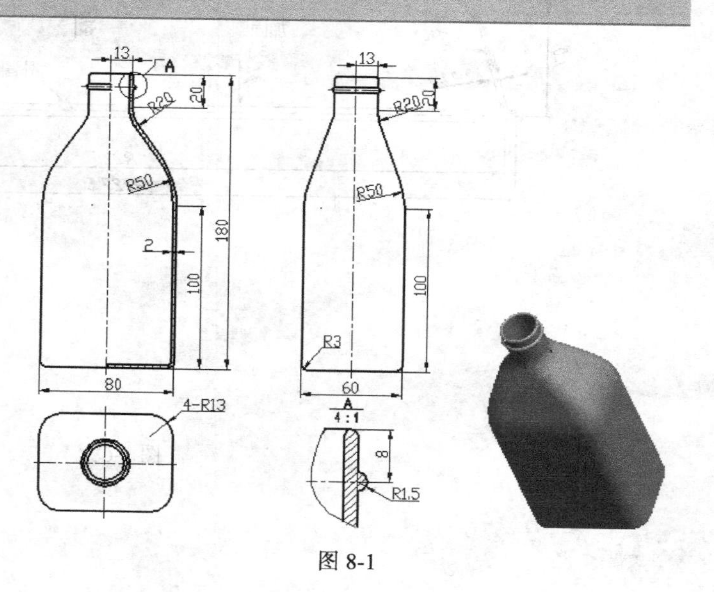

图 8-1

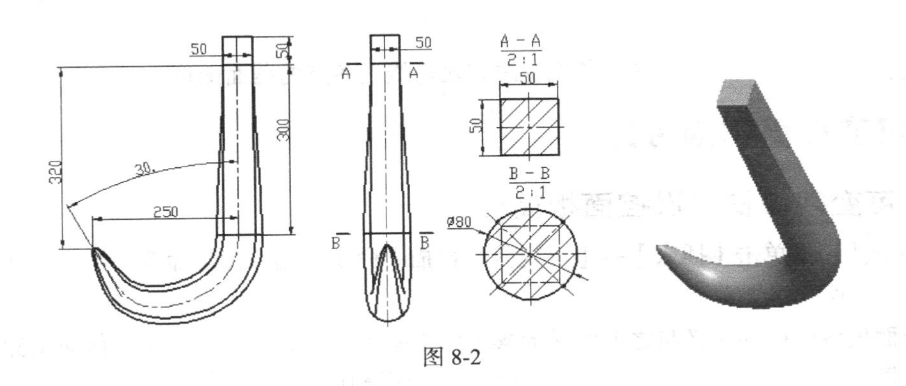

图 8-2

二、相关知识

（一）可变截面扫描、扫描混合特征的结构特点

1. 可变截面扫描特征的结构特点

如图 8-3 所示，扫描起点截面图形沿着一条原点轨迹线进行扫描，扫描过程中截面始终保持与原点轨迹线垂直，截面图形的 4 个顶点在扫描过程中始终与其他辅助轨迹线重合，由于辅助轨迹线的约束作用，因此在整个扫描过程中截面图形产生截面可变。

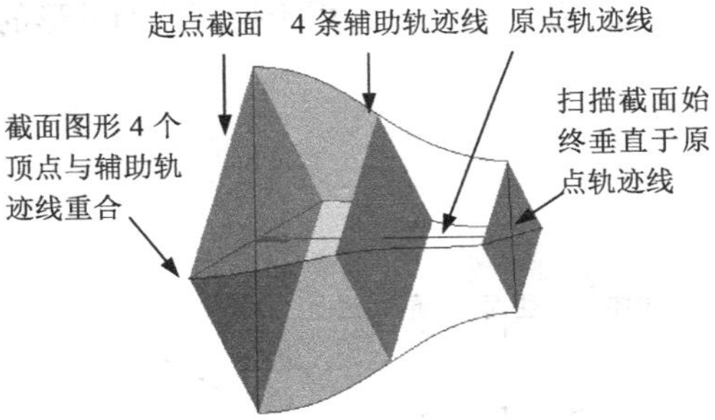

可变截面扫描特征的特点就是在扫描过程中，截面图形会发生变化。因此构建可变截面扫描特征的两大要素是一条或多条轨迹线以及扫描起点的截面图形。

起点截面
4 条辅助轨迹线
原点轨迹线
截面图形 4 个顶点与辅助轨迹线重合
扫描截面始终垂直于原点轨迹线

图 8-3

2. 扫描混合特征的结构特点

如图 8-4 所示，在扫描轨迹线的起点、终点和若干中间点上生成不同的截面图形，沿着轨迹线进行扫描且在两两截面间产生混合所形成的实体特征，具有扫描和混合双重特点。

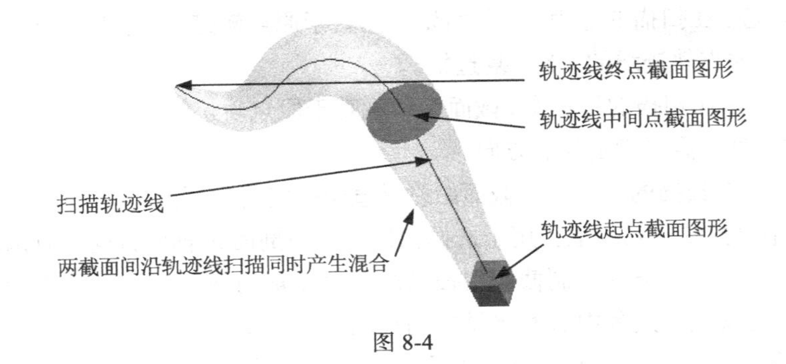

图 8-4

既然扫描混合特征具有混合特性，因此在创建各截面图形时也应遵循顶点数相等和合理的

起始点。

构建扫描混合特征的要素是一条轨迹线和轨迹线上各点的截面图形。

（二）可变截面扫描特征

1. 可变截面扫描操控面板简介

单击按钮或单击【插入】→【可变截面扫描】命令，输入操作命令，弹出可变截面扫描操控面板，如图 8-5 所示。

操控面板各图标的含义与之前所学的操控面板差不多，只是增加了草绘截面图标，当所有轨迹线选择完成后，单击此图标可以进入起点的截面绘制。

单击“参照”选项，出现如图 8-6 所示的面板，其主要选项功能如下。

（1）“轨迹”列表框：主要用于选择扫描的原点轨迹、X 轨迹线和辅助轨迹，按住 Ctrl 键分别选择多条轨迹线。

轨迹线主要分为以下 3 种。

① 原点轨迹线：在扫描的过程中，截面的原点永远落在该轨迹线上。该轨迹线可由多条线段构成，但各线段间必须相切连接。第一条选择的轨迹线一定是原点轨迹线。

② X 轨迹线：在扫描的过程中，截面 X 轴的方向永远指向该轨迹线，如果在“轨迹”列表框中选中某一条轨迹线的“X”复选框，表明该轨迹线为 X 轨迹线。

③ 辅助轨迹线：用于控制截面外形的变化，可以有多条。

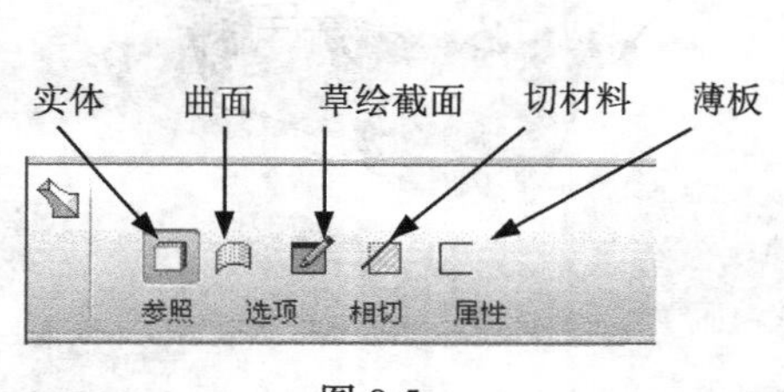

图 8-5

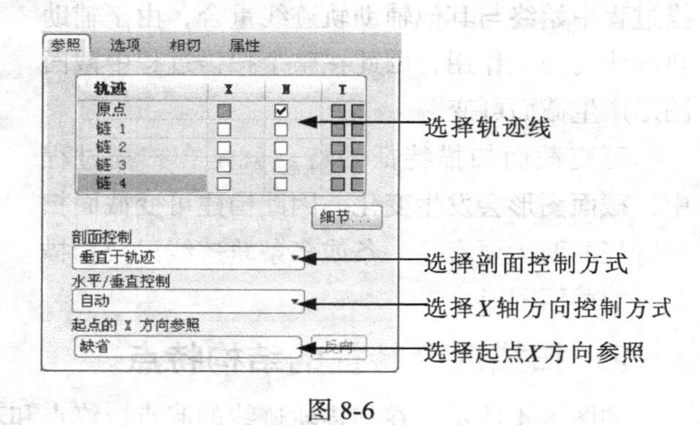

图 8-6

（2）“剖面控制”下拉列表：用于选择扫描过程中剖面方向的控制，有 3 种控制方式。

① 垂直于轨迹：在扫描的过程中，截面始终垂直于原点轨迹线，这是一种默认方式。在“轨迹”列表框中选中原点轨迹线的“N”复选框。

② 垂直于投影：在扫描的过程中，截面始终垂直于原点轨迹线在参照方向上的投影，因此，采用这种控制方式时，需要指定参照方向。

③ 恒定法向：在扫描的过程中，截面始终垂直于指定的参照方向。

（3）“水平/垂直控制”列表框：用于选择扫描过程中剖面 X 轴的方向，有两种控制方式。

① 自动方式：以自动方式控制截面在扫描过程中 X 轴的朝向。

② X 轨迹：定义扫描过程中截面 X 轴方向指向 X 轨迹线。

（4）“起点的 X 方向参照”列表框：如果“水平/垂直控制”中采用自动方式，则该列表框用于选择扫描起点处截面的 X 轴朝向，一般使用缺省方式。

单击“选项”选项，出现如图 8-7 所示的面板，其主要功能是选择截面在扫描过程中是否可变，并且可以定义草绘放置原点的位置。

选项 相切 属性
可变截面
恒定剖面
草绘放置点
原点

图 8-7

2. 创建可变截面扫描特征的基本操作步骤

（1）在模型空间中创建扫描用的多条轨迹曲线。

（2）单击工具栏中的按钮或单击【插入】→【可变截面扫描】命令，弹出可变截面扫描操控面板。选择操控面板中的各功能图标，默认的是曲面。

（3）单击“参照”选项，弹出上滑面板，选取原点轨迹线，单击原点轨迹起点的黄色箭头切换扫描的起点位置，按住 Ctrl 键继续选择其他曲线作为辅助轨迹线。

（4）设置剖面控制方式和水平/垂直控制方式，一般剖面控制采用垂直轨迹线，水平/垂直控制采用自动方式，起点 X 方向参照采用缺省方式。

（5）单击操控面板中的按钮进入草绘窗口，绘制扫描起点的截面图形，单击工具栏中的✔按钮结束截面图形绘制，图形中的结构要素一定要与辅助轨迹重合，否则不能产生可变截面。

（6）单击操控面板的图标，完成可变截面扫描特征的创建。

3. 创建可变截面扫描特征的注意事项

（1）事先绘制出轨迹线，以便于特征创建时选用。

（2）最先选择的轨迹线自动定义为原点轨迹，按住 Ctrl 键选择其他的辅助轨迹线。

（3）选择原点轨迹线后，单击黄色箭头可切换起始点的位置。

（4）在截面绘制过程中一定要将截面图元与辅助轨迹线重合。

4. 关系式在可变截面扫描中的应用

可变截面扫描的截面在扫描过程中是可变的，其变化可以受辅助轨迹线的影响，还可以建立一种截面尺寸与轨迹参数的关系式，由关系式控制截面形状的变化。trajpar 参数是 Pro/ENGINEER 系统设定的一个从 0～1 无级线性变化的变量，其数值在扫描的起始点为 0，终点为 1，中间值呈线性变化。

（1）建立截面尺寸与轨迹参数的函数关系式。图 8-8 为一个齿形长条零件，齿形表面呈正弦函数，创建该零件模型可以采用可变截面特征。具体操作步骤如下。

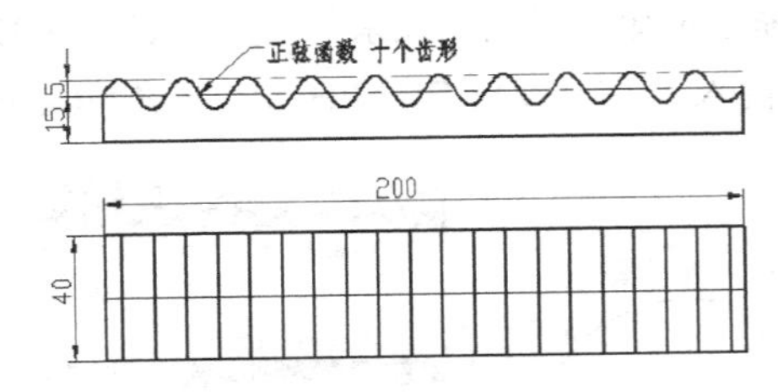

图 8-8

① 利用草绘工具，在 TOP 面上绘制一条长 200 的草绘曲线。

② 单击按钮或单击【插入】→【可变截面扫描】命令，弹出可变截面扫描操控面板。单击“实体”图标。

③ 选择草绘曲线为原点轨迹，单击操控面板中的按钮进入草绘界面，绘制如图 8-9 所示

的矩形，且图形左右对称。

④ 标注矩形的水平尺寸和垂直尺寸，修改水平尺寸为40，单击【工具】→【关系】命令，弹出"关系"窗口，如图 8-9 所示。此时草绘图形的尺寸标注变成 sd3、sd4，在文本框中输入 sd3= 15+5*sin(trajpar*360*10)，单击"确定"按钮，图形尺寸马上发生变化，单击✔按钮结束截面绘制。关系式中的*10 表明有 10 个正弦波形。

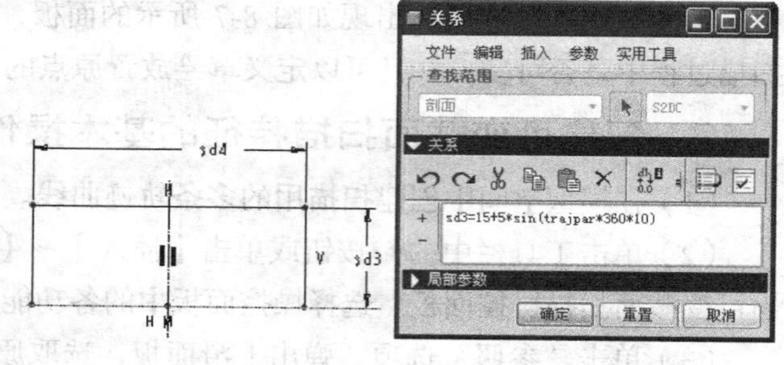

图 8-9

⑤ 单击操控面板上的✔图标，完成可变截面扫描特征的创建。

（2）建立截面尺寸与基准图形的取值函数关系式。

图 8-10 为一灯罩零件，该零件模型可以采用可变截面扫描特征，零件的外形表面可以通过图形曲线事先绘制，通过建立草绘截面相关尺寸与该图形文件的取值函数关系式，以达到特征截面可变。具体操作步骤如下。

① 利用草绘工具，在 TOP 面上绘制一条长 200 的草绘曲线。

② 单击【插入】→【模型基准】→【图形】命令，输入图形文件名称 A，进入草绘界面，绘制曲线如图 8-11 所示，注意一定要在左侧绘制坐标。

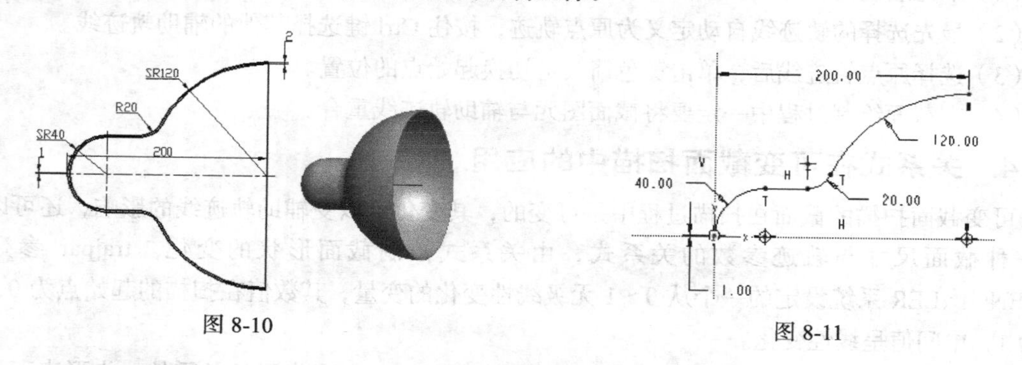

图 8-10　　　　图 8-11

③ 单击右侧的按钮或单击【插入】→【可变截面扫描】命令，弹出"可变截面扫描"操控面板。单击"实体"按钮。选择曲线为原点轨迹，单击操控面板中的按钮进入草绘界面，绘制圆，标注圆的半径尺寸。单击【工具】→【关系】命令，弹出"关系"窗口，如图 8-12 所示。此时草绘图形的尺寸标注变成 sd10，在文本框中输入 sd10=EVALGRAPH("A",200*TRAJPAR)，单击"确定"按钮，图形尺寸马上发生变化，单击✔按钮结束截面绘制。关系式中的 EVALGRAPH 是取值函数，将图形中的 Y 值赋予 sd10，A 一定要用英文的双引号括起来，中间的逗号也要用英文逗号，200 代表在图形文件 A 中 X 值的取值范围，TRAJPAR 是轨迹参数。

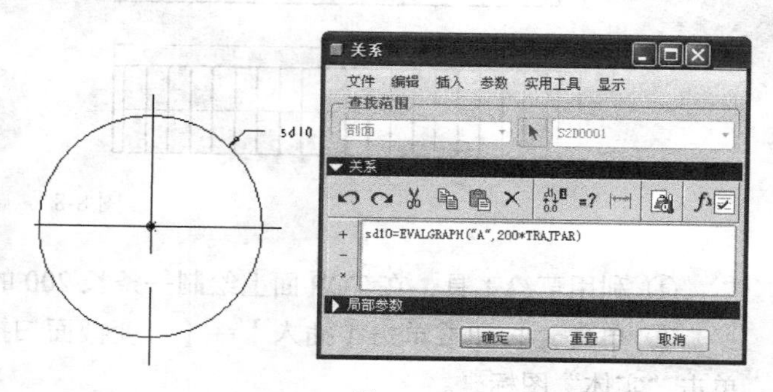

图 8-12

④ 单击操控面板上的✔图标，完成可变截面扫描特征的创建。

⑤ 输入“壳”命令，壳厚 2，右端面为材料移除面。

（三）扫描混合特征

1. 扫描混合操控面板简介

（1）单击【插入】→【扫描混合】命令，出现扫描混合操控面板，如图 8-13 所示。

（2）单击“参照”选项，弹出“参照”上滑面板，其界面和主要功能与可变截面扫描基本一致。一般扫描混合特征所选的轨迹线只有一条，而且采用垂直轨迹线的剖面控制方式，水平/垂直控制方式采用自动方式。

（3）单击“截面”选项，出现如图 8-14 所示的上滑面板，其主要选项功能如下。

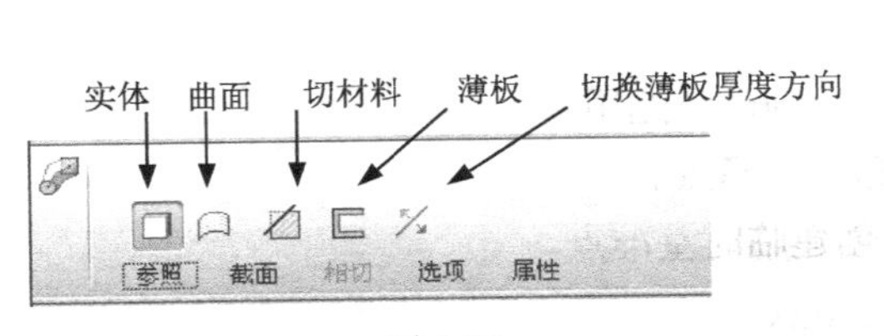

图 8-13

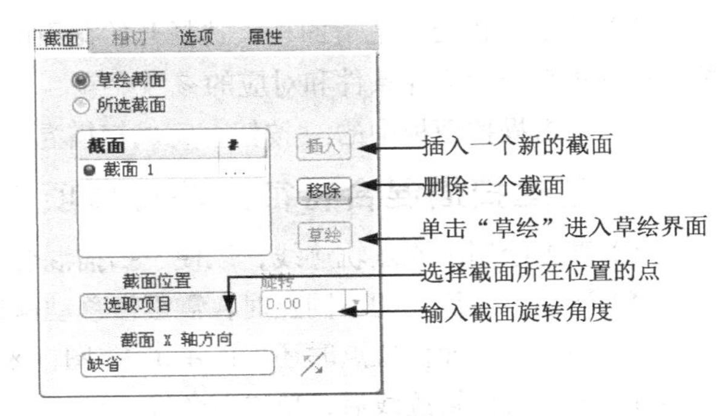

图 8-14

① 截面：用于插入、移除或草绘一个截面图形。

② 截面位置：用于在轨迹线上选取截面所在位置的点。

③ 旋转：输入后一个截面相对于前一个截面的旋转角度。

（4）单击“相切”选项，出现如图 8-15 所示的面板，其主要功能是设置扫描混合特征在开始截面和终止截面与其他特征之间的边界约束条件。常用的边界条件包括自由、相切、垂直，选择一种边界条件后，从绘图区中选择对应于边界条件的几何要素。如果终止截面为一个点图元，其边界条件是尖点或平滑。

（5）单击“选项”选项，出现如图 8-16 所示的面板，其主要选项功能如下。

① 无混合控制：该选项表示不作任何额外的设定，采用混合控制的缺省设定。

② 设置周长控制：用于在扫描轨迹的特定位置输入截面周长值，以控制特征截面的大小。

③ 设置剖面面积控制：用于在原点轨迹上加入或移除点，通过改变该点在面积控制曲线中的数值大小来控制扫描混合特征的造型。

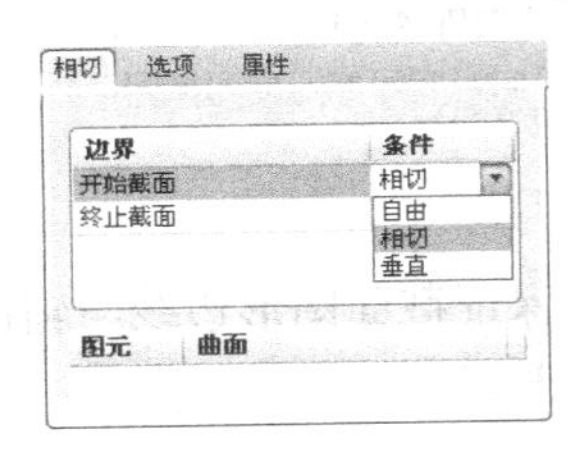

图 8-15

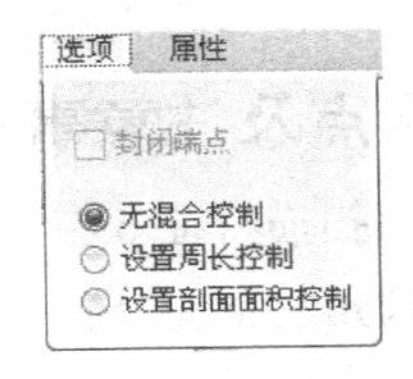

图 8-16

2. 创建扫描混合特征的基本操作步骤

（1）在模型空间中创建用于扫描的原点轨迹线。

（2）单击【插入】→【扫描混合】命令，弹出扫描混合特征操控面板。单击操控面板中的各功能图标。

（3）单击“参照”上滑面板，选取原点轨迹线，单击原点轨迹起点的黄色箭头切换扫描的起点位置。使用系统默认的控制方式。

（4）单击“截面”上滑面板，在轨迹线上选择扫描起点，上滑面板中的“草绘”图标显亮，单击“草绘”，系统进入草绘界面，绘制截面 1 图形，单击工具栏中的✓按钮完成起点截面的绘制。系统自动返回图 8-14 所示的界面，单击“插入”按钮，选择轨迹线上的另外一点，单击“草绘”按钮进入草绘界面绘制截面 2 图形。以此类推，完成所有截面图形的绘制。

（5）单击“相切”上滑面板，选择开始截面的边界条件，为边界条件选择对应的要素。同样选择终止截面的边界条件和对应的参照要素。

（6）单击操控面板中的✓按钮，完成扫描混合特征的创建。

3. 创建扫描混合特征的注意事项

（1）事先绘制出原点轨迹线，以便于扫描混合特征创建时选用。

（2）选择轨迹线上的不同点时，需缓慢移动鼠标来选择点。

（3）在选择截面位置点时还可以单击⁘图标来创建临时基准点。

（4）选择扫描轨迹线后，单击黄色箭头可切换起始点。

（5）创建扫描混合特征时，各截面之间应保证顶点数相同和起始点合理。

三、实例详解之——方酒瓶零件建模

（一）任务导入与分析

1. 建模思路分析

（1）图形分析。如图 8-17 所示，创建该零件模型的基本主体为可变截面扫描特征，其截面可变受到 4 条边线的控制，这 4 条边线前后左右对称。

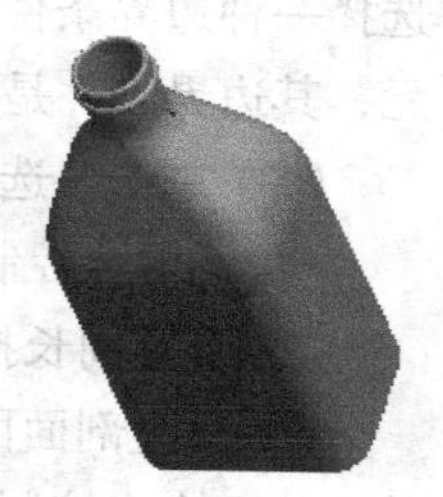

图 8-17

（2）建模的基本思路。创建可变截面扫描特征之前应先创建特征的原点轨迹线和 4 条辅助轨迹线，4 条辅助轨迹线左右前后对称，可以采用镜像的方法。底部倒圆角处理之后抽壳，然后创建瓶口完全倒圆角和旋转加材料特征。具体的创建过程如图 8-18 所示。

2. 建模要点及注意事项

（1）可变截面扫描特征 6 在绘制截面图形时，必须保证截面图形边线与辅助轨迹线重合。

（2）完全倒圆角特征 10 时，选择边参照为瓶口两圆边线。

（3）零件建模完成后应将曲线隐藏。

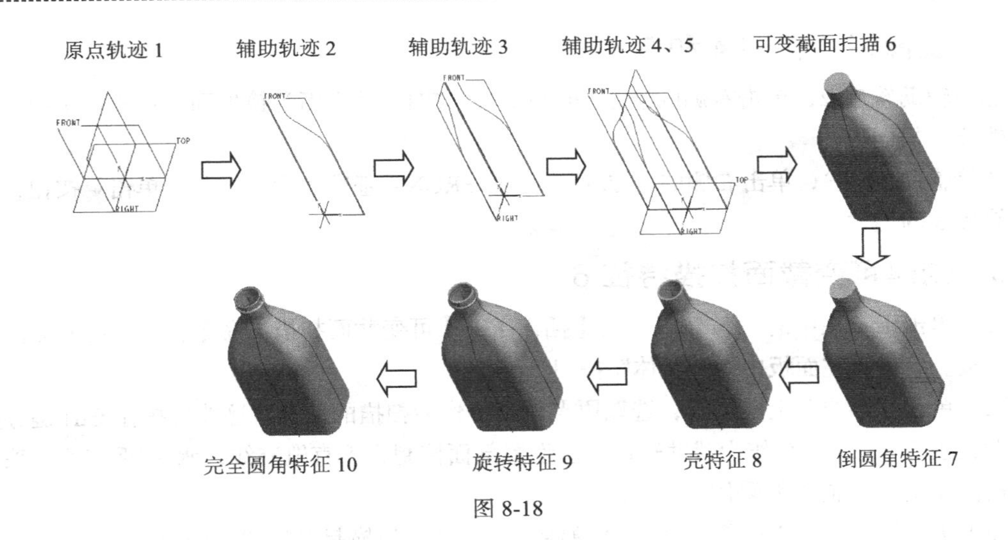

图 8-18

（二）基本操作步骤

1. 建立新的零件文件

单击“新建”图标🗋，设置文件类型为“零件”，输入文件名称 No8-1，取消选中“使用缺省模板”复选框，选择“mmns_part_solid”公制模板，单击确定按钮，进入零件模型空间。

2. 创建原点轨迹 1

单击“草绘工具”按钮，选择 FRONT 面为草绘平面，进入草绘界面，绘制一条长 180 的垂直竖线，单击工具栏上的✔按钮结束草绘。

3. 创建辅助轨迹 2

单击“草绘工具”按钮，选择 FRONT 面为草绘平面，进入草绘界面，绘制如图 8-19 所示的曲线图形，单击工具栏上的✔按钮结束草绘。

4. 创建辅助轨迹 3

单击“草绘工具”按钮，选择 RIGHT 面为草绘平面，进入草绘界面，绘制如图 8-20 所示的曲线图形，单击工具栏上的✔按钮结束草绘。

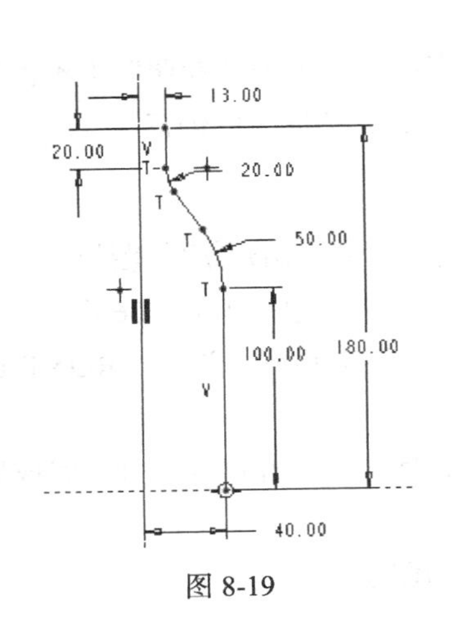

图 8-19

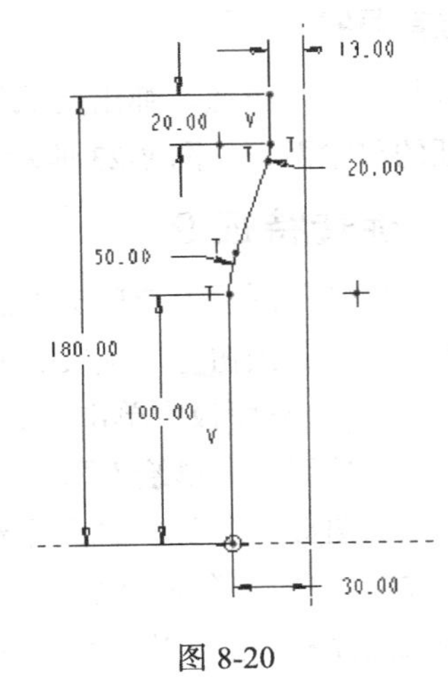

图 8-20

5. 镜像辅助轨迹 4 和 5

选择辅助轨迹 2，单击右侧的按钮，选择 RIGHT 基准面为镜像面，单击按钮，完成辅助轨迹 4 的创建。

选择辅助轨迹 3，单击右侧的按钮，选择 FRONT 基准面为镜像面，单击按钮，完成辅助轨迹 5 的创建。

6. 创建可变截面扫描特征 6

（1）单击工具栏中的按钮或单击【插入】→【可变截面扫描】命令，弹出可变截面扫描操控面板。单击操控面板中的“实体”按钮。

（2）单击“参照”上滑面板，选取原点轨迹 1 作为扫描的原点轨迹线，按住 Ctrl 键分别选择辅助轨迹 2、3、4、5 作为辅助轨迹线。设置剖面控制为垂直轨迹线，水平/垂直控制采用自动方式，起点 X 方向参照采用缺省方式。

（3）单击操控面板中的按钮进入草绘窗口，绘制扫描起点的截面如图 8-21 所示，单击工具栏中的按钮完成起点截面图形的绘制。一定要约束 4 条边线与辅助轨迹线重合。

（4）单击操控面板中的按钮，完成可变截面扫描特征的创建。

7. 创建倒圆角特征 7

单击工具栏中的按钮，弹出倒圆角特征操控面板，输入圆角半径 $R3$，选择如图 8-22 所示的瓶底的一条边线，所有相切边链都被选中。单击图标完成倒圆角特征 7 的创建。

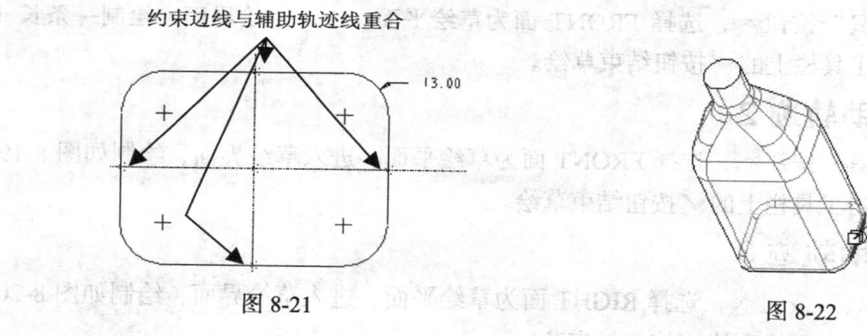

图 8-21

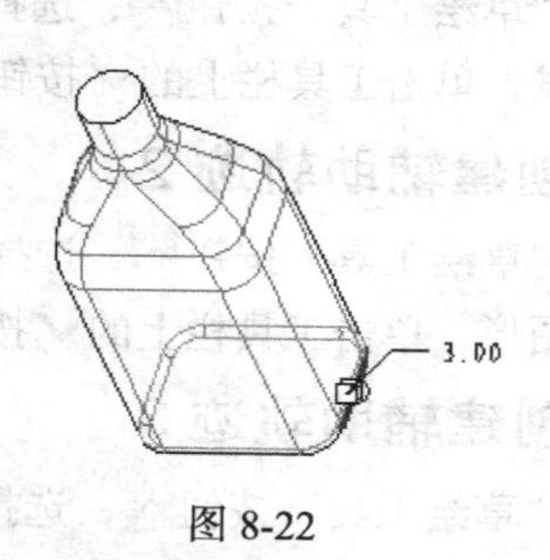

图 8-22

8. 创建壳特征 8

单击工具栏中的按钮，弹出壳操控面板，输入壳厚 2，单击“参照”上滑面板，选择瓶顶面为壳特征的移除面，如图 8-23 所示。单击图标完成壳特征 8 的创建。

9. 创建旋转特征 9

（1）单击“旋转”图标或单击【插入】→【旋转】命令，出现旋转操控面板。

（2）单击“实体”按钮，角度方式采用“盲孔”，旋转角度为 360°。

（3）在“放置”上滑面板中单击“定义”，弹出“草绘”对话框，选择 FRONT 面为草绘平面，单击“草绘”按钮进入草绘界面。

（4）绘制截面图形。按图 8-24 所示绘制截面图形，标注尺寸并修改尺寸，完成后单击工具栏上的按钮结束截面图形的创建。

（5）单击操控面板上的图标，完成旋转特征 9 的创建。

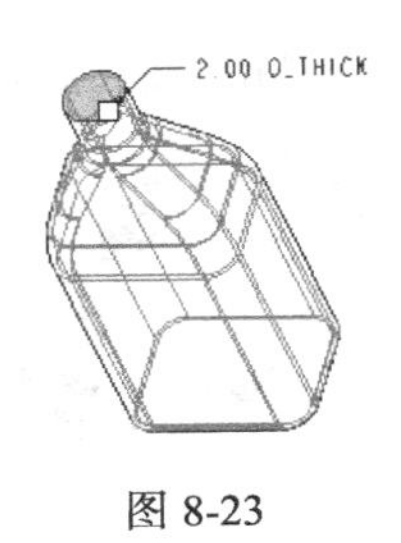

图 8-23

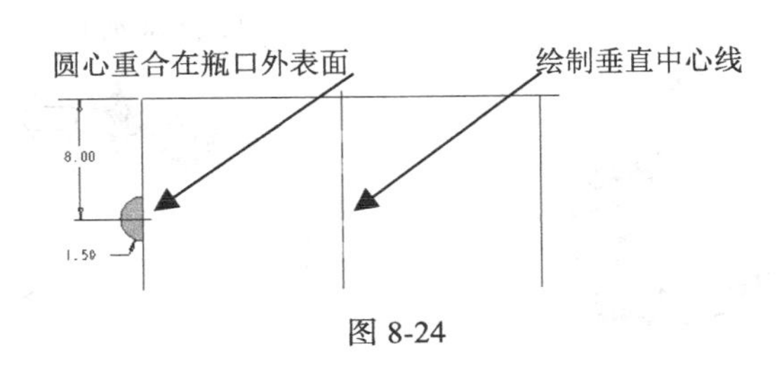

图 8-24

10. 创建完全倒圆角特征 10

单击工具栏中的按钮，弹出倒圆角特征操控面板，单击“集”选项面板，选择如图 8-25 所示的瓶口两条圆弧边线，单击“集”面板中的“完全倒圆角”按钮。单击图标完成完全倒圆角特征 10 的创建，如图 8-26 所示。

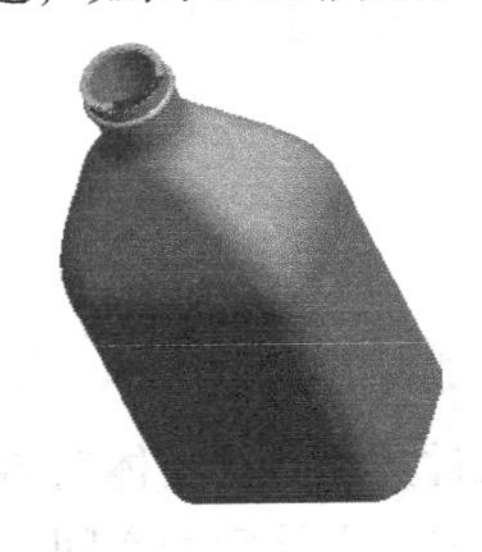

图 8-25

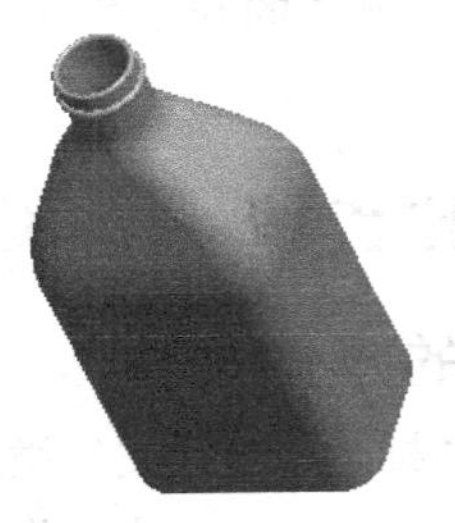

图 8-26

11. 隐藏曲线

在模型树中选择原点轨迹 1 和辅助轨迹 2、3、4、5，单击鼠标右键出现光标菜单，单击“隐藏”，所有曲线被隐藏。

12. 完成零件建模

单击按钮，选择“标准方向”，使零件模型为标准的视图方向，如图 8-26 所示。单击按钮，保存所绘制的图形。

四、实例详解之二——起吊钩零件建模

（一）任务导入与分析

1. 建模思路分析

（1）图形分析。图 8-27 所示的零件模型分为上下两部分，上半部分为拉伸长方体，下半部分属于扫描混合特征，该特征存在 3 个已知截面，如图 8-2 所示，最后一个截面图形为一个点。

（2）建模的基本思路。将零件模型拆分为两个实体特征，为了创建扫描混合特征必须事先绘制出一条扫描的轨迹线。零件具体建模过程如图 8-28 所示。

2. 建模要点及注意事项

（1）长方体特征 1 应以 FRONT 和 RIGHT 面为对称面。

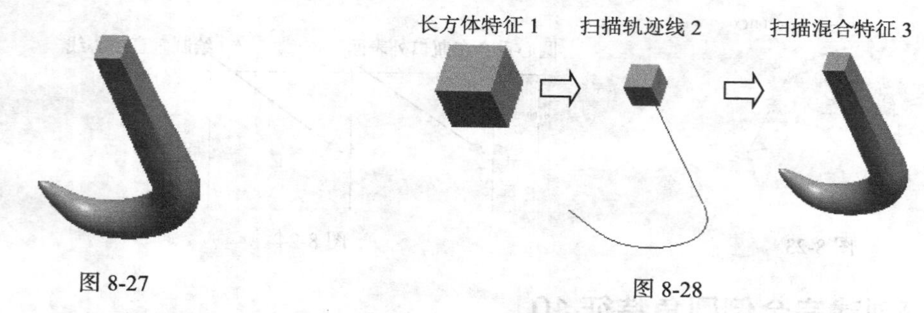

图 8-27　　图 8-28

（2）使用草绘工具绘制扫描轨迹线特征 2 时，草绘平面为 FRONT 基准面。

（3）扫描混合特征 3 有 3 个截面图形，这 3 个截面分别位于轨迹线的上端点、切点和轨迹线的末端点，最后一个截面图形为点。

（4）扫描混合特征 3 的开始截面应与长方体的 4 个侧面保持相切的边界条件，而在终止截面应平滑过渡。

（二）基本操作步骤

1. 建立新的零件文件

单击“新建”图标，设置文件类型为“零件”，子文件类型为“实体”，输入文件名 No8-2，选择公制模板“mmns_part_solid”。单击确定按钮，文件进入零件模型空间。

2. 创建长方体特征 1

（1）单击“拉伸”按钮，或单击【插入】→【拉伸】命令，出现“拉伸”操控面板。

（2）单击操控面板中的“实体”按钮，深度采用“盲孔”方式，输入深度值 50。

（3）在“放置”上滑面板中单击“定义”，弹出“草绘”对话框，选择 TOP 面为草绘平面，单击“草绘”按钮进入草绘界面。

（4）绘制截面图形。在草绘界面中绘制水平和垂直中心线，且与水平和垂直参照线重合，按图 8-29 所示绘制截面图形，约束上下左右对称，标注尺寸并修改尺寸，单击按钮完成截面的绘制。

（5）单击操控面板中的图标预览特征，单击图标完成特征的创建。

3. 创建扫描轨迹线 2

单击“草绘工具”按钮，选择 FRONT 面为草绘平面，进入草绘界面，绘制如图 8-30 所示的曲线图形，轨迹线由线段和样条曲线两部分组成，线段的一个端点一定要重合长方体的下表面，样条曲线的一个端点与线段相切，另一个端点标注切线角度尺寸，标注相关尺寸并修改尺

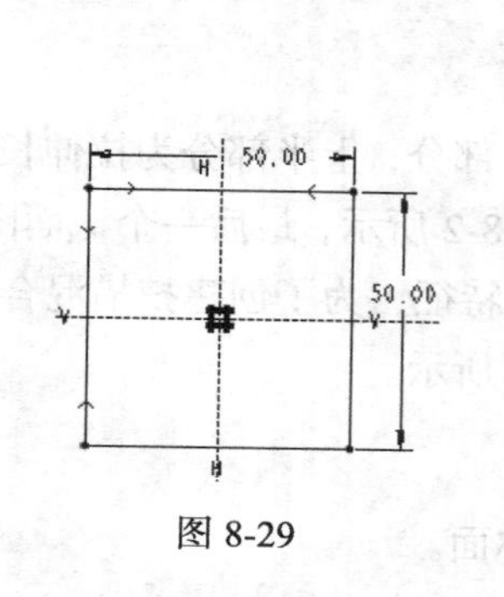

图 8-29

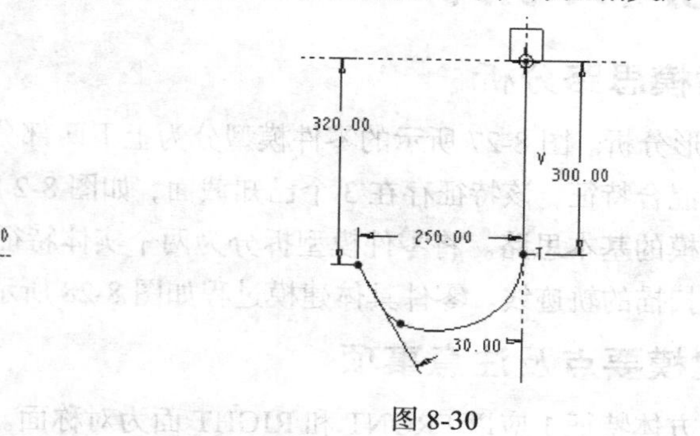

图 8-30

寸。单击✔按钮结束草绘。

4. 创建扫描混合特征3

（1）单击【插入】→【扫描混合】命令，弹出扫描混合特征操控面板。单击操控面板中的“实体”按钮□。

（2）单击“参照”上滑面板，选取原点轨迹线，单击原点轨迹起点的黄色箭头切换扫描的起始点，使起点位于上端点。使用系统默认的控制方式。

（3）单击“截面”上滑面板，如图8-31所示。在轨迹线上选择扫描轨迹线的上端点A点，上滑面板中的“草绘”图标显亮，单击“草绘”按钮，系统进入草绘界面。

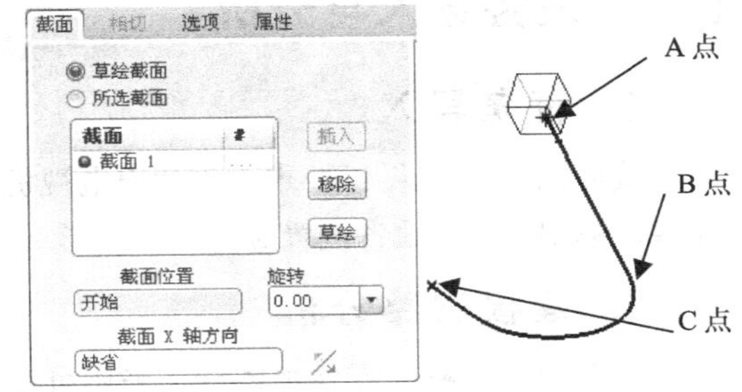

图 8-31

（4）绘制如图8-32所示的截面1图形，截面1图形与长方体下表面完全相同，可以单击□按钮，采用“环”的选择方式，单击长方体下表面，选中表面边界线，注意观察截面的顶点数和起始点的位置。单击工具栏中的✔按钮完成A点截面的绘制。

（5）系统自动返回“截面”上滑面板中，单击“插入”按钮，选择轨迹线上的B点，单击“草绘”按钮进入草绘界面绘制截面2图形，如图8-33所示。

截面2图形为一个圆，绘制两条斜中心线，中心线经过圆心和截面1的顶角，使用“分割”命令将图元分为4个顶点，注意起始点位置，单击工具栏中的✔按钮完成B点截面的绘制。

（6）系统自动返回“截面”上滑面板中，继续单击“插入”按钮，选择轨迹线上的C点，单击“草绘”按钮进入草绘界面绘制截面3图形，截面3图形为一个点。单击工具栏中的✔按钮，完成C点截面的绘制，如图8-34所示。

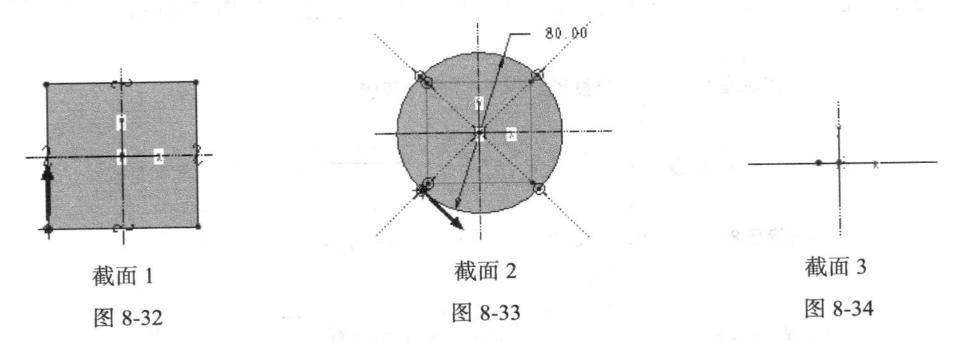

截面1　　图8-32

截面2　　图8-33

截面3　　图8-34

（7）单击“相切”上滑面板，如图8-35所示。

选择“开始截面”的边界条件为相切，开始截面有4条边，系统分别显亮4条边，分别选择长方体的4个侧面，使扫描混合特征与所选的4个侧面保持相切关系。

选择“终止截面”的边界条件为平滑。

（8）单击操控面板中的☑ 图标预览特征，单击✔图标完成特征的创建。

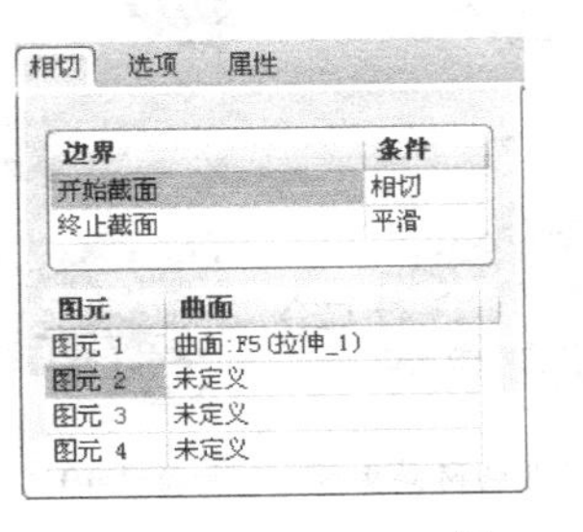

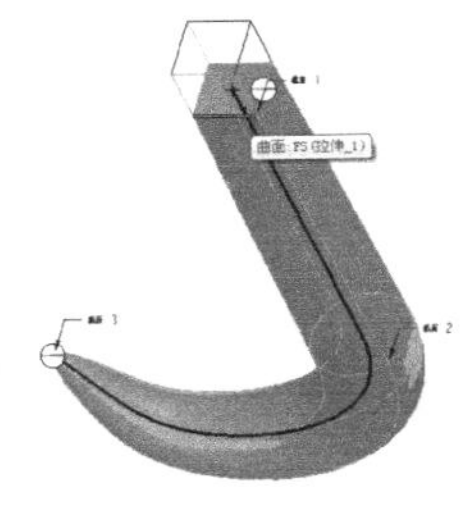

图 8-35

5. 完成零件建模

单击按钮，选择“标准方向”，使零件模型为标准的视图方向。单击按钮，保存所绘制的图形。

五、提高实例——电视机外壳零件建模

（一）任务导入与分析

1. 任务导入

按照图 8-36 的图纸要求，创建出电视机外壳零件模型，零件缺省位置应与三维图形一致。

2. 建模思路分析

（1）图形分析。零件主体特征采用可变截面扫描，控制截面变化的辅助轨迹线是显示器的 4 条棱线，这是 4 条空间曲线，不过它们在正视图的投影线和在俯视图的投影线都在图中反映出来，投影线产生的相交线就是棱线，这里需要运用一个新知识点“相交”曲线。

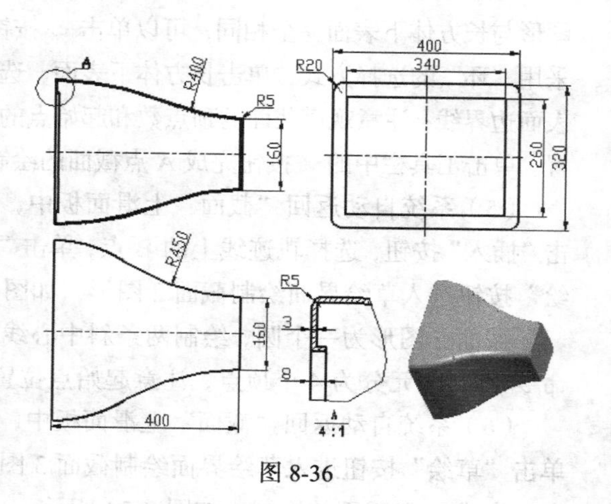

图 8-36

（2）建模的基本思路。创建 4 条扫描轨迹线→创建可变截面扫描特征→圆角特征 $R20$→圆角特征 $R5$→拉伸切材料特征→壳特征。零件模型的创建过程如图 8-37 所示。

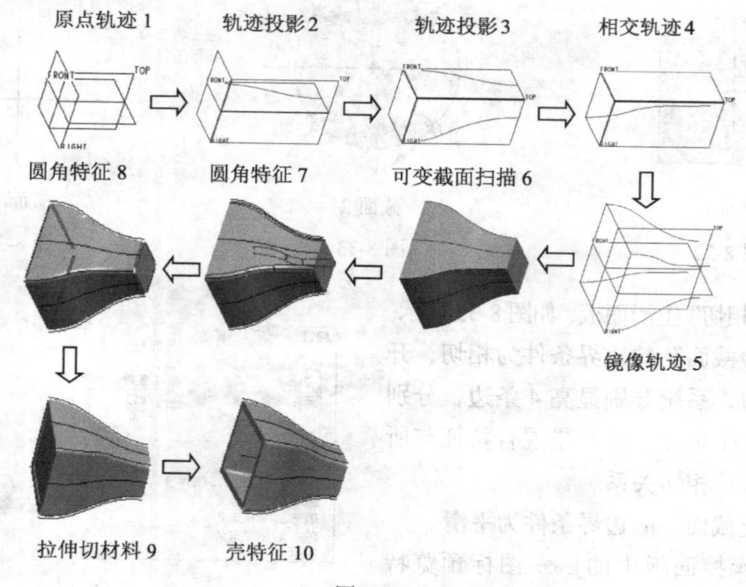

图 8-37

3. 建模要点及注意事项

（1）轨迹投影2和轨迹投影3的草绘平面分别选择FRONT面和TOP面，其图形都由两段圆弧组成，两圆弧保持相切关系，左边的圆弧应与垂直参照线垂直，右边圆弧的右端点与圆心同在一条垂线上。

（2）创建相交轨迹4时只有先选择轨迹投影2和3，才能输入“相交”命令。

（3）创建可变截面扫描特征在绘制截面图形时应保证矩形的4个顶点与辅助轨迹线重合。

（二）基本操作步骤

1. 创建新的零件文件

单击“新建”图标🗋，设置文件类型为“零件”，输入文件名 No8-3，选择公制模板“mmns_part_solid”。单击确定按钮，进入零件模型空间。

2. 创建原点轨迹 1

单击“草绘工具”按钮，选择FRONT面为草绘平面，进入草绘界面，绘制一条线段，线段长400。单击✔按钮结束原点轨迹1的创建。

3. 创建轨迹投影 2

单击“草绘工具”按钮，选择FRONT面为草绘平面，进入草绘界面，绘制如图8-38所示的图形曲线，标注尺寸并修改尺寸。单击✔按钮结束轨迹投影2的创建。

4. 创建轨迹投影 3

单击“草绘工具”按钮，选择TOP面为草绘平面，进入草绘界面，绘制如图8-39所示的图形曲线，标注尺寸并修改尺寸。单击✔按钮结束轨迹投影3的创建。

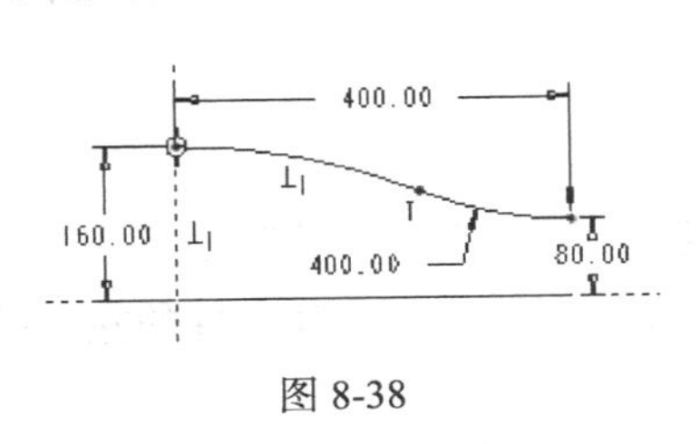

图 8-38

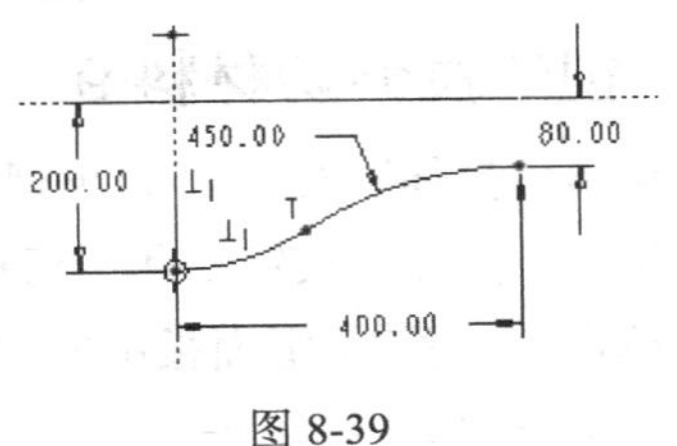

图 8-39

5. 创建相交轨迹 4

选择步骤3和步骤4创建的轨迹投影线，单击【编辑】→【相交】命令，图形中产生一条空间棱线，同时原来相交的轨迹投影被隐藏。

6. 创建镜像轨迹 5

选择相交轨迹4，单击右侧的按钮，选择FRONT面为镜像面，单击☑按钮，完成轨迹镜像。

选择相交轨迹4和刚才创建的镜像轨迹，单击按钮，选择TOP面为镜像面，单击☑按钮，完成轨迹镜像，到此所有4条辅助轨迹线全部完成。

7. 创建可变截面扫描 6

（1）单击工具栏中的按钮或单击【插入】→【可变截面扫描】命令，弹出可变截面扫描操控面板。单击操控面板中的“实体”按钮□。

（2）单击“参照”上滑面板，先选取原点轨迹 1 作为扫描的原点轨迹线，按住 Ctrl 键分别选择 4 条相交的轨迹线作为辅助轨迹线。设置剖面控制方式为垂直于轨迹线方式，水平/垂直控制采用自动方式，起点 X 方向参照采用缺省方式。

（3）单击操控面板中的按钮进入草绘窗口，绘制扫描起点的截面，如图 8-40 所示，矩形的 4 个顶点与辅助轨迹线重合，单击工具栏中的✔按钮完成起点截面图形的绘制。

（4）单击操控面板上的按钮，完成可变截面扫描特征的创建。

8. 创建倒圆角特征 7

单击工具栏中的按钮，弹出倒圆角特征操控面板，输入圆角半径 *R*20，选择如图 8-41 所示的 4 条侧棱边线。单击图标完成倒圆角特征 7 的创建。

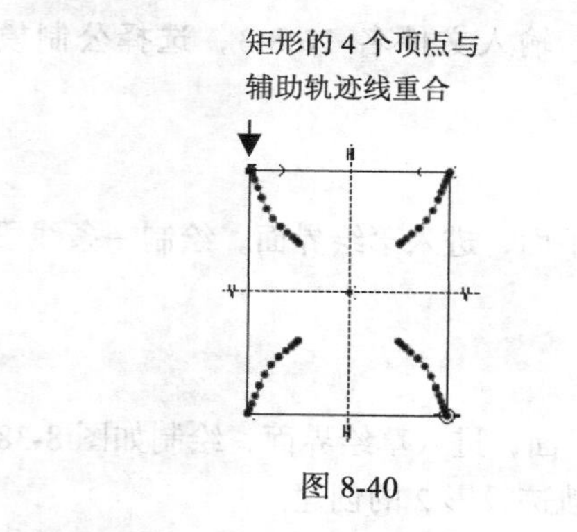

图 8-40

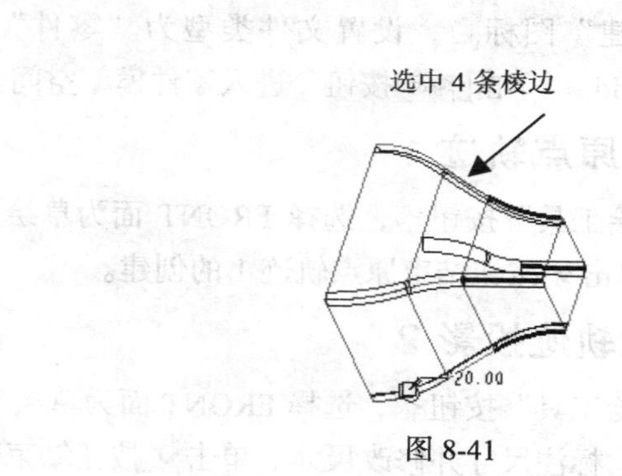

图 8-41

9. 创建倒圆角特征 8

单击工具栏中的按钮，弹出倒圆角特征操控面板，输入圆角半径 *R*5，选择如图 8-42 所示的显示器前后面各一条棱边线，相切的所有棱边都被选中。单击图标完成倒圆角特征 8 的创建。

10. 创建拉伸切材料 9

（1）单击“拉伸”按钮，出现拉伸控面板。

（2）单击“实体”按钮和“切材料”按钮，深度方式采用“盲孔”。

（3）单击“放置”上滑面板中的“定义”，弹出“草绘”对话框，选择零件的左侧端表面为草绘平面，单击“草绘”按钮进入草绘界面。

（4）绘制如图 8-43 所示的矩形截面图形，注意保持对称关系，标注尺寸并修改尺寸。单击工具栏上的✔按钮结束截面的绘制。

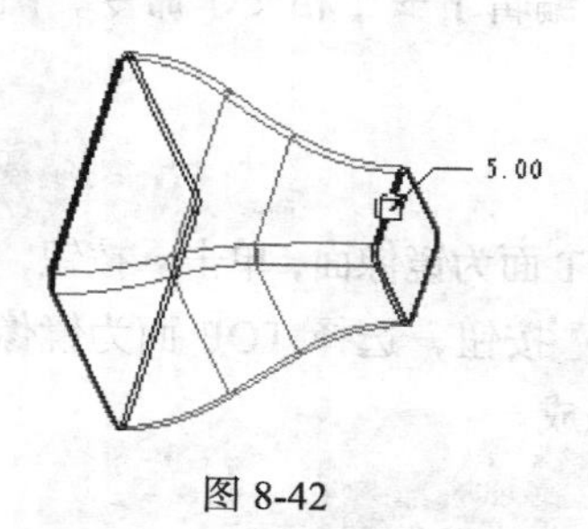

图 8-42

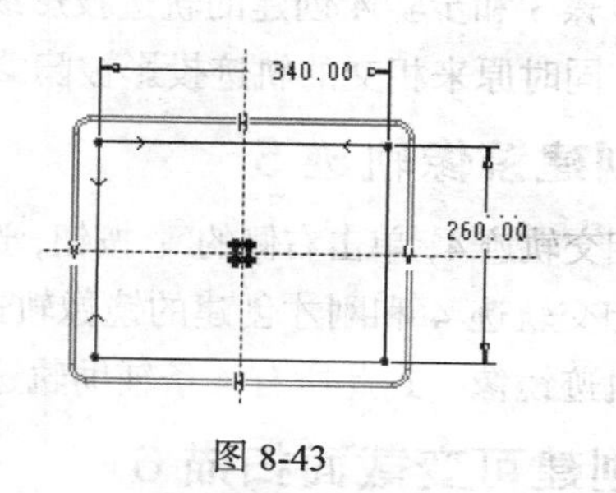

图 8-43

（5）在深度文本框中输入深度值 8。切换图形中的特征成长箭头和切材料侧箭头，保证切除内侧材料。

（6）单击操控面板中的☑👓图标预览特征，单击✔图标完成特征的创建。

11. 创建壳特征 10

单击工具栏中的回按钮，弹出壳操控面板，输入壳厚 3，单击“参照”上滑面板，选择显示器左侧面为壳特征的移除面，如图 8-44 所示。单击✔图标完成壳特征 10 的创建。

12. 隐藏曲线

在模型树中选择原点轨迹 1 和各相交轨迹线，单击鼠标右键出现光标菜单，单击“隐藏”，所有曲线被隐藏。

13. 完成零件建模

单击按钮，选择“标准方向”，使零件模型为标准的视图方向，如图 8-45 所示。单击按钮，保存所绘制的图形。

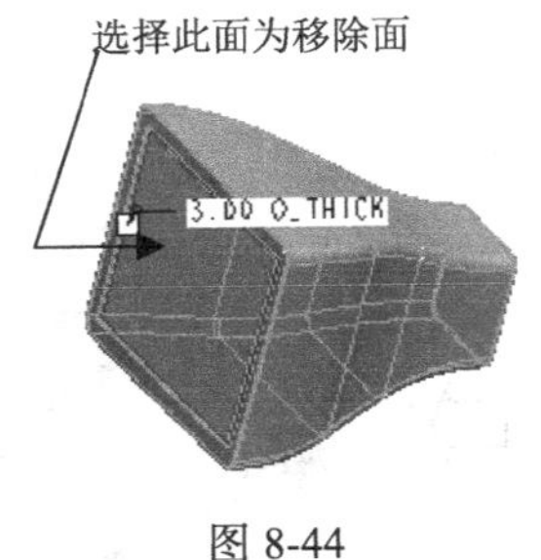

图 8-44

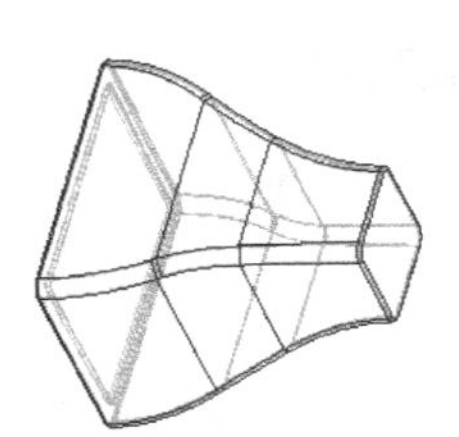

图 8-45

六、自测实例——弹簧垫圈零件建模

（一）任务导入与分析

1. 任务导入

图 8-46 所示的弹簧垫圈是机械行业的常用零件，按照图中的尺寸要求，创建出零件模型，并且零件缺省的放置方位应与三维图形的放置方位一致。

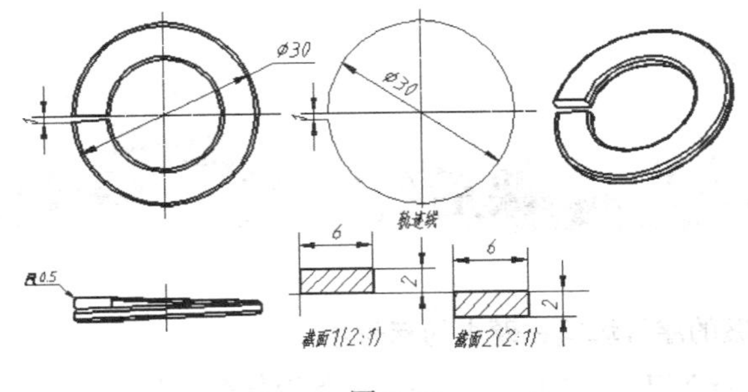

图 8-46

2. 建模思路分析

（1）图形分析。该零件结构较为简单，主体特征有两个截面，虽然截面图形大小一样，但在位置上有高度差，可以考虑用扫描混合特征的方法创建。

（2）建模的基本思路。根据图形特点，零件创建过程如下。

① 用草绘工具绘制一个断点圆曲线。

② 创建扫描混合特征。

③ 倒角特征。

3. 创建要点及注意事项

（1）创建断点圆曲线时，草绘平面选择 TOP 面，绘制一个圆，用“打断”的方法将圆分割成两段，删除其中的短线，标注尺寸为 1。

（2）创建扫描混合特征时，分别选取圆弧的两个端点为截面放置点，绘制的截面图形形状一样，但上下有高度差。

（二）建模过程提示

创建过程如图 8-47 所示。

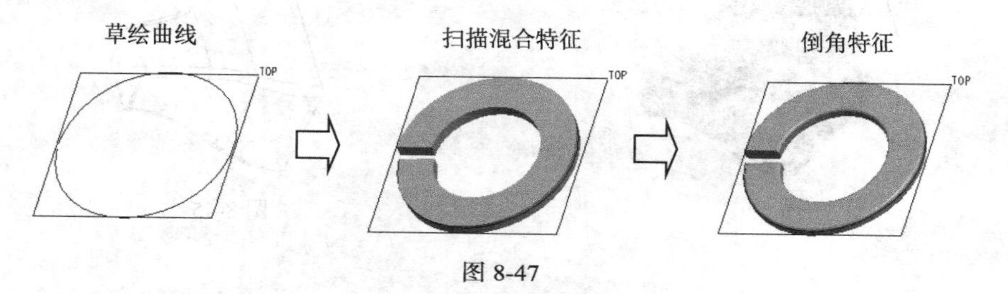

图 8-47

项目小结

本项目主要介绍了可变截面扫描和扫描混合特征的结构特点、特征命令输入方法、操控面板功能以及创建特征的基本步骤，要求读者熟练掌握这两种特征创建的基本步骤，以及特征创建过程中扫描曲线、剖面控制方式和 X 轴方向的选择方法，适当掌握关系式在可变截面扫描中的应用。

课后练习题

一、选择题（请将正确答案的序号填写在题中的括号中）

1. Trajpar 是 Pro/EENGINEER 中的轨迹参数，它的取值范围是（　　）。

（A）−1～+1　　（B）0～2　　（C）0～1　　（D）−1～0

2. 在创建可变截面扫描特征时选择的第一条轨迹线自动认为是（　　）。

（A）辅助轨迹　　（B）原点轨迹　　（C）X 轨迹

3. 在创建可变截面扫描特征过程中，如果扫描的截面始终与原点轨迹垂直，则剖面的控制方式是（　）。

（A）垂直于轨迹　（B）垂直于投影　（C）恒定法线方向

4. 在创建扫描混合特征时，绘制截面前先选择截面位置，用于选择的几何要素是（　）。

（A）剖面　（B）线段　（C）点或基准点　（D）圆弧的圆心

二、判断题（请将判断结果填入括号中，正确的填“√”，错误的填“×”）

（　）1. 创建可变截面扫描特征时，只能创建截面变化的扫描特征。

（　）2. 创建可变截面扫描和扫描混合特征时，所选择的轨迹线只能是开放的轨迹线。

（　）3. 在创建扫描混合特征的过程中，每个截面图形必须满足顶点数相等和合理的起始点。

（　）4. 在创建扫描混合特征的过程中，只能定义开始截面的边界条件。

（　）5. 在创建可变截面扫描特征的过程中，选择的原点轨迹是开放的曲线，起始点只能在曲线的两个端点。

（　）6. 原点轨迹线的起始点一般是由系统默认的，不能进行修改。

（　）7. 扫描混合特征两截面间采用混合的方式连接。

（　）8. 扫描混合特征具备扫描和混合双重属性。

三、建模练习题

1. 按图 8-48 所示的尺寸，创建零件模型。

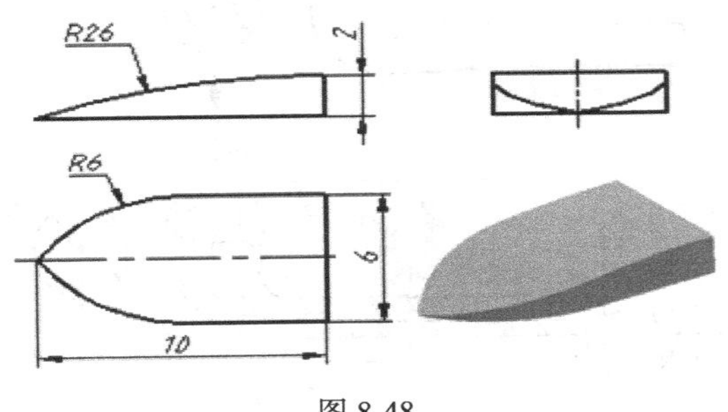

图 8-48

2. 按图 8-49 所示的尺寸，创建零件模型。

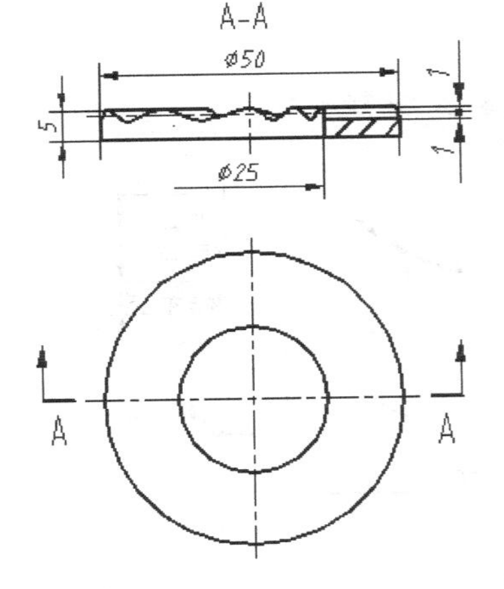

波浪曲面呈正弦函数变化，共有10个凹凸槽，波浪槽振幅为 2

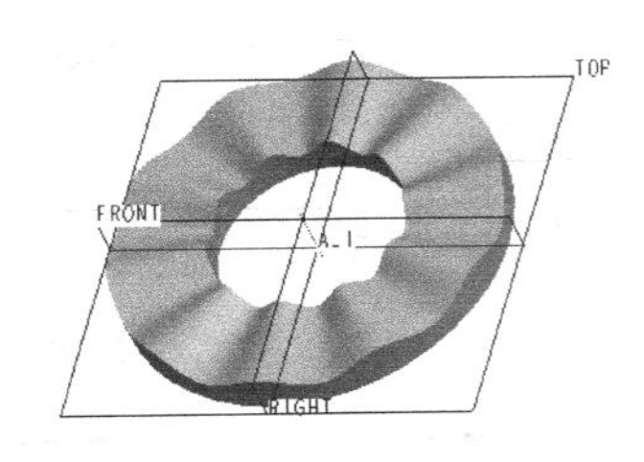

图 8-49

3. 按图 8-50 所示的尺寸，创建零件模型。

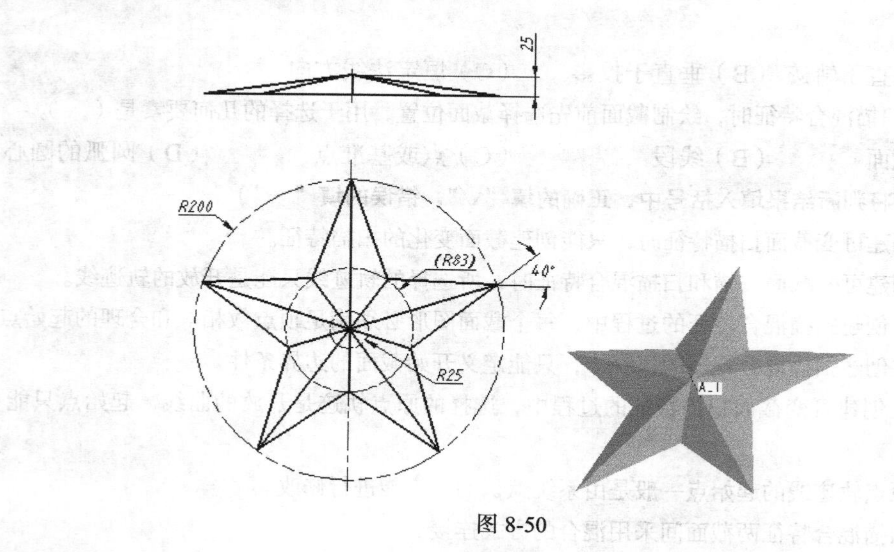

图 8-50

4. 按图 8-51 所示的尺寸，创建零件模型。

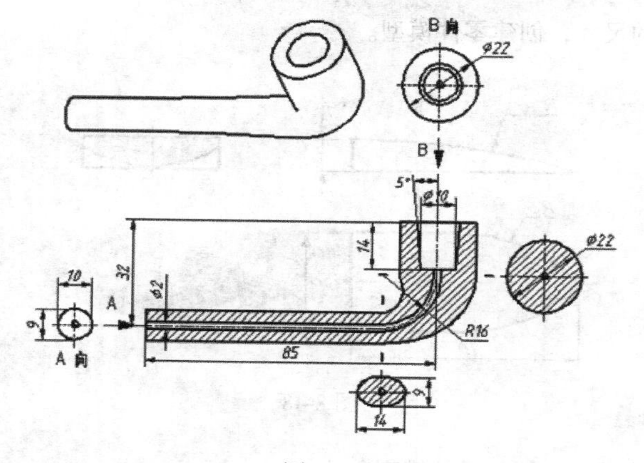

图 8-51

5. 按图 8-52 所示的尺寸，创建零件模型。

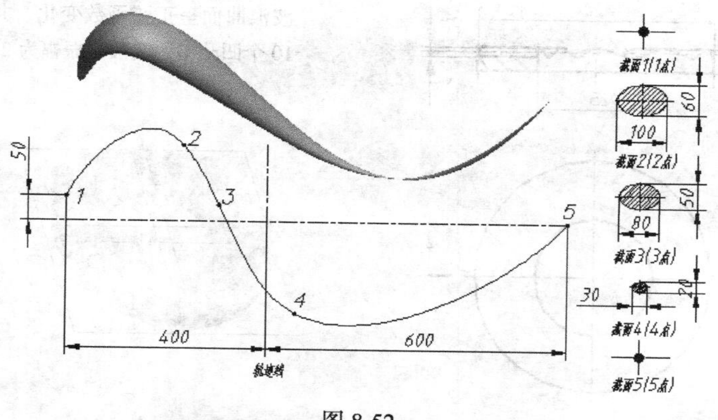

图 8-52

项目九

压缩弹簧零件建模

【能力目标】

通过对螺旋扫描特征基础知识的认识以及压缩弹簧零件的实例建模讲解，学生基本能掌握创建螺旋扫描特征的基本操作方法；通过提高实例和自测实例的学习，学生能灵活应用螺旋扫描特征的绘图技能。

【知识目标】

1. 掌握螺旋扫描特征的结构特点
2. 掌握创建螺旋扫描特征的基本操作方法
3. 掌握螺旋扫描特征的属性设置

一、项目导入

图 9-1 是机械行业中常用的一种零件——压缩弹簧，要求用创建螺旋扫描特征的方法按图中的尺寸要求创建出零件模型。

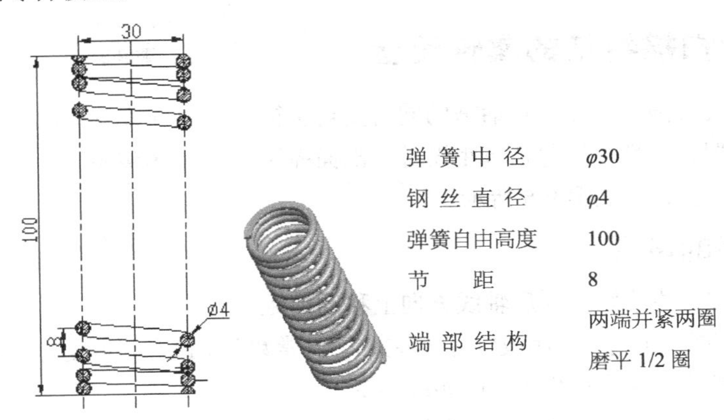

图 9-1

二、相关知识

（一）螺旋扫描特征的结构特点

如图 9-2 所示，假想有一条空间螺旋线作为扫描轨迹线，在螺旋扫描轨迹线的起点位置有一个截面图形，该截面沿螺旋扫描轨迹线扫描所产生的实体特征或曲面特征就是螺旋扫描特征。比如弹簧、螺钉螺栓的螺纹就属于螺旋扫描特征。

螺旋轨迹线是一条空间的曲线，不太容易创建，因此可以在一个平面内绘制一条外形线和一条中心线，外形线代表轴平面移动轨迹，中心线代表旋转轴线，在轴平面移动的同时又绕轴线旋转，输入一定的节距，便可产生一条螺旋线，如图 9-3 所示。

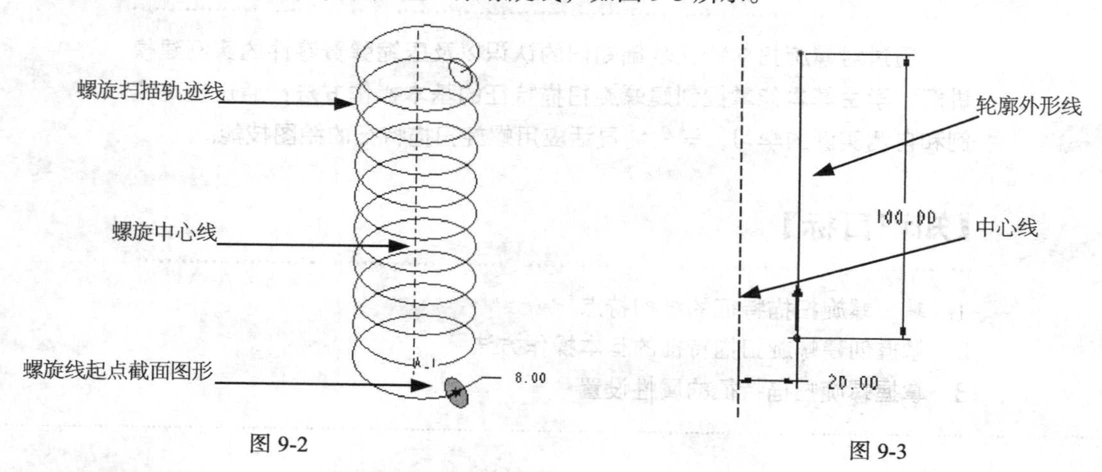

图 9-2　　图 9-3

创建螺旋扫描特征应具备三大要素：外形线、螺距、截面图形。

（二）螺旋扫描特征命令的输入方法

单击【插入】→【螺旋扫描】命令，有 7 种特征类型可供选择，如图 9-4 所示。选择其中一种类型的特征，系统自动进入螺旋扫描特征创建对话框。

（三）螺旋扫描特征的属性设置

在进入螺旋扫描特征创建对话框的同时要对特征的属性进行设置，属性设置包括节距设置、剖面控制方式设置和旋向设置，如图 9-5 所示。

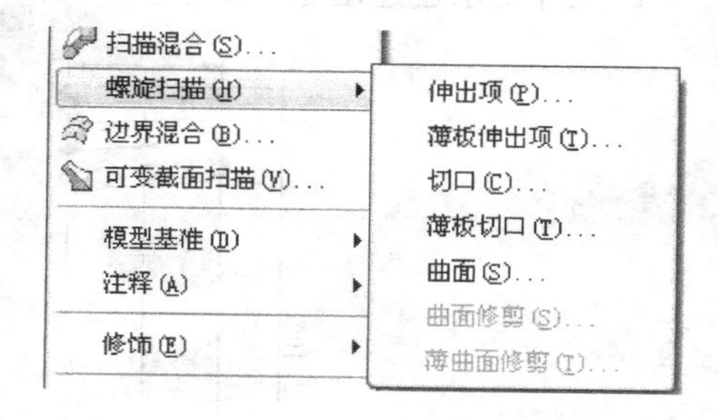

图 9-4

1. 节距的设置

节距代表螺旋线旋转一周后轴线方向上移动的距离，创建螺旋扫描特征时，节距设置有两种方式："常数"节距和"可变的"节距，如图 9-6 所示。

常数：在螺旋扫描全过程中节距始终不变。

可变的：在螺旋扫描全过程中节距随外形线的位置不同而发生变化。

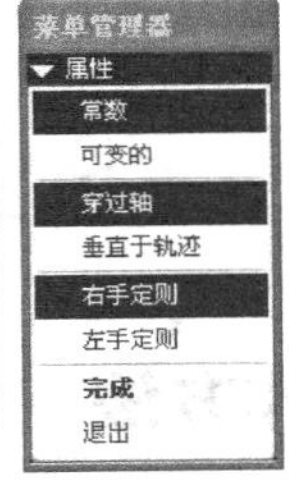

图 9-5

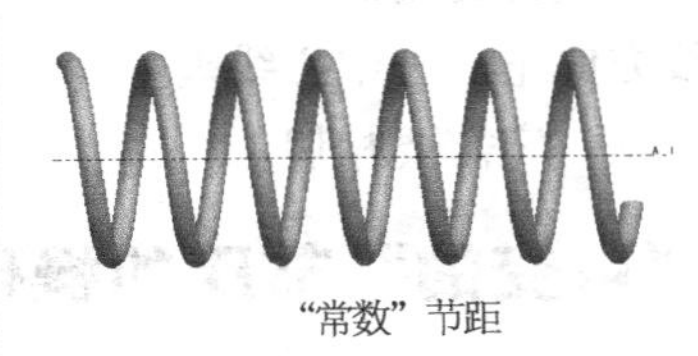

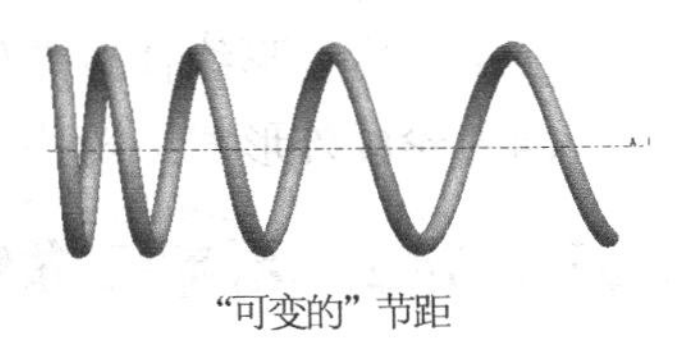

图 9-6

2. 剖面方位控制方式的设置

与创建其他扫描特征一样，在扫描过程中应控制剖面的方位，在螺旋扫描特征创建过程中，有两种剖面方位控制方式："穿过轴"和"垂直于轨迹"，如图 9-7 所示。

穿过轴：在扫描全过程中，剖面方位始终经过螺旋轴线。

垂直于轨迹：在扫描全过程中，剖面方位始终与螺旋轨迹线保持垂直。

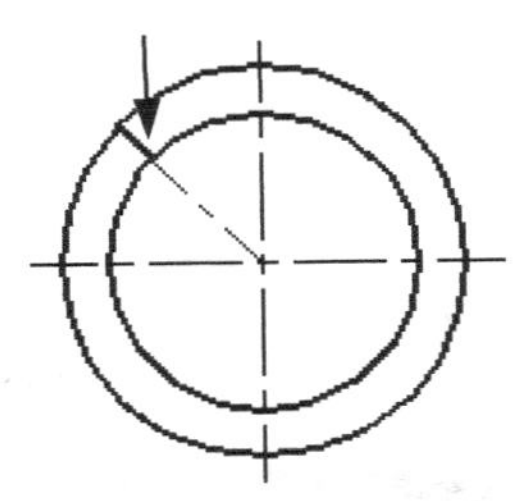

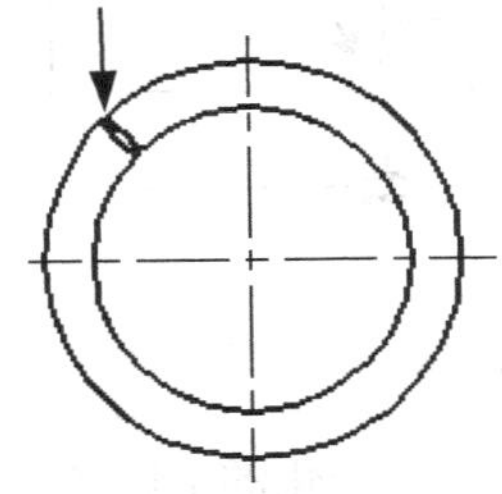

图 9-7

3. 旋向设置

螺旋扫描特征旋向属性分为"右旋定则"和"左旋定则"两种，如图 9-8 所示。右旋定则符合右手法则，左旋定则符合左手法则，一般采用右旋定则方式。

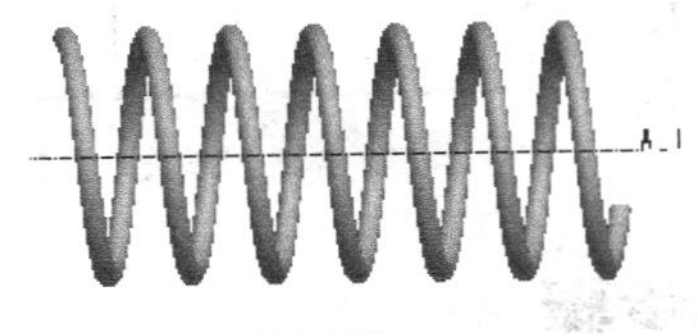

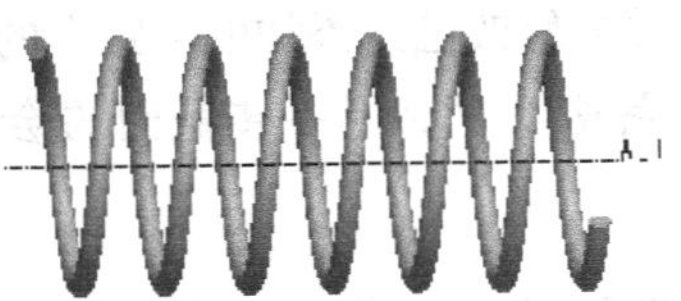

图 9-8

（四）绘制螺旋扫描特征的轮廓外形线

扫描用的螺旋线是以平面轮廓外形线结合节距来生成的，选定一个平面作为轮廓外形线的草绘平面，绘制一条轮廓外形线和一条代表螺旋特征的旋转中心线，轮廓外形线绕中心线旋转产生一个假想的旋转曲面，以限定螺旋线在其面上。因此，不同的外形线产生的螺旋特征是不同的，如图 9-9 所示。

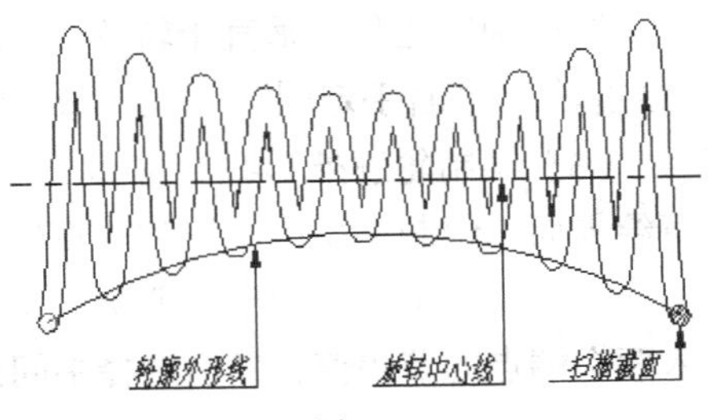

图 9-9

绘制轮廓外形线时，必须注意以下几个问题。

（1）必须绘制一条中心线作为螺旋扫描特征的旋转轴。

（2）轮廓外形线必须为开放的，不允许封闭。

（3）轮廓外形线任意点处的切线方向不能与中心线垂直。

（4）轮廓外形线一般要求连续但不一定需要相切。

（五）定义螺旋扫描特征“可变的”节距的操作方法

螺旋节距主要用于限定螺旋线每转沿轴向方向移动的距离，“常数”节距只需输入一个节距值，扫描的全过程始终保持不变，“可变的”节距则需要分别输入轮廓外形线首尾端点的节距值，并且允许选择轮廓外形线的几个中间点，使用“节距图”分别定义这些点的不同节距值，具体步骤如下。

（1）绘制轮廓外形线时，根据需要单击 图标，在外形线上绘制点，如图 9-10 所示。

（2）依次输入螺旋扫描起始点和终止点的节距值，如图 9-11 所示，单击 图标。

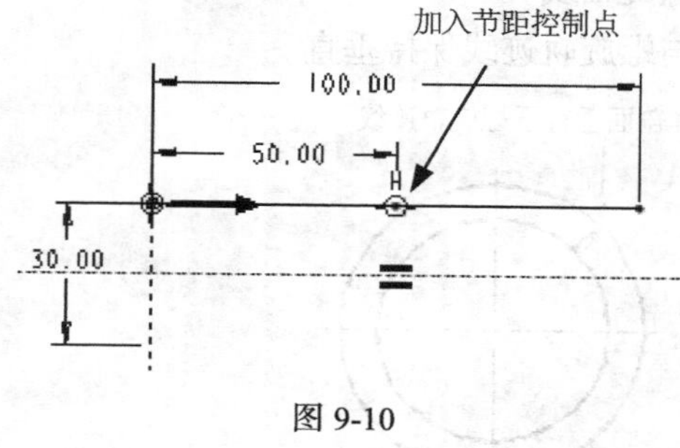

图 9-10

图 9-11

（3）系统弹出反映节距变化的节距图，在“图形”菜单管理器中可以添加节距控制点，在轮廓线上选择一个中间点，输入该点的节距值，单击 图标完成中间点的节距输入，节距图也随之发生变化，如图 9-12 所示，再次选择中间点增加节距值。

（4）可以删除或修改已经添加的节距点的节距值。

（5）单击“完成”，进入下一步截面的绘制，同时关闭节距图。

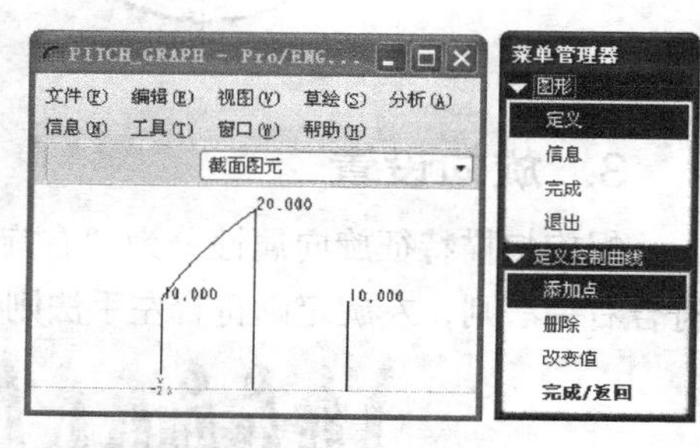

图 9-12

（六）创建螺旋扫描特征的基本操作步骤

（1）单击【插入】→【螺旋扫描】命令，根据需要选择一种特征类型（见图 9-4），弹出螺旋扫描特征对话框（见图 9-5）。

（2）属性设置。分别设置螺旋扫描特征节距属性为“常数”还是“可变的”；剖面控制方式是“穿过轴”还是“垂直于轨迹”；旋向是“右手定则”还是“左手定则”，一般采用“常数”/“穿过轴”/“右手定则”，单击“完成”。

（3）绘制轮廓外形线。选择草绘平面，确定视图方向、定向参考面及参考面的朝向，进入草绘界面，绘制一条中心线和轮廓外形线，单击 按钮完成外形线的绘制。

（4）输入节距。对于“常数”节距只需要输入一个节距值，而对于“可变的”节距，先输入两个端点的节距值，然后选择中间点，输入不同的节距值。

（5）绘制螺旋扫描特征的截面图形。系统自动进入螺旋扫描特征截面图的绘制，单击 按钮完成截面绘制。

（6）单击“预览”预览特征图形，单击“完成”结束特征的创建。

（七）创建螺旋扫描特征时的注意事项

（1）创建螺旋扫描特征时必须先设置特征的属性。

（2）绘制轮廓外形线时，选择的草绘平面应通过螺旋特征的旋转中心线，必须绘制一条中心线作为旋转轴，轮廓外形线必须是开放连续的，任意一点的切线不能与中心线垂直。

（3）当螺旋特征的节距是“可变的”时，先在轮廓外形线上创建点，输入外形线首尾端点的节距值，选择中间控制点，再输入中间点的节距值。

（4）创建螺旋扫描特征时，绕螺旋中心线旋转一周截面之间不能有重叠现象，即截面的轴向尺寸不能大于节距值，否则不能生成特征。

（八）创建螺纹修饰特征

如果创建的螺纹特征运用于工程图就不实用了，Pro/ENGINEER 中能对螺纹进行修饰，使其与工程图的制图标准基本吻合，下面以具体实例说明其操作步骤。

图 9-13 为六角头螺栓零件。

（1）采用拉伸命令创建六角头特征和螺柱特征。

（2）单击【插入】→【修饰】→【螺纹】命令，系统自动弹出螺纹修饰对话框，如图 9-14 所示。

（3）选择需修饰的圆柱面，选择圆柱的底面为修饰螺纹的开始曲面，确定修饰螺纹方向朝上，单击“确定”按钮。

（4）弹出菜单管理器，如图 9-15 所示，选择“盲孔”方式，单击“完成”，在文本框中输入修饰深度值 30，单击✓图标，输入螺纹小径ϕ7.6，再单击✓图标。单击菜单管理器中的“完成/返回”，再单击对话框中的“确定”按钮，结束螺纹修饰的创建。

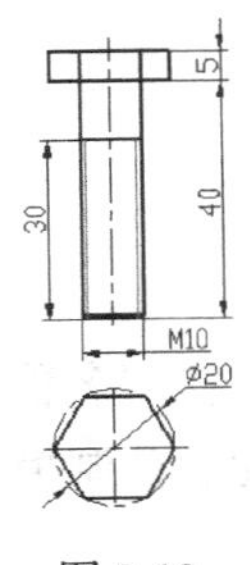

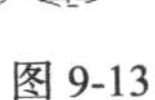

图 9-13

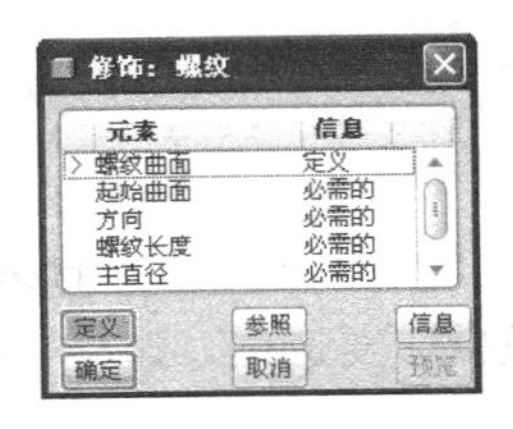

图 9-14

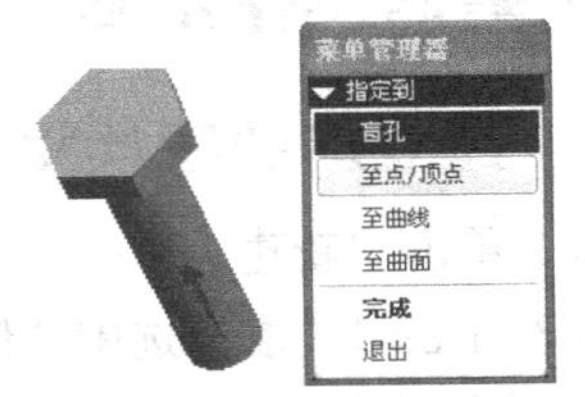

图 9-15

三、实例详解——压缩弹簧零件建模

（一）任务导入与分析

1. 建模思路分析

（1）图形分析。如图 9-16 所示，要求弹簧节距为 8，两端并紧两圈，弹簧的钢丝直径为ϕ4，因此弹簧两端的节距为 4，而弹簧中间部分的节距为 8，创建螺旋扫描特征时节距应采用“可变的”节距；弹簧两端磨平 1/2 圈，找出弹簧 1/2 圈的一个平面，以这个平面为参照，采用拉伸切材料的方法创建磨平特征。

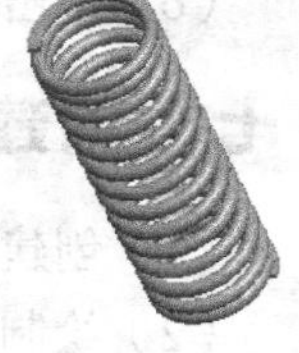

图 9-16

（2）建模的基本思路。在创建螺旋扫描特征的轮廓外形线时，除外形线的两个端点外，在线的中间部分绘制 4 个点，添加点为可变节距点，输入不同的节距值；为了创建磨平特征，在螺旋扫描特征两端创建基准点和通过基准点的基准平面，作为切材料的参照。具体的创建过程如图 9-17 所示。

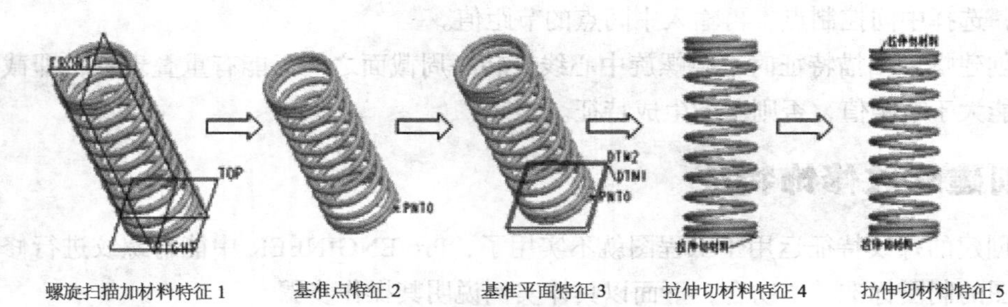

图 9-17

2. 建模要点及注意事项

（1）创建螺旋扫描特征时，在轮廓外形线上添加 4 个可变节距控制点。

（2）创建基准点特征 2 时，选择截面圆周线，并且基准点在曲线上，点在曲线上的位置采用比率方式，输入比率值 0。

（3）创建基准平面特征 3 时，穿过基准点且与 TOP 面平行。

（4）创建拉伸切材料特征时，草绘平面选择 FRONT 面，且向两侧方向拉伸，深度为“穿透”方式。

（二）基本操作步骤

1. 建立新的零件文件

（1）单击“新建”图标🗋，在“新建”对话框中设置文件类型为“零件”，在“名称”文本框中输入 No9-1，取消选中“使用缺省模板”复选框，选择“mmns_part_solid”公制模板，单击 确定 按钮，文件进入零件模型空间。

2. 创建螺旋扫描加材料特征 1

（1）单击【插入】→【螺旋扫描】→【伸出项】命令，弹出螺旋扫描特征对话框。

（2）属性设置。分别设置螺旋扫描特征属性为“可变的”/“穿过轴”/“右手定则”，单击“完成”。

（3）绘制轮廓外形线。选择 FRONT 面为草绘平面，视图方向朝后，选择 RIGHT 面为参考面朝右，进入草绘界面，绘制一条中心线和轮廓外形线，单击 × 按钮，在外形线上绘制 4 个点，按图 9-18 所示标注尺寸并修改尺寸，单击 ✔ 按钮完成外形线的绘制。

（4）输入节距。输入首尾两个端点的节距值 4，系统自动弹出节距图，按图 9-19 所示分别选择 A 点、B 点、C 点、D 点，分别输入节距值 4、8、8、4，节距图如图 9-20 所示。单击菜单管理器中的“完成”。

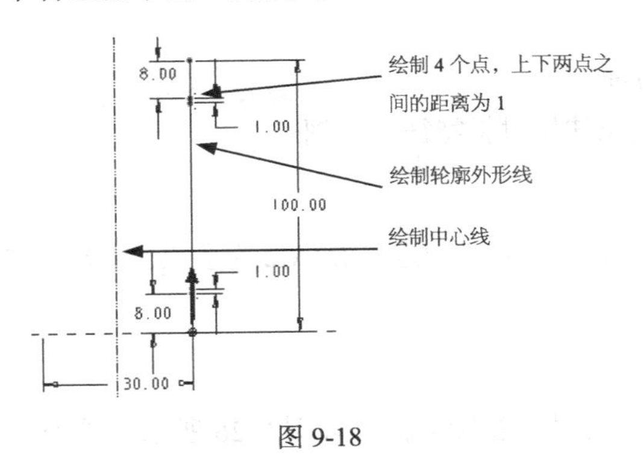

图 9-18

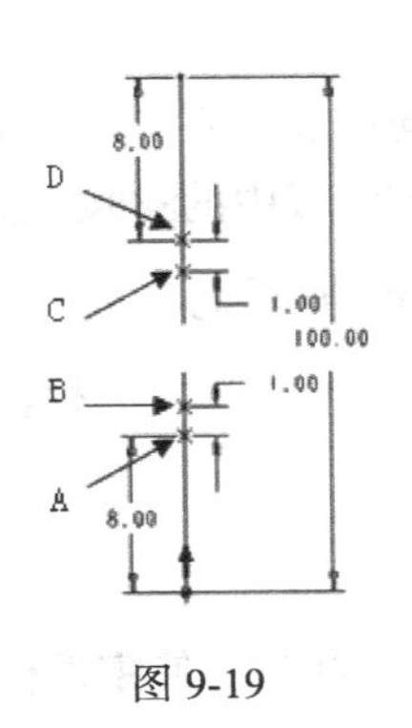

图 9-19

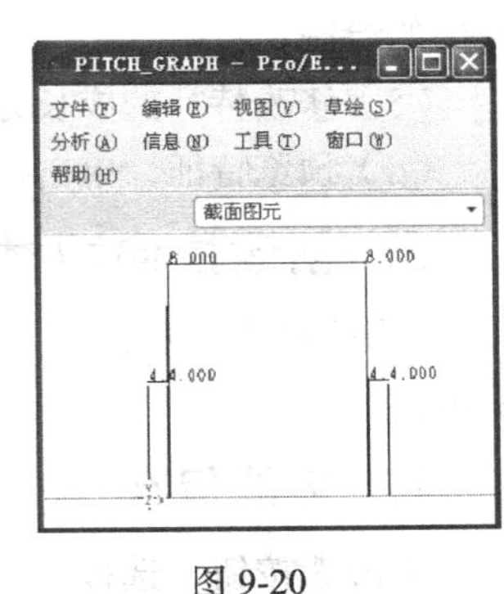

图 9-20

（5）绘制螺旋扫描特征的截面图形。系统自动进入截面图形的绘制，如图 9-21 所示，单击✔按钮完成截面的绘制。

（6）单击特征对话框中的“预览”按钮预览特征，单击“完成”结束特征 1 的创建。

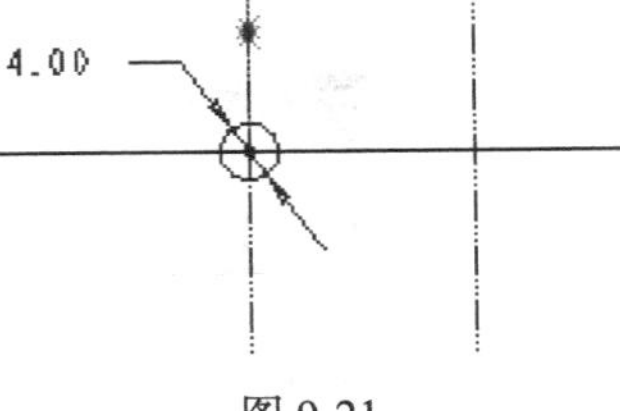

图 9-21

3. 创建基准点特征 2

单击右侧工具栏中的 按钮，选择特征 1 底部圆弧线为参照，约束条件为“在其上”，选择“比率”，在“偏移”文本框中输入 0，完成 PNT0 基准点的创建，单击“新点”，选择特征 1 顶部圆弧线为参照，约束条件为“在其上”，选择“比率”，在“偏移”文本框中输入 0，完成 PNT1 基准点的创建，如图 9-22 所示。单击“基准点”对话框中的“确定”按钮，完成基准点特征 2 的创建。

4. 创建基准平面特征 3

单击右侧工具栏中的按钮，弹出对话框，选择基准点 PNT0 和 PNT1 作为参照，约束条件为“穿过”，按住 Ctrl 键选择 TOP 面，约束条件为“平行”，单击“确定”按钮，分别完成基准平面 DTM1 和 DTM2 的创建，如图 9-23 所示。

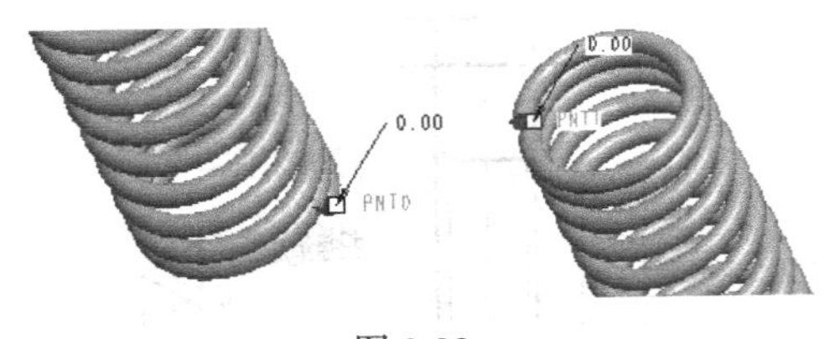

图 9-22

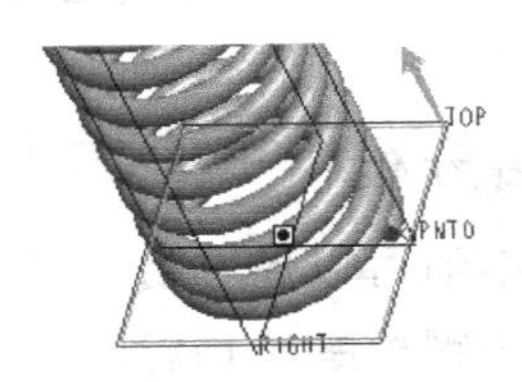

图 9-23

5. 创建拉伸切材料特征 4

（1）单击“拉伸”按钮，出现拉伸控制面板。

（2）在操控面板上单击“实体”图标和“切材料”图标，单击“选项”上滑面板，在侧 1 和侧 2 两个拉伸方向中，分别选择图标按钮，深度方式都采用“穿透”方式。

（3）单击“放置”上滑面板中的“定义”，弹出“草绘”对话框，选择 FRONT 面为草绘平面，单击“草绘”按钮进入草绘界面。

（4）绘制截面图形。单击【草绘】→【参照】命令，选择 DTM1 为参照，绘制一个矩形，保证矩形的左右边大于弹簧，矩形的一条水平边在参照线上，如图 9-24 所示。单击✔按钮结束截面的绘制。

（5）修改特征的成长方向以及切除材料侧的方向。

（6）预览特征，单击操控面板中的✔按钮完成拉伸切材料特征 4 的创建。

6. 创建拉伸切材料特征 5

使用与步骤 5 相同的方法，创建拉伸切材料特征 6，草绘截面时选择 DTM2 为参照，如图 9-25 所示。

7. 文件保存

单击按钮，选择“标准方向”，使零件模型为标准的视图方向，如图 9-26 所示。单击图标，保存所绘制的图形。

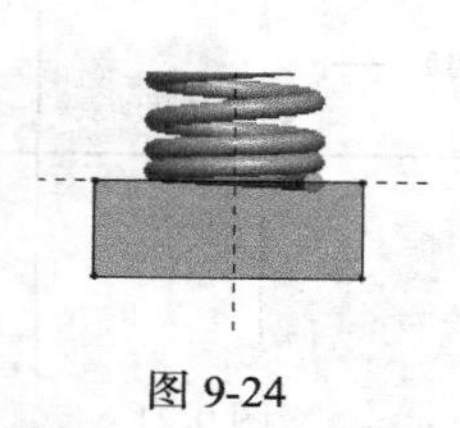

图 9-24

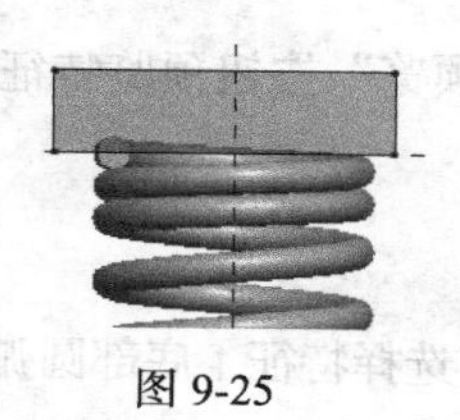

图 9-25

图 9-26

四、提高实例——六角头螺栓零件建模

（一）任务导入与分析

1. 任务导入

按照图 9-27 所示的图纸要求，创建出六角头螺栓零件模型。

2. 建模思路分析

螺旋扫描特征不但可以像弹簧一样加材料特征，还可以用于螺栓螺纹切材料特征。通过“拉伸”命令先创建六角螺栓头和螺柱特征，然后通过螺旋扫描切材料特征对螺柱进行切材料，螺纹槽轴剖面图形是一个等边三角形，螺纹全角为 60°，车削螺纹一定有螺纹的收尾问题，要注意螺纹收尾的处理方法。

零件模型创建过程如图 9-28 所示。

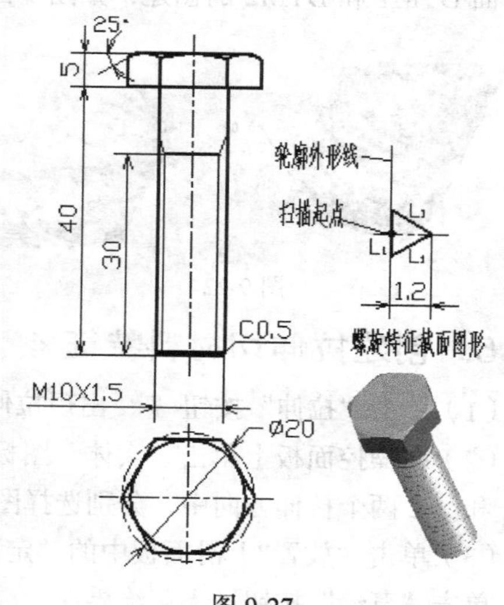

图 9-27

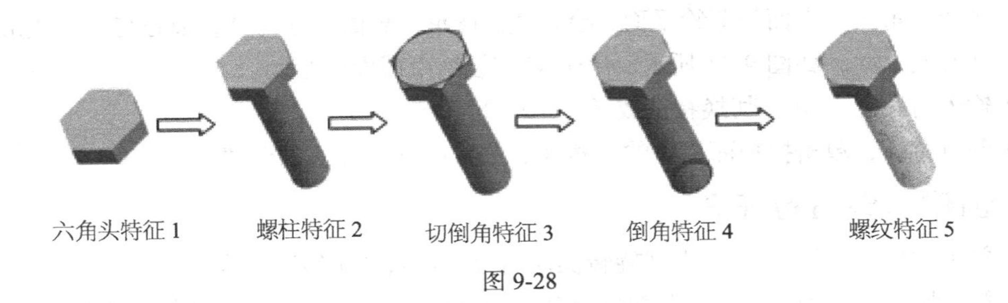

图 9-28

3. 建模要点及注意事项

（1）创建六角头特征 1 和螺柱特征 2 时应以 FRONT 面和 RIGHT 面为对称面，创建螺旋扫描特征时的草绘平面选择 FRONT 面。

（2）切倒角特征 3 只能采用旋转切材料的方法创建，草绘平面应选择与六角面垂直的对称平面。

（二）基本操作步骤

1. 创建新的零件文件

单击“新建”图标，在“名称”文本框中输入 No9-2，取消选中“使用缺省模板”复选框，选择“mmns_part_solid”公制模板，单击确定按钮，进入零件模型空间。

2. 创建六角头特征 1

（1）单击“拉伸”按钮，出现拉伸操控面板，输入“拉伸”命令。

（2）在操控面板上单击“实体”图标，深度方式采用“盲孔”。

（3）选择 TOP 面为草绘平面，绘制截面图形，截面图形为正六边形，单击图标，弹出“草绘器调色板”窗口，如图 9-29 所示。选择“多边形”选项，双击六边形，将鼠标移动到绘图区中单击，正六边形图形出现在绘图区中，同时弹出“移动和调整大小”对话框，将缩放比例修改为 1，单击图标，采用约束条件将六边形的中心约束到水平和垂直参照线的交点上。标注尺寸并修改尺寸，如图 9-30 所示。单击按钮结束截面的绘制。

图 9-29

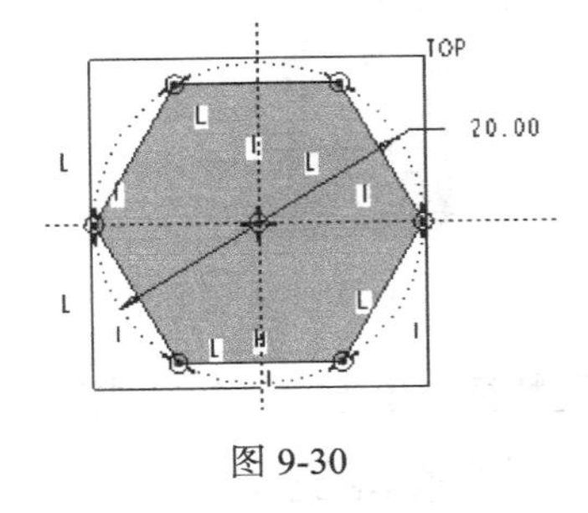

图 9-30

（4）输入盲孔深度 5，切换特征成长方向向上。

（5）预览特征，单击操控面板中的按钮，完成六角头特征 1 的创建。

3. 创建螺柱特征 2

（1）单击“拉伸”按钮，出现拉伸操控面板，输入“拉伸”命令。

（2）在操控面板上单击“实体”图标，深度方式采用 “盲孔”。

（3）选择六角头下表面为草绘平面，绘制截面图形，截面图形为圆，圆心与正六边形同心，标注尺寸并修改尺寸，如图 9-31 所示。单击✔按钮结束截面的绘制。

（4）输入盲孔深度 40，切换特征成长方向向下。

（5）预览特征，单击操控面板中的✔按钮，完成螺柱特征 2 的创建。

4. 创建切倒角特征 3

（1）单击“旋转”按钮，出现旋转操控面板，输入“旋转”命令。

（2）单击操控面板中的“实体”图标和“切材料”图标，深度方式采用“盲孔”。

（3）在“放置”上滑面板中单击“定义”按钮，选取 RIGHT 面为草绘平面，选择六角头顶面为参考平面朝顶，如图 9-32 所示。单击“草绘”按钮进入草绘界面，绘制一条中心线和一条线段，线段的一个端点在交点上，只标注角度尺寸并修改尺寸，如图 9-33 所示。单击✔按钮结束截面的绘制。

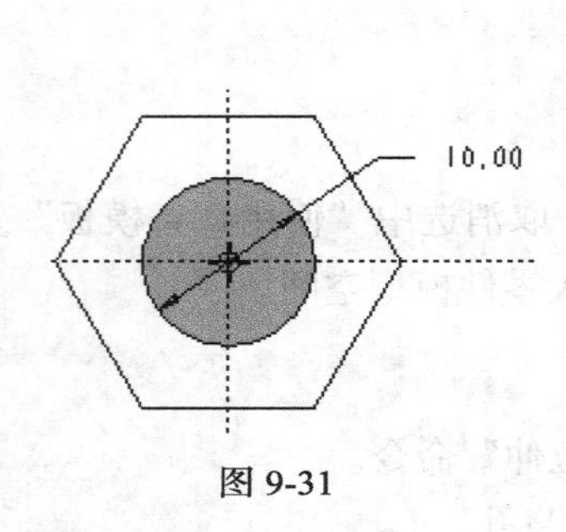

图 9-31

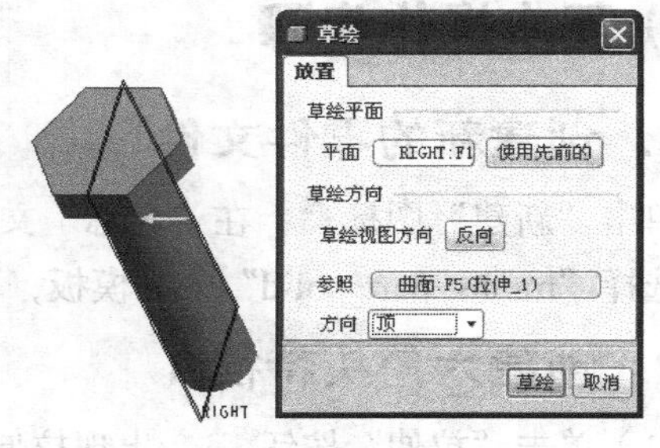

图 9-32

（4）设置角度盲孔为 360，切换特征切材料外侧，如图 9-34 所示。

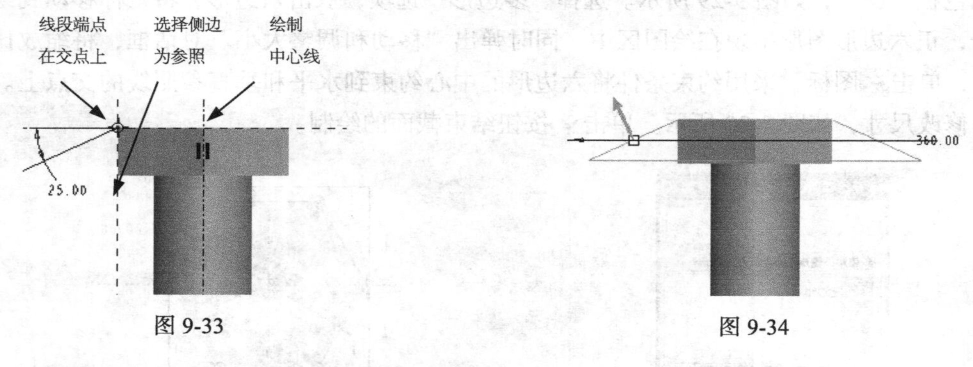

图 9-33　　图 9-34

（5）预览特征，单击✔图标完成切倒角特征 3 的创建。

5. 创建倒角特征 4

单击工具栏中的图标，选择边倒角类型 DxD，输入倒角参数 0.5，选择下端面圆弧边，单击✔图标，完成倒角特征 4 的创建。

6. 创建螺纹特征 5

（1）单击【插入】→【螺旋扫描】→【切口】命令，弹出螺旋扫描特征菜单管理器。

（2）属性设置。分别设置螺旋扫描特征属性为“常数”/“穿过轴”/“右手定则”，单击“完成”。

（3）绘制轮廓外形线。选择 FRONT 面为草绘平面，视图方向朝后，选择 RIGHT 面为参考面朝右，进入草绘界面，选择螺柱的素线为参照，绘制一条与螺柱轴线重合的中心线，一条与螺柱素线重合的直线，端部连接一条相切的圆弧，如图 9-35 所示。标注尺寸并修改尺寸，单击✔按钮完成轮廓外形线的绘制。单击✔按钮结束轮廓外形线的绘制。圆弧线用于螺纹收尾。

（4）输入节距值 1.5，单击✔按钮。

（5）绘制截面图形。系统自动进入截面图形的绘制，如图 9-36 所示，约束边长相等，标注尺寸并修改尺寸，单击✔按钮完成截面的绘制。

（6）确定切除材料侧的方向，如图 9-37 所示，单击“确定”。

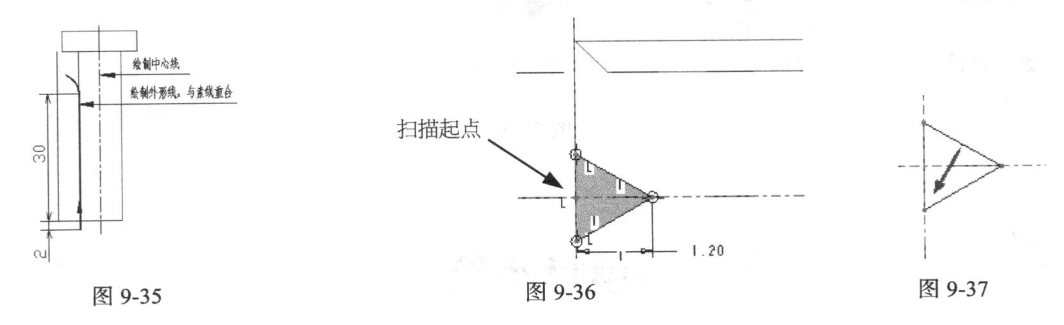

图 9-35　　图 9-36　　图 9-37

（7）预览特征，单击“完成”，结束螺纹特征 5 的创建。

7. 文件保存

单击按钮，选择“标准方向”，使零件模型为标准的视图方向。单击按钮，保存所绘制的图形。

五、自测实例——内六角螺钉零件建模

（一）任务导入与分析

1. 任务导入

按图 9-38 所示的尺寸要求创建零件模型。

2. 建模思路分析

使用拉伸命令创建$\phi 14$ 螺钉头和$\phi 10$ 螺柱加材料特征，使用拉伸命令创建六角头切材料特征，倒角 $C0.5$，最后使用螺旋扫描切材料创建螺纹特征。

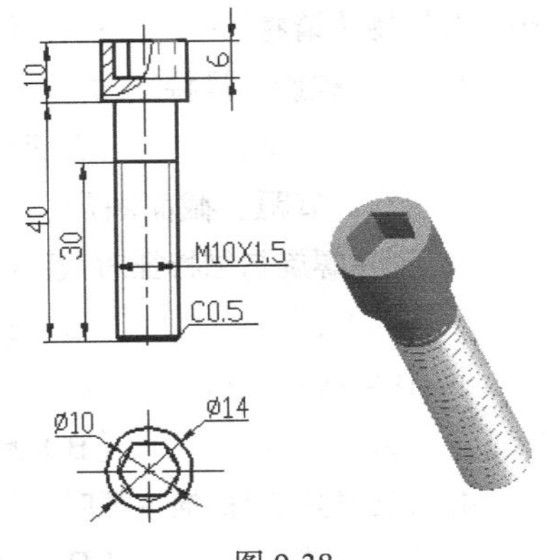

图 9-38

3. 建模要点及注意事项

（1）零件模型在创建完成后，零件的缺省摆放方位应与右侧的轴测图相同。

（2）内六角切材料特征的草绘平面在$\phi 14$ 螺钉头的顶面。

（3）创建螺纹扫描特征时，轮廓外形线的草绘平面应选择 FRONT 面。

（二）建模过程提示

零件模型创建过程如图 9-39 所示。

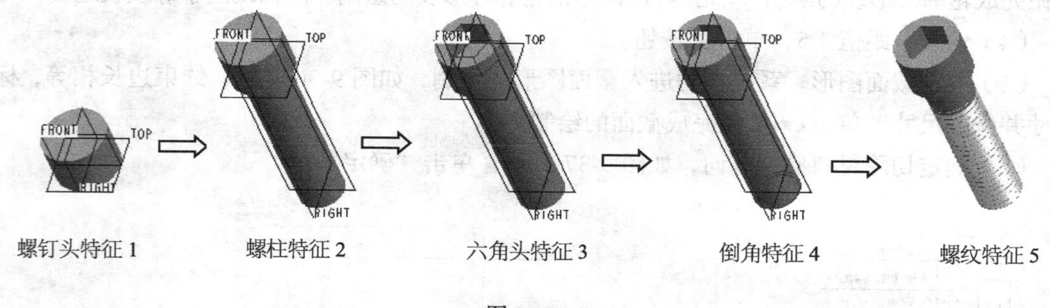

螺钉头特征 1　　螺柱特征 2　　六角头特征 3　　倒角特征 4　　螺纹特征 5

图 9-39

项目小结

本项目主要介绍了螺旋扫描特征的结构特点、特征命令输入的方式、轮廓外形线的创建及注意事项、螺旋扫描特征的属性设置以及创建螺旋扫描特征的基本操作步骤。要求读者不但要熟练掌握创建螺旋扫描特征的基本步骤，同时能根据不同的情况正确设置特征的属性，灵活运用创建技巧。

课后练习题

一、选择题（请将正确答案的序号填写在题中的括号中）

1. 创建螺旋扫描特征的三大要素是（　）。
   （A）轮廓外形线、截面图形、节距　（B）轮廓外形线、扫描起始点、扫描终点
   （C）节距、截面图形、扫描起始点　（D）节距、草绘平面、扫描起点
2. 创建螺旋扫描特征时截面的控制方式有（　）。
   （A）1 种　（B）2 种　（C）3 种　（D）4 种
3. 在创建螺旋扫描特征时，轮廓外形线必须（　）。
   （A）开放　（B）封闭　（C）可以开放也可以封闭
4. 在创建螺旋扫描特征时，如果节距可变，则其特征的属性必须选择（　）。
   （A）常数　（B）可变的　（C）两者都可以

二、判断题（请将判断结果填入括号中，正确的填“√”，错误的填“×”）

（　）1. 在创建螺旋扫描特征时，轮廓外形线必须是开放的。

(　　) 2. 在创建螺旋扫描特征时，轮廓外形线不需要绘制中心线。

(　　) 3. 在创建螺旋扫描特征时，节距不可以变化。

(　　) 4. 在创建螺旋扫描特征时，扫描的全过程中截面图形不能变化。

(　　) 5. 在创建螺旋扫描特征时，截面控制采用“垂直于轨迹线”意味着扫描截面始终与轨迹线垂直。

(　　) 6. 在创建螺旋扫描特征时，轮廓外形线任意一点的切线方向可以与中心线垂直。

(　　) 7. 在创建螺旋扫描特征时，轮廓外形线必须是连续的。

(　　) 8. 在创建螺旋扫描特征时，轮廓外形线必须绘制中心线。

(　　) 9. 在创建螺旋扫描特征时，允许特征之间相互重叠。

(　　) 10. 在创建螺旋扫描特征时，选择轮廓外形线的草绘平面应经过特征的旋转轴线。

三、建模练习题

1. 按图 9-40 所示的尺寸，创建零件模型。

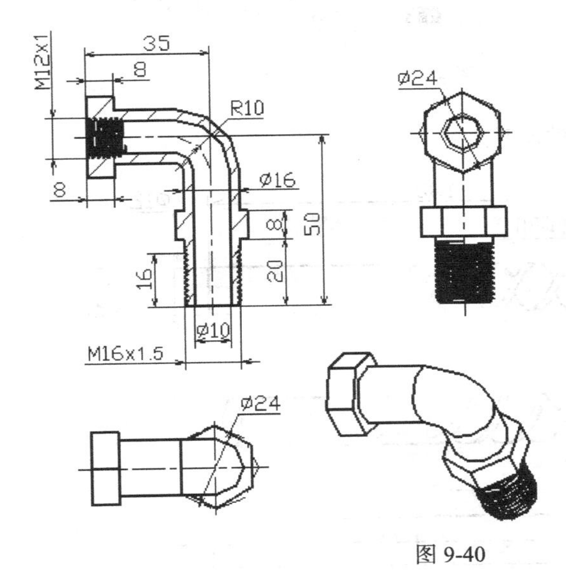

图 9-40

2. 按图 9-41 所示的尺寸，创建零件模型。

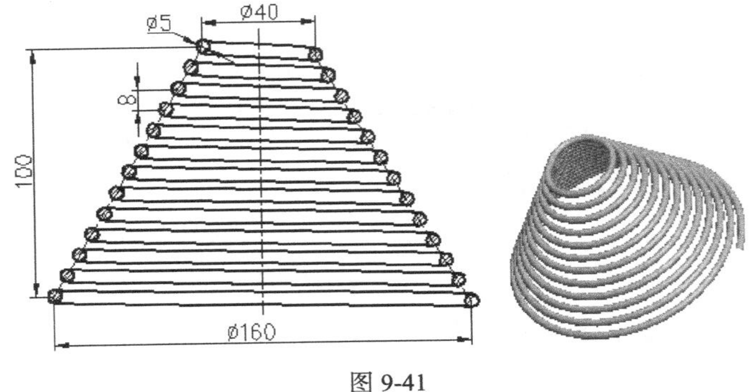

图 9-41

3. 按图 9-42 所示的尺寸，创建零件模型。

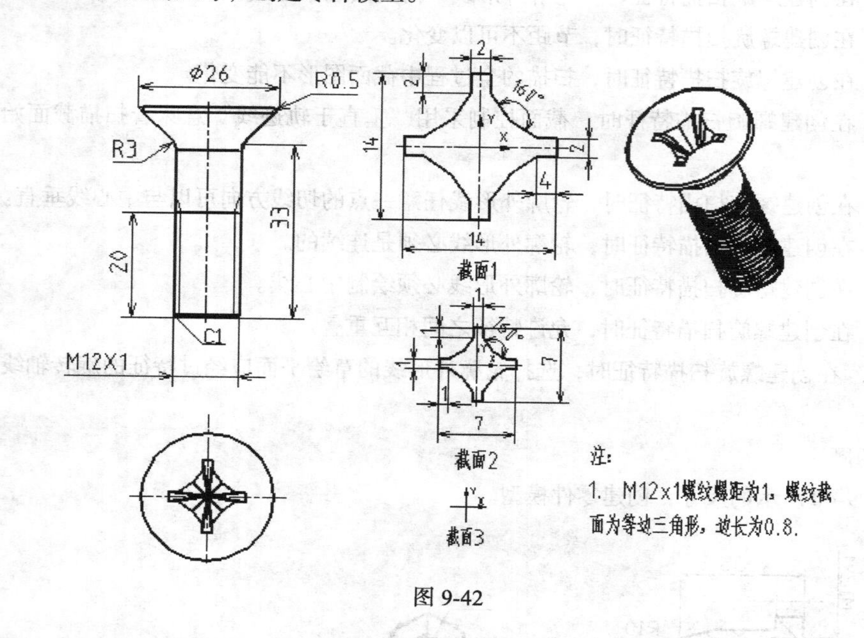

图 9-42

4. 按图 9-43 所示的尺寸，创建零件模型。

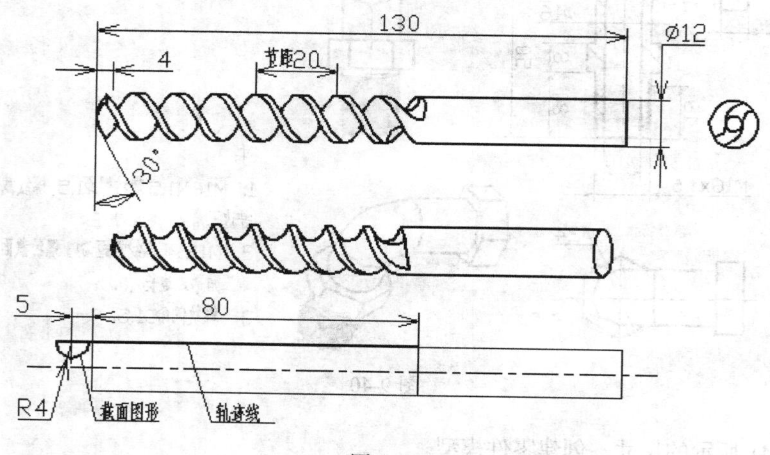

图 9-43

项目十
显示器外壳零件建模

【能力目标】

通过对曲面建模设计基础知识的认识，结合实例建模讲解，以及提高实例和自测实例的学习,学生能初步掌握曲面造型设计的基本方法，掌握曲面创建、曲面修剪、曲面延伸、曲面合并、边界曲面和曲面实体化的设计方法，进一步提高学生对复杂零件的建模设计水平。

【知识目标】

1. 掌握曲面特征的创建、修剪、延伸、合并的基本方法
2. 掌握边界曲面和曲面实体化的基本操作方法
3. 初步掌握零件曲面造型设计的基本方法，提高学生对较为复杂零件的建模设计能力。

一、项目导入

图 10-1 是电器行业中常用的塑料制品零件——显示器外壳，要求用曲面创建、曲面编辑、实体化零件的方法按图中的尺寸要求创建出零件模型。

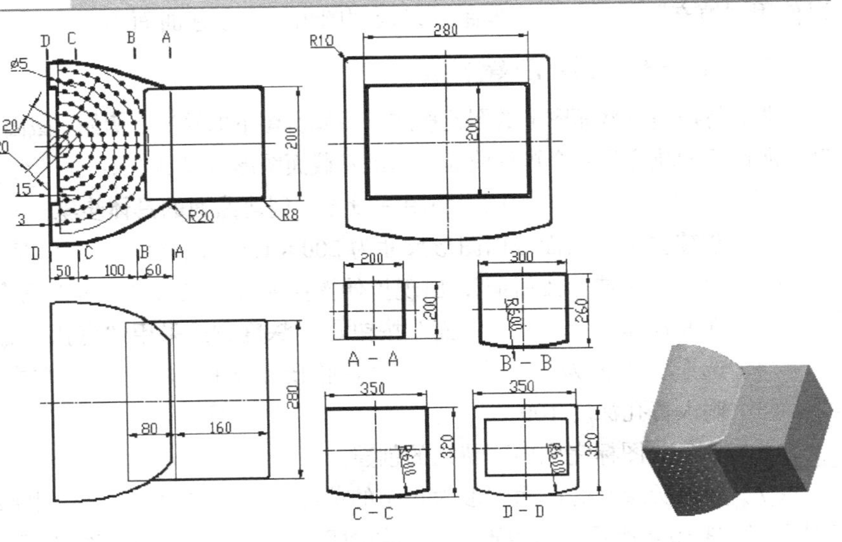

图 10-1

二、相关知识

（一）曲面特征的结构特点及显示方式

表面造型非常复杂的零件模型由于不能采用常规的实体特征创建方法来创建零件模型,所以一般都先创建出零件模型外表曲面，经曲面的修剪、延伸、合并后，用实体化的方式将曲面组生成实体。

（1）曲面的结构特点。曲面是没有厚度的几何特征，它和薄板特征有所不同，薄板是实体特征，有板厚和重量，而曲面没有厚度，没有重量，只有表面积。

（2）曲面的显示方式。在非着色显示状态下，实体的边框以白色线显示，曲面以彩色边框线显示，曲面的边框线分为两种，即内部边线和曲面边界线，内部边线以紫色线显示，曲面边界线以绿色线显示，如图 10-2 所示。

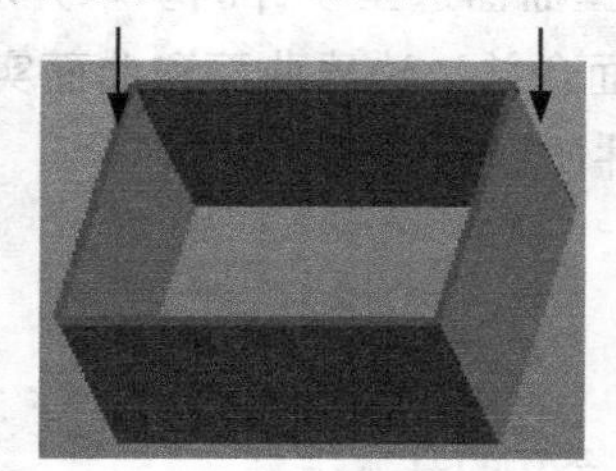

着色显示

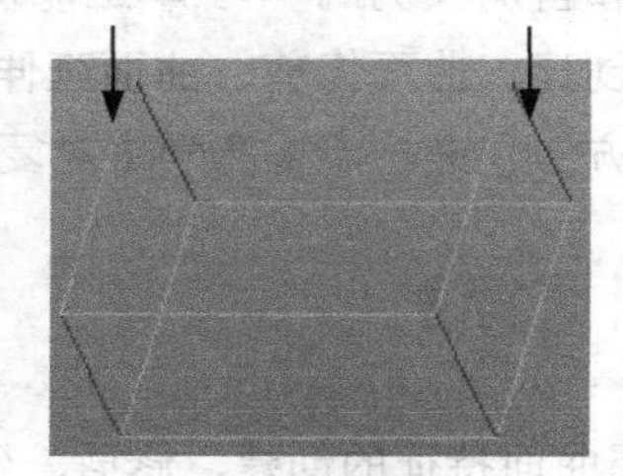

非着色显示

图 10-2

（二）曲面特征的创建

曲面特征可以采用一般方法来创建，如“拉伸”、“旋转”、“扫描”、“混合”、“可变截面扫描”等，操作方法与实体创建方法基本一致，只需单击操控面板中的按钮。除此之外，还可以使用“填充”、“复制”、“偏距”以及“圆角”来创建曲面。

1. 用一般方法创建曲面

曲面特征是由截面图形的图元按成长规律所留下的轨迹。例如，截面为一条直线，拉伸一段高度后所留下的轨迹为一个矩形曲面，因此其截面图形可以是封闭的图形，也可以是不封闭的图形。

下面以“拉伸”曲面为例说明用一般方法创建曲面的具体步骤。

（1）创建要求：曲面截面图形尺寸为 200×150 的矩形，曲面长度为 100。

（2）单击“拉伸”按钮，出现拉伸操控面板，输入“拉伸”命令。

（3）在操控面板上单击“曲面”按钮，深度方式采用“盲孔”。

（4）选择 TOP 面为草绘平面，绘制截面图形，如图 10-3 所示，单击按钮结束截面的绘制。

（5）输入盲孔深度 100。

（6）单击图标完成曲面特征的创建。

（7）如果所绘制的截面图形为封闭的截面图形，在“选项”上滑面板中选中“封闭端”复选框，如图 10-4 所示，可以形成封闭的曲面，如果没有选中该复选框，则生成开放端的曲面，效果如图 10-5 所示。

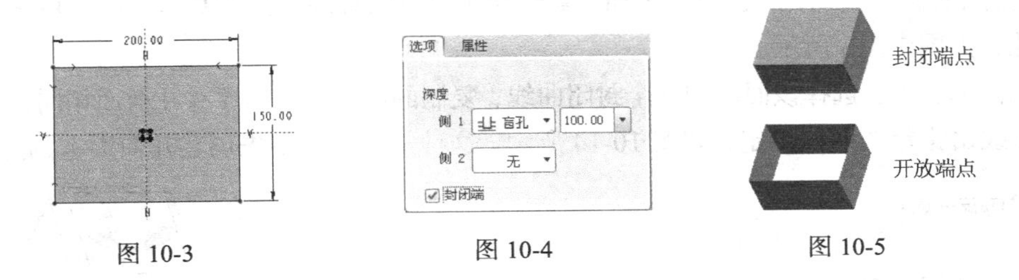

图 10-3　　图 10-4　　图 10-5

2. 填充曲面

在一个平面内，用户界定一条封闭的曲线作为曲面的边界线，由此产生的曲面称为填充曲面，使用“填充”工具能完成填充曲面的创建。下面以实例说明其具体的操作步骤。

（1）创建要求：填充曲面如图 10-6 所示，截面图形尺寸为 150×100，倒角 $R20$。

（2）单击【编辑】→【填充】命令，出现填充命令操控面板，如图 10-7 所示。

（3）选择一个草绘图形，或单击“参照”上滑面板中的“定义”，如图 10-8 所示，选择 TOP 面为草绘平面，进入草绘界面，绘制截面图形，单击✔按钮结束截面绘制。

（4）单击☑图标完成填充曲面特征的创建。

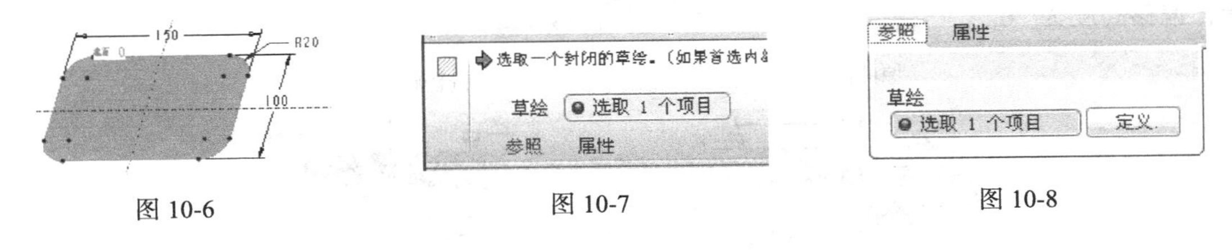

图 10-6　　图 10-7　　图 10-8

3. 曲面复制

由于设计的需要，需对某些实体几何表面进行曲面复制。下面以实例说明曲面复制的操作步骤。

（1）创建要求：图 10-9 所示的正方体实体尺寸为 100×100×100，倒圆角 $R10$，钻孔直径 $\phi30$，要求复制上表面。

（2）在绘图区右上角的“选择工具栏”下拉列表中选择“几何”选项，如图 10-10 所示，在绘图区中选择实体上表面。

（3）单击工具栏中的“复制”按钮，单击“粘贴”按钮，弹出粘贴操控面板，如图 10-11 所示。

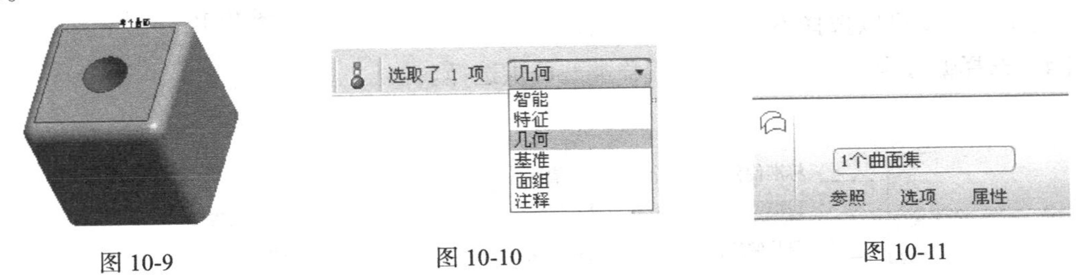

图 10-9　　图 10-10　　图 10-11

① 在操控面板中有 3 个上滑面板，其中“参照”用于选择复制面；单击“选项”上滑面板，出现如图 10-12 所示的面板。其中各选项的含义如下。

② 按原样复制所有曲面：复制的曲面与原有的几何面完全相同。

③ 排除曲面并填充孔：选择一个面，复制的曲面与原有的几何面基本相同，并填充所选的面内的孔，如图 10-13 所示。

复制内部边界：选择该面内的一个封闭曲线，复制的曲面曲率与原有几何面相同，但复制曲面的边界线由指定的曲线界定，如图 10-14 所示。这种复制必须事先创建几何面上的边界曲线。

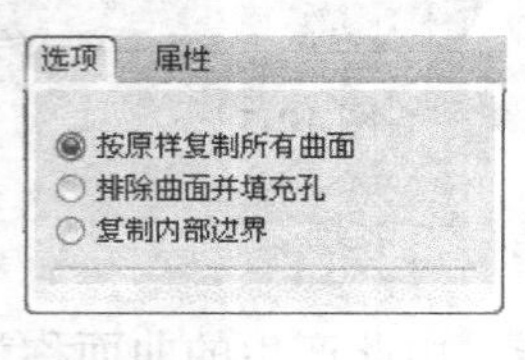

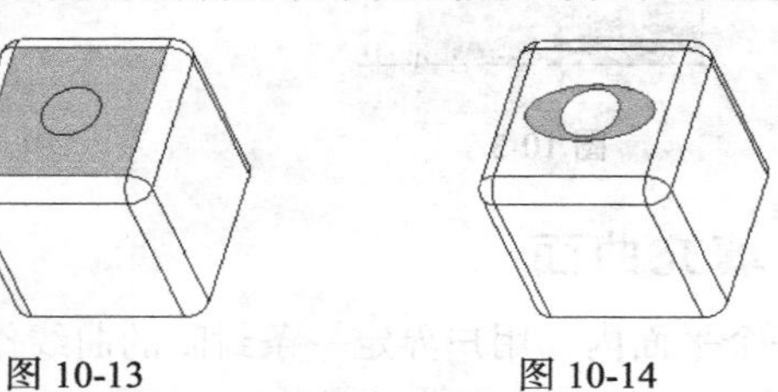

图 10-12　　图 10-13　　图 10-14

（4）单击✔图标完成曲面特征的复制。

4. 曲面偏移

曲面偏移是将原曲面沿着曲面的法线方向偏移一定的高度所产生的曲面，偏移命令同样可以用于实体表面的偏移，不过所产生的是实体。下面以具体实例说明如何使用“偏移”命令偏移曲面。

（1）创建要求：按图 10-15 左侧图所示创建偏移原曲面，偏移曲面的边界尺寸如右侧图所示，偏移高度为 20。

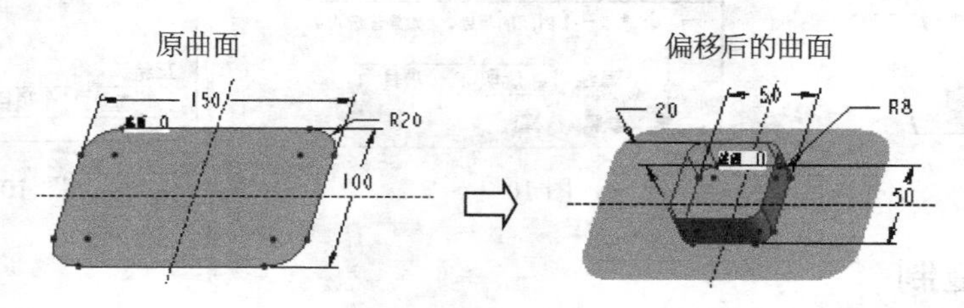

图 10-15

（2）使用“填充”工具在 TOP 面上绘制图 10-15 左侧图所示的图形，创建填充曲面（原曲面）。

（3）选择填充曲面特征，单击【编辑】→【偏移】命令，出现偏移命令操控面板，如图 10-16 所示。

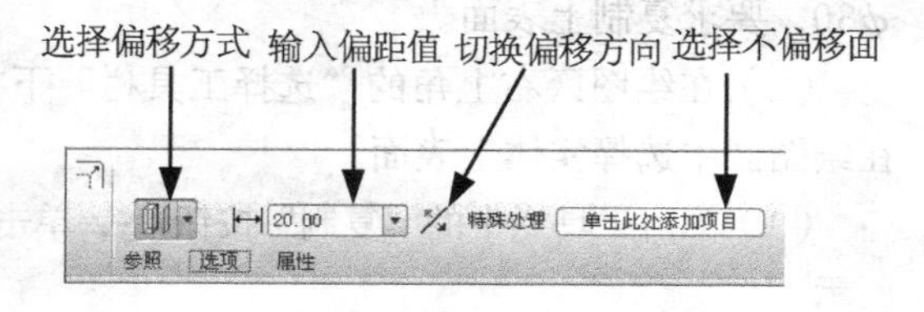

图 10-16

在偏移方式下拉列表中可以选择不同的偏移方式；单击%按钮可以切换偏移方向；单击“特殊处理”窗口可以选择不进行偏移的曲面。

（4）选择偏移类型。曲面有 3 种偏移类型可供选择。

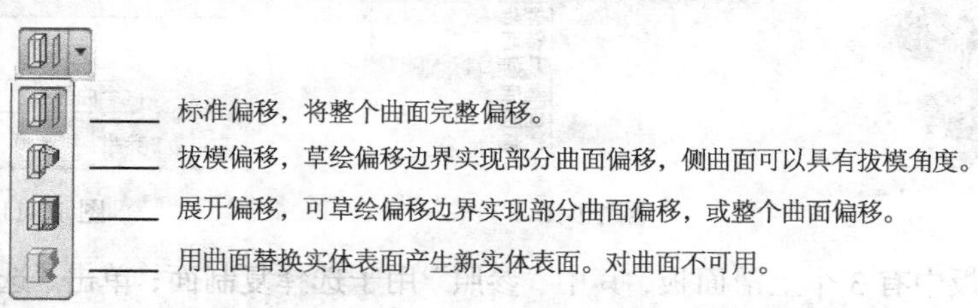

不同的偏移类型展开不同的操控面板，这里选择“展开偏移”类型，其操控面板如图 10-17 所示。

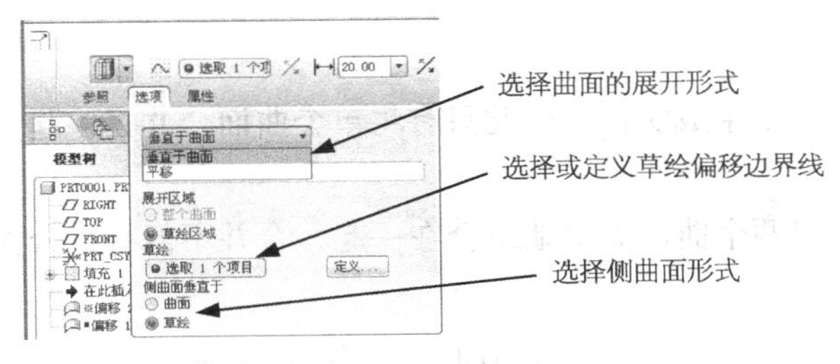

图 10-17

各上滑面板的功能如下。

参照：用于选择被偏移的曲面。

选项：用于定义曲面偏移的边界线，定义偏移曲面的展开形式和侧曲面的形式。

偏移曲面的展开形式有两种：垂直于曲面和平移曲面。

垂直于曲面表示偏移曲面与原曲面同心但半径不同，平移表示偏移曲面与原曲面不同心但曲率半径相等。

侧曲面的形式也有两种：垂直于曲面和垂直于草绘平面。

垂直于曲面表示侧曲面与原曲面保持垂直关系，垂直于草绘表示侧曲面垂直于草绘平面，如图 10-18 所示。

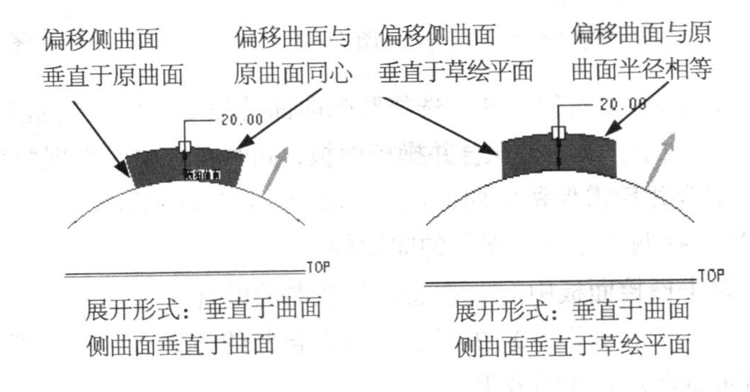

图 10-18

（5）草绘偏移边界线。单击“选项”上滑面板，曲面展开形式选择“垂直于曲面”，侧曲面垂直于选择“草绘”，单击“定义”按钮，系统自动进入草绘界面，按图 10-15 右侧图所示绘制图形，单击✔按钮结束截面的绘制。

（6）在操控面板的“偏距”文本框中输入 20，切换偏移方向，单击✔图标完成曲面偏移特征的创建。

5. 曲面倒圆角

对曲面的内部边线也可倒圆角，操作方法与实体倒圆角的方法一样，只不过生成的特征是曲面圆角。

（三）曲面特征的编辑命令

曲面的编辑命令有很多，除了常用的删除、镜像、阵列（使用方法与实体特征的操作方法相同）外，还包括以下曲面编辑命令。

1. 合并曲面

曲面创建的最终目的是生成实体，因此只有将单个曲面合并在一起，形成面组，才能对面组进行实体化。

曲面的合并并不是将两个曲面简单地组合在一起，合并不但有组合作用，而且对曲面有修剪功能。

下面以一个简单的曲面合并实例说明曲面合并的操作步骤。

（1）创建要求：图 10-19 为零件模型，用曲面合并的方式按图中的尺寸要求创建曲面合并特征。

（2）采用“拉伸”命令，创建长方体实体特征 20×12×5。

（3）采用“拉伸”命令，创建圆弧曲面特征 1，如图 10-20 所示。

（4）采用“拉伸”命令，创建圆弧曲面特征 2，如图 10-21 所示。

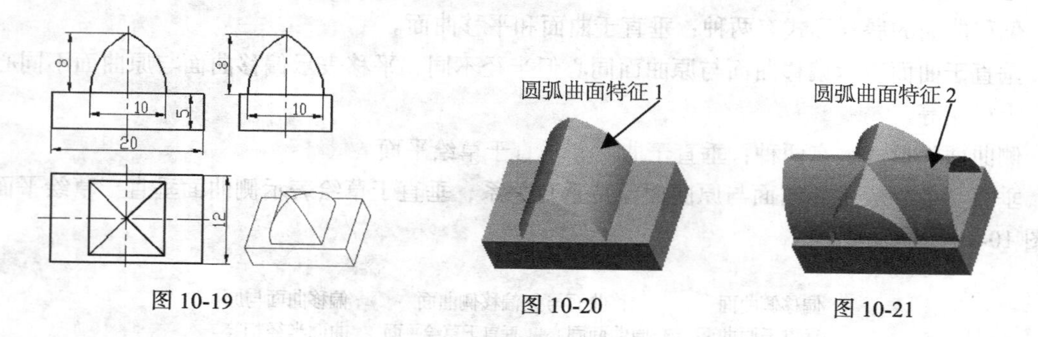

图 10-19　　图 10-20　　图 10-21

（5）选择圆弧曲面特征 1，按住 Ctrl 键选择圆弧曲面特征 2，单击绘图区右侧的按钮，或单击【编辑】→【合并】命令，系统出现合并操控面板，同时合并曲面出现两个箭头，如图 10-22 所示。箭头方向为曲面合并后需保留的曲面侧，单击图形窗口中的两个黄色箭头或单击操控面板中的按钮，分别选择两个曲面需保留的曲面侧。

（6）预览图形，单击操控面板中的按钮，完成曲面的合并。

单击“选项”上滑面板，如图 10-23 所示，曲面合并的方式有两种，即相交和连接方式。图 10-24 为两种不同曲面合并方式的效果。

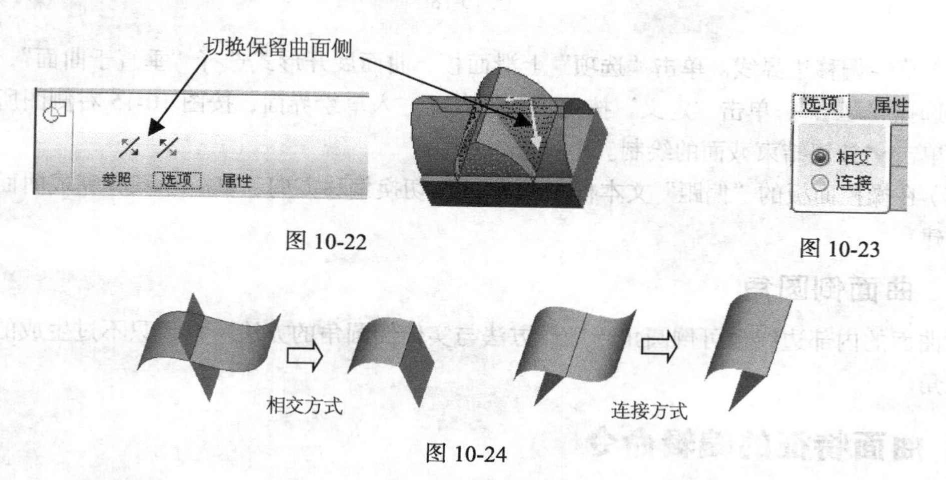

图 10-22　　图 10-23

图 10-24

相交：合并的两曲面相互交叉，有两个切换箭头，可以分别修剪两曲面多余的部分。

连接：合并两相邻的曲面，其中一个曲面的一侧边线在另一个曲面上，只有一个黄色的切换箭头，可以修剪掉多余部分。

2. 修剪曲面

修剪曲面就是将选定曲面上的某一部分剪除掉，它类似于实体的切材料功能。曲面的修剪有许多方法，下面分别介绍。

（1） 基本形式的曲面修剪。以假想的“拉伸”、“旋转”、“扫描”等实体特征为修剪工具对曲面进行修剪，所创建的假想实体特征一定要穿过曲面。下面以拉伸实体特征对曲面进行修剪为例，说明其具体的操作步骤。

① 实例要求：按图 10-25 所示的尺寸创建圆弧曲面，使用拉伸命令对圆弧曲面修剪三角形。

② 采用“拉伸”、“曲面”命令，选择 FRONT 面为草绘平面，绘制截面图形，深度采用对称方式，创建圆弧曲面。

③ 单击“拉伸”按钮，输入拉伸命令，单击操控面板中的“曲面”图标和“切材料”图标，选择圆弧曲面为修剪面，如图 10-26 所示。

④ 单击“放置”上滑面板，定义草绘平面，选择 TOP 面为草绘平面，绘制三角形截面图形，如图 10-27 所示，单击✔按钮结束截面绘制。

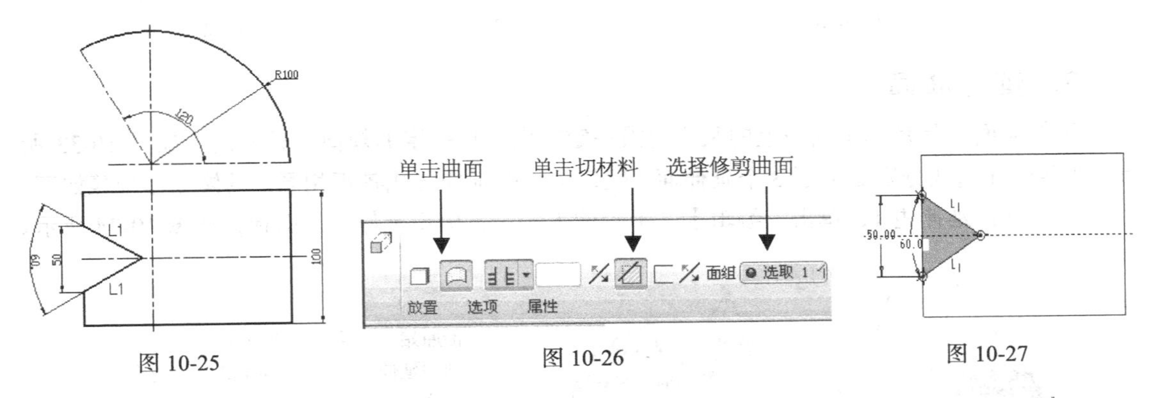

图 10-25　　图 10-26　　图 10-27

⑤ 选择特征向上成长，深度方式采用“穿过所有”，单击面组前的方向切换按钮，该按钮的切换有 3 种方式，即修剪内侧曲面、修剪外侧曲面、修剪曲面并保留两侧曲面，如图 10-28 所示。本例中采用修剪内侧曲面。

⑥ 预览修剪特征，单击操控面板中的✔按钮，完成曲面的修剪。

（2）用面组或曲线修剪曲面。

图 10-29 为一个长方体曲面，空间模型中有一个基准面 DTM1，曲面上有一条投影曲线，以基准面和投影曲线为修剪对象，修剪曲面特征。

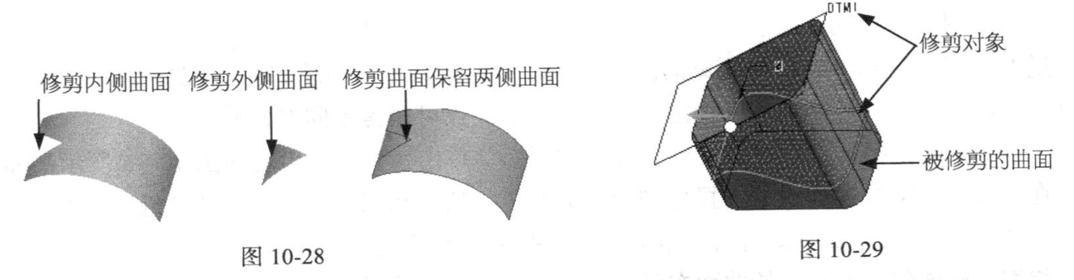

图 10-28　　图 10-29

① 选择矩形曲面，单击【编辑】→【修剪】命令，出现修剪命令操控面板，如图 10-30 所示。

② 选择修剪对象 DTM1 或曲面上的曲线，单击图标切换需裁剪掉的曲面侧。

③ 预览修剪特征，单击操控面板中的按钮，完成曲面的修剪。

（3）顶点倒圆角修剪曲面。

图 10-31 为一个曲面的顶点倒圆角 *R*80，实际上这也是对曲面进行修剪。操作步骤如下。

① 单击【插入】→【高级】→【顶点倒圆角】命令，出现“顶点倒圆角”对话框，如图 10-32 所示。

② 选择修剪的曲面，然后选择修剪的顶点。

③ 输入圆角半径 *R*80。

④ 预览图形，单击对话框中的“确定”按钮，完成顶点倒圆角特征的创建。

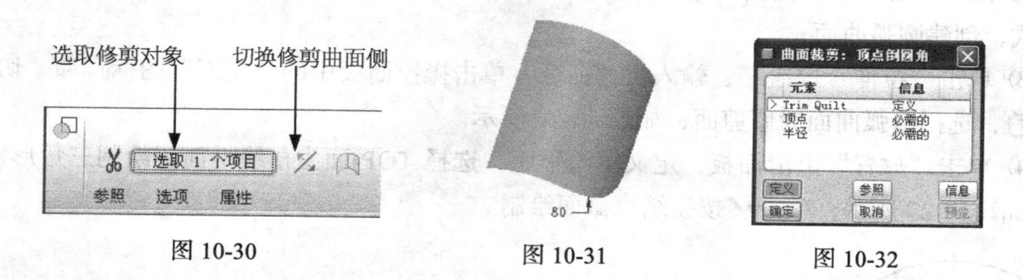

图 10-30　　图 10-31　　图 10-32

3. 延伸曲面

延伸曲面就是将选定曲面上的某个边沿一定方向、按一定的规律延长曲面。如图 10-33 所示，3 条曲面边线分别延伸了 3 个延伸面，但每个面的延伸方式各不相同。具体操作步骤如下。

（1）选择延伸边 1，单击【编辑】→【延伸】命令，出现延伸操控面板，如图 10-34 所示。

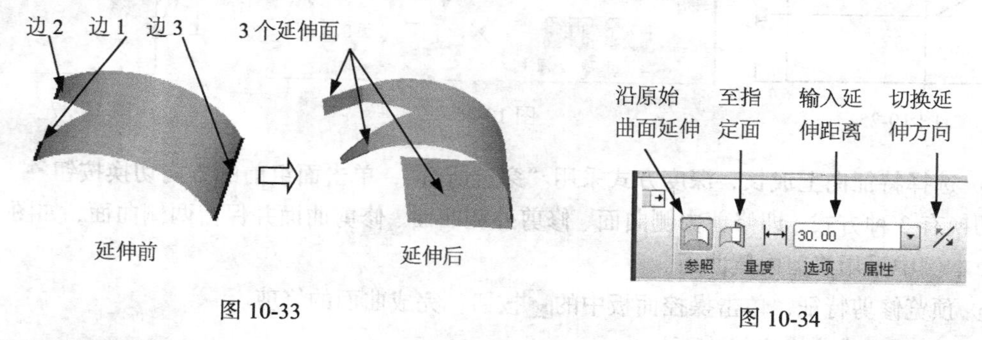

图 10-33　　图 10-34

操控面板说明如下。

沿原始曲面延伸：保持与原始曲面相同或相切的曲面延伸，输入延伸距离。

至指定面：指定一个面，曲面延伸至该面，延伸方向与面垂直，且延伸至该面。

参照：用于选择延伸的边。

量度：用于选择给定延伸距离的测量方式，单击该选项，出现如图 10-35 所示的面板。单击鼠标右键可以增加延伸距离，单击延伸边上的不同点可获得不同的延伸距离。

选项：用于选择延伸面类型和延伸面侧边类型，单击该选项，出现如图 10-36 所示的面板。

在“方法”下拉列表中，选择延伸曲面类型，包括“相同”、“相切”、“逼近”3 种。

相同：延伸的曲面与原始曲面在曲率值上保持完全一致。

相切：延伸的曲面与原始曲面在延伸边位置保持相切关系。

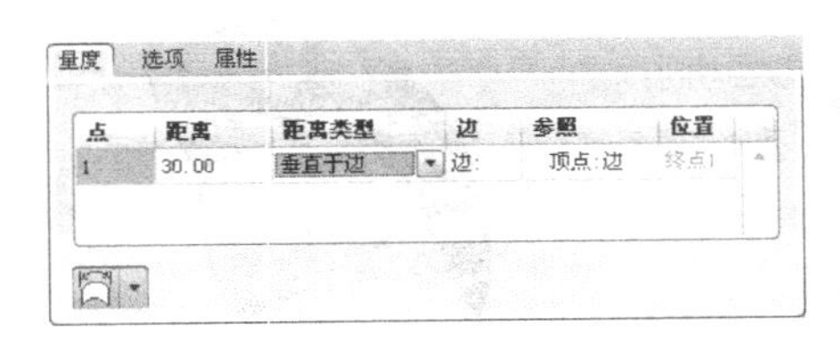

图 10-35

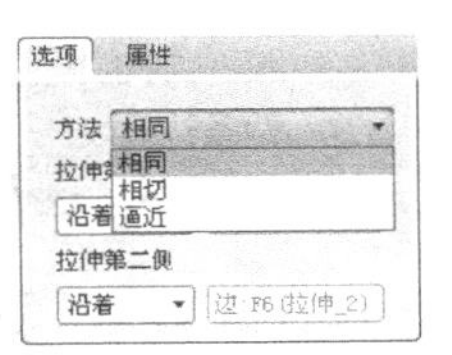

图 10-36

逼近：延伸的曲面为边界混合曲面。

在“拉伸第一侧”和“拉伸第二侧”下拉列表中，选择延伸曲面侧边的结构类型，包括“沿着”和“垂直于”。

沿着：沿着原始曲面侧边产生延伸曲面的侧边。

垂直于：垂直于延伸边产生延伸曲面的侧边。

从图 10-33 中可以看出，本例中边 1 的延伸方式应按以下方法选择。

① 单击面板中的按钮，采用“沿原始曲面延伸”。

② 单击“选项”上滑面板，在“方法”中选择“相同”，拉伸侧边 1 和侧边 2 都选择“沿着”。

③ 输入延伸距离值 30，单击图标切换延伸方向，使延伸方向朝左。

④ 预览图形，单击操控面板中的按钮，完成曲面边 1 的延伸。

（2）选择延伸边 2，单击【编辑】→【延伸】命令，弹出延伸操控面板。

① 单击面板中的按钮，采用“沿原始曲面延伸”。

② 单击“选项”上滑面板，在“方法”中选择“相切”，拉伸侧边 1 选择“沿着”，拉伸侧边 2 选择“垂直于”。

③ 输入延伸距离值 30，单击延伸方向切换图标，使延伸方向朝左。

④ 预览图形，单击操控面板中的按钮，完成曲面边 2 的延伸。

（3）选择延伸边 3，单击【编辑】→【延伸】命令，弹出“延伸”操控面板。

① 单击面板中的按钮，采用“至指定面延伸”，操控面板发生变化。

② 选择 RIGHT 基准面为指定面。

③ 预览图形，单击操控面板中的按钮，完成曲面边 3 的延伸。

（四）边界混合曲面特征的创建

边界混合曲面属于曲面创建的范畴，由于它在曲面造型设计中广泛使用，因此进行单独讲解。

边界混合曲面是以多条曲线、边或点为边界参照要素，以插值方式混合所选参照要素，形成一个平滑的空间曲面，边界曲面经过所选的参照曲线。对于表面造型非常复杂的零件模型，一般都采用边界混合曲面来构建出零件模型外表曲面。

边界混合曲面给定了两个边界方向，每个边界方向可选择不同的边界线为参照。如图 10-37 所示，在第一方向上选择了两条边界线，在第二方向上选择了 3 条边界线，那么所生成的边界混合曲面通过这 5 条边界线，并且以一种混合的连接方式在空间形成光滑的曲面。

外侧的 4 条边线为曲面的边界线，中间的一条边线则为曲面的通过线。

在创建边界混合曲面之前必须先创建出所需要的边界线，边界曲线的创建方法有很多，可以采用“草绘工具”、“通过点”、“通过方程”等方法来创建。

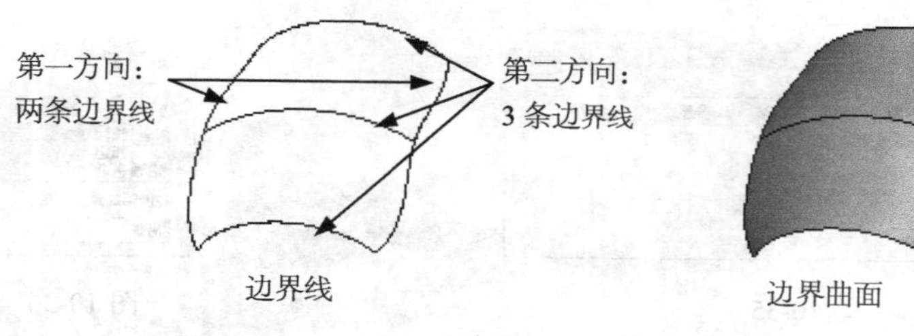

图 10-37

1. 边界混合曲面的操控面板简介

单击【插入】→【边界混合】命令或单击工具栏中的按钮，出现边界混合操控面板，如图 10-38 所示。

部分上滑面板的功能如下。

“曲线”上滑面板：用于选择两个方向的边界线，每个方向可选择多条边界线。

“约束”上滑面板：用于定义曲面在两个方向上的边界线与其他邻接图元间的约束关系，包括自由、相切、曲率和垂直 4 种设定，如图 10-39 所示。

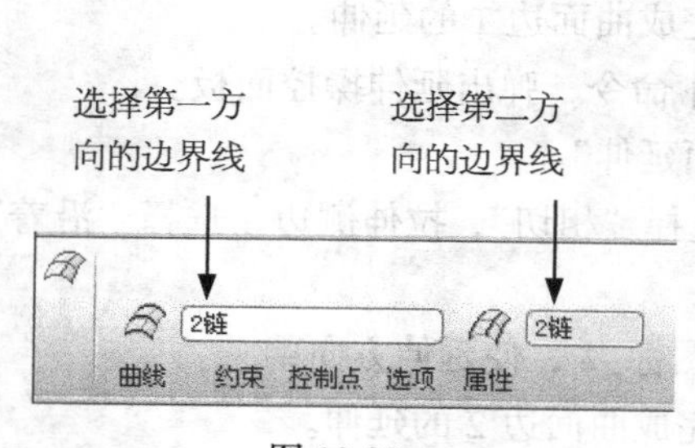

图 10-38

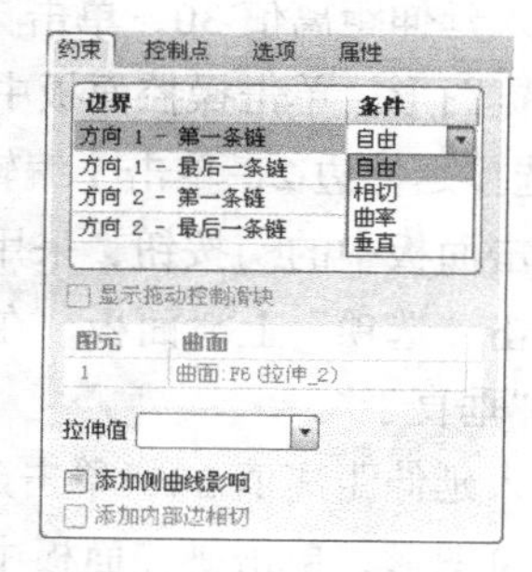

图 10-39

① 自由：曲面在边界线不受邻接曲面的影响，保持自由状态。

② 相切：曲面在边界线保持与邻接曲面的相切状态。

③ 曲率：曲面在边界线保持与邻接曲面相同的曲率。

④ 垂直：曲面在边界线保持与邻接曲面垂直的状态。

“控制点”上滑面板：用于定义每个方向各边界线上点的连接顺序，如图 10-40 所示。

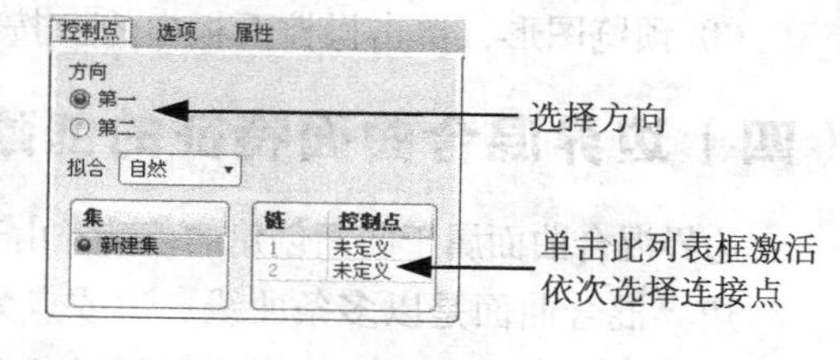

图 10-40

2. 边界混合曲面的操作步骤

（1）创建边界混合曲面所需的多条边界曲线。

（2）单击【插入】→【边界混合曲面】命令或单击工具栏中的按钮，出现边界混合曲面操控面板。

（3）选择第一方向的多条边界线，第一方向的边界线至少需要两条或两条以上，在选择多条边界线时要按住 Ctrl 键，同时注意选择边界线的先后顺序。

（4）如果需要，单击第二方向窗口，使窗口变绿，选择第二方向的边界线。

（5）设定边界约束条件。当所创建的曲面与周边图元相接时，单击“约束”上滑面板，设定边界约束条件。

（6）设定控制点的连接路线。有时边界混合曲面会出现混乱的连接形式，单击“控制点”上滑面板，分别为第一和第二方向设定合理的连接点。

（7）预览图形，单击✔按钮，完成边界混合曲面特征的创建。

3. 创建边界混合曲面特征注意事项

（1）事先创建好边界混合曲面所需的边界线及中间通过线。

（2）选取边界线时，在第一方向上至少要选取两条边界曲线，而第二方向上允许一条或一条以上，也允许第二方向上没有边界曲线，而且应注意选取边界线的先后顺序。

（3）如果有两个方向的边界线，则外边界线必须是首尾相接的封闭曲线组。

（4）可以单击“约束”选项控制边界与相邻曲面的约束条件，单击“通过点”选项定义合理的边界线连接点。

（五）将面组转化为实体特征

创建曲面的最终目的是创建复杂的零件实体模型，因此必须将曲面合并成一个面组，将面组转化为实体特征。

面组转化为的实体特征并不一定是加材料实体特征，也可以是切材料实体特征。

合并后所生成的面组可能是封闭的面组，也可能是开放的面组，针对这两种状况，转化为实体有两种不同的方法。

1. 实体化

选择合并后的面组，单击【编辑】→【实体化】命令，弹出实体化操控面板，如图 10-41 所示。

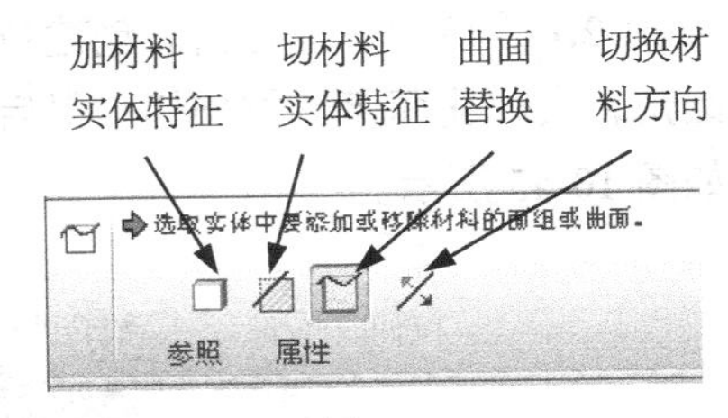

图 10-41

□：加材料实体特征。

◿：切材料实体特征。

□：曲面替代实体表面。

⤡：切换加材料或切材料侧的方向。

“参照”上滑面板：主要用于选择实体化的曲面面组。

使用“实体化”命令所选择的面组一般要求是封闭的面组，有时候开放的面组也可以使用，但前提是开放的端口必须依附在一个实体的表面上。

2. 加厚

对于复杂的薄板零件，可以先创建薄板零件的外部表面或内部表面，然后使用 “加厚”命令实体化曲面，类似于实体特征的薄板特征。

选择合并后的面组，单击【编辑】→【加厚】命令，弹出加厚操控面板，如图 10-42 所示，该面板的功能与实体化面板的功能差不多，增加了厚度输入框，“切换厚度方向”有 3 种位置选择，即曲面的内侧、曲面的外侧和曲面双侧对称厚度。

“选项”上滑面板主要用于选择加厚的类型以及选择不加厚的曲面，如图 10-43 所示。

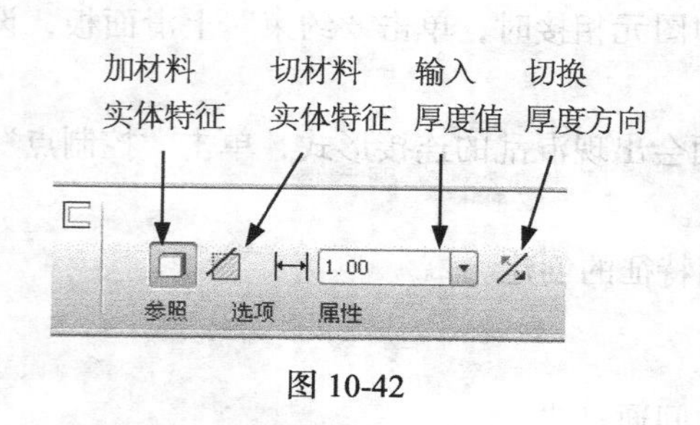

图 10-42

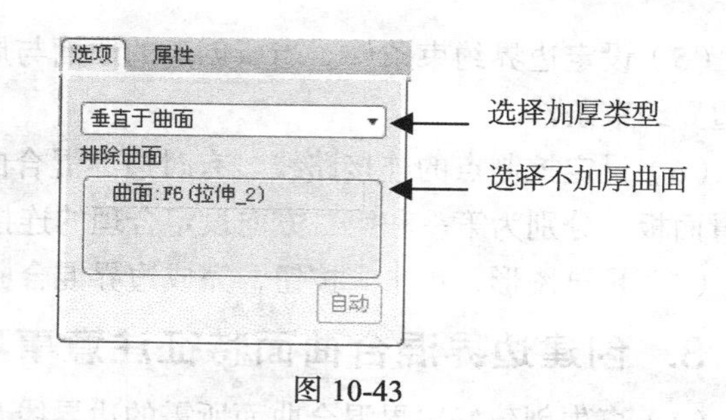

图 10-43

加厚的类型有 3 种，即按垂直于曲面加厚、确定自动缩放的坐标系并延轴拟合、相对于定制坐标系并沿指定的轴来缩放和拟合原始曲线，一般常用的是垂直于曲面加厚。

单击"排除曲面"列表框，可以在绘图区中选择不加厚的曲面。

三、实例详解——显示器外壳零件建模

（一）任务导入与分析

1. 建模思路分析

（1）图形分析。如图 10-44 所示，显示器外壳零件表面复杂，不能用一般实体方法创建，要先创建拉伸曲面和混合曲面，将两个曲面合并在一起，使用实体化创建实体特征。

（2）建模的基本思路。创建拉伸曲面和混合曲面，合并曲面，曲面倒圆角，实体化面组，拉伸切材料后抽壳，钻孔后阵列特征。零件建模过程如图 10-45 所示。

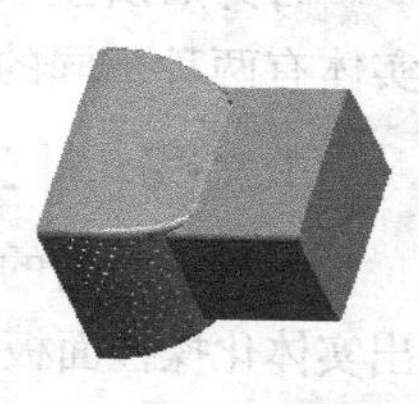

图 10-44

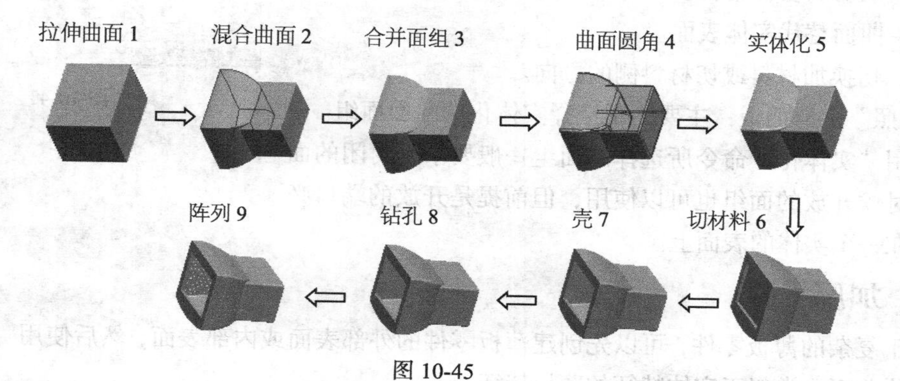

图 10-45

2. 建模要点及注意事项

（1）创建拉伸曲面 1 的草绘平面应选择 RIGHT 面，拉伸深度朝左 80、朝右 160。

（2）创建混合曲面 2 的草绘平面选择 RIGHT 面，特征成长方向朝左。

（3）创建曲面圆角应在曲面合并后进行。

（4）采用拉伸创建孔 8，草绘平面选择 FRONT 面，两侧拉伸，孔放在中间位置。

（5）孔阵列采用填充阵列，阵列图形采用圆环形，圆环的中心位置正好在孔的位置。

（二）基本操作步骤

1. 建立新的零件文件

单击“新建”图标，在“新建”对话框中选择文件类型为“零件”，在“名称”文本框中输入 No10-1，取消选中“使用缺省模板”复选框，选择“mmns_part_solid”公制模板，单击 确定 按钮，进入零件模型空间。

2. 创建拉伸曲面 1

（1）单击“拉伸”按钮，出现拉伸操控面板。

（2）在操控面板上单击“曲面”图标。

（3）单击“放置”上滑面板中的“定义”，弹出“草绘”对话框，选择 RIGHT 面为草绘平面，选择 TOP 为参照面朝顶，单击“草绘”按钮进入草绘界面。

（4）绘制截面图形如图 10-46 所示，图形具有对称性，标注尺寸且修改尺寸，单击✔按钮结束截面的绘制。

（5）切换特征成长方向朝右，则侧 1 为朝右方向，单击“选项”上滑面板，侧 1 和侧 2 的深度方式都采用“盲孔”，在“侧 1”输入深度 160，在“侧 2”输入深度 80，选中“封闭端”复选框，如图 10-47 所示。

（6）预览特征，单击✔图标完成拉伸曲面 1 的创建。

3. 创建混合曲面 2

（1）单击【插入】→【混合】→【曲面】命令，选择“平行”/“规则截面”/“草绘截面”，单击“完成”进入混合特征对话框。

（2）设置属性为“光滑”/“封闭端”，单击“完成”，进入草绘平面设置。

（3）草绘平面选择 RIGHT 面，特征成长方向箭头朝左，选择 TOP 面为参照面朝顶，进入草绘界面。

（4）绘制截面 1 图形，如图 10-48 所示，绘制矩形，约束对称，标注尺寸并修改尺寸。

（5）单击鼠标右键，选择光标菜单中的“切换截面”，截面 1 变灰阶，绘制截面 2 的图形，约束左右对称，垂直边上下两点对称，标注尺寸并修改尺寸，如图 10-49 所示。

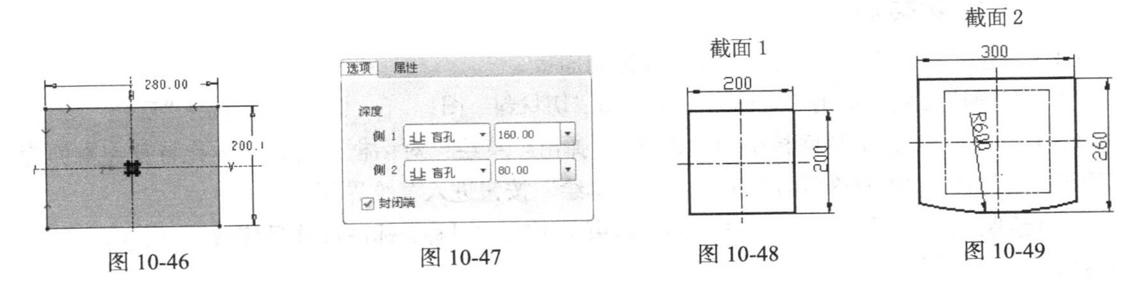

图 10-46　图 10-47　图 10-48　图 10-49

（6）单击鼠标右键，选择光标菜单中的“切换截面”，绘制截面 3 的图形，与截面 2 图形相似，约束左右对称，垂直边上下两点对称，标注尺寸并修改尺寸，如图 10-50 所示。用相同的方法绘制截面 4 的图形，图形与截面 3 的图形完全一样。

（7）单击✔按钮结束所有截面的绘制，输入截面间距离值分别为 50、100、60。

（8）预览特征，单击“完成”结束混合曲面 2 的创建。

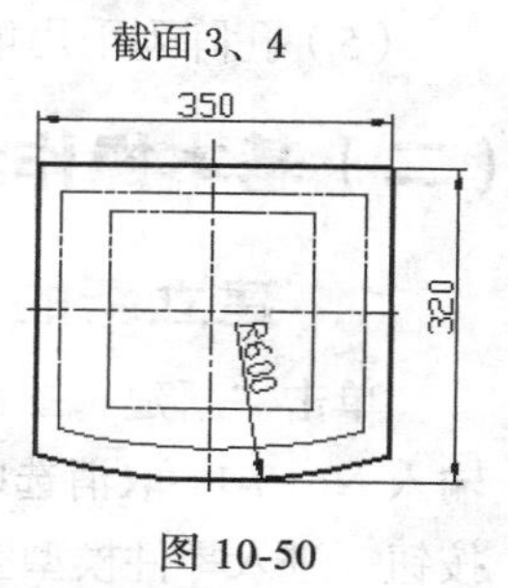

图 10-50

4. 创建合并面组 3

（1）选择拉伸曲面 1，按住 Ctrl 键选择混合曲面 2。

（2）单击绘图区右侧的按钮，或单击【编辑】→【合并】命令，出现合并操控面板。

（3）单击图形窗口中的两个黄色箭头或单击操控面板中的按钮，分别选择保留外侧曲面，如图 10-51 所示。

（4）预览图形，单击操控面板中的✔按钮，完成合并面组 3 的创建。

5. 创建曲面圆角 4

（1）单击工具栏中的按钮，弹出倒圆角特征操控面板，输入圆角半径 8，选择如图 10-52 所示的边，单击✔图标完成曲面圆角的创建。

（2）用同样的方法，输入圆角半径 10，选择如图 10-53 所示的边，单击✔图标完成曲面圆角的创建。

（3）用同样的方法，输入圆角半径 20，选择如图 10-54 所示的边，单击✔图标完成全部曲面圆角 4 的创建。

6. 创建实体化 5

选择合并面组 3，单击【编辑】→【实体化】命令，系统弹出实体化操控面板，单击面板中的图标，预览特征，实体特征的边线用白色显示，如图 10-55 所示，单击操控面板中的✔按钮，完成实体化 5 的创建。

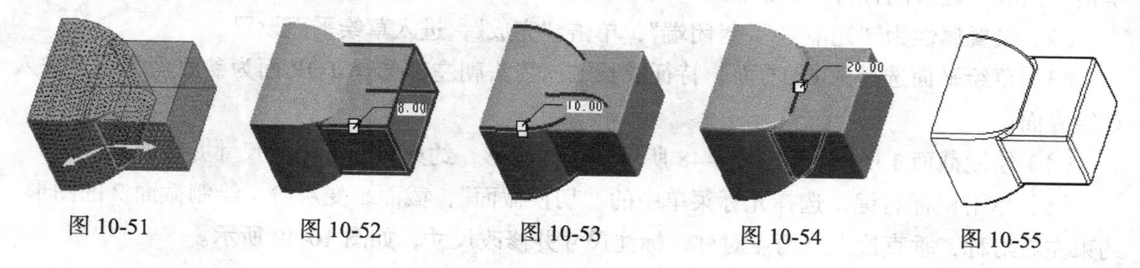

图 10-51　　图 10-52　　图 10-53　　图 10-54　　图 10-55

7. 创建切材料 6

（1）单击“拉伸”按钮，出现拉伸控制面板。

（2）在操控面板上单击“实体”图标和“切材料”图标，深度方式采用“盲孔”。

（3）单击“放置”上滑面板中的“定义”，弹出“草绘”对话框，选择实体化特征左端面为草绘平面，选择 TOP 为参照面朝顶，单击“草绘”按钮进入草绘界面。

（4）绘制截面图形，如图 10-56 所示，约束上下左右对称，标注尺寸且修改尺寸，单击✔按钮结束截面的绘制。

（5）切换特征成长方向朝右，切换切材料方向为内侧，输入深度 15。

（6）预览特征，单击✔图标完成切材料 6 的创建。

8. 创建壳 7

单击工具栏中的▣按钮，系统弹出壳操控面板，输入壳厚 3，单击“参照”上滑面板，选择如图 10-57 所示的表面作为壳特征的移除面，单击✔图标完成壳 7 的创建。

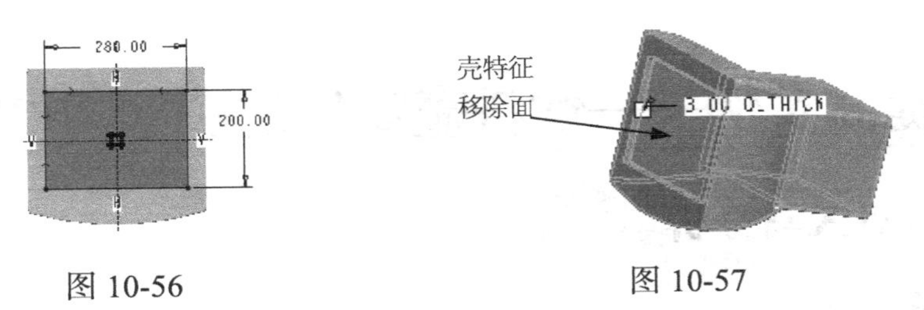

图 10-56　　图 10-57

9. 创建钻孔 8

（1）单击“拉伸”按钮，出现拉伸控制面板。

（2）在操控面板上单击“实体”图标□和“切材料”图标▨。

（3）单击“放置”上滑面板中的“定义”，弹出“草绘”对话框，选择 FRONT 面为草绘平面，选择 TOP 为参照面朝顶，单击“草绘”按钮进入草绘界面。

（4）绘制截面图形如图 10-58 所示，绘制圆，圆心在 TOP 面上，标注尺寸并修改尺寸，单击✔按钮结束截面的绘制。

（5）单击“选项”上滑面板，在侧 1 和侧 2 的深度方式都采用 “穿透”方式，切换切材料方向为内侧。

（6）预览特征，单击✔图标完成钻孔 8 的创建。

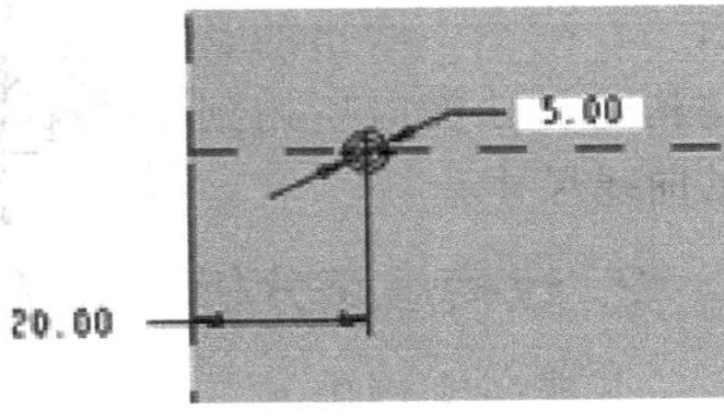

图 10-58

10. 创建阵列 9

（1）选择 ϕ5 孔特征，单击【编辑】→【阵列】命令或单击按钮，输入“阵列”命令，弹出阵列操控面板。

（2）选择阵列类型为填充阵列，单击“参照”上滑面板中的“定义”，选择 FRONT 面为草绘平面，进入草绘界面，绘制填充区域边界线，单击“使用边”图标□，按图 10-59 所示选择实体边，单击“拐角”图标，修剪图元形成封闭图形，如图 10-60 所示。单击✔按钮结束填充边界线的绘制。

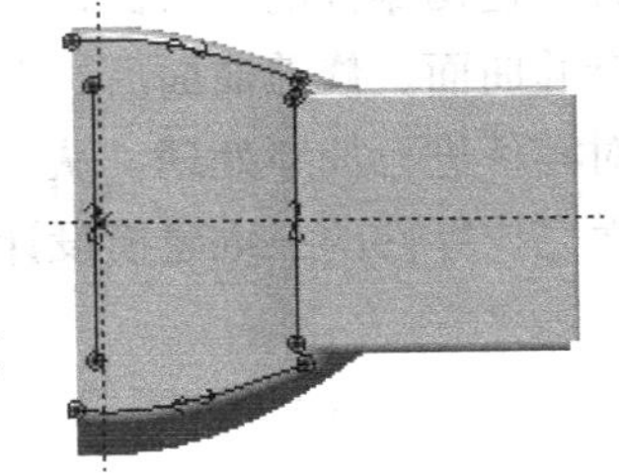

图 10-59

（3）按图 10-61 所示分别输入相关参数。

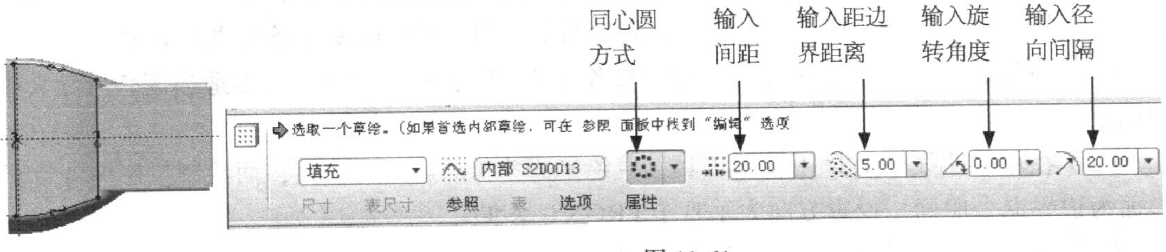

图 10-60　　图 10-61

（4）单击✔图标完成阵列 9 的创建。

11. 文件保存

单击按钮，选择“标准方向”，使零件模型为标准的视图方向，单击图标，保存所绘制的图形。

四、提高实例——饮料壶零件建模

（一）任务导入与分析

1. 任务导入

按照图 10-62 所示的图纸要求，创建出饮料壶零件模型。

零件大部分尺寸在图中都反映出来了，少部分在例题讲解时给出，在附图中给出的是建构边界曲面时所用到的曲线尺寸。

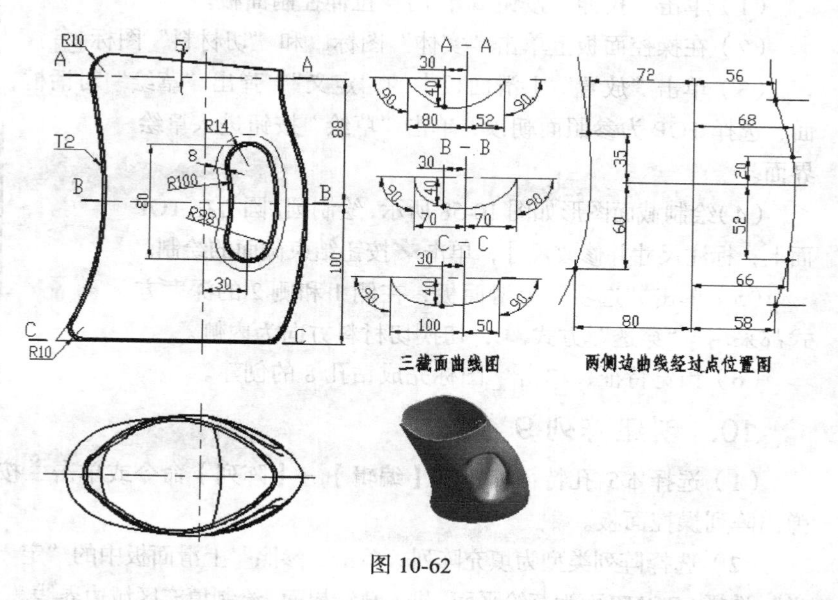

图 10-62

2. 建模思路分析

本提高实例由于结构形状较为复杂，用一般创建实体的方法难以实现，可以通过边界曲面的方法建构零件的外表面，合并曲面、修剪曲面后，对零件进行加厚处理，从而完成零件的三维建模设计。为了创建边界混合曲面，应先采用草绘工具和基准曲线的方法创建边界线。

零件模型创建过程如图 10-63 所示。

3. 建模要点及注意事项

（1）在 3 个基准面上创建 3 条草绘曲线 2，使用样条曲线绘制，给出 5 个点，其中两个端点在参照线上，标定一个中间点的位置，另外两个点的位置应能使样条曲线光滑过渡。

（2）在创建草绘基准点 3 时按给定的参考尺寸确定各点的位置，可以适当调整尺寸大小，使曲线光滑连接。

（3）在草绘曲线 7 时采用草绘工具，草绘平面为 FRONT 基准面；而绘制投影曲线 8 的投影面为边界混合曲面，投影方向为垂直于 FRONT 基准面。

（4）在创建边界混合曲面 10 时应注意点的连接顺序。

（5）加厚特征 16 的加厚方向朝内侧，因为绘制的曲面组为零件的外表面。

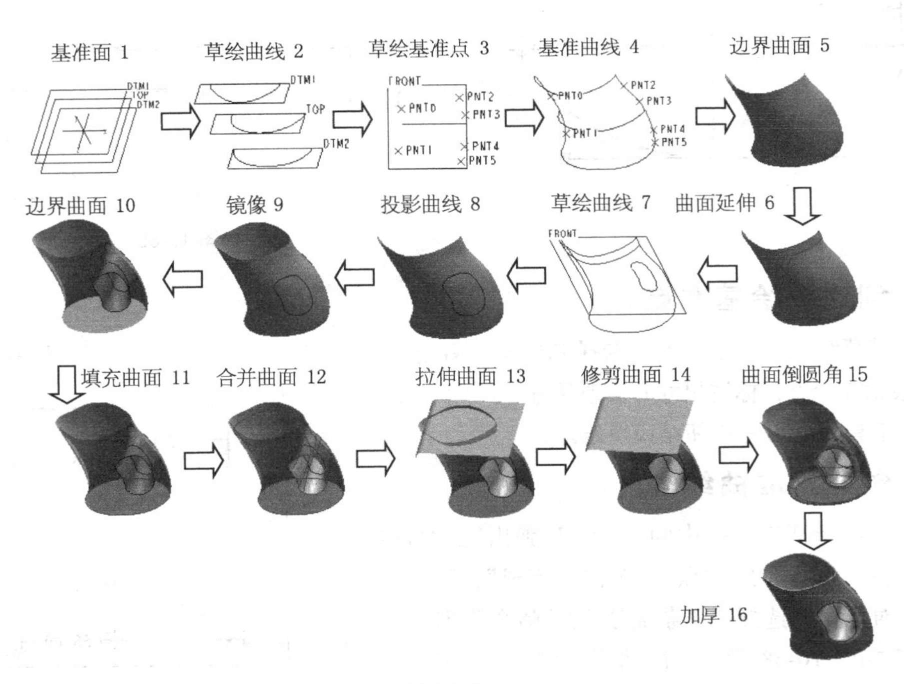

图 10-63

(二) 基本操作步骤

1. 创建新的零件文件

单击“新建”图标，在“名称”文本框中输入 No10-2，取消选中“使用缺省模板”复选框，选择“mmns_part_solid”公制模板，单击 确定 按钮，进入零件模型空间。

2. 创建基准面 1

单击右侧工具栏中的按钮，弹出对话框，选择 TOP 基准面作为参照，约束条件为“偏距”，分别向上和向下输入偏距值 88 和 100，单击“确定”按钮，分别完成基准平面 DTM1 和 DTM2 的创建。

3. 创建草绘曲线 2

（1）单击“草绘工具”按钮，选择 DTM1 基准面为草绘平面，进入草绘界面，单击 5 个点绘制样条曲线，其中两个端点位于水平参照线上，相邻两点尽量靠近端点，标注两端点、中间点尺寸以及角度尺寸，再修改尺寸，如图 10-64 所示，单击工具栏上的✔按钮结束草绘。

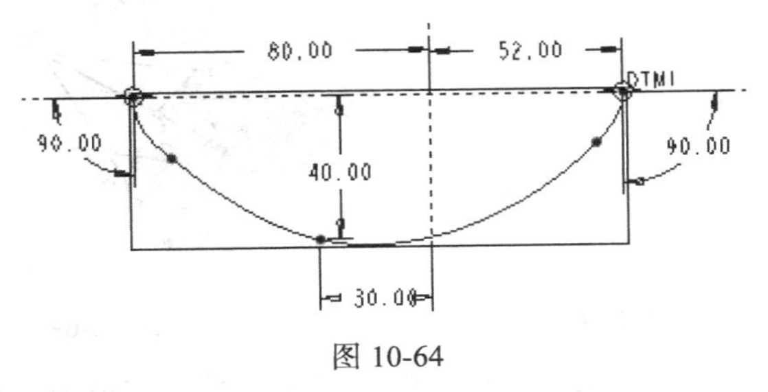

图 10-64

（2）用同样的方法，单击“草绘工具”按钮，分别选择 TOP 基准面和 DTM2 基准面为草绘平面，分别绘制样条曲线，如图 10-65、图 10-66 所示。标注尺寸并修改尺寸，单击工具栏上的✔按钮结束草绘。

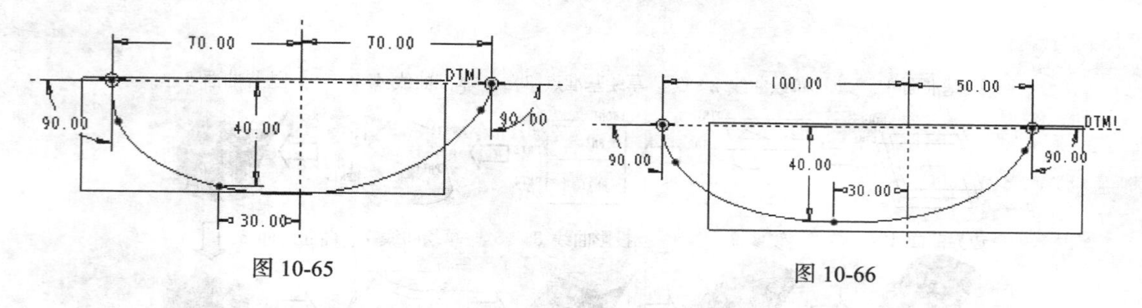

图 10-65　　图 10-66

4. 创建草绘基准点 3

单击“草绘工具”按钮，选择 FRONT 基准面为草绘平面，进入草绘界面，单击“几何点”图标绘制 6 个点，标注尺寸并修改尺寸，如图 10-67 所示，单击工具栏上的✔按钮结束草绘。

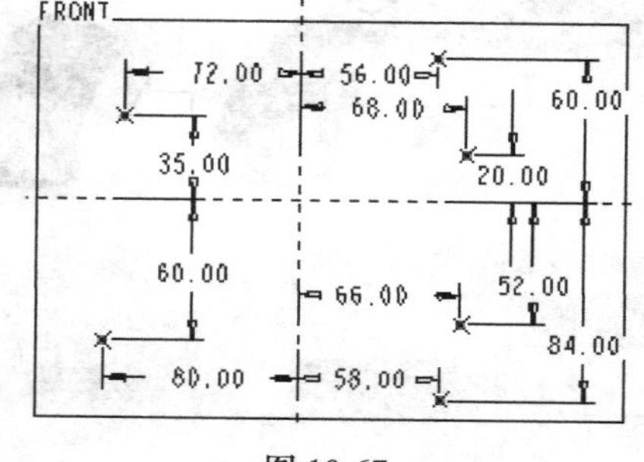

图 10-67

5. 创建基准曲线 4

单击基准特征工具栏中的按钮,弹出“曲线选项”菜单管理器，选择“经过点”，单击“完成”，弹出“基准曲线”对话框，选择“样条曲线”/“整个阵列”/“添加点”，按如图 10-68 所示依次选择右侧 7 个连接点，其中 4 个草绘点和三个草绘曲线 2 的端点。单击菜单管理器中的“完成”，单击“基准曲线”对话框中的“确定”按钮，完成右侧基准曲线的创建。

用同样的方法创建左侧的基准曲线，选择 5 个经过点，其中包括两个草绘基准点和 3 个草绘曲线 2 的端点。

6. 创建边界混合曲面 5

（1）单击【插入】→【边界混合曲面】命令或单击工具栏中的按钮，出现边界混合曲面操控面板。

（2）按住 Ctrl 键选择第一方向的 3 条边界线，单击第二方向窗口，使窗口变绿激活，按住 Ctrl 键选择第二方向的两条边界线，如图 10-69 所示。

（3）预览图形，单击✔按钮，完成边界混合曲面 5 的创建。

7. 创建曲面延伸 6

（1）选择延伸边如图 10-70 所示，单击【编辑】→【延伸】命令，弹出延伸操控面板。

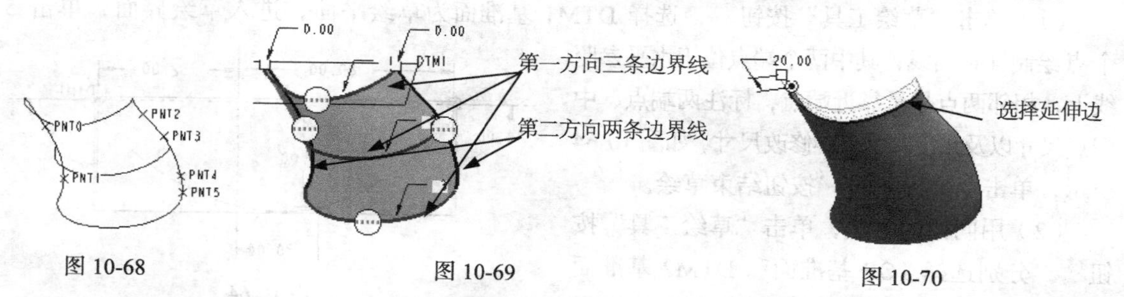

图 10-68　　图 10-69　　图 10-70

（2）单击面板中的按钮，采用“沿原始曲面延伸”。单击“选项”上滑面板，在“方法”中选择“相切”，拉伸侧边 1 和 2 都选择“沿着”。

（3）输入延伸距离值 20，单击“延伸方向切换”图标，使延伸方向朝顶。

（4）预览图形，单击操控面板中的按钮，完成曲面延伸的创建。

8. 创建草绘曲线 7

单击“草绘工具”按钮，选择 FRONT 基准面为草绘平面，绘制图形，标注尺寸并修改尺寸，如图 10-71 所示，单击工具栏上的按钮结束草绘。

9. 创建投影曲线 8

（1）单击【编辑】→【投影】命令，弹出投影操控面板，如图 10-72 所示。

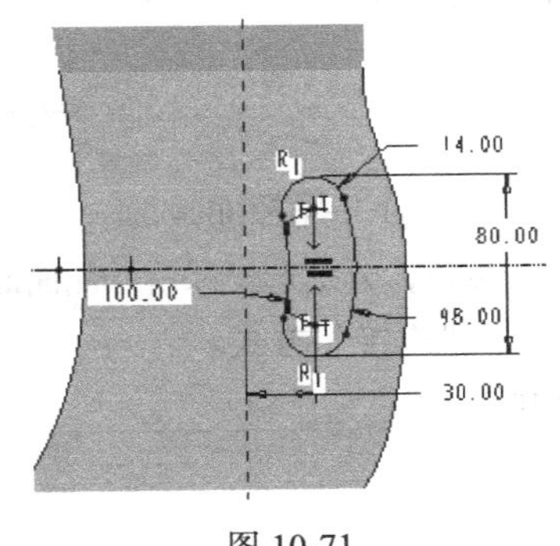

图 10-71

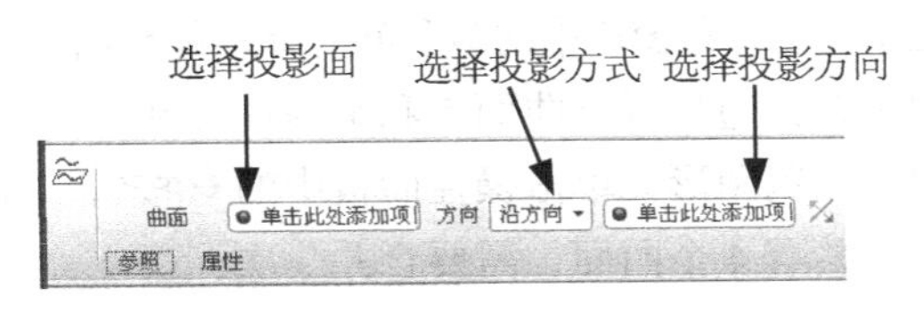

图 10-72

（2）单击“参照”上滑面板，出现如图 10-73 所示的操控面板，在第一个下拉列表框中选择“投影草绘”，单击“定义”按钮，选择 FRONT 面为草绘平面，进入草绘界面，单击图标，用“环形的”方式选择步骤 8 创建的草绘曲线 7，向外偏移 8，如图 10-74 所示，单击工具栏上的按钮结束草绘图形。

（3）单击激活面板中的“曲面”列表框，选择边界混合曲面 5 为投影面，投影方式选择“沿方向”，单击其后的窗口激活，选择 FRONT 基准面，该基准面的法线方向即为投影方向。

（4）预览图形，单击操控面板中的按钮，完成投影曲线 8 的创建，如图 10-75 所示。

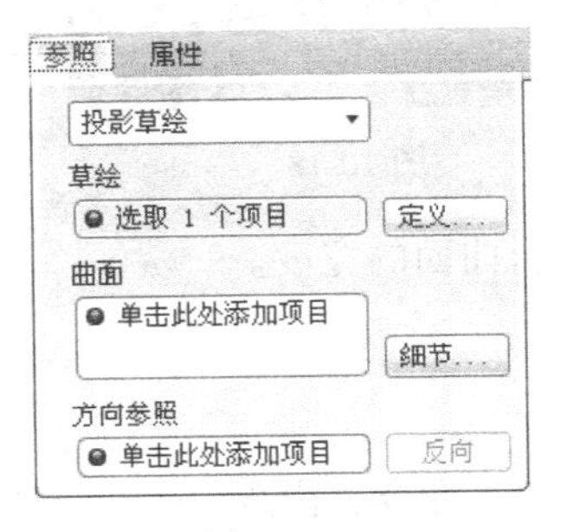

图 10-73

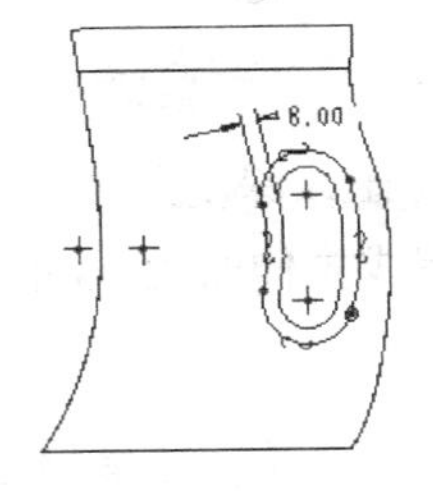

图 10-74

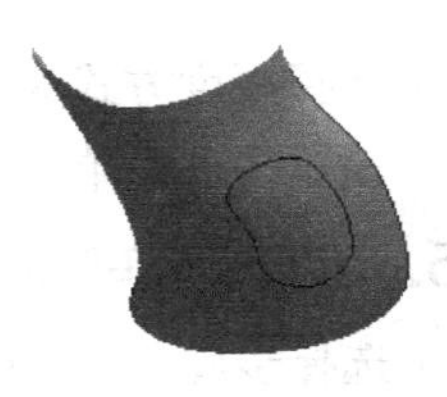

图 10-75

10. 创建镜像 9

选择边界混合曲面 5 和投影曲线 8，单击“镜像”图标，选择 FRONT 为镜像面，单击图标，完成镜像特征 9 的创建。

11. 创建边界混合曲面 10

（1）单击【插入】→【边界混合曲面】命令或单击工具栏中的按钮，出现“边界混合曲面”对话框。

（2）如图 10-76 所示，按住 Ctrl 键选择第一方向的 3 条边界线。

（3）单击“控制点”上滑面板，单击激活“控制点”列表框，在图形中的 3 条边界线上分别选择 3 个对应连接点，使边界曲面连接不会发生扭曲。

（4）预览图形，单击操控面板中的按钮，完成边界混合曲面 10 的创建。

12. 创建填充曲面 11

（1）单击【编辑】→【填充】命令，系统出现“填充”操控面板。

（2）单击“参照”上滑面板中的“定义”，选择 TOP 面为草绘平面，进入草绘界面，单击图标，按图 10-77 所示选择已有特征的边绘制截面图形，单击按钮结束截面的绘制。

（3）单击图标完成填充曲面特征的创建。

13. 创建合并曲面 12

（1）两两选择所创建的曲面，单击绘图区右侧的按钮，出现合并操控面板。

（2）单击图形窗口中的两个黄色箭头或单击操控面板中的按钮，分别选择保留外侧曲面。

（3）合并边界混合曲面 5 和镜像曲面 9，曲面合并方式采用“连接”方式。

（4）预览图形，单击操控面板中的按钮，完成曲面合并。

（5）共有 4 个曲面，需要合并 3 次。

14. 创建拉伸曲面 13

（1）单击“拉伸”图标，出现拉伸操控面板。在操控面板上单击“曲面”图标。

（2）单击“放置”上滑面板中的“定义”，弹出“草绘”对话框，选择 FRONT 面为草绘平面，单击“草绘”按钮进入草绘界面。

（3）绘制截面图形如图 10-78 所示，标注尺寸并修改尺寸，单击按钮结束截面的绘制。

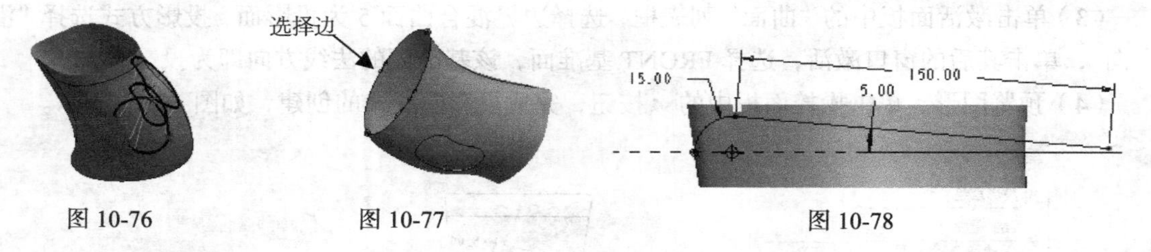

图 10-76　　图 10-77　　图 10-78

（4）选择深度方式为“对称”，深度必须大于边界混合曲面的宽度。

（5）预览特征，单击图标完成拉伸曲面 13 的创建。

15. 创建修剪曲面 14

（1）选择步骤 13 合并的曲面 12，单击【编辑】→【修剪】命令，出现修剪操控面板。

（2）选择曲面 13 为修剪对象，单击“切换”图标切换修剪曲面侧方向，如图 10-79 所示。

（3）预览修剪特征，单击操控面板中的按钮，完成修剪曲面 14 的创建。

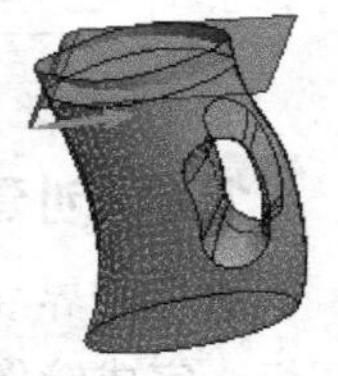

图 10-79

16. 隐藏曲线和拉伸曲面 13

选择拉伸曲面 13，单击鼠标右键出现光标菜单，选择“隐藏”，不显示拉伸曲面 13。

选择所有的曲线，单击鼠标右键出现光标菜单，选择“隐藏”，不显示所有曲线。

17. 创建曲面倒圆角 15

单击工具栏中的按钮，弹出倒圆角特征操控面板，分别输入圆角半径 8 和半经 10，分别选择如图 10-80 所示的不同边，单击图标完成曲面倒圆角 15 的创建。

18. 创建加厚特征 16

在模型树中选择最后一个合并后的面组，单击【编辑】→【加厚】命令，弹出加厚操控面板，输入厚度 2，切换厚度方向朝内侧，如图 10-81 所示。预览加厚特征，单击操控面板中的按钮，完成加厚 16 的创建。

19. 文件保存

单击按钮，选择“标准方向”，使零件模型为标准的视图方向，如图 10-82 所示。单击按钮，保存所绘制的图形。

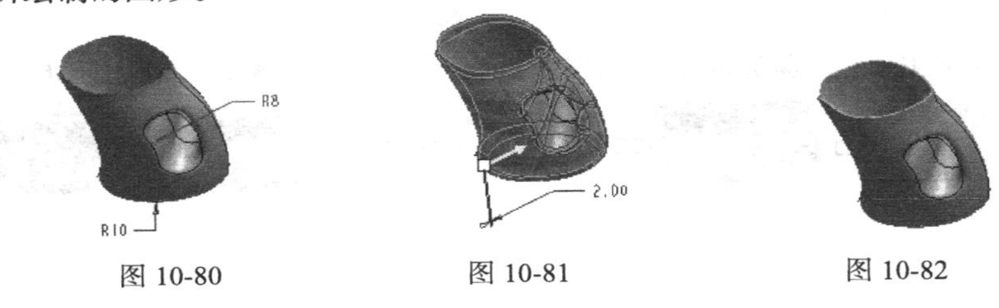

图 10-80　　图 10-81　　图 10-82

五、自测实例——水槽零件建模

（一）任务导入与分析

1. 任务导入

按图 10-83 所示的尺寸创建水槽零件模型，建模时先创建曲面，然后加厚实体化。

2. 建模思路分析

使用填充曲面、曲面拉伸、曲面扫描、曲面偏移、修剪曲面等命令创建模型的外表面，用加厚的方法将零件变为实体模型。在创建的过程中应当先创建水槽的上表面或下表面，注意给出的尺寸应当适当换算。

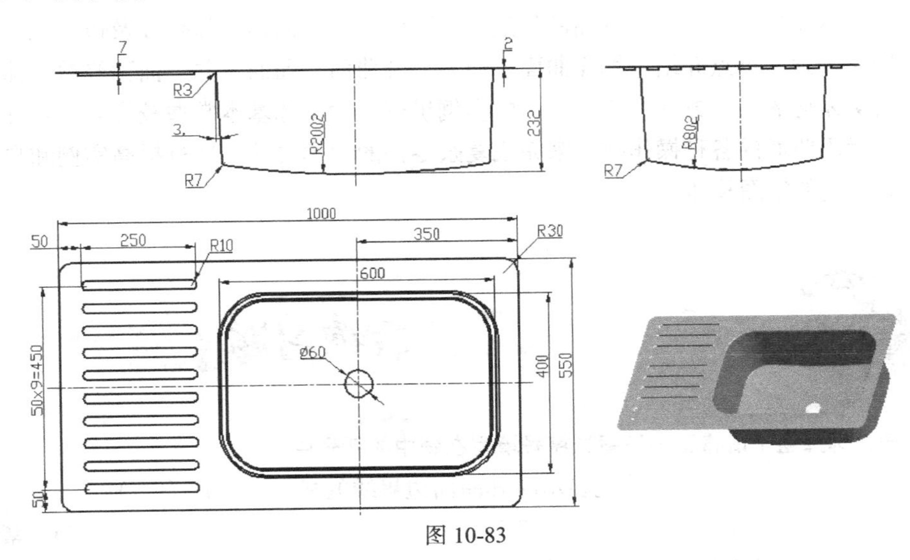

图 10-83

3. 建模要点及注意事项

（1）填充曲面的草绘平面选择 TOP 面。

（2）水槽的底面采用曲面扫描的方法创建。

（3）水槽的侧表面应当进行拔模处理，操作步骤与实体拔模方式一样，中性面选择上平面。

（4）左侧的腰形槽采用草绘偏移的方法创建。

（5）偏移曲面的阵列与实体阵列方式相同。

（二）建模过程提示

零件模型创建过程如图 10-84 所示。

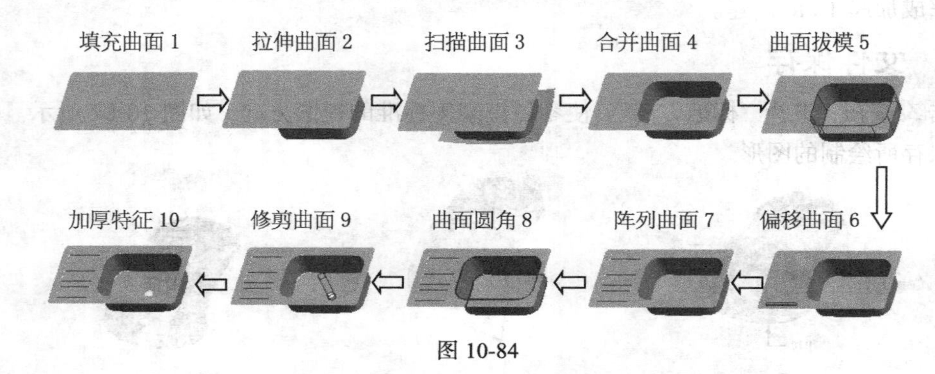

图 10-84

项目小结

本项目主要介绍了曲面的创建、曲面的编辑、曲面实体化以及边界混合曲面的创建方法和操作步骤，重点介绍了填充曲面、边界混合曲面、曲面合并、曲面修剪、曲面延伸以及曲面面组实体化的操作方法。通过项目的实例讲解，学生能基本掌握较为复杂零件的建模设计，能灵活运用曲面的各种操作技法来完成复杂零件的建模设计。通过提高实例和自测实例，进一步提高学生的绘图技巧。

课后练习题

一、选择题（请将正确答案的序号填写在题中的括号中）

1. 曲面特征在非着色显示时其曲面边界线的显示颜色是（　）。

（A）红色　　（B）蓝色　　（C）绿色　　（D）紫色

2. 用填充方法创建的曲面一定是（　）。

（A）平面曲面　　（B）空间曲面

3. 创建曲面时的截面图形一定是（　）的。

（A）开放　　（B）封闭　　（C）可以开放也可以封闭

4. 两个交叉的曲面在进行合并时只能采用（　）。

（A）相交的方式 （B）连接的方式 （C）两者都可以

5. 创建填充曲面时的截面图形一定是（ ）的。
   （A）开放 （B）封闭 （C）可以开放也可以封闭
6. 对曲面实体化，一般所选择的面组要求是（ ）。
   （A）封闭面组 （B）开放面组 （C）两者都可以
7. 对曲面进行修剪，所选择的修剪对象为（ ）。
   （A）基准面 （B）曲面 （C）曲面上的曲线 （D）三者都可以
8. 对曲面进行延伸操作，必须先选择（ ）。
   （A）曲面 （B）曲面的边线 （C）随便
9. 对曲面进行加厚操作，所选择的面组为（ ）。
   （A）开放面组 （B）封闭面组 （C）可以开放也可以封闭
10. 创建边界混合曲面，最多允许选择（ ）方向的边界线。
   （A）1 个 （B）2 个 （C）3 个 （D）4 个

二、判断题（请将判断结果填入括号中，正确的填“√”，错误的填“×”）

（ ）1. 拉伸特征命令只能创建实体特征。
（ ）2. 对曲面面组进行实体化时，只能创建加实体材料特征，而不能创建切材料特征。
（ ）3. 填充曲面特征一定是平面曲面。
（ ）4. 在执行曲面合并时，图形中出现的箭头方向为合并后曲面的保留侧。
（ ）5. 用曲线修剪曲面时，所选择的修剪对象可以是空间的任意曲线。
（ ）6. 创建边界混合曲面时，边界曲面的最外侧曲线必须首尾相连。
（ ）7. 选择边界混合曲面的边界线时，必须选择两个方向的边界线。
（ ）8. 在创建曲面延伸时，所延伸的曲面一定与原曲面具有相同的曲率。
（ ）9. 选择边界混合曲面边界线时，应按先后顺序依次选取。
（ ）10. 如果对 N 个曲面进行合并，应执行 N-1 次合并。

三、建模练习题

1. 按图 10-85 所示的尺寸，创建零件模型。

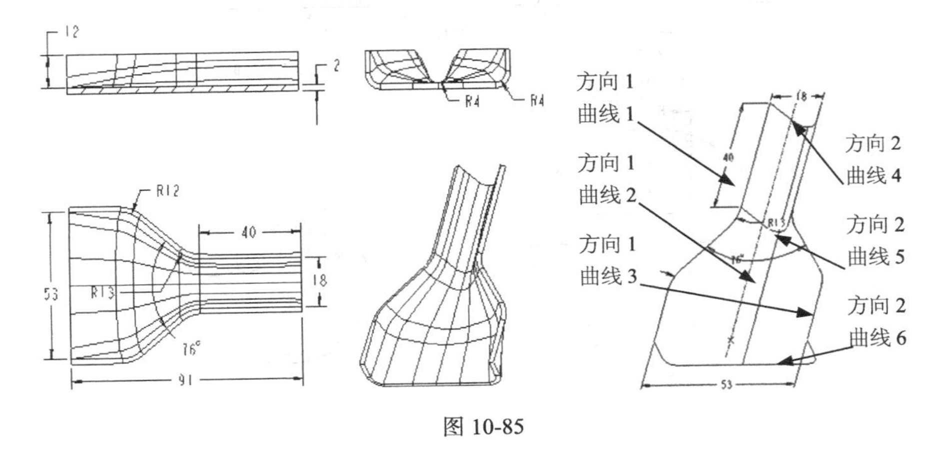

图 10-85

2. 按图 10-86 所示的尺寸，创建零件模型。

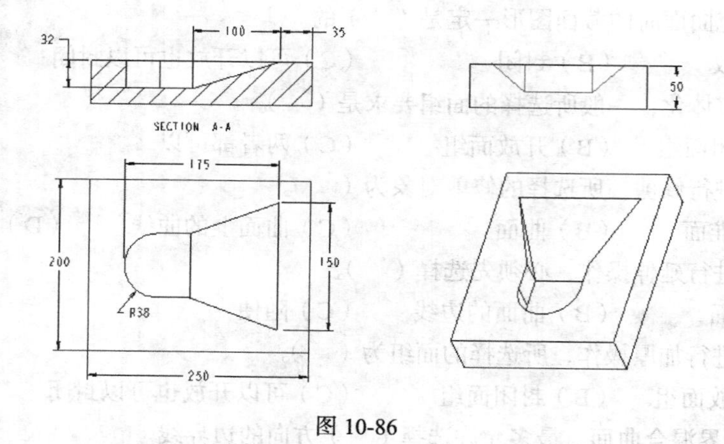

图 10-86

3. 按图 10-87 所示的尺寸，创建零件模型。

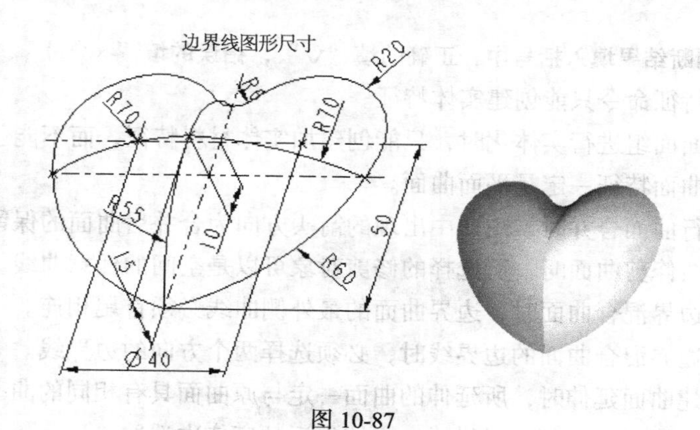

图 10-87

4. 按图 10-88 所示的尺寸，创建零件模型。

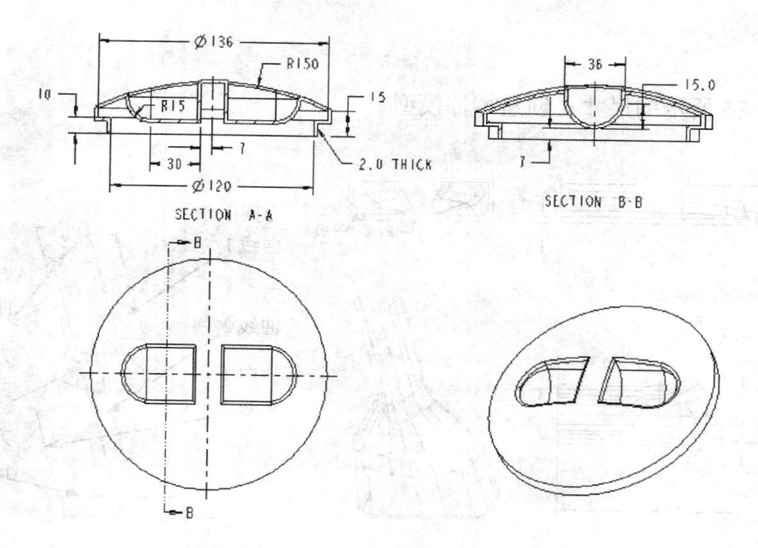

图 10-88

项目十一

钻孔夹具零部件装配设计

【能力目标】

通过对组件装配基础知识的讲解以及装配练习，学生能灵活掌握装配的操作方法和基本步骤，正确使用装配的约束关系，掌握元件的阵列和复制方法，并且能熟练创建装配分解爆炸图。

【知识目标】

1. 熟悉零部件装配操作的基本步骤，合理运用约束关系、元件复制和元件阵列来完成零部件的装配设计
2. 掌握在装配模块下创建零件模型的基本方法，能根据元件的装配关系生成分解爆炸图

一、项目导入

图 11-1 是机械加工中的钻夹具装配图，按图中的装配关系创建装配文件。

装配文件的技术要求如下。

（1）从网站上下载配套文件夹（\No11\No11-1），部件中的主要零件都已经创建完毕，创建装配文件只需从相关的文件夹 No11-1 中调入零件进行装配，所有零件图形文件都是以该零件的图号命名的。

（2）装配文件名称为 No11-1，根据图中所示完成钻夹具全部零件的装配设计。

（3）具有相同的元件可以采用阵列或复制的方法进行装配。

（4）零件序号 6 为平键，在文件夹中并没有给出该零件图形，采用在装配模块中创建的新零件模型。

（5）所有零件装配完成后，必须根据零件装配的先后顺序和装配关系生成一个分解爆炸图。

（6）组件明细表见表 11-1 所示。

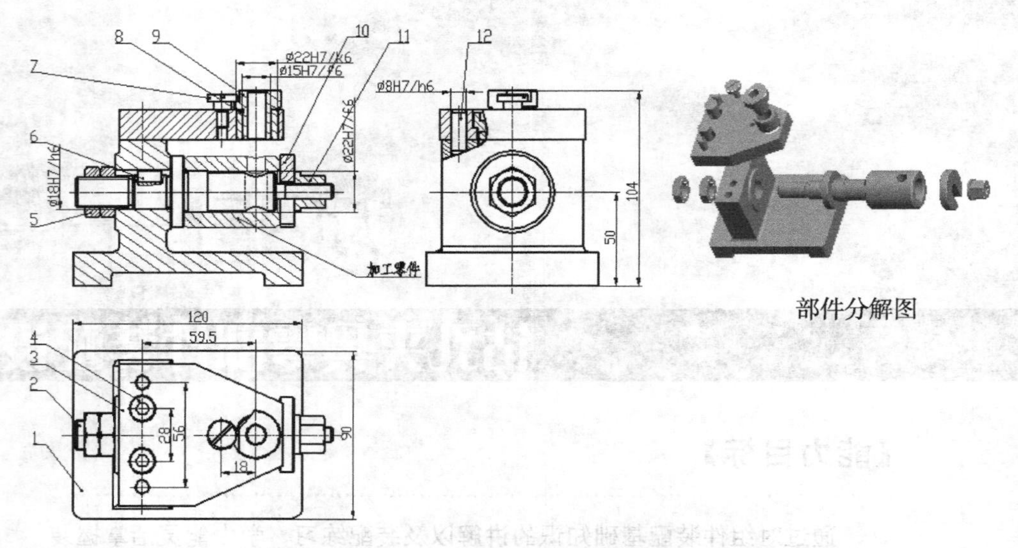

图 11-1 钻夹具装配图

表 11-1 组件明细表

序 号	图 号	名 称	材 料	数 量
1	No11-1-01	夹具体	A3	1
2	No11-1-02	安装轴	45	1
3	No11-1-03	钻模板	A3	1
4	No11-1-04	内六角螺钉	45	2
5	No11-1-05	并紧螺母	45	2
6	No11-1-06	平键	45	1
7	No11-1-07	防转螺钉	45	1
8	No11-1-08	铜套	锡青铜	1
9	No11-1-09	快换钻套	45	1
10	No11-1-10	开口垫片	A3	1
11	No11-1-11	压紧螺母	45	1
12	No11-1-12	定位销	45	2
	workpiece	待加工件	A3	1

二、相关知识

（一）创建组件装配文件

组件装配与设计就是将零件模型按照一定的约束关系放置在一个装配模型空间中，是Pro/ENGINEER 中的一个专门设计模块。由于 Pro/ENGINEER 系统采用单一的数据库技术，无论修改组件尺寸还是零件尺寸，组件模型和零件模型都会发生变化，即组件模型和零件模型存在关联性，因此在创建组件模型时，待装配的零件模型应和组件模型文件放在同一个文件夹中。

1. 前期准备

（1）创建组件文件夹。将所有待装配的零件文件存放在该文件夹中。

（2）设置工作目录。单击【文件】→【设置工作目录】命令，弹出“选取工作目录”对话框，找到组件文件夹，单击对话框中的“确定”按钮。

2. 创建组件文件

（1）单击【文件】→【新建】命令，或单击“新建”图标，弹出“新建”对话框。

（2）选择文件类型为“组件”，子类型为“设计”，输入组件文件名称，取消选中“使用缺省模板”复选框，单击“确定”按钮，进入模板选择对话框。

（3）选择公制装配模板“mmns_asm_design”，单击“确定”按钮，系统进入组件设计模型空间。

（4）组件模型空间中自动产生了 3 个默认组件基准平面 ASM_TOP、ASM_RIGHT 和 ASM_FRONT 以及一个缺省组件基准坐标系 ASM_DEF_CSYS。

3. 保存组件文件

组件文件一定要与对应的装配零件文件保存在同一个文件夹中。如果事先设置好了工作目录，组件文件会自动保存在工作目录中。

（二）组件装配设计的两种基本方法

在 Pro/ENGINEER 组件装配设计中，待装配的零件称为元件，已经装配到位的零部件称为组件。组件装配设计有两种方法：装配元件和创建元件。

1. 装配元件

装配元件是指在组件模型空间中，将已完成的零部件体按相互之间的配合关系放置在装配模型空间中，组成一个新的装配体，如图 11-2 所示，这种装配方式常用于零部件较为简单、产品较为成熟的场合。

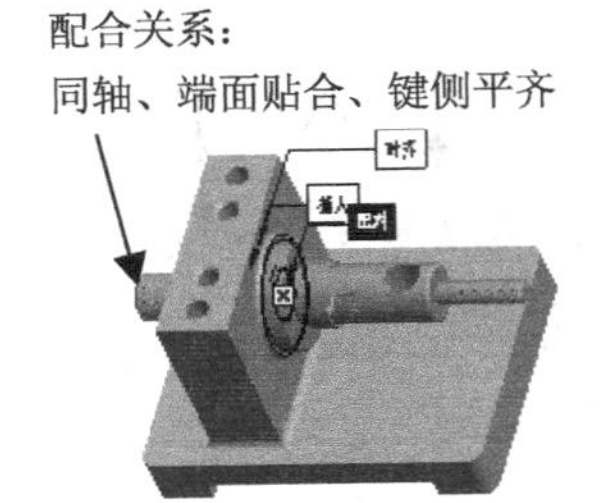

图 11-2

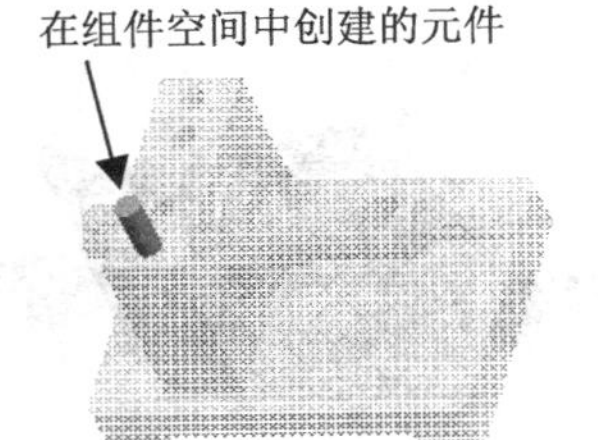

图 11-3

单击【插入】→【元件】→【装配】命令或单击绘图区右侧的按钮，可进行元件的装配。

2. 创建元件或子部件

在组件模型空间中直接新建一个元件或子部件，即在组件模型空间中新建零部件，输入零部件名称，直接创建零部件的所有特征，如图 11-3 所示。这种装配方式常用于部件外形、位置、结构事先尚未完全确定的场合。

单击【插入】→【元件】→【创建】命令或单击按钮，此时所有组件元件被灰阶，可在组件模型空间中进行零部件设计，零件设计完成后，在模型树中用鼠标右键单击组件文件使其激活，系统又重新返回到组件设计模块中。

（三）装配约束类型

按一定的装配关系，选择适当的参照要素将元件或子部件定位到组件模型空间中，这种装配关系就叫约束，如轴线同轴、平面贴合或对齐等。每一种约束关系都必须选择两个对应的几何参照要素，选择待装配零件上的几何要素叫元件参照，而选择组件上的几何要素称为组件参照。一般一个零件要实现完全约束必须有 3 个约束关系。Pro/ENGINEER 提供了多种装配约束关系，常用的有以下几种。

1. 缺省

"缺省"约束关系就是将待装配元件的缺省坐标与组件模型中的缺省坐标完全重合在一起，即 X 轴与 X 轴对齐、Y 轴与 Y 轴对齐。缺省关系的按钮为▣。

装配的第一个元件一般都是基础元件，因此在创建基础元件时，其缺省放置方位应当是零件的安装位置，基础元件装配都采用"缺省"方式定位。

2. 匹配

选择几何要素为两个平面，用于定位所选的两个平面的法线方向相对，如图 11-4 所示。其中一个要素为待装配零部件的左平面 A，另一个要素为已装配好的零部件平面 B，A 面法线方向朝左，B 面法线方向朝右，两平面法线方向相对，所选的平面既可以是实体表面，也可以是基准平面。

匹配约束包含 3 种设定。

（1）重合：表示两平面沿同一平面放置（即相互贴合），如图 11-5 所示。

（2）偏距：表示两平面间相隔一个偏移距离，如图 11-5 所示，偏移值可以为正、负值。

（3）定向：表示只限定两平面的法线方向相反，而不限定其间距。

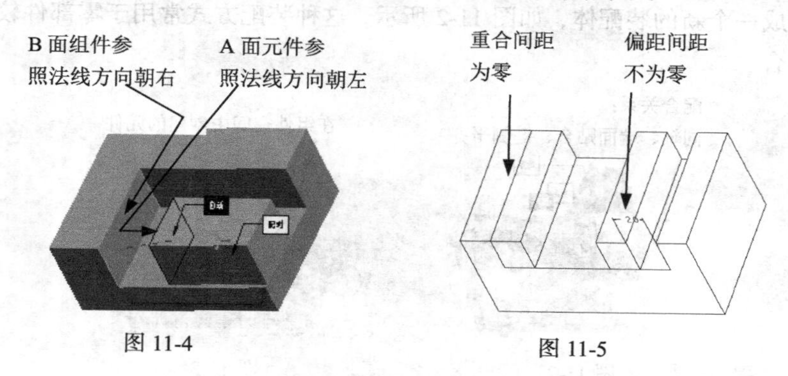

图 11-4　　图 11-5

3. 对齐

"对齐"约束所选择的对象不同，产生的效果也不同。

如果选择要素为两平面，"对齐"约束用于定位所选的两平面的法线方向相同，如图 11-6 所示。其中元件要素 A 面和组件要素 B 面的法线方向相同。

对齐约束也有 3 种设定：重合、偏距和定向，其含义与匹配约束 3 种设定的含义相同，如图 11-7 所示。

如果选择要素为两回转轴线，"对齐"约束用于定位所选的两轴线同轴。

4. 插入

“插入”约束专用于定位两旋转表面同轴。定义时，要求选取旋转特征的回转表面，如图 11-8 所示的孔轴配合。

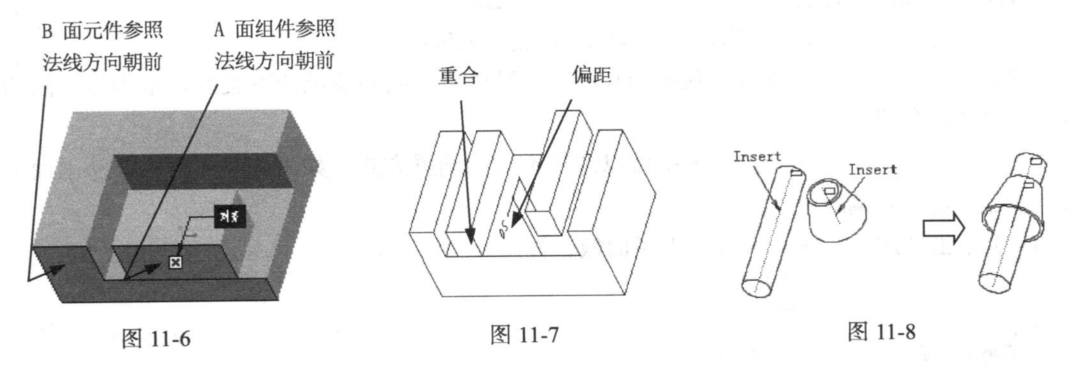

图 11-6　　图 11-7　　图 11-8

5. 相切

“相切”约束用于定位一个圆柱表面与另一个表面相切，如图 11-9 所示。定义时需要选取特征的表面。

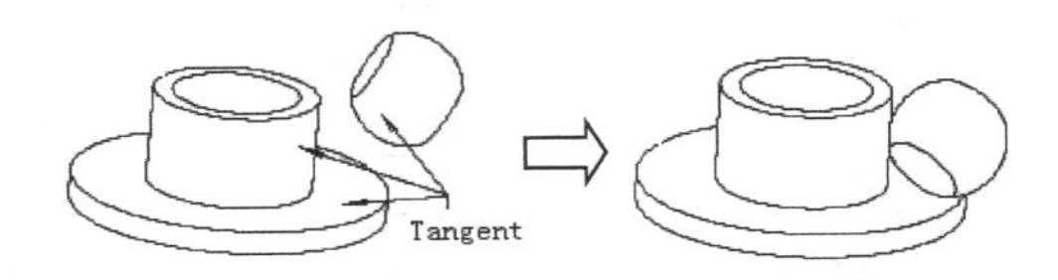

图 11-9

6. 自动

由系统根据所选的两个参照要素特点自动判断约束条件的类型。

7. 坐标系

用于对齐两个零件模型所选定的坐标轴，此时各坐标系的对应轴会相互对齐，即 X 轴与 X 轴对齐、Y 轴与 Y 轴对齐。

（四）装配元件

1. 输入命令

单击【插入】→【元件】→【装配】命令，或单击右侧工具栏的按钮，出现“打开”对话框，在指定的文件夹中选择需装配的零部件文件，单击“打开”按钮，该零件模型自动进入绘图区内，同时弹出装配操控面板。

2. 操控面板功能简介

输入命令后系统自动弹出的装配操控面板如图 11-10 所示。

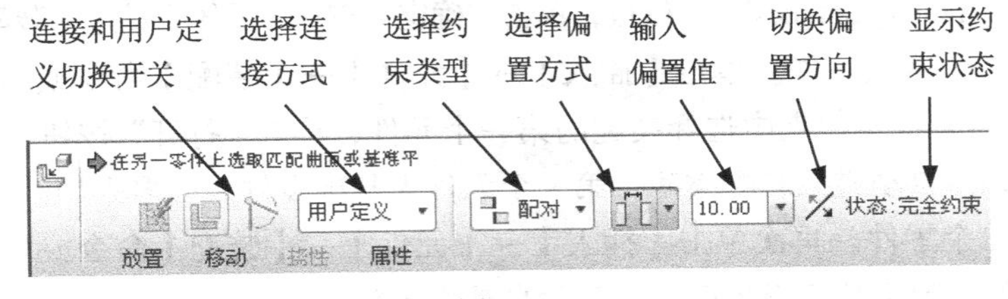

图 11-10

（1）在“用户定义”下拉列表（见图 11-11）中可选择不同的连接类型。下面介绍几种常用的连接类型。

用户定义：定义 3 个约束条件，刚性约束元件的装配。

销钉：允许元件有一个旋转自由度的装配。

滑动杆：允许元件有一个轴向移动自由度的装配。

圆柱：允许元件有旋转和轴向移动两个自由度的装配。

（2）在“配对”下拉列表（见图 11-12）中可选择不同的装配约束类型。常用的装配约束类型前面已经介绍。

（3）在“偏置方式”下拉列表中可以选择不同的偏置方式，如图 11-13 所示，从上而下分别是重合、定向和偏距。

（4）单击“放置”选项，弹出上滑面板，如图 11-14 所示。

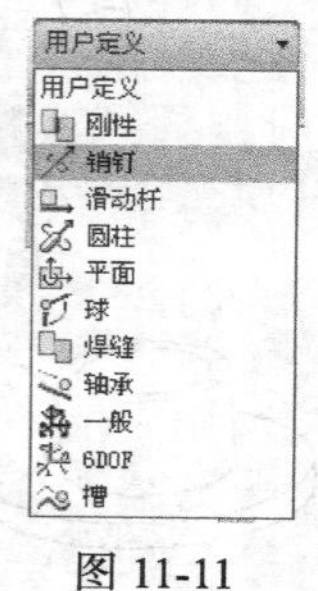

图 11-11

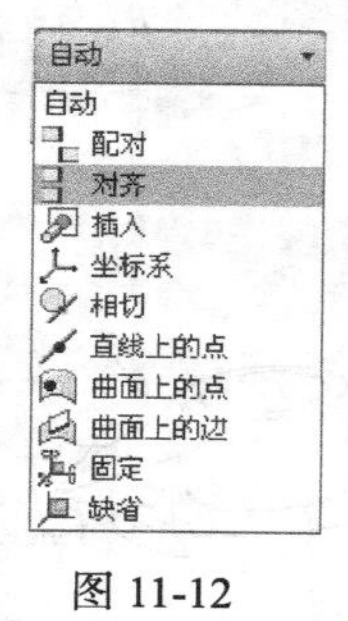

图 11-12

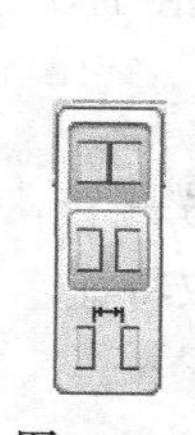

图 11-13

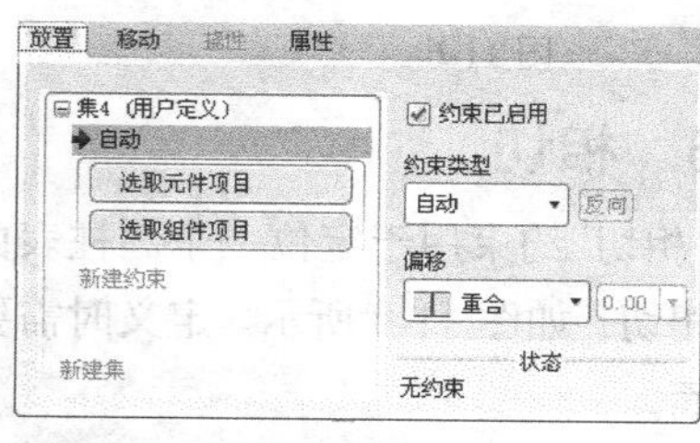

图 11-14

此面板的主要功能在于选择约束类型、为每个约束条件选择对应的元件参照和组件参照、设置偏距方式、输入偏距值。

一般情况下，元件定位需要 3 个约束条件，在操控面板的“显示状态”中会自动出现完全约束，但允许有两个约束条件的假定约束条件，如轴孔配合中允许绕轴线旋转不约束。

（5）单击“移动”选项，弹出上滑面板，如图 11-15 所示。

在装配过程中元件初始位置不一定就在装配位置附近，因此需要将元件移动到装配位置附近，以便于装配。

运动类型包括平移、旋转、调整、定向。

运动方向参照方式包括在视图平面中相对和运动参照。

注意，一旦元件移动完成后必须关闭“移动”上滑面板，才能进行元件的装配约束。

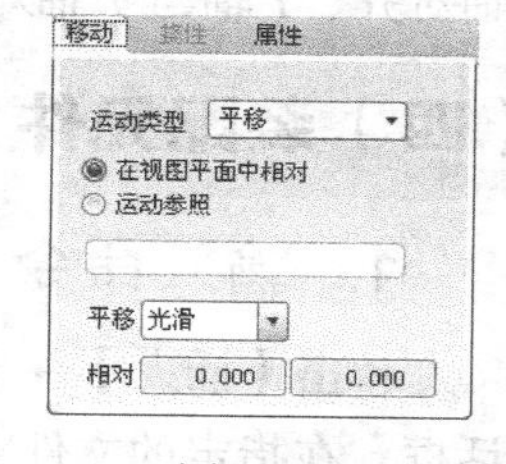

图 11-15

3. 基本操作步骤

（1）创建新文件。单击“新建”按钮，新建一个装配文件。文件类型为“组件”，子文件类型为“设计”，选择“mmns_asm_design”模板，单击“确定”按钮，系统自动进入装配模型空间中。

（2）装配第一个基础零件。单击【插入】→【元件】→【装配】命令或单击按钮，弹出“打开”对话框，在装配文件夹中选择装配的第一个元件，单击“打开”按钮，弹出装配操控面板，同时待装配元件自动进入装配空间，第一个元件为基础零件，大多采用缺省方式定位。

（3）装配第二个零件。再次单击【插入】→【元件】→【装配】命令或单击按钮，选择装配的第二个元件，弹出装配操控面板，元件自动进入装配空间。

① 选择第一个约束条件，根据约束条件，在图形窗口中选择对应的元件参照和组件参照，元件自动按约束要求移动到约束位置，完成元件的第一个装配约束。

② 在“放置”上滑面板中单击“新建约束”，继续为元件选择第二个约束条件，指定对应的参照要素，完成第二个装配约束。

③ 用相同的方法完成第三个装配约束。

④ 观察“约束状态栏”的提示说明，如果显示“完全约束”，则单击操控面板中的✔按钮，完成第二个元件的装配。

（4）重复上述步骤，继续其他零件的装配操作。

（五）创建元件

在装配模块中还可以创建元件（零件）和子组件。以创建元件为例介绍元件创建的基本操作步骤。

（1）输入命令。单击【插入】→【元件】→【创建】命令，或单击右侧工具栏中的按钮，系统弹出“元件创建”对话框，如图 11-16 所示。选择文件类型为“零件”，输入文件名，单击“确定”按钮，弹出“创建选项”对话框，如图 11-17 所示，选择“创建特征”，单击“确定”按钮，原组件变为灰阶，系统进入零件创建模式。

（2）创建零件模型特征。使用各种特征创建命令完成该零件的设计，在创建特征过程中，草绘平面、参考平面、绘制图形都可以利用组件要素。

（3）退出零件模型。当完成零件所有特征的创建后需要返回组件装配状态时，在模型树中右击组件名称，出现光标菜单，选择“激活”，系统自动返回组件装配状态，如图 11-18 所示。

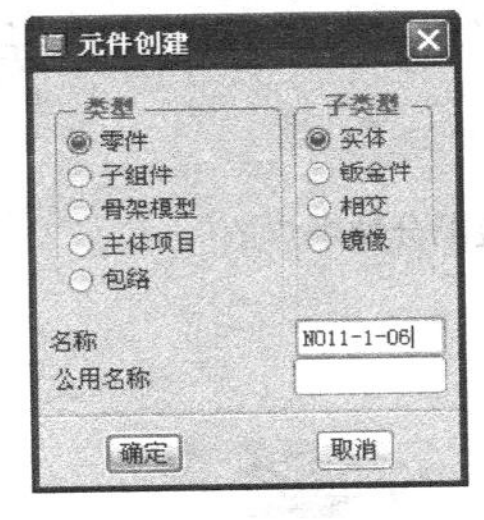

图 11-16

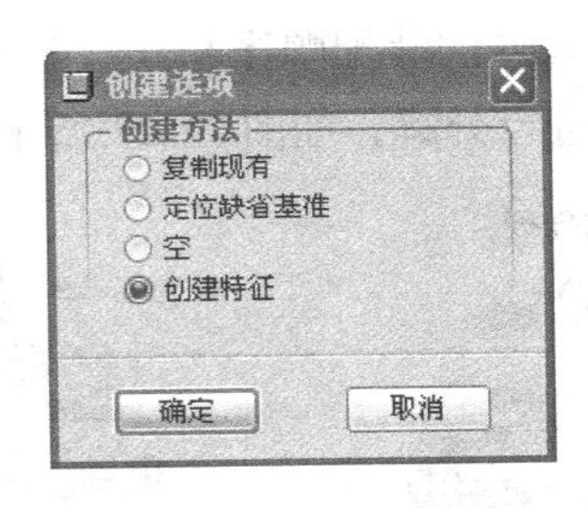

图 11-17

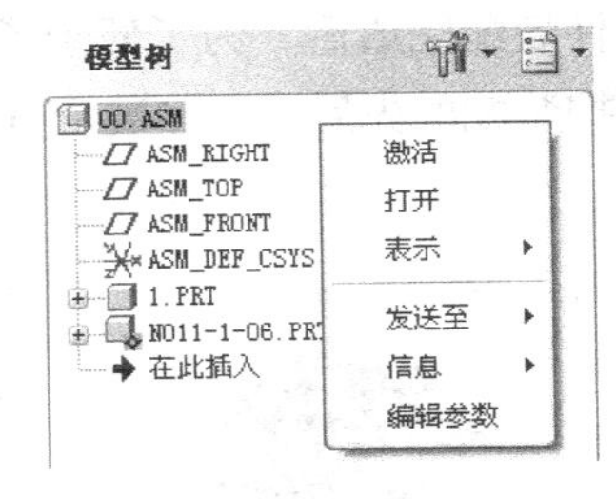

图 11-18

（4）修改所创建的零件。在装配过程中需要返回所创建零件模型时，在模型树中右击该零件名称，出现光标菜单，选择“激活”，系统自动返回到零件模型状态中，此时可以对零件进行修改。

（六）元件的复制与阵列

1. 元件复制

与零件模块中的特征复制相同，在装配模块中，也可以对单个或多个已装配的元件进行平移复制和旋转复制，复制选择的对象为元件，如图 11-19 所示。装配相同元件都可以使用元件复制。

元件复制的操作步骤如下。

（1）单击【编辑】→【元件操作】命令，出现“元件”菜单管理器，如图 11-20 所示。

（2）选择“复制”，在绘图区中先选择坐标，然后选择复制的多个元件，单击“确定”，出现“复制”菜单管理器，如图 11-21 所示。

（3）移动复制有两种形式：平移和旋转，平移复制的方向可以选择沿坐标的 X、Y、Z 轴平移，输入平移距离。旋转复制可以选择绕坐标的 X、Y、Z 轴旋转，输入旋转角度。

（4）单击“完成移动”，输入复制的总数量（总数量包括原元件），完成一次复制。

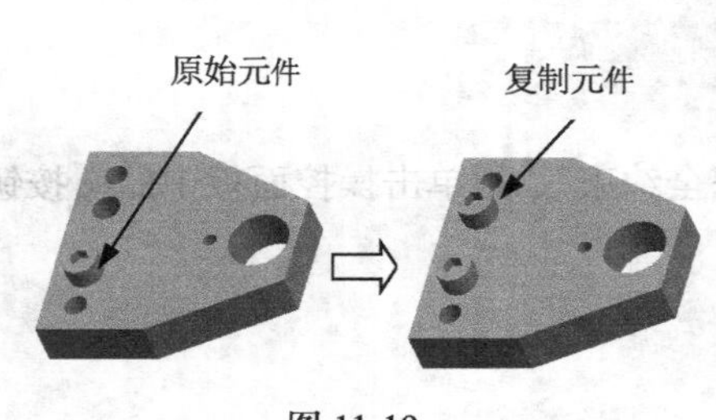

图 11-19

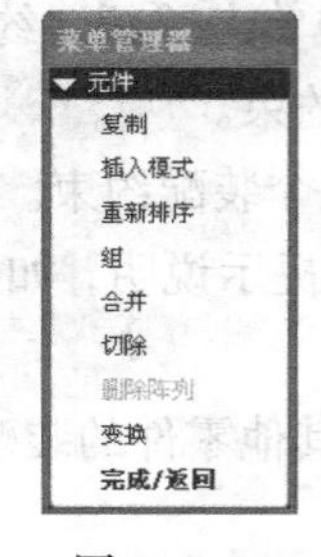

图 11-20

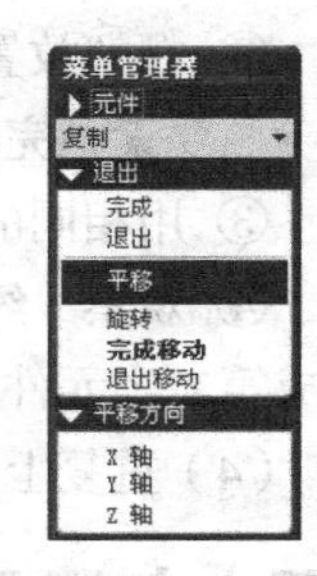

图 11-21

（5）系统允许一次操作中有多个平移和旋转复制，只需要重复操作即可。

（6）单击"完成"，结束整个复制操作。

2. 元件阵列

与特征阵列一样，元件也可以阵列，如图 11-22 所示。阵列的对象为元件，阵列的尺寸参照只能为约束的偏距值。

装配图中的元件阵列类型包括尺寸阵列、方向阵列、轴阵列及填充阵列等，阵列方法与特征阵列方法基本相同，只不过在进行尺寸阵列时，只能以元件装配中产生的偏距值作为阵列参考尺寸。

（七）创建装配分解爆炸图

组件装配完成后，为了便于了解元件的装配顺序和元件装配方向，往往需要将已经装配好的元件按装配的先后顺序和装配方向进行分解，如图 11-23 所示。

图 11-22

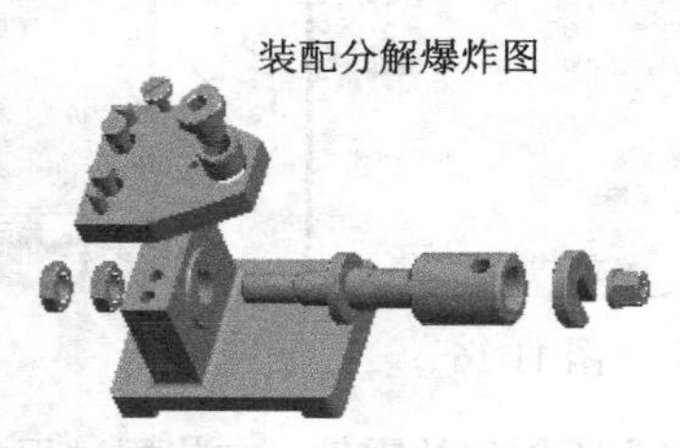

图 11-23

组件的分解方式有两种，一种是缺省分解，即系统自动根据装配约束关系进行分解，另一种是用户自定义分解，即用户按照自己的方式进行零件的分解。

以用户自定义分解方式为例介绍创建分解爆炸图的操作步骤。

（1）单击【视图】→【视图管理器】命令，或单击绘图区上部的图标，弹出"视图管理器"对话框，单击"分解"选项，如图 11-24 所示。单击对话框底部的"属性"按钮，对话框切换如图 11-25 所示的对话框，再次单击此按钮，又返回原对话框。系统会自动生成一个默认的分解，单击"缺省分解"设定为活动状态，自动分解装配零件。

（2）在图 11-25 对话框中有两个图标，图标为分解状态，图标为取消分解，两者之间可以相互切换。

在图 11-24 中有 3 个下拉列表。

新建：新建一个用户自定义的分解状态图。

编辑：可以保存、删除自定义的分解，编辑元件分解位置。

选项：选中某一个分解名称，可将其设置为活动状态。

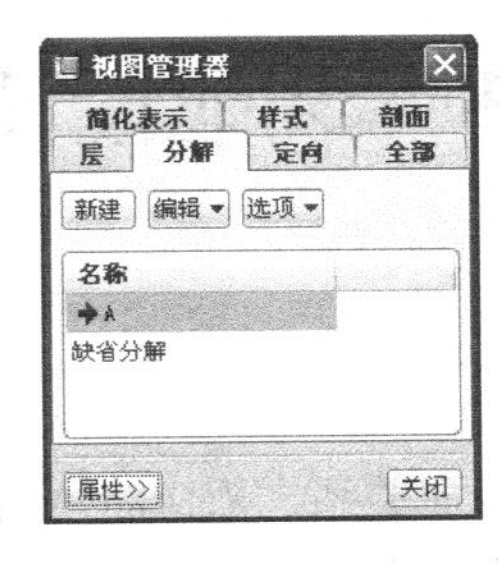

图 11-24

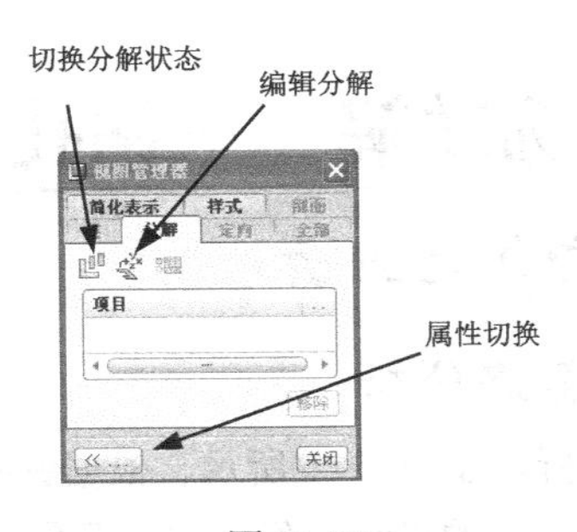

图 11-25

单击“新建”选项，输入“A”按回车键，分解“A”旁出现红色箭头，表明该分解属于活动状态，对元件进行分解编辑。

（3）单击“属性切换”开关，对话框又切换为如图 11-25 的对话框，单击“编辑分解”图标，弹出如图 11-26 所示的分解编辑操控面板。

分解元件有 3 种移动方式，即平移、旋转和视图平面。单击操控面板中的“平移”图标，在图形窗口中选择需移动的元件，按住 Ctrl 键可以选择多个同时平移的元件，此时在图形中自动产生一个坐标，将鼠标移动到坐标附近，坐标的 X、Y 或 Z 轴中有一根轴会自动变红，选择其中一个作为平移方向，鼠标单击，再移动鼠标到适当位置单击，完成平移，如图 11-27 所示。

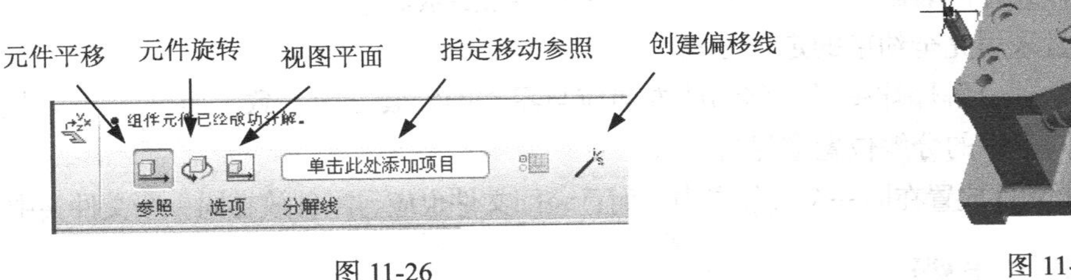

图 11-26

图 11-27

（4）用同样方法移动其他元件，如果所需的移动方向与缺省的坐标方向不一致，可以单击激活面板中的“指定移动参照”窗口，指定坐标、平面或边线作为参照，系统自动产生一个与此对应的坐标参照。

（5）所有元件按要求完成移动后，单击图标，再单击“属性切换”，对话框返回图 11-24 的对话框，单击“编辑”选项，再单击“保存”按钮，保存分解状态，完成自定义分解。

（6）在分解图窗口中选择不同的分解名，单击鼠标右键，出现光标菜单，可以激活不同的分解状态。单击分解图窗口中的“切换分解状态”图标，可以切换分解状态。

（7）如果单击【视图】→【分解】→【编辑位置】命令，可以编辑激活的分解图的位置；单击【视图】→【分解】→【分解视图】或【取消分解】命令，可以切换视图的分解状态。

元件分解方向最好应按元件的装配方向移动，还应考虑到元件装配的先后顺序。

三、实例详解——钻孔夹具零部件装配设计

（一）任务导入与分析

1. 建模思路分析

（1）图形分析。如图 11-1 所示，根据钻夹具装配图的装配关系，依次将所有零件进行装配设计，其中主要零件的设计已经完成，只需给出零件的正确约束条件。但零件序号 6 平键并没有给出零件模型，需在装配图中创建。

（2）建模的基本思路。在机械行业中，零件的装配关系主要有同轴、匹配和对齐 3 种，装配元件的先后顺序应该是先装配基础元件，然后依次装配与基础元件相配的元件，元件定位尽量采用完全定位，属于相同的元件装配应尽量采用复制或阵列的方式，以减少装配零件的数量。

完成所有零件的装配后，设计装配的分解爆炸图，而且分解爆炸图应采用用户自定义的方式产生。

2. 建模要点及注意事项

（1）基础元件的装配最好选择缺省方式，即零件的缺省坐标和装配文件的缺省坐标保持一致，因此在创建基础零件时的缺省方位应与装配位置保持一致。

（2）合理选择元件的装配约束条件和约束条件的参照要素。

（3）零件尽量采用完全约束的定位方式。

（4）创建组件的分解爆炸图时，移动的方向应与零件的安装方向一致，而且注意保持安装的先后顺序，相同零件的分解位置应保持一致。

（5）所有装配元件放置在同一个文件夹中，而且装配文件也应与零件放在同一个文件夹中。

（二）基本操作步骤

1. 建立新的组件文件

单击“新建”图标□，在“新建”对话框中选择文件类型为“组件”，在“名称”文本框中输入 No11-1，取消选中“使用缺省模板”复选框，选择“mmns_asm_design”公制模板，单击确定按钮，系统进入组件模型空间。

2. 装配第一个基础零件夹具体 No11-1-01

单击按钮，到指定的文件夹中选择夹具体零件 No11-1-01.prt，弹出“装配”对话框，同时待装配零件自动进入装配空间，采用缺省方式放置零件模型，如图 11-28 所示。

单击✔图标完成夹具体的装配。

3. 装配安装轴零件 No11-1-02

单击按钮，在文件夹中打开安装轴零件 No11-1-02.prt，出现“装配”对话框。以柱面插入、端面匹配和键槽侧面对齐的约束关系进行装配，如图 11-29 所示。单击✔图标完成安装轴的装配。

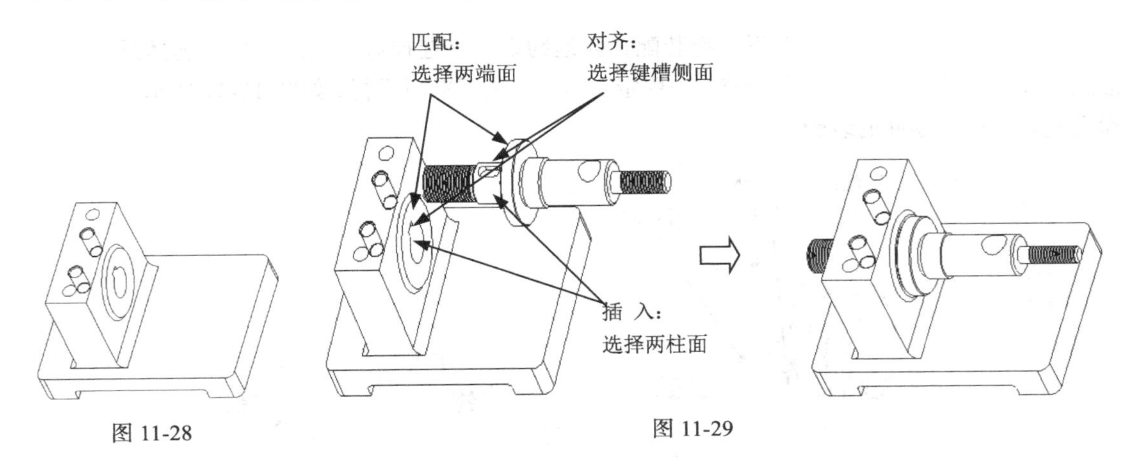

图 11-28　　　　图 11-29

4. 装配并紧螺母零件 No11-1-05

单击按钮，在文件夹中打开需装配的并紧螺母零件 No11-1-05.prt，出现“装配”对话框。以两螺纹柱面插入、两端面匹配的约束关系进行装配，新建约束，选择“对齐”约束，分别选择并紧螺母六角顶面和夹具体顶面为参照要素，采用定向方式，保持两平面法线方向相同，如图 11-30 所示。单击图标完成并紧螺母的装配。

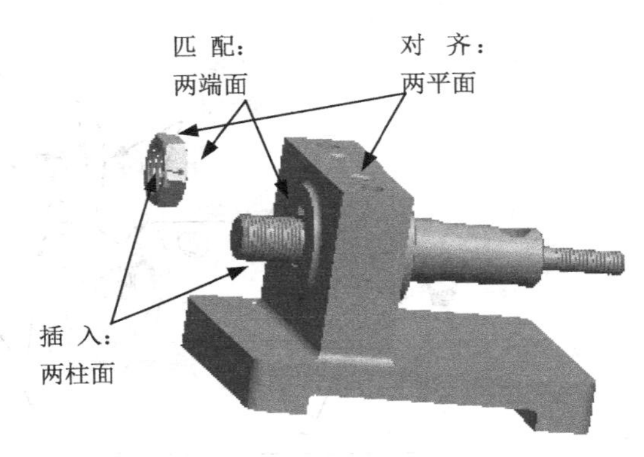

图 11-30

5. 复制并紧螺母零件

选择步骤 4 装配的并紧螺母零件 No11-1-05.prt，单击“复制”按钮，单击“选择性粘贴”按钮，弹出“选择性粘贴”对话框，如图 11-31 所示。选中“对副本应用移动/旋转变换”复选框，单击“确定”按钮，弹出移动复制操控面板，如图 11-32 所示。选择平移复制方式，在参照文本框中选择代表水平移动的平面为参照，输入向左移动距离 8，单击图标完成并紧螺母的复制。

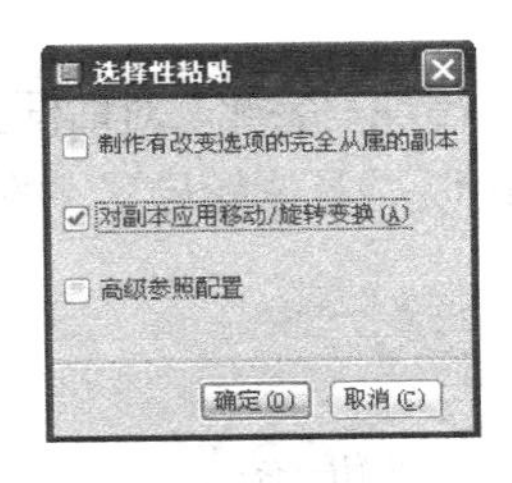

图 11-31

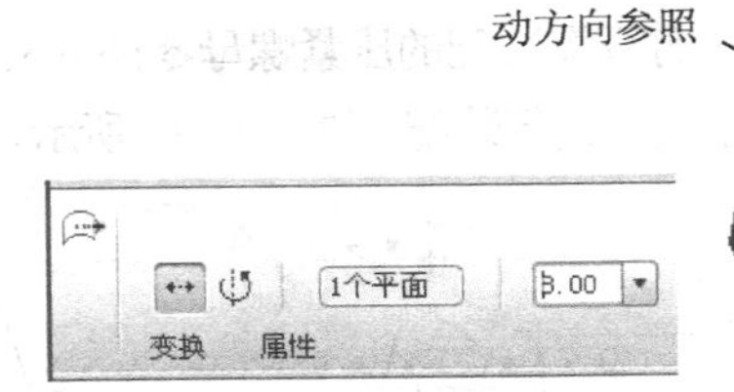

图 11-32

6. 装配待加工零件 workpiece

单击按钮，在文件夹中打开需装配的待加工零件 Workpiece.prt，出现“装配”对话框。以两柱面插入、端面匹配和加工孔轴线对齐的约束关系进行装配，如图 11-33 所示。其中轴线对齐采用定向的偏距方式。单击图标完成待加工零件的装配。

7. 装配开口垫片零件 No11-1-10

单击按钮，在文件夹中打开需装配的开口垫片零件 No11-1-10.prt，出现“装配”对话框。以端面匹配、柱面插入的约束关系进行装配，新建约束，并选择对齐约束，分别选择开口垫圈的槽侧面和夹具体前侧面为参照要素，采用定向方式，使两平面平行，如图 11-34 所示。单击✓图标完成开口垫片零件的装配。

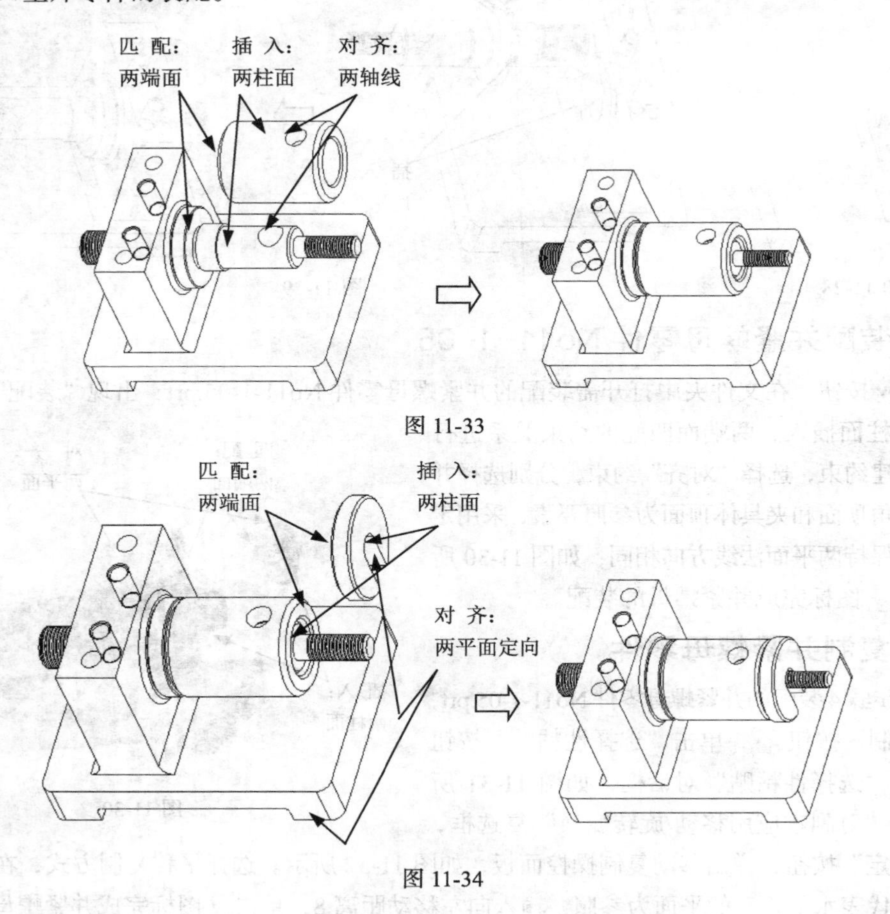

图 11-33

图 11-34

8. 装配压紧螺母零件 No11-1-11

单击按钮，在文件夹中打开需装配的压紧螺母零件 No11-1-11.prt，出现“装配”对话框。以螺纹柱面插入、端面匹配的约束关系进行装配，如图 11-35 所示。单击✓图标完成压紧螺母零件的装配。

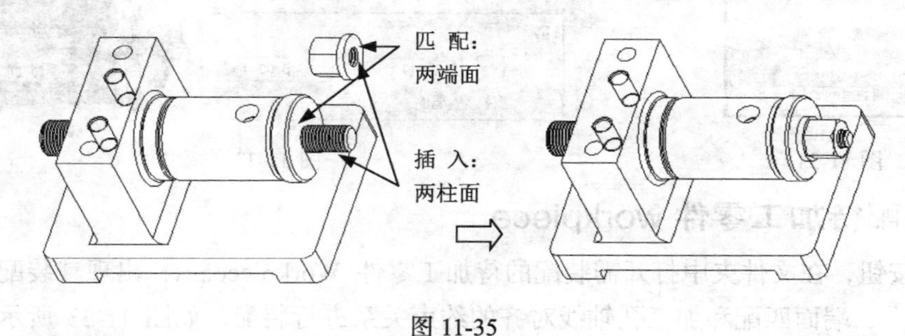

图 11-35

9. 装配钻模板零件 No11-1-03

单击按钮，在文件夹中打开需装配的钻模板零件 No11-1-03.prt，出现“装配”对话框。

以两平面匹配，以一对定位销孔圆柱面插入和另一对定位销孔圆柱面插入的约束关系进行装配，如图 11-36 所示。

选择钻模板的下底面和夹具体的顶部面为参照要素进行匹配约束定位；选择钻模板上的一个定位销孔圆柱面和夹具体对应的定位销孔圆柱面为参照插入约束定位，选择钻模板上的另一个定位销孔圆柱面和夹具体对应的另一个定位销孔圆柱面为参照插入约束定位，单击☑图标完成钻模板零件的装配。

10. 装配定位销零件 No11-1-12

单击按钮，在文件夹中打开需装配的定位销零件 No11-1-12.prt，出现“装配”对话框。以定位销孔圆柱面插入和两平面对齐的约束关系进行装配，只需定义两个约束条件，而第三个约束条件为旋转，无论定位销旋转在那个角度都不影响装配，如图 11-37 所示。单击☑图标完成定位销零件的装配。

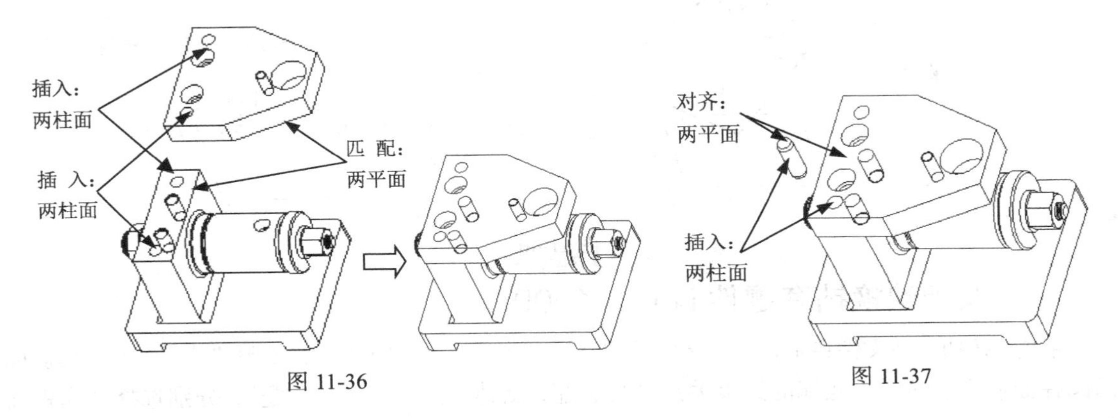

图 11-36　　图 11-37

11. 阵列定位销零件

选择定位销零件 No11-1-12.prt，单击“阵列”图标，弹出阵列操控面板，选择方向阵列，在绘图区内选择一个阵列方向参照，输入该方向的尺寸增量 56，设置阵列数量为 2，如图 11-38 所示，单击☑图标完成定位销的阵列。

12. 装配内六角螺钉零件 No11-1-04

单击按钮，在文件夹中打开需装配的内六角螺钉零件 No11-1-04.prt，出现“装配”对话框。以两圆柱面插入和两平面匹配的约束关系进行装配，只需定义两个约束条件，如图 11-39 所示。单击☑图标完成内六角螺钉零件的装配。

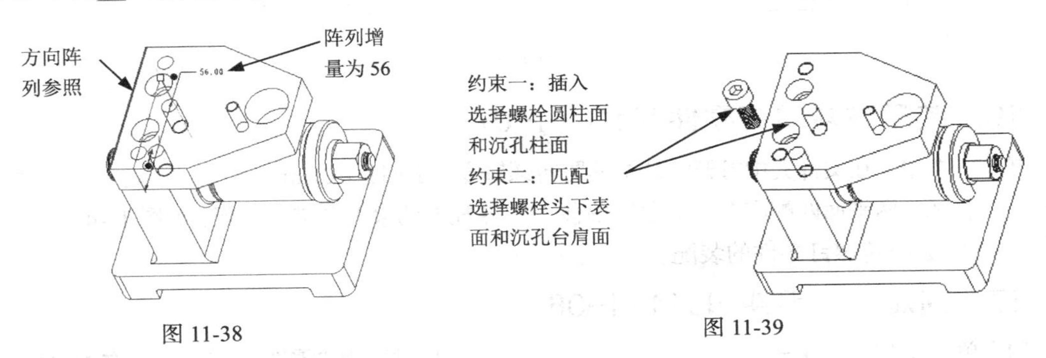

图 11-38　　图 11-39

13. 阵列内六角螺钉零件

选择内六角螺钉零件，单击“阵列”图标，弹出阵列操控面板，选择方向阵列，在绘图区内选择一个阵列方向参照，输入该方向的尺寸增量 28，设置阵列数量为 2，操作步骤与步骤 11 完全相同，单击图标完成定位销零件的阵列。

14. 装配铜套零件 No11-1-08

单击按钮，在文件夹中打开需装配的铜套零件 No11-1-08.prt，出现“装配”对话框。以两圆柱面插入和两平面对齐的约束关系进行装配，只需定义两个约束条件，如图 11-40 所示。单击图标完成铜套零件的装配。

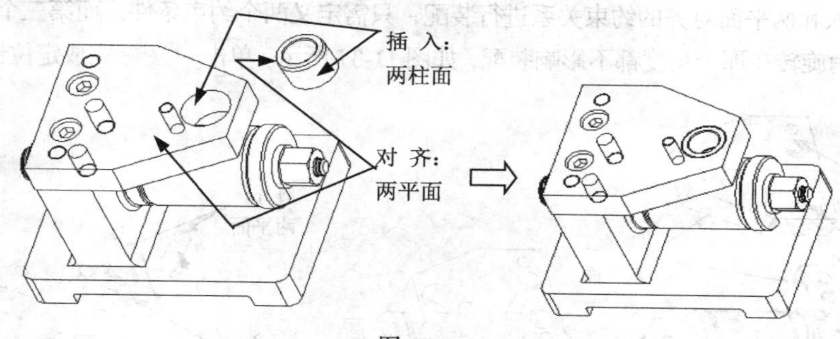

图 11-40

15. 装配快换钻套零件 No11-1-09

单击按钮，在文件夹中打开需装配的快换钻套零件 No11-1-09.prt，出现“装配”对话框。以两圆柱面插入、两平面匹配的约束关系进行装配，新建约束，选择“匹配”，分别选择钻模板前侧面和快换钻套的小侧面为参照要素，采用定向匹配方式，保持两平面法线方向相反，如图 11-41 所示。单击图标完成快换钻套零件的装配。

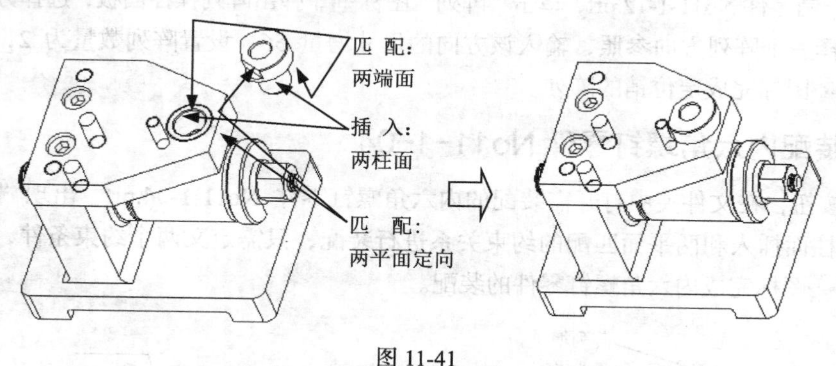

图 11-41

16. 装配防转螺钉零件 No11-1-07

单击按钮，在文件夹中打开需装配的防转螺钉零件 No11-1-07.prt，出现“装配”对话框。以两圆柱面插入、两平面匹配和两平面角度偏移 45° 匹配的约束关系进行装配，如图 11-42 所示。单击图标完成防转螺钉零件的装配。

17. 创建平键零件 No11-1-06

（1）单击按钮，弹出“元件创建”对话框，选择文件类型为“零件”，输入文件名 No11-1-06，单击“确定”按钮，弹出“创建选项”对话框，选择“创建特征”，单击“确定”按钮，原组件变为灰阶，系统进入零件创建模式。

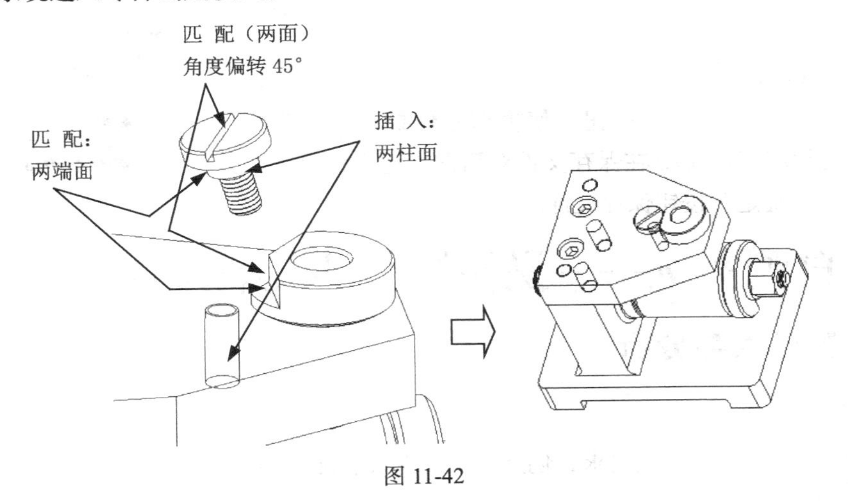

图 11-42

（2）创建零件模型特征。隐藏夹具体零件和钻模板零件及其他无关零件。

单击“拉伸”按钮，出现拉伸操控面板，在操控面板上单击“实体”按钮，深度方式采用“盲孔”，选择安装轴零件 No11-1-02 键槽底面为草绘平面，如图 11-43 所示，单击按钮，用环方式选择键槽底面，绘制截面图形如图 11-44 所示。单击按钮结束截面的绘制。输入盲孔深度 5.5，单击图标完成拉伸特征的创建，如图 11-45 所示。

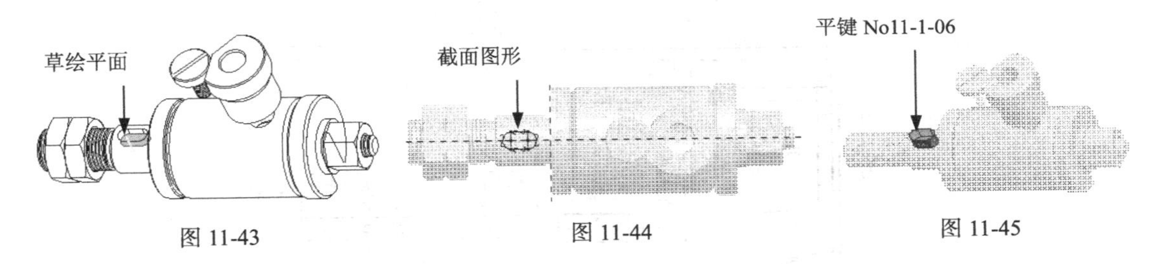

图 11-43　图 11-44　图 11-45

（3）退出零件模型。完成平键零件所有特征的创建后返回组件装配状态，在模型树中右击组件名称，出现光标菜单，选择“激活”，系统自动返回组件装配状态，如图 11-46 所示。

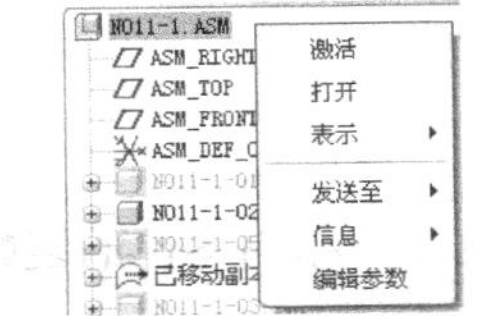

图 11-46

18. 生成自定义分解爆炸图

（1）单击【视图】→【视图管理器】命令，或单击绘图区上部的图标，弹出“视图管理器”对话框。

（2）单击对话框中的“属性切换”开关，单击“新建”选项，输入“A”，按回车键，分解“A”旁出现红色箭头，表明该分解属于激活状态，可对其进行位置编辑。

（3）单击对话框中的“属性切换”开关，单击“编辑分解”图标，系统弹出操控面板。

所有元件的分解都采用移动方式，将同一方向移动的元件逐步进行分解，注意相同元件移动的距离也应该相同。逐个选择不同的元件，按不同的移动方向分解元件，如图 11-47 所示。

（4）所有元件按要求完成移动后，单击图标，再单击“属性切换”开关，然后单击“编辑”选项，最后保存分解图，完成自定义分解。

（5）在分解图窗口中选择不同的分解名，单击鼠标右键，出现光标菜单，可以激活不同的分解图。单击分解图窗口中的“切换分解状态”图标，取消分解，返回到未分解状态。

图 11-47

19. 保存文件

单击图标工具栏中的按钮，使模型零件处于“缺省方向”，单击“保存”图标，在保存文件对话框中注意保存文件的路径，单击“确定”按钮保存文件。

四、自测实例——操作杆组件装配设计

（一）任务导入与分析

1. 任务导入

按照图 11-48 所示的图纸要求，创建零件模型及装配模型。

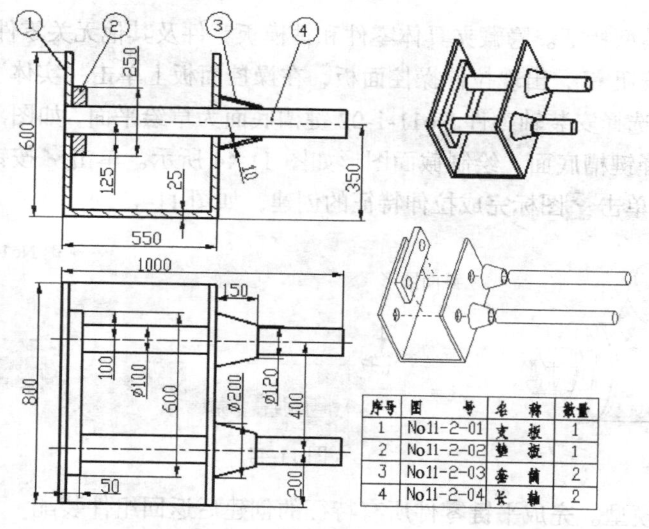

序号	图　　号	名　称	数量
1	No11-2-01	支　板	1
2	No11-2-02	垫　板	1
3	No11-2-03	套　筒	2
4	No11-2-04	长　轴	2

图 11-48

根据图中的尺寸创建所有零件模型，新建装配文件，根据各零件之间的装配关系进行装配设计，相同零件的装配采用元件复制的方式。创建用户自定义的分解爆炸图。

2. 建模思路分析

首先装配零件序号 1，约束采用缺省的定位方式；装配零件序号 2，约束采用两面匹配、两孔插入、两孔插入的定位方式；装配零件序号 3，约束采用两面匹配以及两回转面插入的定位方式；装配零件序号 4，约束采用两面对齐（轴端面和支板侧面）、两柱面插入的定位方式；对零件序号 3 和 4 采用移动复制的方法。

3. 建模要点及注意事项

（1）所有零件模型应放置在 No11-2 文件夹中，装配文件也保存在该文件夹中。

（2）在创建序号 1 零件模型时的缺省放置方位应与该零件的装配位置保持一致。

（3）相同元件的装配可以采用复制或阵列的方法创建。

（4）分解爆炸图的各零件应保持与装配方向一致。

（二）建模过程提示

零件的装配过程如图 11-49 所示。

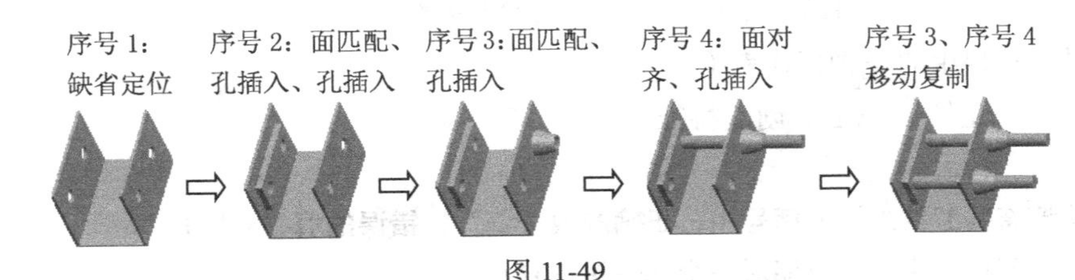

图 11-49

项目小结

本项目主要介绍了在组件模型空间中零件装配的两种基本方法、装配的约束条件、装配的基本步骤、装配的操作界面、元件复制和阵列的方法以及创建分解爆炸图的基本方法。重点介绍了装配的约束条件、装配的基本步骤、元件复制和阵列。通过项目的实例讲解和实例自测，学生能基本掌握一般复杂组件的建模设计，灵活运用装配的约束关系和复制阵列创建组件设计，同时能根据零件的装配关系创建分解爆炸图。

课后练习题

一、选择题（请将正确答案的序号填写在题中的括号中）

1. 装配零件模型时采用匹配的约束条件所选择的几何要素为（　）。
   （A）两轴线　（B）两边线　（C）两平面
2. 装配零件模型时采用的对齐约束条件所选择的几何要素为（　）。
   （A）两平面　（B）两轴线　（C）两者都可以
3. 装配零件模型时采用的插入约束条件所选择的几何要素为（　）。
   （A）两平面　（B）两轴线　（C）两回转表面
4. 装配零件时采用的对齐约束条件所选择的要素为两个平面，则两个平面的法线方向（　）。
   （A）相同　（B）相反　（C）两者都可以
5. 匹配约束或对齐约束如果设定重合，则表明所选要素间（　）。
   （A）保持重合　（B）保持一定的距离
6. 匹配约束或对齐约束如果设定定向，则表明所选要素间（　）。
   （A）保持重合　（B）保持一定的距离　（C）保持一定方向但不重合
7. 在装配模块中对元件进行复制，所选的对象为（　）。

（A）元件　　　（B）特征　　　（C）两者都可以

8. 在装配模块中对元件采用尺寸阵列，所能选择的尺寸为（　）。

（A）特征尺寸　　（B）零件尺寸　　（C）装配偏距值

9. 在装配模块中对元件进行分解移动时，每次移动所选的元件为（　）。

（A）1个　　（B）2个　　（C）多个

10. 在装配模块中的图标代表（　）。

（A）创建元件　　（B）创建特征　　（C）装配元件

二、判断题（请将判断结果填入括号中，正确的填“√”，错误的填“×”）

（　）1. 装配模块中每次只能对一个元件执行复制命令。

（　）2. 在装配元件时选择匹配的约束方式，选择两个平面，表明装配后两个平面的法线方向相同。

（　）3. 在装配元件时选择对齐的约束条件，所选择的对象为轴线，表明两轴线同轴。

（　）4. 在执行元件复制过程中，只能对元件进行平移复制而不能进行旋转复制。

（　）5. 匹配约束和对齐约束都有3种设定，即重合、偏距和定向。

（　）6. 组件模块中只能装配元件而不能创建元件。

（　）7. 装配模块中元件阵列采用尺寸阵列，所选的尺寸只能为零件的特征尺寸。

（　）8. 装配约束关系为插入时，所能选择的要素为回转表面。

（　）9. 创建分解爆炸图时，只能对元件进行平移分解，不能进行旋转分解。

（　）10 对元件进行装配定位时，用户自定义的约束方式一般需要建立3个约束条件使元件完全定位，但允许采用连接方式定位，保持元件在某个方向的自由度。

三、装配练习题

1. 按图11-50所示的图形尺寸，创建轴承装配组件，要求创建文件夹No11-3，先创建零件序号1内圈和序号2外圈的零件模型，在组件模式下创建零件序号3滚珠，之后对零件序号3进行轴阵列。所有文件都应放在No11-3文件夹中。

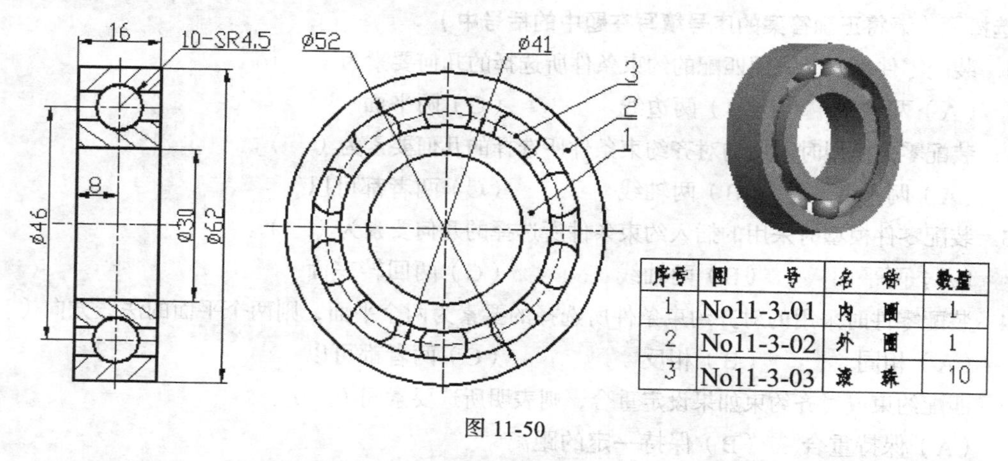

序号	图　号	名　称	数量
1	No11-3-01	内　圈	1
2	No11-3-02	外　圈	1
3	No11-3-03	滚　珠	10

图 11-50

2. 图11-51为组件的分解爆炸图，图11-52为组件的装配图，所有零件都给出了图形尺寸，除了零件序号6平键之外，先创建零件模型，将各零件装配在组件文件中，并在装配文件中创建零件6，最后将各零件分解生成分解爆炸图。各零件图如图11-53所示。

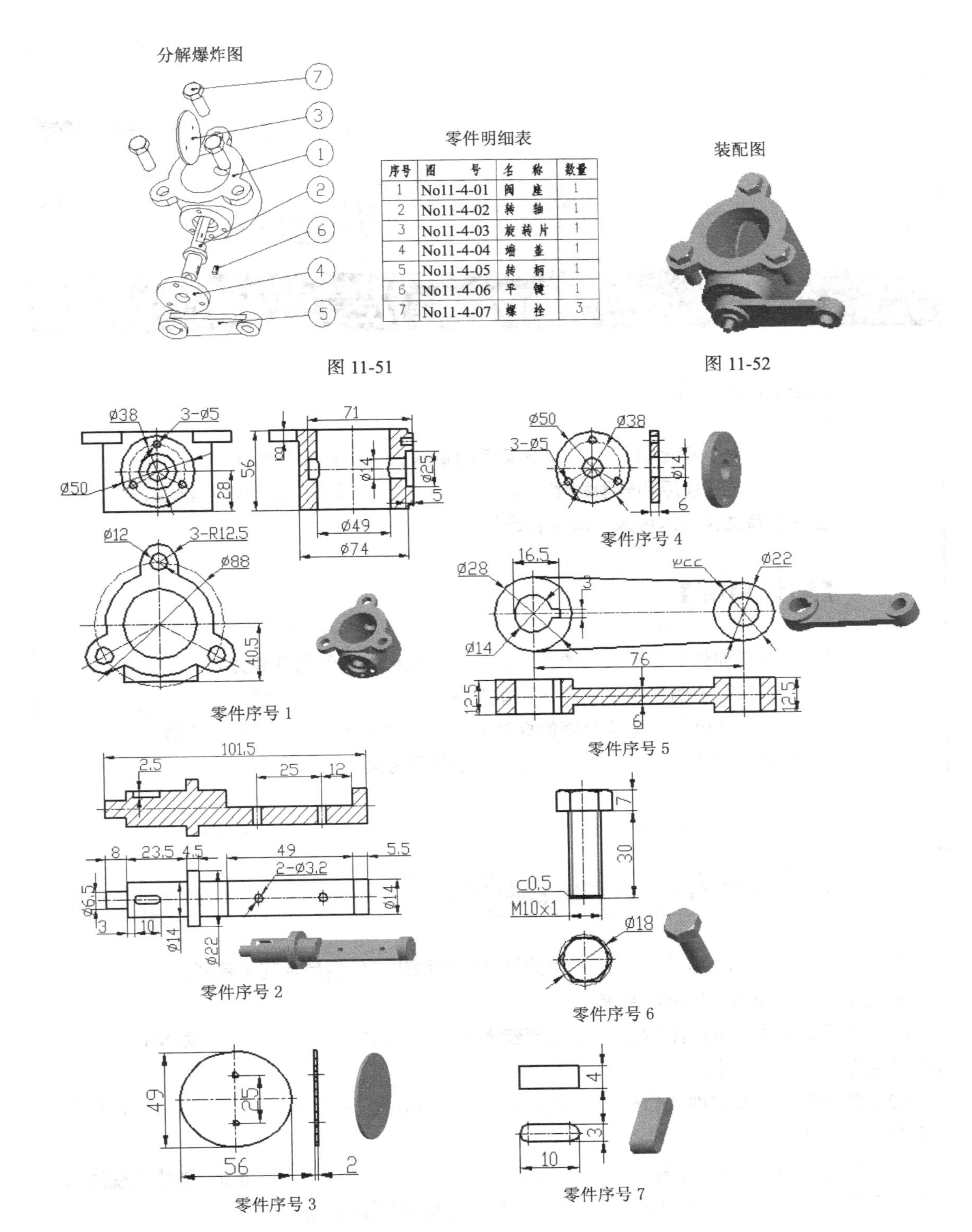

零件明细表

序号	图　　号	名　称	数量
1	No11-4-01	阀　座	1
2	No11-4-02	转　轴	1
3	No11-4-03	旋转片	1
4	No11-4-04	端　盖	1
5	No11-4-05	转　柄	1
6	No11-4-06	平　键	1
7	No11-4-07	螺　栓	3

图 11-51

图 11-52

图 11-53

项目十二

法兰盘工程图制作

【能力目标】

通过对工程图基础知识以及实例的讲解，读者能完整创建一幅工程图纸，创建三视图和剖面视图，标注尺寸公差、形位公差和表面粗糙度，正确书写文件技术要求，填写标题栏。

【知识目标】

1. 掌握零部件工程图制作的基本方法，掌握格式文件的创建方法
2. 掌握三视图的基本生成方法，掌握各种剖视图的创建方法
3. 掌握尺寸公差和形位公差的标注方法，掌握表面粗糙度的标注方法
4. 掌握文件技术要求的书写方法，正确填写标题栏

一、项目导入

图 12-1 为法兰盘零件工程图，按图中的尺寸要求创建零件模型及其工程图。

创建法兰盘工程图文件技术要求如下。

（1）按图 12-1 所示的结构及尺寸要求创建零件模型 No12-1.prt，新建文件夹 No12-1，将零件模型保存在该文件夹中。

（2）制作格式图框文件 A4.frm，图框文件中包括边框线、标题栏等，格式文件可以保存在一个公共的文件夹中。

（3）创建 No12-1.drw 工程图文件，调用已经创建好的格式文件 A4.frm，创建主视图和左视图，主视图采用全剖视图，标注尺寸公差、形位公差和表面粗糙度。

（4）书写技术要求，填写标题栏。

（5）文件保存在指定的文件夹 No12-1 中。

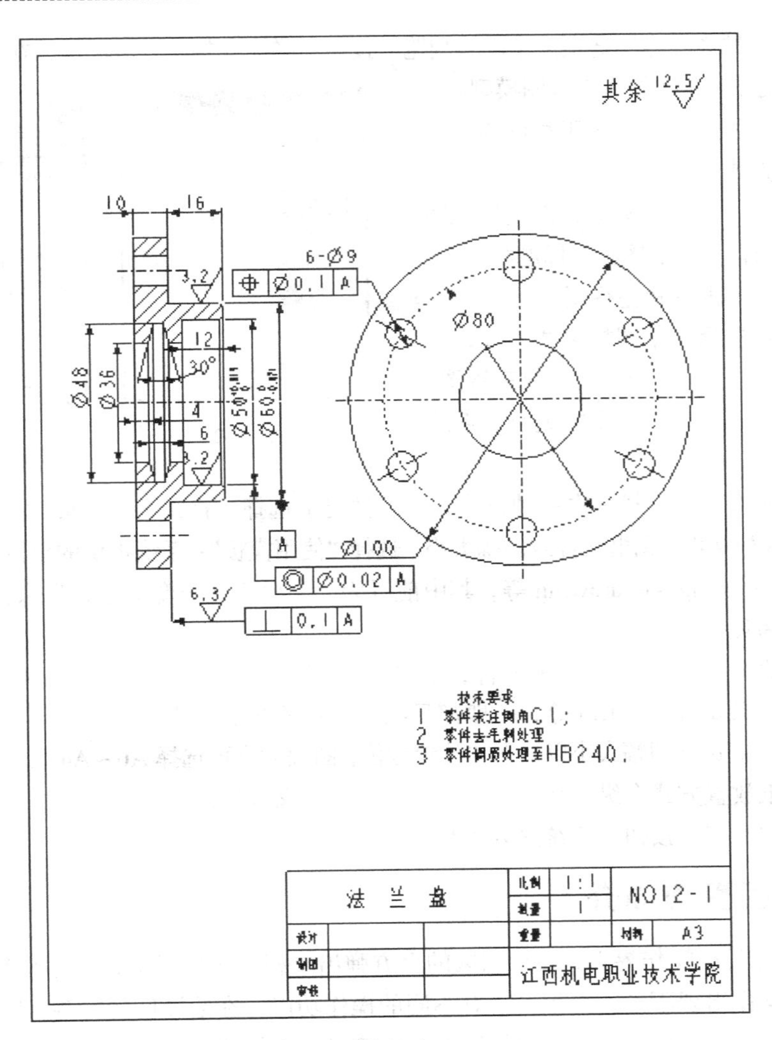

图 12-1

二、相关知识

工程图模块作为 Pro/ENGINEER 系统的一个独立模块，主要用于建立对应于零件和装配模型的各种工程制图，包括创建三视图，标注尺寸、形位公差、表面粗糙度，创建图框标题栏，书写技术要求等。三视图包括主视图、投影视图、剖面图、向视图、局部放大视图、三维轴测图等。所绘制的每一个工程图都与零部件模型相关连，因此，在绘制工程图之前，应先创建出零部件三维模型，所创建的零部件三维模型文件和工程图文件保存在同一个文件夹中。

（一）新建工程图文件的一般步骤

（1）单击“新建”图标🗋，在“新建”对话框中选择文件类型为“绘图”，输入文件名称，取消选中“使用缺省模板”复选框，如图 12-2 所示，单击“确定”按钮弹出图 12-3 所示的“新建绘图”对话框。

（2）单击“缺省模型”选项区中的“浏览”按钮，弹出“打开”对话框，在文件夹中选择所需绘制工程图的零部件为缺省工程图模型。

（3）指定工程图模板。为工程图指定模板有以下 3 种方式。

使用模板：指定一个模板，系统调入图框格式文件（图幅大小、图框、标题栏），自动生成主视图、俯视图和左视图。

格式为空：选择一个图框格式文件，系统只是调入图框文件,不会自动生成三视图。

空：在系统中指定一个图幅大小，系统只显示图幅大小。

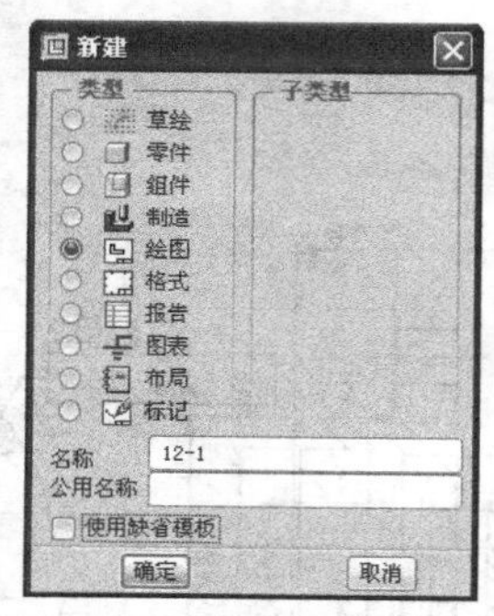

图 12-2

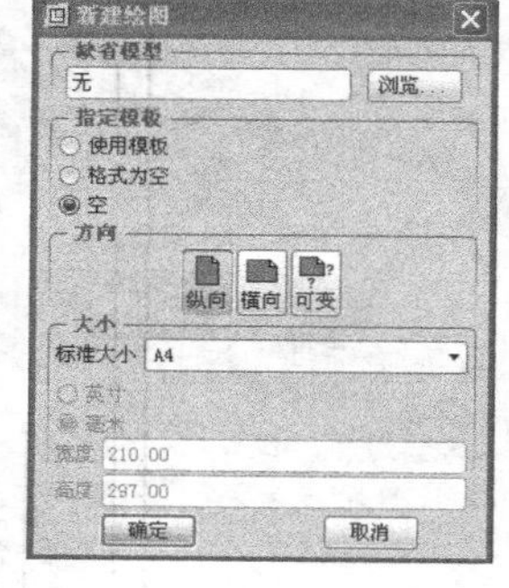

图 12-3

在“指定模板”中选择其中一种方式，一般情况下选择“格式为空”或“空”。

（4）选择模板文件、图框文件或图幅大小。选择“使用模板”：系统提供的模板有 a0_drawing ~ a4_drawing、a_drawing ~ e_drawing 等，其中前者为公制模板，长度单位为毫米；后者为英制模板，长度单位为英寸。

选择“格式为空”：需指定图框文件，单击“浏览”按钮，从系统中选择图框文件，系统提供的图框文件包括 a.frm、b.frm 等，一般都是英制格式的图框文件。

选择“空”：需选择图幅大小以及图幅放置方位，图幅大小可选择 A0 ~ A4 公制图幅以及 A ~ F 英制图幅，图纸放置方式有纵向放置、横向放置和自定义 3 种。

（5）单击“确定”按钮，系统进入工程图界面。

（二）工程图界面简介

图 12-4 为工程图操作界面，在绘图区的上方弹出工程图操作面板，共有 6 个选项操作，单击不同的选项操作出现不同的面板，具有不同的操作功能。在绘图区的左侧，除了模型树窗口外，还增加了一个绘图树窗口，显示绘图的结构信息。在绘图区的下方有页面显示，同一个工程图文件可以有不同的绘图页面。

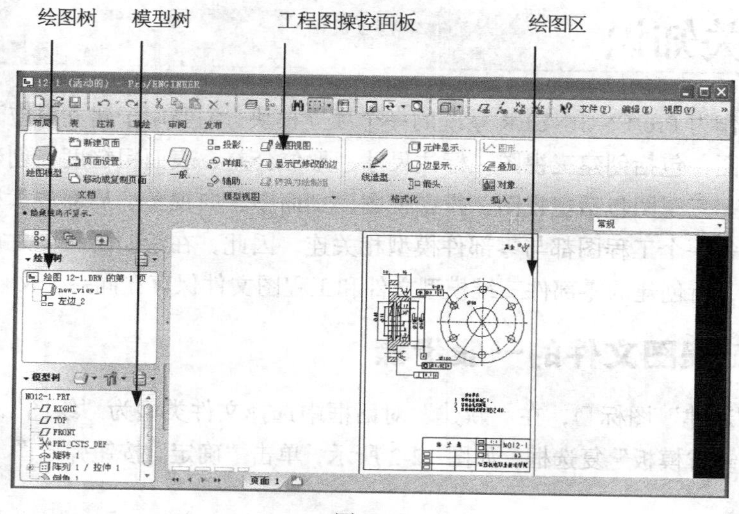

图 12-4

绘制工程图时最常用的选项操作包括布局、表、注释和草绘，下面分别介绍这 4 个选项操作。

1. “布局”选项操作面板

单击“布局”选项，弹出如图 12-5 所示的面板。

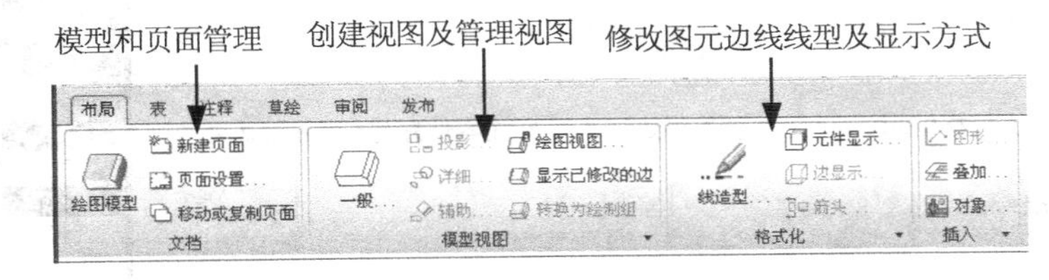

图 12-5

该面板有 4 个功能区，各功能区的功能如下。

（1）文档功能区。其主要功能是添加、删除、替换绘图模型以及新建、设置、移动复制页面管理。

① 绘图模型：单击“绘图模型”图标，弹出菜单管理器，如图 12-6 所示。在该菜单管理器中单击“添加模型”，可以为工程图添加零部件模型；单击“删除模型”可以删除已经添加的零部件模型；单击“替换”可以用新模型替换旧模型。

② 新建页面：单击“新建页面”图标，在绘图区的底部增加一个页面，增加的页面内容与新建文件时页面的设置一致。

③ 页面设置：单击“页面设置”图标，弹出“页面设置”对话框，如图 12-7 所示。在“格式”框中单击，可以为每一个页面修改不同的格式文件，如果取消选中“显示格式”复选框，则工程图中不显示图框文件。

④ 移动或复制页面：在绘图区下方选中某一页，单击此选项，系统弹出“移动或复制页面”对话框，如图 12-8 所示。选中“创建副本”复选框，选中页面，单击“确定”按钮，在选中页之后复制当前页的内容。

如果需要移动页面，只需在绘图区的下方将该页面拖至某一页即可。

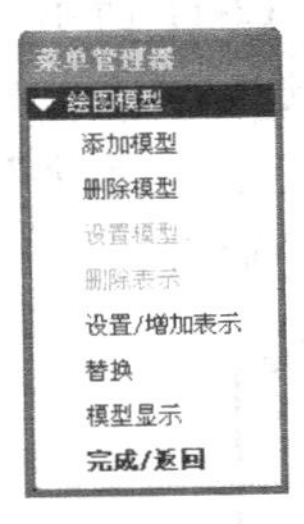

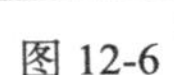

图 12-6

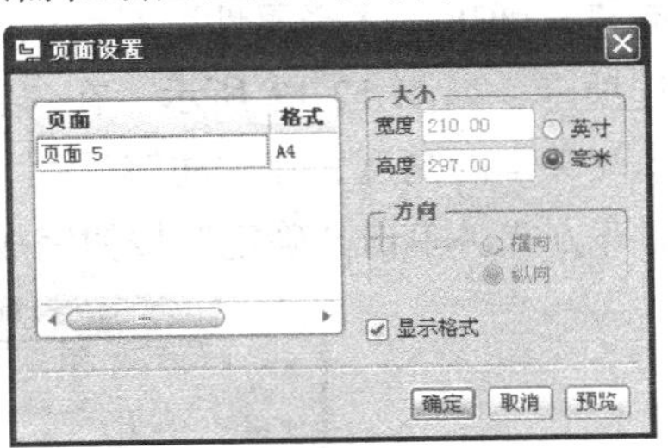

图 12-7

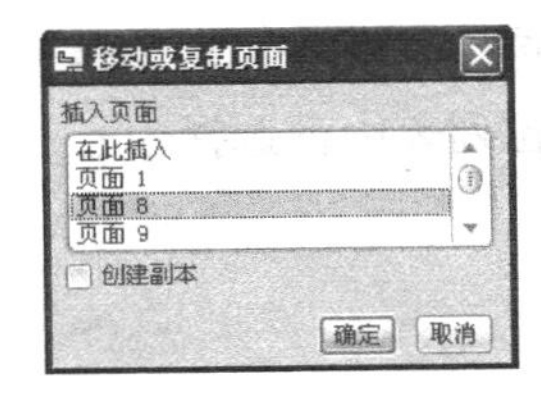

图 12-8

（2）模型视图功能区。其主要功能是创建各种一般视图、投影视图、局部放大视图、辅助向视图、断面视图以及试除视图、恢复视图、移动视图等。

有关视图的创建将在后续中详细讲解。

（3）格式化功能区。单击选项中的“线造型”，可修改图元边线线型、边线显示方式以及删除图元边线等。

2. “表”选项操作面板

单击“表”选项，弹出如图 12-9 所示的面板。

该面板有 5 个功能区，分别是“表”、“行和列”、“数据”、“球标”、“格式化”。在绘制工程图中经常需要创造表格，如创建标题栏等，下面介绍如何创建表格。

（1）单击“表”图标，弹出“创建表”菜单管理器，如图 12-10 所示。

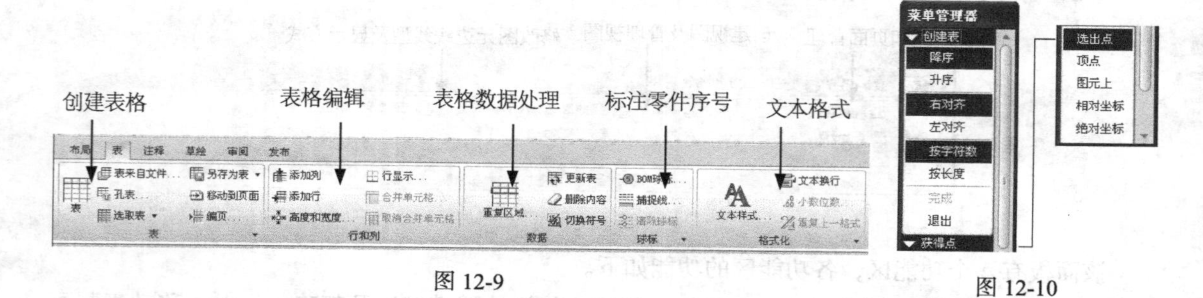

图 12-9　　图 12-10

“降序”或“升序”：表格从下往上为升序，反之为降序。

“右对齐”或“左对齐”：表格从左往右生成为右对齐，即起始点在表格的左侧；表格从右往左生成为左对齐，即起始点在表格的右侧。

“按字符数”或“按长度”：表格行或列的宽度和高度，按字符单位数给定还是按实际长度给定。

表格的起始基准点：该点可以采用指定一点的方式，也可以采用找出顶点的方式，还可以采用绝对坐标和相对坐标方式给出。

（2）选择“绝对坐标”，分别输入起始基准点的 X 坐标和 Y 坐标。坐标的原点位于图框的左下角。

（3）弹出文本输入框，输入第一列的宽度值或字符数，按回车键或单击☑图标，输入第二列宽度值或字符数，依此类推，直到最后一列输入完成后，不输入任何数字，直接按回车键，结束列间距的输入。

（4）继续输入第一行的高度值或字符数，按回车键后输入第二行高度值，依此类推，输入最后一行间距后不输入任何数据按回车键，结束行间距的输入，整个表格创建完毕。

（5）合并表格。在表格中选择需合并的多个行或列，单击面板中的“合并表格”图标 合并单元格...。

（6）填写表格文字。双击表格空格，弹出“注释属性”对话框，如图 12-11 所示，在文本框中输入文字，单击“文本样式”选项卡，如图 12-12 所示。在“字符”选项区的“高度”栏中取消选中“缺省”复选框，可以修改文本的高度，在“注解/尺寸”选项区的“水平”和“垂直”下拉列表中都选择中心的文本对齐方式。单击“确定”按钮完成文字的输入。

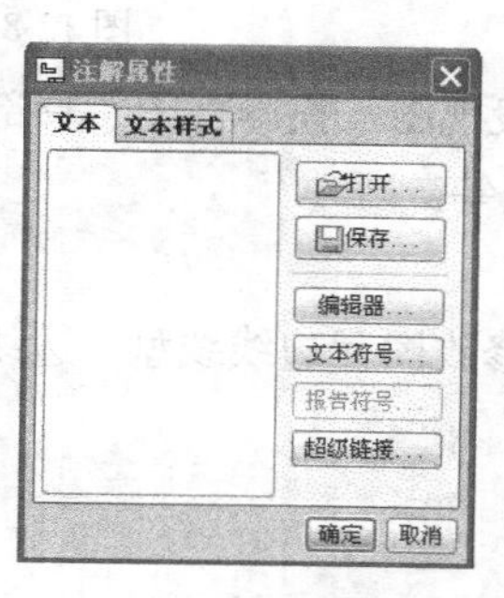

图 12-11

图 12-12

（7）保存表格、调用表格。选择表格，单击“表”功能区中的“另保存为表”图标，保存表格。

单击“表”功能区的“表来自文件”图标，可以调用已经存在的表格。

3. “注释”选项操作面板

单击“注释”选项，弹出如图 12-13 所示的面板。

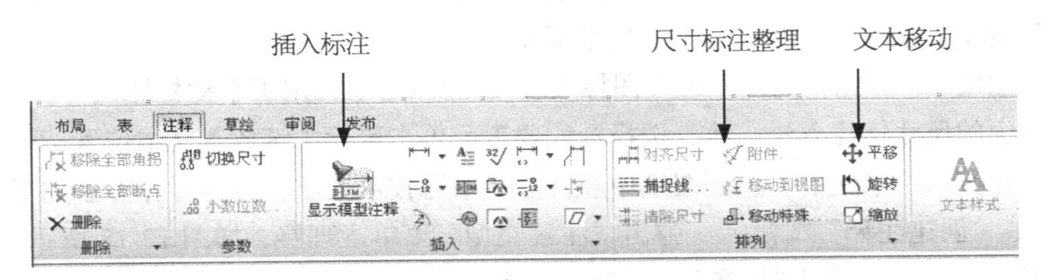

图 12-13

该面板最主要的功能区是“插入”，用于自动显示或手动标注尺寸、形位公差、表面粗糙度和文本注释等，如图 12-14 所示。

（1）显示模型注释。该图标主要用于显示在零部件模型中创建特征时所产生的各种注释，包括显示尺寸、表面粗糙度、形位公差和文本注释等。单击“显示模型注释”按钮，弹出“显示模型注释”对话框，如图 12-15 所示。

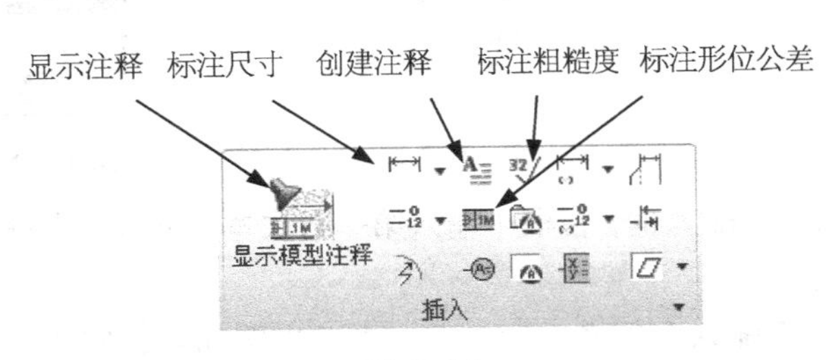

图 12-14

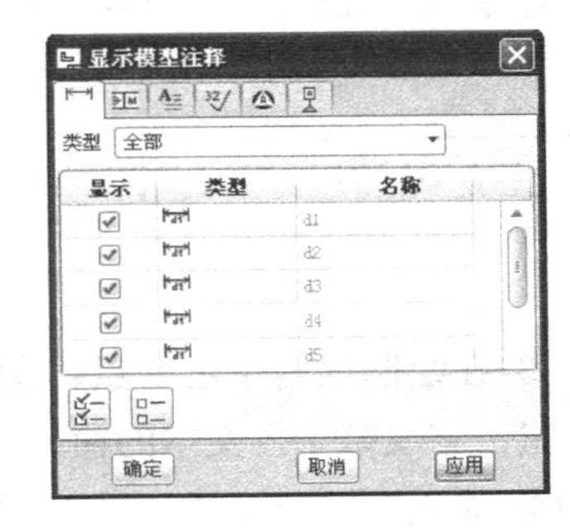

图 12-15

该对话框中有 6 个选项按钮，每个选项按钮的功能如下。

：用于自动显示模型尺寸。

：用于自动显示模型形位公差。

：用于自动显示模型注释文本。

：用于自动显示模型轴线、中心线以及形位公差的基准代号。

：用于自动显示模型表面粗糙度。

① 自动显示零件模型尺寸。单击“显示模型注释”图标，在弹出的对话框（见图 12-15）中单击图标，移动鼠标至绘图视图中，在视图中零件的某一特征会自动显亮，选择特征，则该特征在该视图的所有尺寸被红色显亮，同时尺寸被收录在“显示模型注释”对话框中。在绘图区中单击需要显示的尺寸，或在对应尺寸前的方框中打钩，然后单击“应用”按钮，选中的尺寸在视图中显示，没有选择的尺寸不显示，继续选择视图和特征显示其他尺寸。单击“确定”按钮，结束模型注释的显示。

② 在零件模型中创建基准代号。打开零件模型文件，在模型中选择基准轴线，单击鼠标右

键出现光标菜单，单击“属性”，弹出“属性”对话框，如图 12-16 所示。

修改基准名称为 A，单击“设置基准代号”图标，在“放置”选项区中单击“在尺寸中”，在视图中选择一个能标注基准代号的特征，将特征所有尺寸显示出来，单击代表基准的尺寸，基准代号显示在尺寸中，如图 12-17 所示。

③ 显示轴线、中心线和基准代号。在“显示模型注释”对话框中单击图标，在视图中选择视图和特征，轴线、中心线和基准代号将自动收录在对话框中，单击需要显示的尺寸，单击“应用”按钮，轴线、中心线和基准代号都显示在视图中。

（2）标注尺寸。单击“标注尺寸”图标，该图标的主要用于手动标注尺寸，其标注方法与草绘模块中的尺寸标注方法一致，选择标注要素，单击鼠标中键放置文本位置。

（3）创建技术要求注解。工程图纸中经常需要书写技术要求，具体操作方法如下。

① 单击“创建注释”图标，弹出“注解类型”菜单管理器，如图 12-18 所示。选择“无引线”/“输入”/“水平”/“标准”/“缺省”，单击“进行注解”。

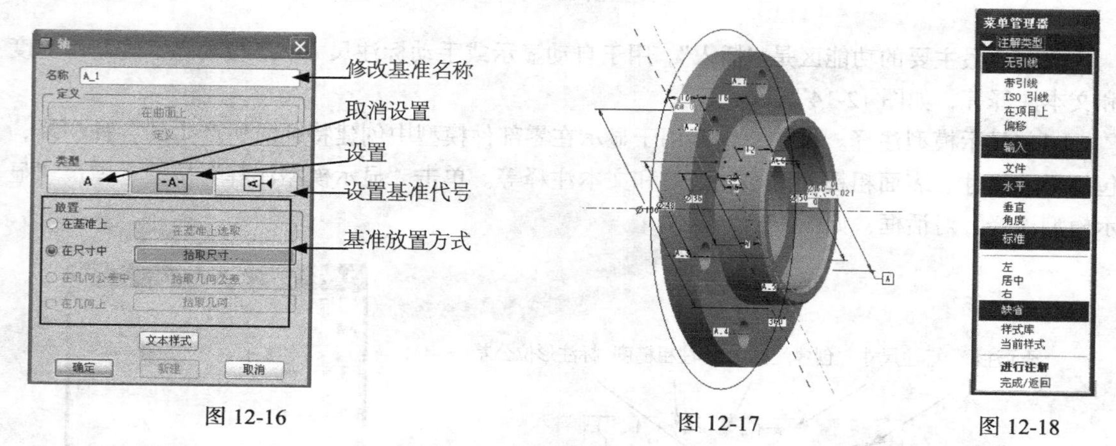

图 12-16　　图 12-17　　图 12-18

② 在绘图区内单击一点，系统弹出文本输入框，在框中输入第一行文本，单击文本框中的按钮，完成第一行文本的输入。

③ 输入第二行文本，依此类推，直至输入全部文本后，空文本单击图标，完成注释文本的输入。

④ 单击“注解类型”菜单管理器中的“完成/返回”，结束注解的创建。

⑤ 双击注释文本，系统弹出注释文本属性对话框，在该对话框中可以修改文字高度、文字对齐方式等。

（4）创建表面粗糙度。

① 单击“标注表面粗糙度”图标，弹出“标注表面粗糙度”菜单管理器，单击“检索”按钮，弹出“打开”对话框，系统自动进入系统粗糙度符号文件夹，如图 12-19 所示。

② 其中“machined”文件夹用于标注需要机加工的粗糙度符号，“unmachined”为不需要机加工的粗糙度符号，选择其中的一个文件夹打开，选择文件夹中的 standard1.sym 加工粗糙度符号，弹出“实例依附”菜单管理器，选择一种依附方式，如图 12-20 所示。

③ 例如，单击“法向”，在绘图中选择视图中的图元，以该图元的垂直方向创建粗糙度。

④ 弹出文本输入框，输入粗糙度的数值，如 6.3，单击文本框中的按钮，完成第一个粗糙度的标注。

⑤ 继续选择第二个图元，输入粗糙度，依此类推，直至标注全部粗糙度，单击菜单管理器的“完成/返回”，结束粗糙度的标注。

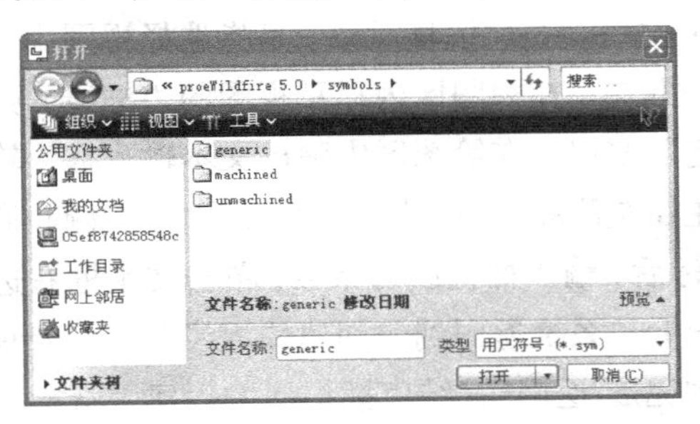
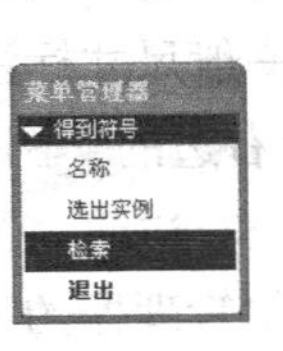

图 12-19

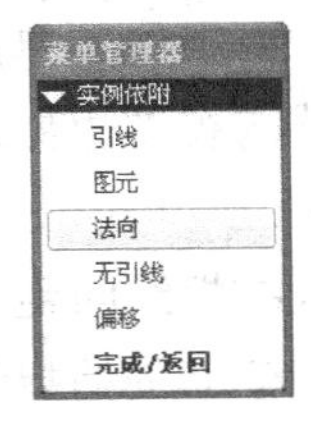

图 12-20

（5）标注几何公差。下面以轴与轴的同轴度为例说明形位公差的标注方法。

①单击“标注几何公差”图标，弹出“标注几何公差”对话框，如图 12-21 所示。

选择“几何公差”项目，在对话框上方有 5 个选项卡，其中“模型参照”用于选择几何公差所作用的模型、公差的作用要素、公差符号的放置方式和放置位置；“基准参照”用于选择基准代号；“公差值”用于输入公差值；“符号”用于输入公差值符号，如 ϕ 等。

② 选择“同轴度符号”图标◎，单击“基准参照”选项卡，在“首要”/“基本”下拉列表中选择基准符号 A（在零件模型中已经创建的基准轴 A）。

③ 单击“公差值”选项卡，在公差值框内输入公差值。

④ 单击“符号”选项卡，在“ϕ 直径符号”前单击，表明此项公差值前需要加 ϕ，没有 ϕ 的公差值可以不做此项操作。

⑤ 重新单击“模型参照”选项卡，在“参照”/“类型”下拉列表中选择“轴”，单击“选取图元”，在视图中选取公差所作用的轴线。

⑥ 在“放置”/“类型”下拉列表中选择“法向引线”，同时弹出“引线”菜单管理器，一般采用箭头引线的方式，在视图中选择图元，所选的图元应有利于形位公差的标注，如图 12-22 所示。在视图中单击一点放置公差框格，单击菜单管理器的“确定”，完成第一个形位公差的标注。

⑦ 系统自动返回到“几何公差”对话框，重新选择几何公差项目，可以进行第二个形位公差的标注。

⑧ 单击“几何公差”对话框中的“确定”按钮，结束几何公差的标注。适当移动几何公差符号的位置，使箭头与尺寸箭头对齐，如图 12-22 所示。

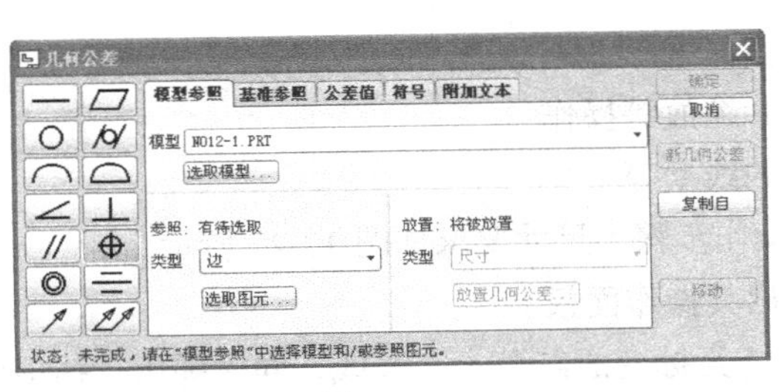

图 12-21

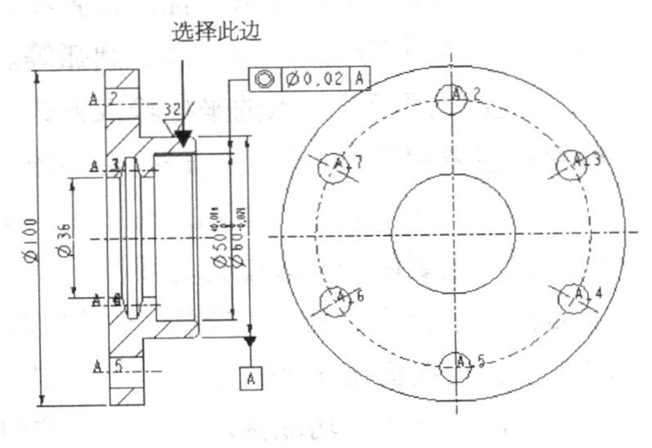

图 12-22

（6）尺寸整理。尺寸标注可能显示得比较杂乱，需要对尺寸进行整理。单击“排列”功能区的“捕捉线”图标 捕捉线…，弹出“创建捕捉线”菜单管理器，如图 12-23 所示，其中“偏移视图”是指以视图框为边界线，向外偏移创建捕捉线；“偏移对象”是指选择视图中的边线对象进行偏移来创建捕捉线。选择“偏移视图”方式，在视图区内显示视图的边框线，选择边框线的其中一条线，单击“选取”框中的“确定”按钮，在绘图区内弹出文本输入框，输入第一条捕捉线与视图边界线的距离，一般尺寸标注在左侧和顶侧时距离为 5，而在右侧和底部时为 10，如图 12-24 所示。单击文本框右边的✔图标后，输入捕捉线的条数，单击文本框右边的✔图标，输入捕捉线间距，单击文本框右边的✔图标，系统返回到“创建捕捉线”菜单管理器，可以继续创建新的捕捉线，单击菜单管理器的“完成/返回”，结束捕捉线的创建。选择尺寸，光标出现十字移动图标，将尺寸移动到捕捉线的位置上，完成尺寸的整理，如图 12-25 所示。

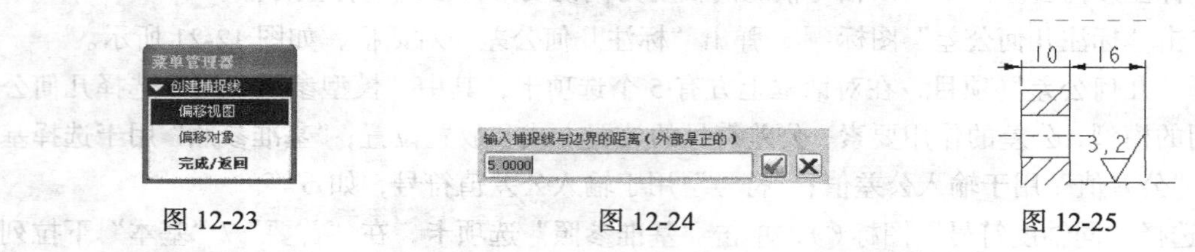

图 12-23　　图 12-24　　图 12-25

（7）尺寸的移动和清除。在标注尺寸的过程中经常需对尺寸进行移动或删除，由于尺寸属于注释范畴，因此必须在“注释”选项激活情况下，选择需移动或删除的尺寸，光标变成十字移动图标时，可以将尺寸移动到适当位置，也可以单击鼠标右键，选择光标菜单中的“拭除”或“删除”，或直接按住 Delete 键删除尺寸。

4. “草绘”选项操作面板

单击“草绘”选项卡，弹出如图 12-26 所示的面板。

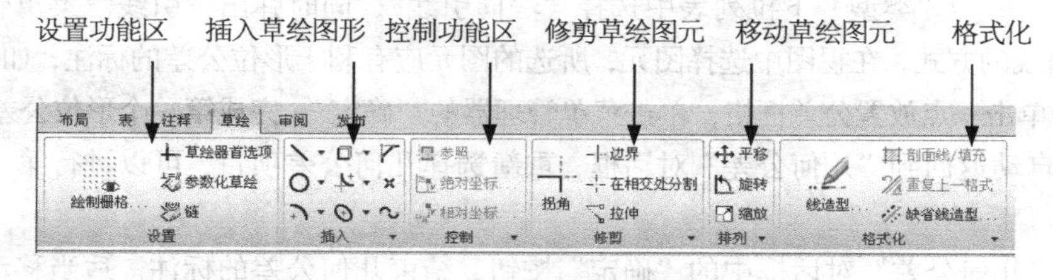

图 12-26

设置：主要用于草绘图形时优先设置项目，如优先设置水平/垂直线、顶点交点。

插入：主要用于绘制直线、圆、圆弧等。

控制：主要用于控制点的坐标输入方式，如绝对坐标、相对坐标。

修剪：主要用于将草绘图元进行必要的修剪。

排列：主要用于对草绘图元进行移动、旋转、缩放等操作

格式化：主要用于修改图元的线型，创建新的线型等。

下面将详细介绍绘制 A4 图幅边框线的具体操作步骤，尺寸要求如图 12-27 所示。

（1）单击控制面板中的“草绘”选项卡，弹出其操作面板。

（2）单击“插入”功能区的“线段”按钮╲，光标变成红色十字长线，同时弹出“捕捉参照”对话框，如图 12-28 所示，单击图标，可以在视图中选择图元作为草绘线段的参照。

（3）单击“控制”功能区中的“绝对坐标”图标 绝对坐标，弹出“绝对坐标”文本框，如图 12-29 所示，分别输入 X=0、Y=0，单击文本框右边的 ✔ 图标，在绘图区中出现一条拖动线，线的起点在坐标原点。

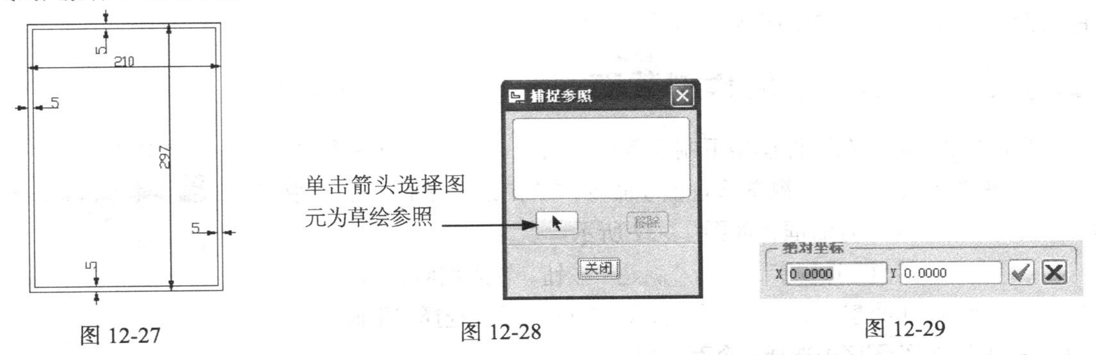

图 12-27　　图 12-28　　图 12-29

（4）单击“相对坐标”图标，弹出“相对坐标”文本框，输入 X=210、Y=0，单击文本框右边的 ✔ 图标，又会弹出“相对坐标”文本框，依此类推，分别输入 X=0、Y=297，X=−210、Y=0，X=0、Y=−297，在最后弹出的文本框中单击 ✖ 图标，再单击鼠标中键结束线段的绘制。图框外边框线绘制完成。

（5）单击 按钮，采用链图元的方式，用框选的方法选择刚才绘制的 4 条外边框线，线框出现向外箭头，输入−5，向内偏移从而生成内边框线。

（三）工程图制作环境设置

在进入工程图模块之前，利用工程图配置文件，可以控制工程图的制作环境，包括标注尺寸文本的高度、尺寸箭头的类型大小、制图单位、公差显示、投影类型等。不同国家采用不同的制图标准，我国采用第一投影视角的公制单位。控制制作环境的系统变量非常多，如果一一修改比较麻烦，通常可以调用一个系统保存的文件来改变制作环境。具体操作如下。

（1）单击【文件】→【绘图选项】命令，弹出“选项”对话框，如图 12-30 所示，单击对话框上方的“打开”按钮，在文件夹 Pro/ENGINEER 5.0\Text\中，选择文件 iso.dtl，单击“应用”和“关闭”按钮，完成工程图的设置。

（2）如果需要启动 Pro/ENGINEER 时能自动调入工程图配置文件来改变制作环境，可按以下步骤操作。

① 单击【工具】→【选项】命令，出现“选项”对话框，如图 12-31 所示。

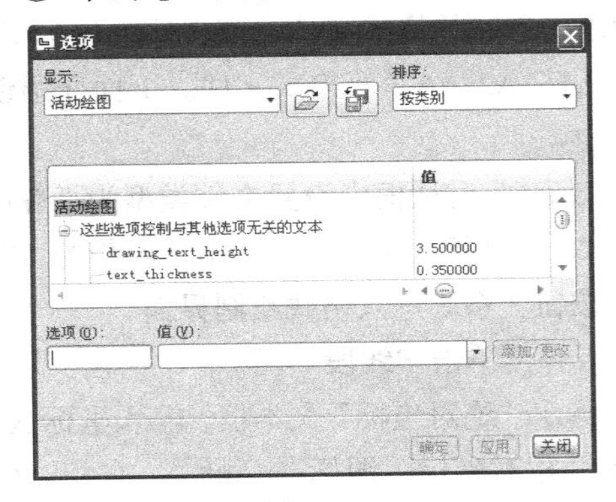

图 12-30

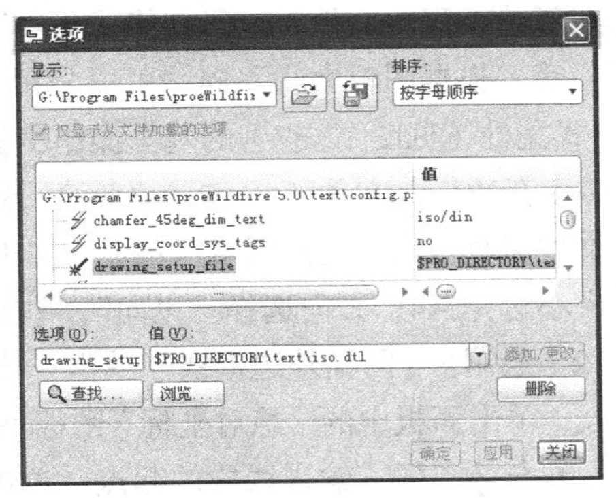

图 12-31

② 在对话框中单击“查找”按钮，弹出“查找”对话框，在对话框中输入“drawing_setup_file”，将该变量值设定为 Pro/ENGINEER 5.0\Text\ iso.dtl，单击 增加/改变 按钮。

③ 单击【选项】对话框中的保存配置文件图标按钮，保存配置文件名为 config.pro，文件保存在 Pro/ENGINEER 的启动目录中。

（四）在零件模型下制作剖截面

打开零件模型，在零件模型下制作剖面，为工程图的剖视图作准备。

（1）单击【视图】→【视图管理器】命令或单击绘图区顶部的按钮，弹出“视图管理器”对话框，如图 12-32 所示。

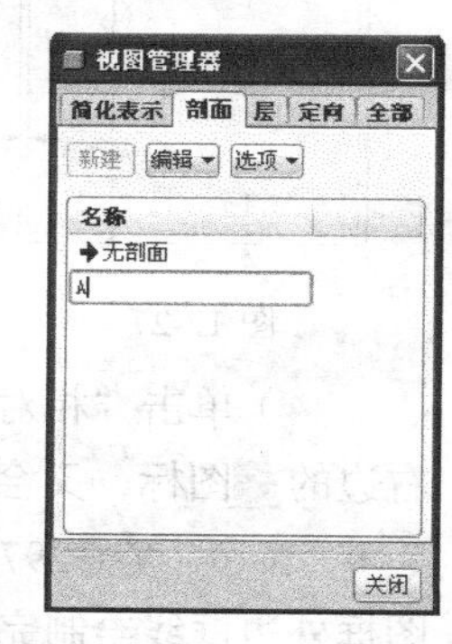

图 12-32

（2）单击“剖面”选项卡，单击“新建”按钮，输入剖面名称 A，按回车键，弹出“剖截面创建”菜单管理器，如图 12-33 所示。选择“平面”/单一，单击“完成”，在绘图区中选择一个面，产生全剖面图形，如图 12-34 所示。

（3）制作一个阶梯剖面或旋转剖面。单击“剖面”选项卡，单击“新建”按钮，输入剖面名称 B，按回车键，弹出“剖截面创建”菜单管理器，选择“偏移”/“单一”，单击“完成”，选择零件的左侧面为草绘平面，进入草绘平面，绘制如图 12-35 所示的图形。注意应合理选择草绘参照，单击草绘界面中的按钮，结束剖面 B 的创建，如图 12-36 所示。

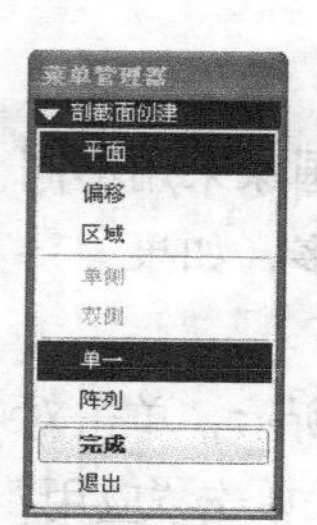

图 12-33

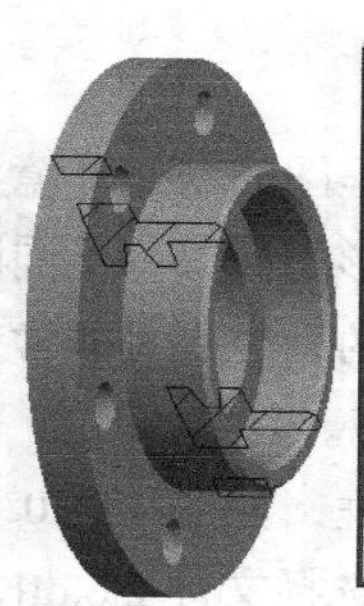
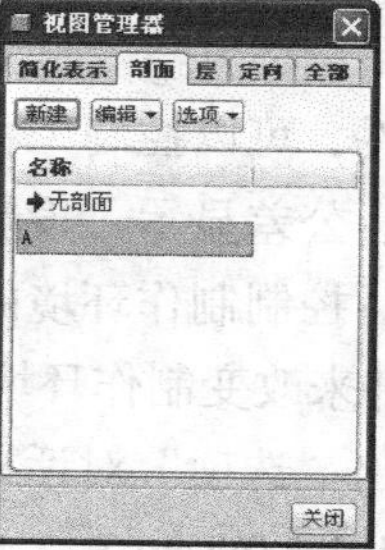

图 12-34

图 12-35

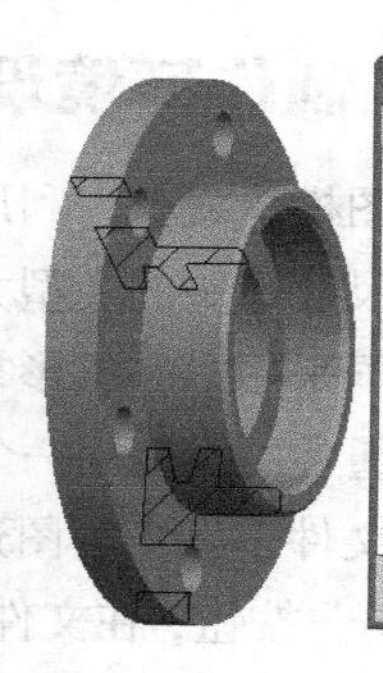
图 12-36

（五）制作 A4 格式文件

在新建工程图文件时选择“格式为空”，可以调用已创建的格式文件，该文件中包含图框、标题栏等。根据图幅大小不同，可以分别创建 A0、A1、A2、A3 等格式文件。下面介绍创建 A4 格式文件（见图 12-37）的基本操作步骤。

（1）新建格式文件 A4。单击“新建”图标，在“新建”对话框中设置文件类型为“格式”，输入文件名称 A4，单击“确定”按钮，弹出“新建格式”对话框，在对话框中指定模板为“空”，标准大小选择 A4，方向选择“纵向”，单击“确定”按钮，系统进入格式绘制界面。

（2）绘制 A4 图幅外边框线。单击“草绘”选项卡，再单击“线段”图标，光标变成长十字线，单击面板中的“绝对坐标”图标 绝对坐标，弹出“绝对坐标”文本框，输入坐标 X=0、Y=0，单击图标，输入线段的起点，单击面板中的“相对坐标”图标 相对坐标...，在相对坐标文本框中输入坐标 X=210、Y=0，继续画线段命令，选择第一条线段的端点，单击“相对坐标”图标，输入 X=0、Y=297，依此类推，分别输入相对坐标 X=−210、Y=0 和 X=0、Y=−297，完成 4 条外边框线的绘制。

（3）绘制 A4 图幅内边框线。单击“偏移边”图标，采用链图元的方法，用框选的方法选中 4 条外边框线，单击“选取”对话框中的“确定”按钮，弹出偏移文本框，同时在 4 条外边框线中出现黄色箭头朝外，输入−5，单击图标，完成内边框线的绘制。

（4）绘制标题栏。单击“表”选项，单击“表”图标，弹出“创建表”菜单管理器，选择“升序”/“左对齐”/“按长度”，单击“绝对坐标”，在坐标文本框中分别输入表对齐点 X=205、Y=5，单击图标，按图 12-37 所示分别输入列间距和行间距。注意输入全部列间距或行间距之后需要输入空间距表示完成列间距或行间距的输入。

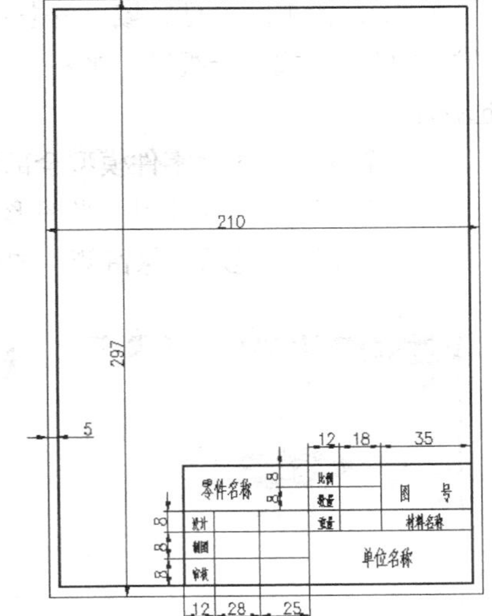

图 12-37

（5）合并单元格。按图 12-37 所示选择需合并的单元格，单击合并单元格图标，进行合并。

（6）书写表格文本。双击表格框，弹出“注释属性”对话框，按图 12-37 所示在文本框中输入文字，在文本样式中修改文字高度和对齐方式。

（7）保存格式文件。将创建的 A4 格式文件保存在公共文件夹中。

（六）制作基本三视图

1. 制作主视图

（1）在工程图模式中，单击操作面板中的“布局”选项卡，单击“一般”图标，在绘图区中显示零件模型的三维轴测图，同时弹出“绘图视图”对话框，如图 12-38 所示。

（2）选择视图类型。所创建的第一个视图都是主视图，为主视图确定视图方向主要有 3 种方式。

① 从零件模型自定义的视图列表中选择，本例中可选择 FRONT 视图方向为主视图方向。

② 选择几何参照自定义视图方向，先选择一个几何参照 1 为正视图方向，再选择一个几何参照 2 为定位方向。

③ 在目前视图方向上旋转一个输入角度，以此方向为模型主视图方向。

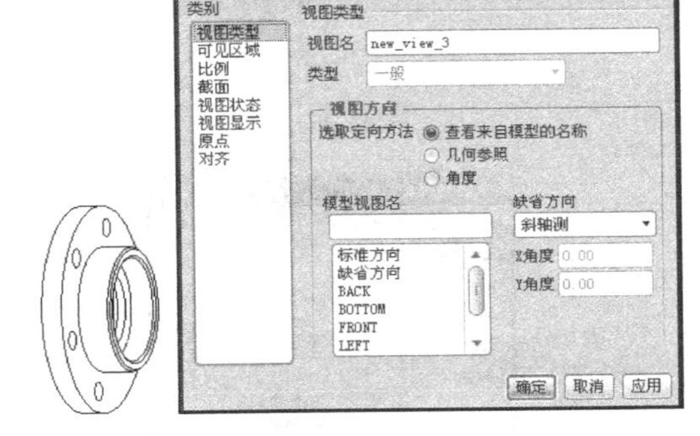

图 12-38

一般情况下从视图列表中选择一种视图方向，单击“应用”按钮。

（3）选择视图比例。在“绘图视图”对话框中单击“比例”，视图比例有两种。

① 使用系统缺省比例，在“绘图选项”中将系统变量 draft_scale 设为 1。

② 用户自定义比例，单击“定制比例”，在对话框中直接输入比例值，如图 12-39 所示。单击“应用”按钮。

（4）选择视图可见区域。单击对话框中的“可见区域”，如图 12-40 所示。系统提供以下几种视图显示方式：全视图、半视图、局部视图、破断视图，可以在“视图可见性”下拉列表中选择不同方式。

① 全视图：显示零件模型全部图形。

② 半视图：显示模型一半图形，需选择一个面或线为分界线，显示视图的一半图形，可以单击图标切换显示的保留侧，如图 12-41 所示。

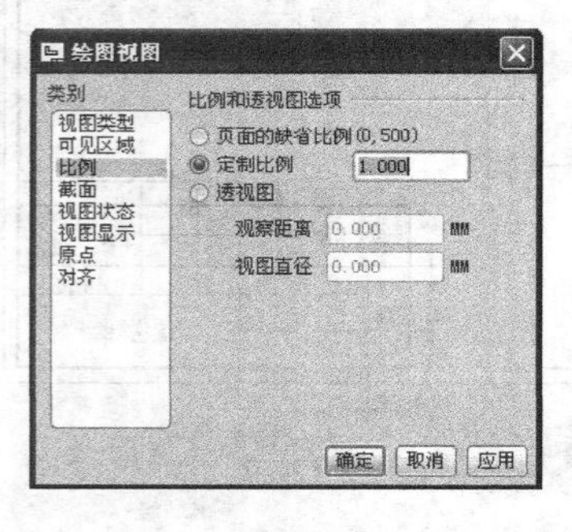

图 12-39

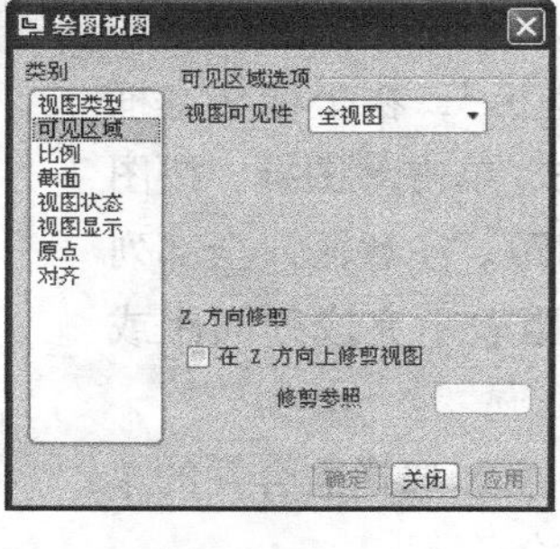

图 12-40

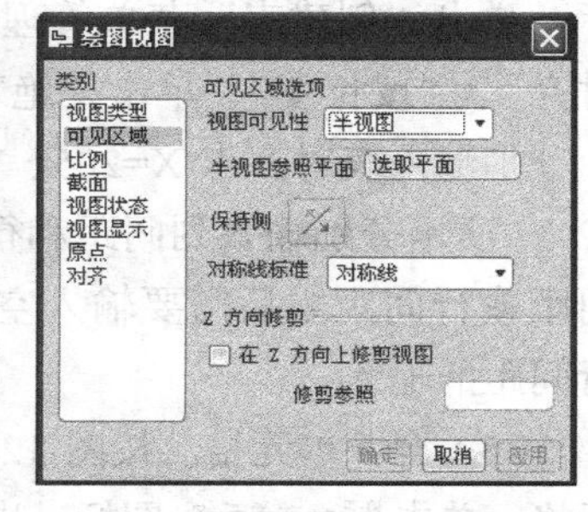

图 12-41

③ 局部视图：局部视图只显示部分图形，选择图元上的一个点，单击鼠标左键绘制出一条封闭的样条曲线，单击鼠标中键结束曲线绘制，所选择的点必须在样条曲线之中，如图 12-42 所示。

④ 破断视图：对在某一方向上特别细长，在图纸上不能完整表达出来的零件，可以用破断视图表示。操作时先绘制第一破断线的位置，然后再绘制第二破断线位置，两破断线之间被缩减形成破断视图，破断线可以是直线或用户草绘的样条曲线，如图 12-43 所示。

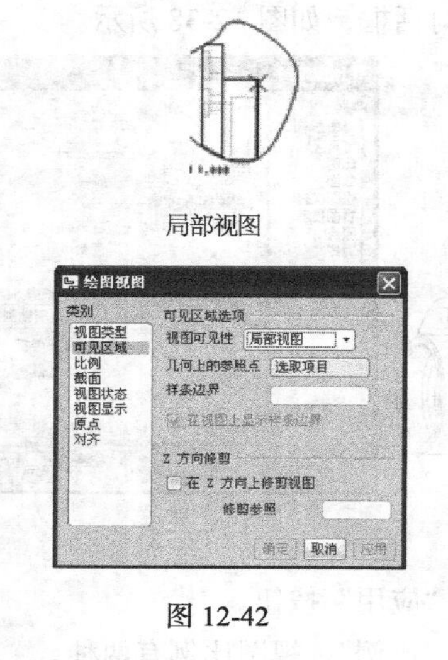

图 12-42

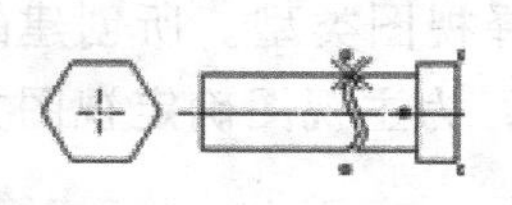

破断图

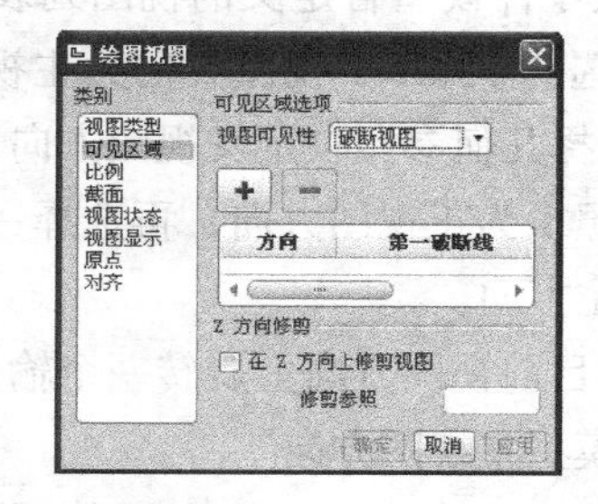

图 12-43

以上每一步操作完成后都应单击“应用”按钮。最后单击“关闭”按钮，完成主视图的创建。

2. 建立俯视图和左视图

俯视图、侧视图与主视图都有投影关系，创建俯视图和左视图的具体操作步骤如下。

（1）选择主视图，单击 投影... 图标或单击鼠标右键，出现光标菜单，选择“插入投影视图”。

（2）绘图区中形成一个方框视图，围绕主视图上下左右移动鼠标，可以得到不同的投影视图。在主视图下方单击一点作为投影视图的中心点，从而得到俯视图，在主视图右侧单击一点得到左视图，如图 12-44 所示。

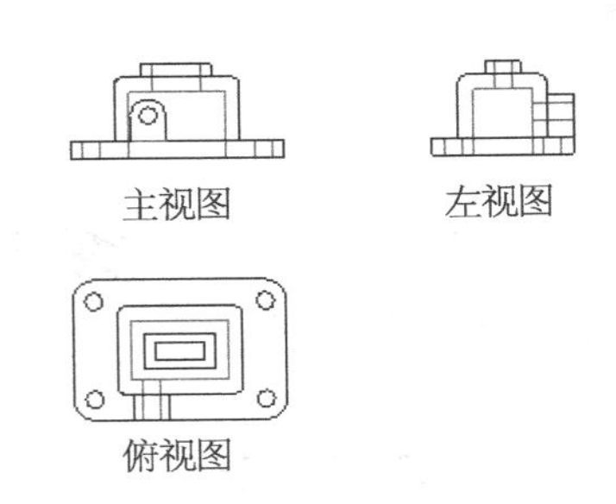

图 12-44

（七）制作其他辅助视图

1. 制作详细视图

详细视图即局部放大视图，这种视图与其他视图没有投影关系。创建详细视图的具体操作步骤如下。

（1）在工程图模式中，单击“布局”选项下的“详细”图标 详细...。

（2）在需放大图元处单击一点为中心点，出现十字线标记。

（3）单击鼠标左键绘制一条封闭样条曲线，围出要放大的区域，单击鼠标中键结束。

（4）选择详细视图放置的中心点，绘图区内立即生成一个详细视图。

（5）双击详细视图，出现“绘图视图”属性对话框，在对话框中单击“比例”选项可更改详细视图的放大比例。选择视图类型，可更改详细视图名称。在父项视图的边界类型中，可更改边界线类型为圆、椭圆等。

（6）单击“注释”选项，双击文字框，出现“注释属性”对话框，删除详细、比例文字。

（7）将详细视图移动到合适位置，如图 12-45 所示。

2. 制作辅助视图

辅助视图即向视图，视图方向垂直于现有视图的某个斜面，具有投影关系，也可以将视图设置成没有投影关系。制作辅助视图的具体步骤如下。

（1）在工程图模式中，单击“布局”选项下的“辅助”图标 辅助...。

（2）在现有视图中选取辅助视图的参考面或轴线，系统将以轴线的方向或面的法线方向为视图方向。

（3）移动鼠标，在视图投影方向选择辅助视图放置的中心点，注意投影方向，得到有投影关系的辅助视图，如图 12-46 所示。

（4）双击详细视图，出现“绘图视图”属性对话框，单击“可见区域”选项，选中“Z 方向上修剪视图”复选框，选择零件法兰端面 A 面。单击“应用”，辅助视图只显示 A 面图形。

（5）单击“对齐”选项，在“视图对齐选项”中取消选中“将此视图与其他视图对齐”复选框，单击“应用”按钮，再单击“关闭”按钮。

（6）移动视图到适当位置，如图 12-47 所示。

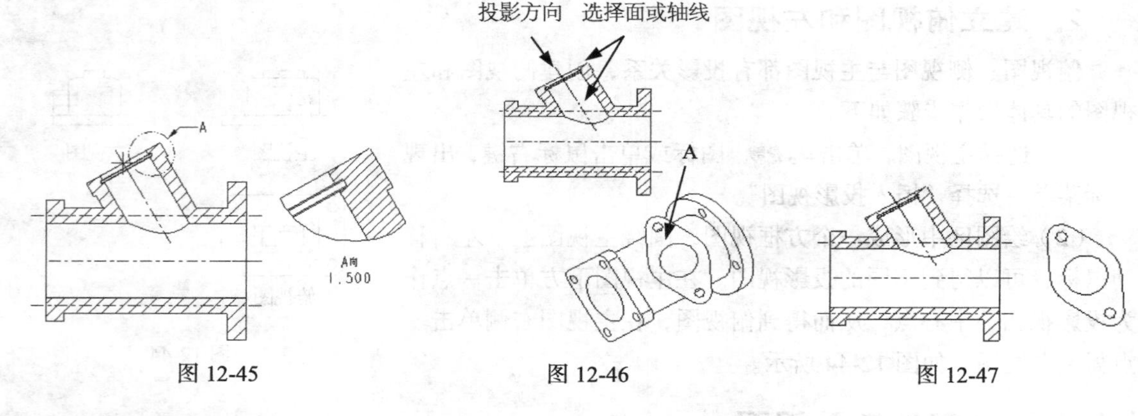

图 12-45　　图 12-46　　图 12-47

3. 制作旋转视图

旋转视图即断面图，用于表达零件在横断面的形状。制作旋转视图的操作步骤如下。

（1）在零件模型中，使用“视图管理器”创建相应的正截面。

（2）在工程图模式中，单击“布局”选项下的“视图模型”旁的下拉按钮，弹出面板如图 12-48 所示。单击“旋转”图标，在绘图区中的空白处单击一点作为旋转视图的中心点，出现“绘图视图”对话框，如图 12-49 所示。

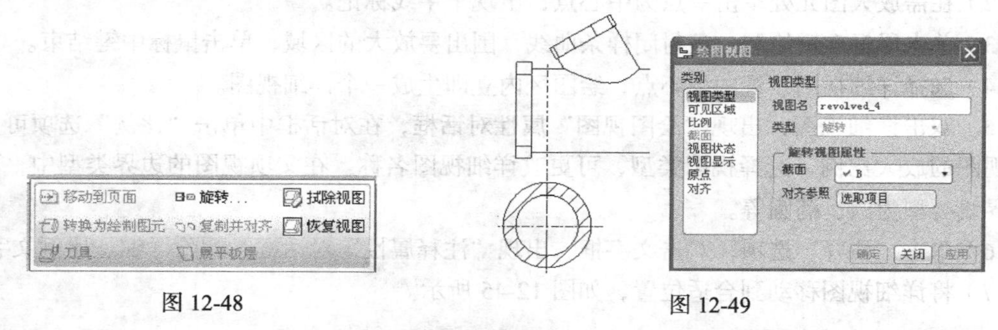

图 12-48　　图 12-49

（3）在“截面”下拉列表中选择一个零件模型中创建的截面，如果零件模型中没有截面，也可以在工程图模块中创建一个截面。

（4）单击“应用”按钮，再单击“关闭”按钮完成旋转视图的制作。

（八）制作剖视图

在零件模型的视图管理器中先已创建好必要的剖视图以便在工程图中调入使用。剖切面可以是平面剖切，也可以是折弯面剖切。剖视图包括完全剖视图、半剖视图、局部剖视图、阶梯剖视图和旋转剖视图等。

双击视图，弹出“绘图视图”对话框，单击“类别”中的“截面”，选中“2D 剖面”单选按钮，单击图标，出现如图 12-50 所示的对话框。

1. 制作完全剖视图

完全剖视图通常用一个平面来剖切模型并显示全部模型内部结构的视图。制作完全剖视图的步骤如下。

（1）在图 12-50 所示的对话框中的“剖切区域”下拉列表中选择“完全”。

（2）在“名称”下拉列表中选择所需的截面，如 A，也可以在工程图模块中创建剖面。

（3）单击激活“箭头显示”框，在绘图区中选择视图，在此视图中显示剖面箭头。

（4）单击“应用”按钮，完成完全剖视图的创建。单击“关闭”按钮退出视图修改，如图 12-51 所示。

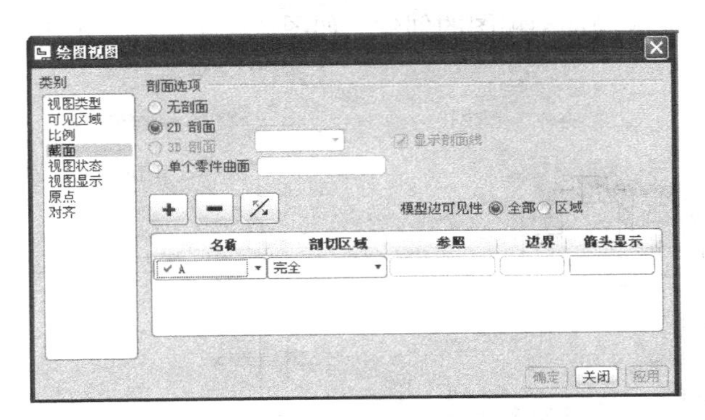

图 12-50

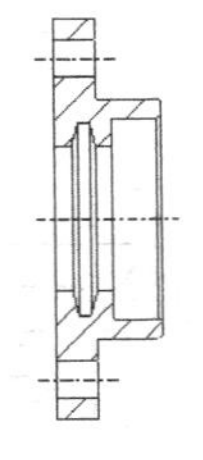

图 12-51

2. 制作半剖视图

半剖视图对零件模型的一半进行剖切显示，一般对称零件都可采用这种剖切方式。

（1）双击视图，出现“绘图视图”对话框。

（2）在对话框中的“剖切区域”下拉列表中选择“一半”。

（3）在“名称”下拉列表中选择一个已存在的截面。

（4）激活“参照”选择框，在绘图区中选择零件的对称面。

（5）激活“边界”框，在视图分界面上出现箭头，在视图的不同侧单击，可以切换剖切侧，箭头指向侧即为剖切侧。

（6）如果需要生成剖面箭头，单击“箭头显示”选择框，选择一个视图，即在此视图中显示剖面箭头。

（7）单击“应用”按钮，再单击“关闭”按钮，退出剖视图的创建。图 12-52 为创建的半剖视图。

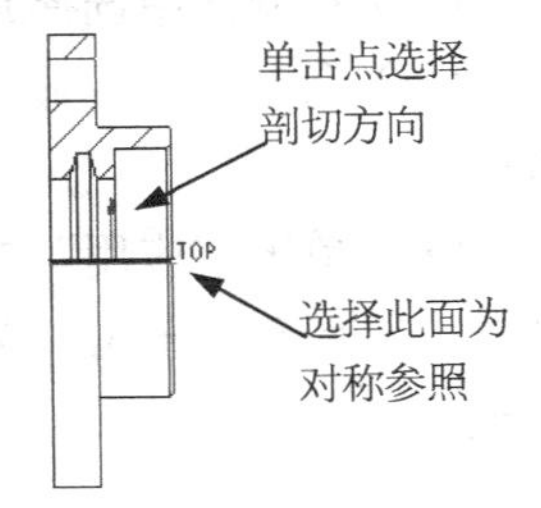

图 12-52

3. 制作阶梯剖视图

阶梯剖视图主要用于剖切不同截面位置的内部结构，先在零件模型中创建阶梯剖视图。建立阶梯剖视图时，必须在视图中绘出阶梯剖切箭头。阶梯剖视图的制作步骤如下。

（1）在“绘图视图”对话框中的“剖切区域”下拉列表中选择“完全”。

（2）点选“名称”的下拉按钮，选择一个已存在的阶梯剖截面。

（3）单击“箭头显示”框，在绘图区中选择一个视图，则在此视图中显示剖面阶梯箭头符号。

（4）单击“应用”按钮，完成阶梯剖视图的创建，如图 12-53 所示。单击“关闭”按钮退出。

（5）在视图中单击剖面箭头，适当移动箭头和文字位置，使箭头和文字处于最佳位置。

4. 制作局部剖视图

局部剖视图的具体制作步骤如下。

（1）双击视图，出现“绘图视图”对话框。

（2）在“剖切区域”下拉列表中选择“局部”。

（3）在“名称”下拉列表中选择一个已存在的截面。

（4）在视图中选择图元上的一点，单击绘制一条封闭样条曲线，将所选的点包围在内，单击鼠标中键结束样条曲线的绘制。

（5）单击“应用”按钮，完成局部剖视图的创建，如图 12-54 所示。单击“关闭”按钮，退出局部剖视图的创建。

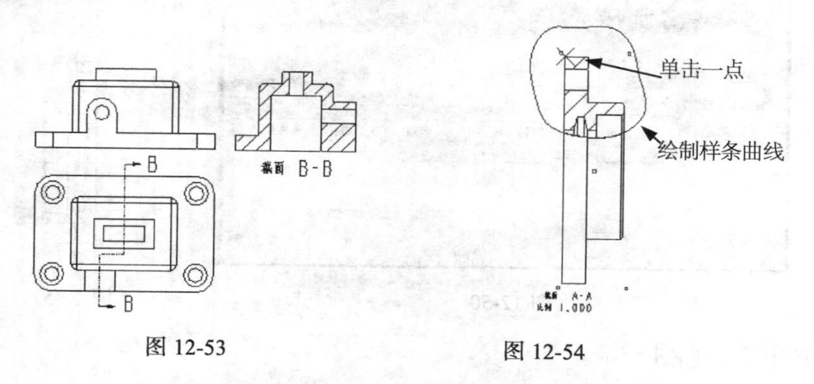

图 12-53　　图 12-54

5. 制作旋转剖视图

为了更好地表达零件模型的内部结构，常常采用旋转剖视图。旋转剖视图的具体制作步骤如下。

（1）在零件模型视图管理器中创建旋转剖面。

（2）双击视图，出现“绘图视图”对话框。

（3）在“剖切区域”下拉列表中选择“全部对齐”。

（4）在视图中选择旋转剖切的旋转轴线。

（5）激活“箭头显示”选择框，在绘图区内选择一个视图。

（6）单击“应用”按钮，完成旋转剖视图的创建，如图 12-55 所示。单击“关闭”按钮，退出“绘图视图”对话框。

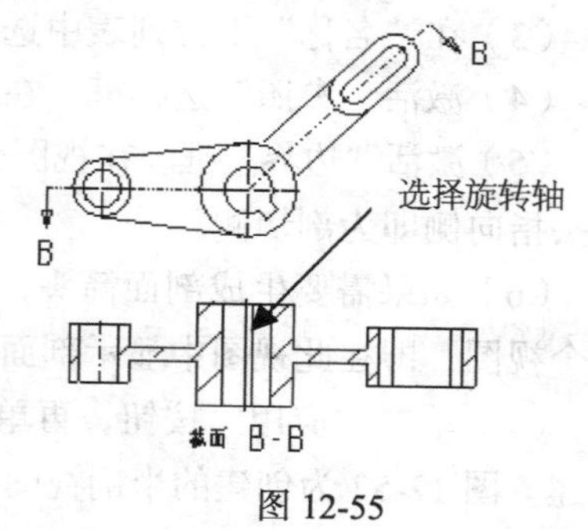

图 12-55

（九）视图及尺寸编辑

1. 视图的操作

单击“布局”选项，可以对现有视图进行各种编辑操作。

（1）锁定视图。选择视图，单击鼠标右键，出现光标菜单，如图 12-56 所示。选中“锁定视图移动”选项，则视图被锁定，单击该视图时只会出现箭头光标，视图不能移动。再次重复该操作，取消选中该选项，则视图允许移动。

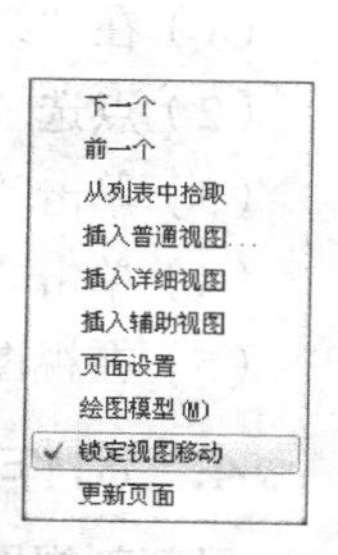

图 12-56

（2）移动视图。在移动视图之前，视图处于非锁定状态，单击视图，光标变成十字形状，可将视图移动到适当的位置。如果移动具有投影关系的父视图时，投影视图将跟着移动；如果移动的是子视图，则只能沿着投影方向移动。

（3）修改视图。双击视图，出现“绘图视图”对话框，在对话框中，选择不同的内容，可以修改视图的类型、可见区域、绘图比例、剖切视图等。

（4）删除视图。单击需删除的视图，单击鼠标右键，选择“删除”，或按 Delete 键，即可将视图删除。如果选择有子视图的父视图，则不能删除该视图。

2. 建立尺寸公差

在工程图模块中有 4 种公差模式：公称尺寸（ϕ100）、极限尺寸（ϕ99.99 ~ ϕ100.010）、正负偏差（$\varnothing 100^{+0.021}_{0}$）和对称公差（ϕ100 ± 0.01），但要在工程图模块中建立尺寸标注的公差值，必须将工程图配置文件的“Tol_Display”值设置为“yes”，并且所建立工程图对应的零件模型尺寸也应设置成为显示状态。

（1）单击“注释”选项，选择工程图尺寸，单击鼠标右键出现光标菜单，选择“属性”，出现“尺寸属性”对话框，如图 12-57 所示。

（2）在“公差模式”下拉列表中选择一种公差模式，在上下公差文本框中分别输入不同的偏差值。对于正负偏差模式，上公差设为正，下公差设为负，如果上公差为负，偏差只需输入“–”，而下公差如为正，则需输入“–”，负负得正。

（3）单击“确定”按钮，完成尺寸公差的制作。

3. 修改剖面线

修改剖面线的操作步骤如下。

（1）单击“布局”选项，双击剖面线，弹出“修改剖面线”菜单管理器，如图 12-58 所示。

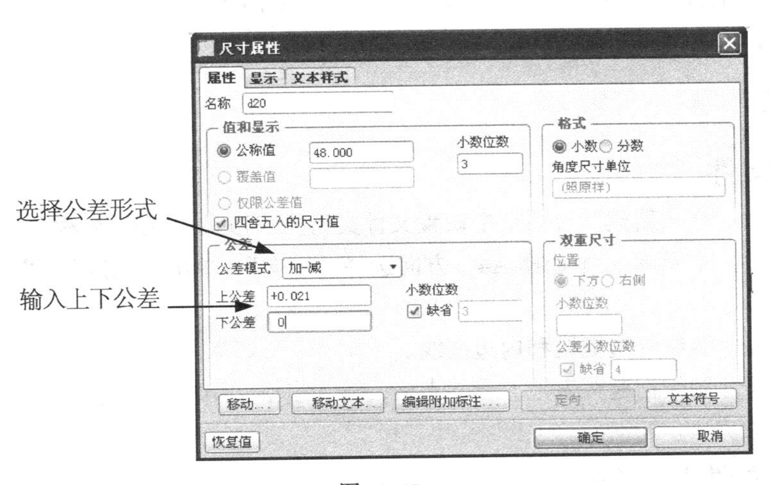

图 12-57

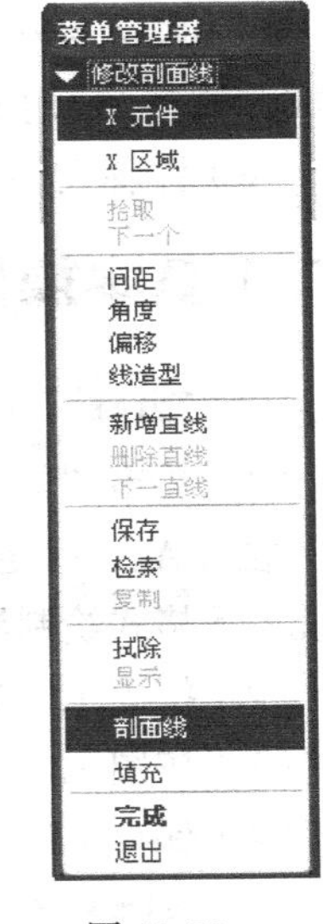

图 12-58

（2）选择“间距”/“剖面线”，可以修改剖面线的间距，“一半”代表将剖面线间距减半变密，“加倍”代表间距加倍变稀。

（3）如选择“角度”，则输入角度，将剖面线修改成非 45° 剖面线。

（4）在装配图中采用“X 元件”选择剖面线的方法，只要选择“下一个”，就可以对不同元件的剖面线分别进行修改。

（5）采用“X 区域”方法，可以对同一元件不同区域的剖面线进行修改，特别是对局部剖切的情况。

三、实例详解——法兰盘工程图制作

（一）任务导入与分析

1. 建模思路分析

（1）图形分析。根据图 12-1 所示创建工程图文件 No12-1，在图中调入自制的 A4 格式文件，创建主视图和左视图，主视图采用全剖视图，标注尺寸、表面粗糙度和形位公差，书写技术要求，填写标题栏。

（2）建模的基本思路。先创建零件模型 No12-1，并在零件模型中利用视图管理器创建全剖视图，创建基准轴线 A 并显示在尺寸 $\phi60$ 中；创建并保存格式文件 A4；新建绘图文件，调入 A4 格式文件，创建主视图及左视图，将主视图修改为全剖视图，标注或显示尺寸，修改其中的公差尺寸，标注表面粗糙度和形位公差，书写技术要求，填写标题栏，保存文件。

2. 建模要点及注意事项

（1）事先创建法兰盘零件模型 No12-1，同时创建剖面和基准轴。

（2）事先创建 A4 格式文件，新建绘图文件时使用“格式为空”，调入 A4 格式文件。

（3）工程图纸的比例视图纸大小而定，本例中使用 1:1。

（4）视图摆放合理。

（5）尺寸标注主要采用“显示模型注释”的方法创建，个别尺寸可以采用手动标注。尺寸应放置整齐，标注形位公差和表面粗糙度的位置应合理，箭头控制要素准确。

（6）注释文字字高为 6，尺寸文本字高为 3.5。

（二）基本操作步骤

1. 创建 A4 格式文件

（1）单击“新建”图标 □，在“新建”对话框中设置文件类型为“格式”，在“名称”文本框中输入 A4，指定模板为“空”，标准大小选择 A4，方向选择“纵向”，单击“确定”，按钮，系统进入格式绘制界面。

（2）按图 12-37 所示的尺寸绘制外边框线和内边框线。

（3）按图 12-37 所示的尺寸制作标题栏表格，合并表格，输入表格文字。

（4）保存文件至公共文件夹中。

2. 创建零件模型文件 No12-1

（1）单击“新建”图标 □新建零件模型文件，文件名称为 No12-1，绘制零件模型。

（2）利用视图管理器创建一个 *A-A* 全剖视图。

（3）选择旋转轴线，在属性中设置轴线，更改基准轴名称为 *A*，将 *A* 基准符号放置在尺寸 $\phi60$ 上。

（4）将文件保存在 No12-1 文件夹中，注意创建工程图文件应和零件文件在同一个文件夹中。

3. 新建绘图文件 No12-1

（1）单击“新建”图标 □，在模板“新建”对话框中设置文件类型为“绘图”，文件名称为 No12-1，取消选中“使用缺省模板”复选框，单击“确定”按钮，弹出“新建绘图”对话框。

（2）在“缺省模型”中单击“浏览”按钮，弹出“打开”对话框，在文件夹中选择 No12-1.prt 为绘图模型；在“指定模板”中选择“格式为空”，单击“浏览”按钮，找到 A4.frm 格式文件，单击“确定”按钮。

（3）单击“新建绘图”对话框中的“确定”按钮，系统进入工程图模块。

4. 设置绘图环境

单击【文件】→【绘图选项】命令，弹出“选项”对话框，单击“打开”按钮，在文件夹 Pro/ENGINEER 5.0\Text\中选择文件 iso.dtl，单击“应用”和“关闭”按钮，完成工程图的设置。

5. 制作主视图

（1）单击工程图操控面板“布局”中的“一般”按钮，在图纸空白处单击一点，零件模型以轴测图显示在绘图区中，同时弹出“绘图视图”对话框，在“视图类型”选项中选择 FRONT 视图方向为主视图方向，单击“应用”按钮。

（2）单击“比例”选项，选中“定制比例”，输入比例 1，单击“应用”按钮。

（3）单击“截面”，选中“2D 剖面”，单击 + 图标，在剖面名称中选择在零件模型中创建的 A 截面，采用完全剖切、全视图显示。

（4）单击“关闭”按钮，关闭“绘图视图”对话框。

（5）将鼠标移动到剖面线上双击，弹出“修改剖面线”菜单管理器，单击“间距/一半”，将剖面线间距变密，单击“完成”按钮。

6. 制作左视图

选择主视图，单击工程图操控面板“布局”选项中的“投影”图标 投影...，或单击鼠标右键出现光标菜单，选择“插入投影视图”，在主视图的右侧单击一点，生成左视图。

7. 标注尺寸

（1）单击工程图操控面板“注释”中的“显示模型注释”按钮，弹出对话框，单击 图标，采用显示“尺寸”方式，选择视图中的特征，相关的特征尺寸显示在视图中，选择需要显示的尺寸，单击“应用”按钮，重复上述操作，选择不同视图的不同特征，显示所需尺寸。

（2）在对话框中单击 图标，采用显示中心线和基准轴方式，选择主视图的特征，相关轴线都显示在视图中，选择需要的轴线，单击“应用”按钮；选择左视图的特征，再选择需要显示的轴线和基准轴，单击“应用”按钮和“确定” 按钮，完成尺寸的显示。

（3）整理尺寸。创建捕捉线，移动尺寸，将所有尺寸进行整理，使其排列有序。

8. 制作尺寸公差

（1）制作$\phi 50$ 的尺寸公差。单击工程图操控面板“注释”，选择尺寸$\phi 50$，单击鼠标右键出现光标菜单，选择“属性”，弹出尺寸属性对话框，在公差模式中选择正负公差模式，在“上公差”框中输入 0.019，在“下公差”框中输入 0，单击“确定”按钮，完成$\phi 50$ 尺寸公差的制作。

（2）制作$\phi 60$ 的尺寸公差。制作方法与上述完全相同，在“上公差”框中输入 0，在“下公差”框中输入 0.021。

9. 标注形位公差

分别标注$\phi 50$ 圆柱面轴线相对于$\phi 60$ 基准轴 A 的不同轴度$\phi 0.02$、法兰盘左端面与基准轴 A 垂直度 0.1 及 6-$\phi 9$ 孔轴线相对于基准轴 A 的位置度$\phi 0.1$。

（1）标注ϕ50 圆柱面轴线和基准轴 A 的同轴度ϕ0.02 形位公差。

① 单击工程图操控面板“注释”中的“几何公差”图标，弹出创建“形位公差”对话框，选择公差项目同轴度符号图标◎，单击“基准参照”选项，在“首要”/“基本”下拉列表中选择基准符号 A（在零件模型中已经创建的基准轴 A）。

② 单击“公差值”选项，在公差值框内输入公差值 0.02。

③ 单击“符号”选项，选中“ϕ直径符号”，在公差值前加ϕ。

④ 重新单击“模型参照”选项，在“参照”/“类型”下拉列表中选择“轴”，单击“选取图元”，在视图中选取ϕ50 圆柱面轴线为被测轴线；在“放置”/“类型”下拉列表中选择“法向引线”，同时弹出“引线”菜单管理器，采用箭头方式，在视图中选择ϕ50 圆柱面的母线，在空白处单击，形位公差框格放置在视图中。

⑤ 单击“形位公差”对话框中的“确定”按钮，结束同轴度形位公差的标注。适当移动形位公差框格的位置，使箭头与尺寸箭头对齐。

（2）标注法兰盘的端面与基准轴 A 的垂直度 0.1。

与（1）中形位公差标注基本相同，标注垂直度时，公差项目为垂直度⊥，被测要素选择法兰盘的端面，放置参照要素选择端面边线，输入公差值 0.1，该公差项目的公差值前不需加ϕ。

（3）标注 6-ϕ9 孔轴线相对于基准轴 A 的位置度ϕ0.1。

标注位置度时，公差项目为位置度⊕，被测要素选择ϕ9 孔轴线，放置参照要素选择ϕ9 尺寸，该公差项目的公差值前需加ϕ。

10. 标注表面粗糙度

分别标注ϕ50、ϕ60 圆柱面，法兰盘左端面的表面粗糙度以及其余表面粗糙度。

（1）标注ϕ60 圆柱面表面粗糙度。

① 单击“表面粗糙度”按钮，弹出“粗糙度”菜单管理器，单击“检索”，弹出“打开”对话框，系统自动进入系统粗糙度符号文件夹。

② 在“machined”文件夹中选择 standard1.sym 加工粗糙度符号，弹出“实例依附”菜单管理器。

③ 单击“法向”，在视图中选择ϕ60 圆柱面母线，以该图元的垂直方向创建粗糙度。

④ 系统自动弹出文本输入框，输入 3.2，单击文本框右边的✓按钮，完成第一个粗糙度的标注。

（2）标注其他表面粗糙度。

继续选择不同的图元，输入粗糙度，标注其他实体表面的粗糙度。

（3）标注其余表面粗糙度。

方法与上基本相同，在“实例依附”菜单管理器中选择“无引线”。在工程图右上角空白处单击一点，输入粗糙度 12.5。单击菜单管理器的“完成/返回”，结束粗糙度的标注。

11. 制作注释

（1）按照图 12-1 所示的要求书写技术要求。

① 单击“注释”按钮，弹出“注释”菜单管理器，选择“无引线”/“输入”/“水平”/“标准”/“缺省”，单击“进行注释”。

② 在绘图区内单击一点，系统弹出文本输入框，在框中输入第一行文本，如“技术要求”，单击文本框右边的✓按钮，完成第一行文本的输入。

③ 继续输入第二行文本，依此类推，直至输入全部文本后，空文本单击✓按钮，完成注

释文本的输入。

④ 单击“注释”菜单管理器中的“完成/返回”，结束注释的创建。

⑤ 双击注释文本，弹出注释文本属性对话框，在对话框中可以修改文字高度、文字对齐方式等。

（2）书写“其余”表面粗糙度。用上述相同方法在右上角处书写“其余”，并修改文字高度和对齐方式。

12. 填写标题栏

双击标题栏中的表格空白处，按图 12-1 所示的要求书写标题栏内容，其中的零件名称为法兰盘，图号为 No12-1，设计比例为 1:1，并输入设计者姓名、设计日期等所有文字内容。

13. 保存文件

工程图文件应与零件模型保存在同一文件夹中。工程图文件还能以 AutoCAD 的*.dwg 文件格式保存副本文件。

四、自测实例——支板零件工程图制作

（一）任务导入与分析

1. 任务导入

按照图 12-59 所示的图纸要求，创建支板零件模型及其工程图。

根据图中的结构及尺寸创建零件模型，创建旋转剖截面，建立基准轴 *A*。新建工程图文件 No12-2，制作主视图和俯视图，俯视图采用旋转剖切；标注零件尺寸，小孔尺寸$\phi 6$ 的上公差为+0.01，下公差为 0，大孔尺寸$\phi 20$ 的上公差为+0.019，下公差为 0，键槽宽度尺寸为 5 ± 0.1；标注键宽相对于$\phi 20$孔基准轴 *A* 的对称度公差为 0.1；按图中所示标注表面粗糙度，其余表面粗糙度为不加工；书写技术要求，填写标题栏内容。将工程图文件与零件模型文件保存在同一文件夹中。

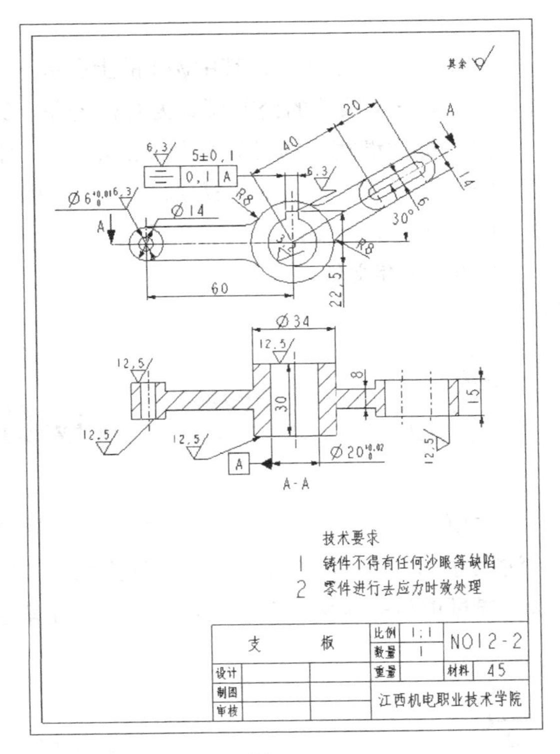

图 12-59

2. 制作工程图思路分析

首先创建零件模型，创建旋转剖截面和基准轴，新建工程图文件，调用格式文件 A4.frm，制作主视图和俯视图，修改俯视图为旋转剖面，标注尺寸、形位公差和表面粗糙度，书写技术要求等。

3. 建模要点及注意事项

（1）新建文件夹 No11-2，将零件模型和工程图文件放置在该文件夹中。

（2）在零件模型中创建旋转剖面和基准轴 *A*。

（3）设置好绘图环境。

（4）俯视图采用旋转剖面。

（5）修改孔尺寸ϕ20、ϕ6 的属性为正负偏差，键宽尺寸 5 为对称偏差；标注键宽对称度形位公差，公差的被测要素为键宽两侧面的对称面，基准要素为ϕ20 轴线。

（二）建模过程提示

（1）新建文件夹 No12-2。

（2）创建零件模型文件 No12-2.prt。创建零件模型，在视图管理器中使用“偏移”/“单一”方式，选择支板前侧面为草绘平面，绘制剖切图形，创建旋转剖截面；选择ϕ20 轴线，修改基准轴线属性，将轴线名称修改为 A，将基准轴代号显示在ϕ20 尺寸上，保存文件。

（3）新建工程图文件 No12-2.drw。选择“格式为空”，调用已创建好的 A4.frm 格式文件，缺省零件模型选择 No12-2.prt。

（4）制作主视图。选择“FRONT”的视图方向为主视图方向，比例为 1:1。

（5）制作俯视图。选择主视图，单击投影视图，在主视图下方单击生成俯视图，双击俯视图，在“绘图视图”对话框的“截面”选项中的“剖切区域”下拉列表中选择“全部对齐”方式，选择轴线为旋转剖面的选择轴，将俯视图修改为旋转剖视图。修改剖面线间距。

（6）标注尺寸。单击“注释”选项面板中的“显示模型注释”显示零件各尺寸，对显示尺寸进行整理。

（7）制作尺寸公差，其中ϕ20 的上公差为+0.020，下公差为 0，ϕ6 的上公差为+0.01，下公差为 0，键宽 5 尺寸的公差模式为对称公差 ± 0.1。

（7）标注键宽 5 的对称度形位公差 0.1，且公差框格放置在尺寸上。

（8）标注相关的表面粗糙度。

（9）书写技术要求，填写标题栏内容。

（10）保存文件。

项目小结

本项目主要介绍了工程图格式文件的制作方法，工程图各种视图、各种剖视图的制作方法，标注尺寸、形位公差和表面粗糙度的方法，以及在工程图中草绘图形创建边框线和表格的方法。

通过项目的实例讲解和实例自测，学生能基本完成零件工程图的制作。

课后练习题

一、选择题（请将正确答案的序号填写在题中的括号中）

1. 设置工程图绘图环境需要调用 iso.dtl 文件，该文件放置在 Pro/ENGINEER 的（ ）文件夹中。
（A）bin （B）i486_nt （C）text （D）libs
2. 在 ISO 标准中，三视图的投影关系一般采用（ ）。
（A）第一视角 （B）第二视角 （C）第三视角
3. 工程图文件在指定模板中采用“空”选择 A4 图幅大小，该模板中使用（ ）单位。
（A）公制 （B）英制 （C）两者都不是
4. 创建投影视图时，选择投影父视图，移动鼠标，在父视图的左侧单击，产生的是（ ）。
（A）俯视图 （B）左视图 （C）右视图
5. 移动具有投影关系的投影视图，移动方向（ ）。
（A）可以随意移动 （B）只能沿投影方向移动
6. 对尺寸进行修改，在工程图操作面板中只能单击（ ）选项。
（A）布局 （B）草绘 （C）注释 （D）表
7. 对视图进行属性修改，在工程图操作面板中只能单击（ ）选项。
（A）布局 （B）草绘 （C）注释 （D）表
8. 创建旋转剖视图时，在“绘图视图”对话框的剖切区域框中选择（ ）剖切方式。
（A）完全 （B）一半 （C）局部 （D）全部对齐
9. 在制作视图中心线时，采用显示模型注释，应单击（ ）图标。
（A） （B） （C） （D）
10. 书写技术要求时应单击工程图面板“注释”选项中的（ ）图标。
（A） （B） （C）

二、判断题（请将判断结果填入括号中，正确的填“√”，错误的填“×”）

（ ）1. 单击“显示模型注释”图标时，只能显示文字注释。
（ ）2. 在创建投影视图时，在投影父视图的上方单击，创建顶视图。
（ ）3. 修改剖面线属性时，选择“一半”，可以使剖面线间距变大。
（ ）4. 在工程图面板中单击“布局”能删除视图。
（ ）5. 在工程图“注释”选项面板中单击“显示模型注释”图标只能显示模型尺寸。
（ ）6. 详细... 图标主要用于创建局部放大视图。
（ ）7. 投影... 图标主要用于创建辅助视图。
（ ）8. 投影视图只能沿投影方向移动。
（ ）9. 投影视图与父视图具有投影关系，不能更改投影关系。
（ ）10. 单击【文件】→【绘图模型】命令，可以增加、删除、替换绘图模型。

三、工程图练习题

1. 图 12-60 所示为钻夹具中的钻模板零件，根据图中的尺寸要求创建零件模型和工程图文件。要求新建文件夹 No12-3，先创建钻模板零件模型，然后制作钻模板零件工程图。零件模型和工程图都应放在 No12-3 文件夹中。

2. 按图 12-61 所示的轴零件工程图纸，创建轴零件模型和工程图，要求新建文件夹 No12-4，先创建轴零件模型，制作 A3 格式文件，然后制作轴零件工程图。零件模型和工程图都应放在 No12-4 文件夹中。

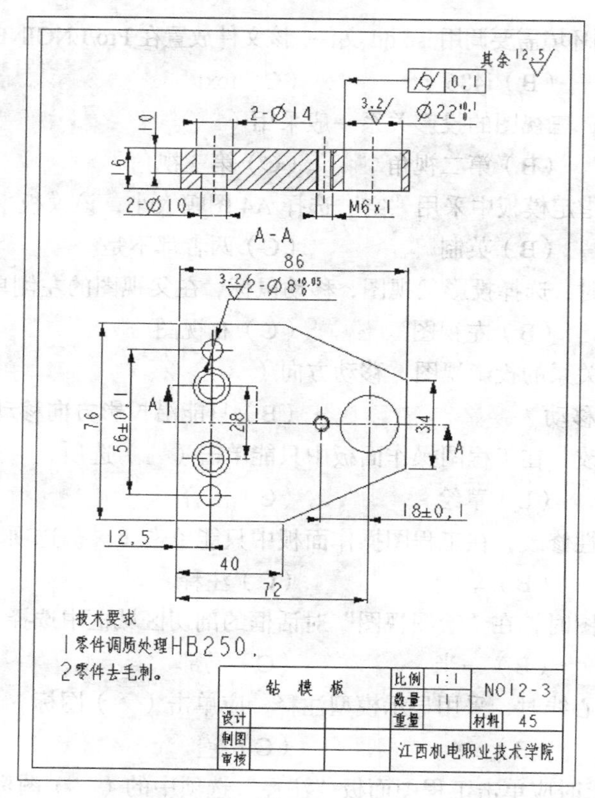

其余 12.5
0.1
3.2
Ø22+0.1 0
2-Ø14
10
16
2-Ø10
M6×1
A-A
86
3.2
2-Ø8+0.05 0
76
56±0.1
28
34
A
A
18±0.1
12.5
40
72
技术要求
1零件调质处理HB250.
2零件去毛刺。
钻模板
比例 1:1
数量
NO12-3
设计
重量
材料 45
制图
审核
江西机电职业技术学院

图 12-60

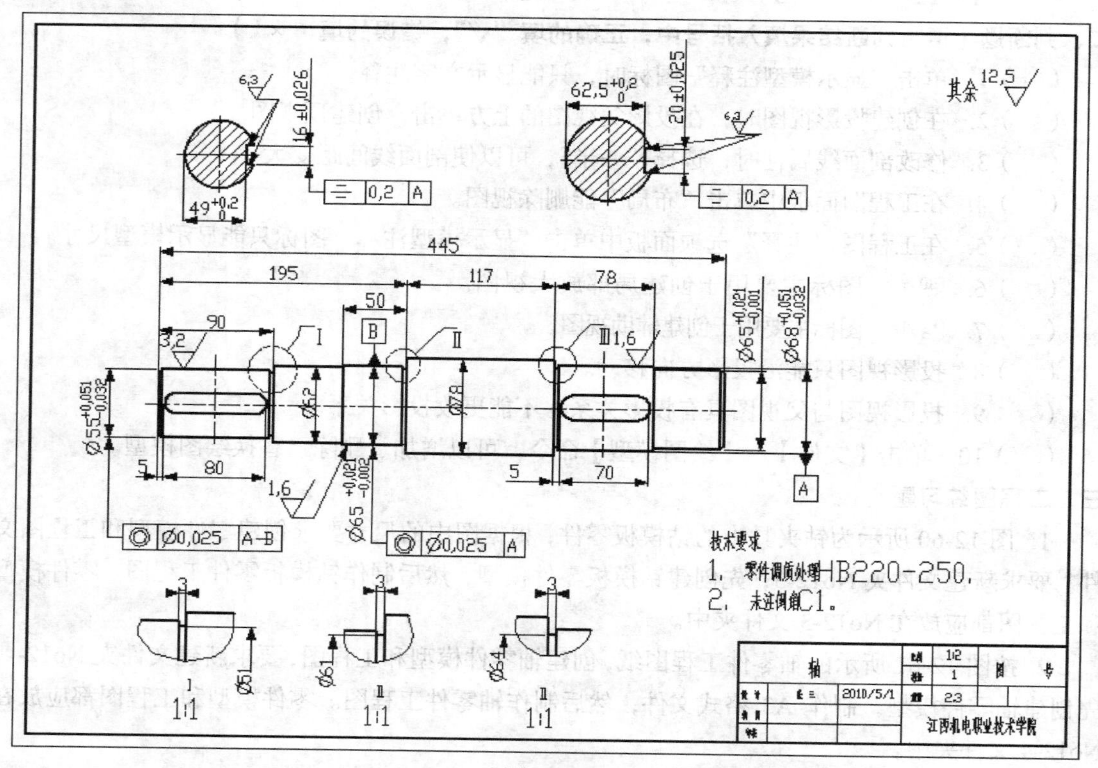

6.3
16 ±0.026
49+0.2 0
0.2 A
62.5+0.2 0
20±0.025
6.3
0.2 A
其余 12.5
445
195
117
78
50
90
3.2
B
I
II
III 1.6
Ø65+0.021 -0.001
Ø68+0.051 -0.032
Ø55+0.051 -0.032
Ø62
Ø78
5
80
5
70
A
1.6
Ø65+0.021 -0.002
Ø0.025 A-B
Ø0.025 A
技术要求
1. 零件调质处理HB220-250.
2. 未注倒角C1.
3
3
3
Ø51
Ø61
Ø54
I
II
III
1:1
1:1
1:1
轴
比例 1:2
数量 1
重量 23
设计
2010/5/1
图号
江西机电职业技术学院

图 12-61

项目十三

长轴零件车削 NC 加工

【能力目标】

通过剖析长轴零件加工工艺,制定长轴零件加工工艺路线，结合实际案例讲解在 Pro/ENGINEER Wildfire 加工制造模块 NC 程序的基础知识和创建步骤，培养学生选择加工机床、设置参数、创建刀具轨迹、完成轴类零件加工自动编程的能力，为今后学生在就业岗位上设计与制造零件打下基础。

【知识目标】

1. 掌握加工制造的一般方法，掌握参考零件和毛坯零件生成的方法
2. 掌握机床和刀具的选用方法
3. 掌握创建加工操作和 NC 序列的基本方法
4. 掌握设置加工参数和创建加工刀具轨迹的方法
5. 掌握自定义后置处理器的创建方法，掌握使用后置处理器生成零件加工自动编程的方法

一、项目导入

图 13-1 为长轴零件工程图，按图中所示的要求创建零件模型，创建加工制造文件。创建要求如下。

（1）按图 13-1 所示的结构及尺寸要求创建零件模型文件 No13-1.prt，新建文件夹 No13-1，将零件模型保存在该文件夹中。

（2）创建适合于 FANUC 系统的后置处理器。

（3）创建加工制造文件，最终生成所需的 NC 数控程序文件。

（4）适当修改 NC 数控程序文件。

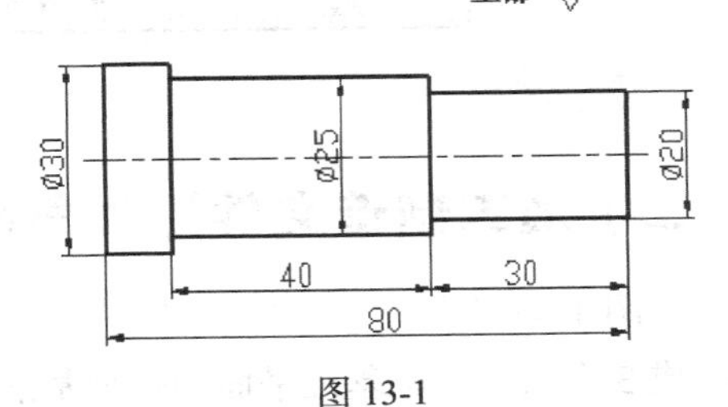

图 13-1

二、相关知识

加工制造模块作为 Pro/ENGINEER 系统的一个独立模块，主要用于对零件进行加工制造设计，系统主要提供的加工方法包括车削、铣削、加工中心、线切割等。其中常用的加工方法有车削和铣削两种。本章主要针对车削加工，特别是轴类零件的外圆车削加工进行简要介绍。

Pro/ENGINEER 系统零件加工制造设计的主要工作内容如下。

（1）设计零件模型。

（2）新建加工制造文件，装配或创建加工零件参考模型，创建或装配毛坯零件。

（3）创建机床加工操作，选择加工机床和刀具形式及设置刀具尺寸。

（4）创建加工 NC 序列，设置加工参数，创建加工轮廓及加工区域，创建加工刀具的切削路径，生成刀具轨迹文件。

（5）创建或修改与加工机床相匹配的后置处理器。

（6）选择适当的后置处理器生成数控机床所能接受的 G 代码程序文件，修改生成的 G 代码程序，并送入数控机床进行加工。

（一）新建加工制造文件的一般方法

（1）新建文件夹。

（2）创建加工制造的零件模型*.prt。

（3）单击“新建”图标 □，设置文件类型为“制造”，输入文件名，取消选中“使用缺省模板”复选框，如图 13-2 所示。单击“确定”按钮，弹出“新文件选项”对话框，选择“mmns_mfg_nc”模板，如图 13-3 所示，单击“确定”按钮，系统进入制造模块操作界面。

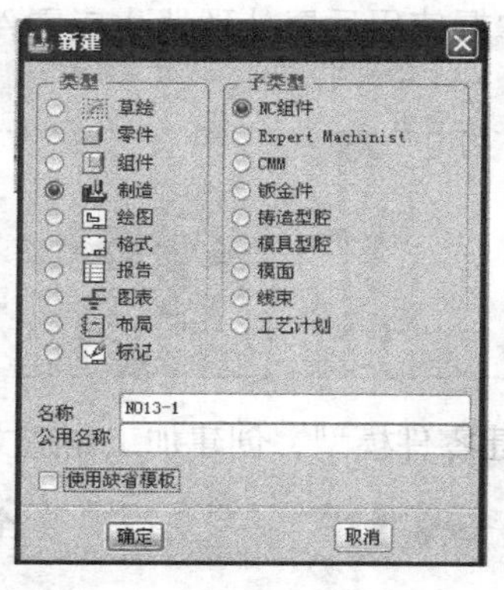

图 13-2

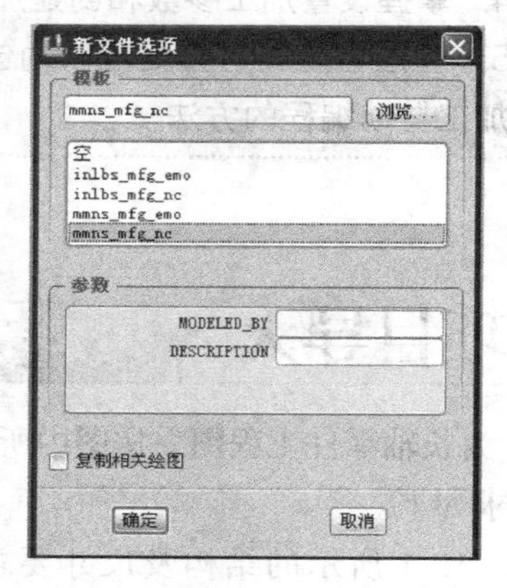

图 13-3

（二）加工制造文件操作界面简介

图 13-4 为加工制造模块的工作界面，它实际上是一个用于加工制造的装配空间。系统自动生成 3 个缺省装配基准平面和一个基准坐标系。

加工制造模块的工作界面与零件模型窗口相比的主要区别如下。

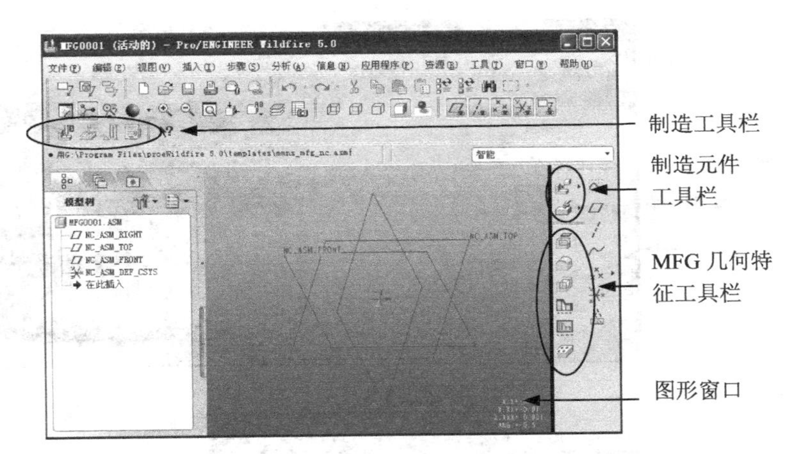

图 13-4

（1）加工制造模块窗口界面中增加了几个工具栏，其作用如下。

“制造”工具栏：用于查看加工制造信息、编辑加工参数、创建或修改加工刀具、加工工艺文件管理等。

“制造元件”工具栏：用于装配或创建加工零件的参照模型和毛坯零件。

“MFG 几何特征”工具栏：用于选择或创建零件铣削或车削加工的几何形状。

（2）增加了“步骤”菜单，单击【步骤】→【操作】命令，弹出如图 13-5 所示的“操作设置”对话框。

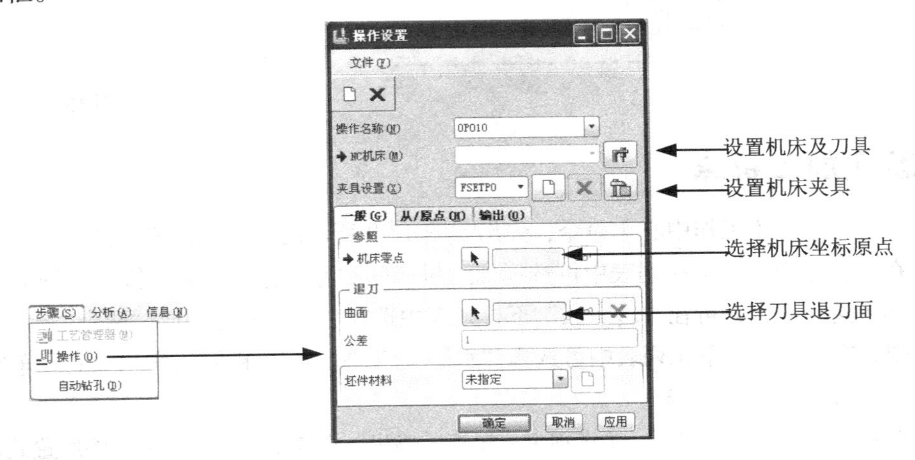

图 13-5

（3）在“应用程序”菜单中增加了“NC 后置处理器”，单击“NC 后置处理器”选项，弹出如图 13-6 所示的“Option File Generator”窗口，在此窗口中可以对 Pro/ENGINEER 系统内置的后置处理器进行设置修改，或新建后置处理器。

（4）增加了“资源”菜单，单击【资源】→【工作中心】命令，可以创建或修改加工机床和加工刀具，如图 13-7 所示。

（5）在“工具”菜单中增加了“CL 数据”子菜单，如图 13-8 所示，在该子菜单中可以创建或编辑刀具的轨迹文件、模拟播放加工轨迹、选用适当的后置处理器对刀具轨迹进行后置处理和自动生成 G 代码程序文件。

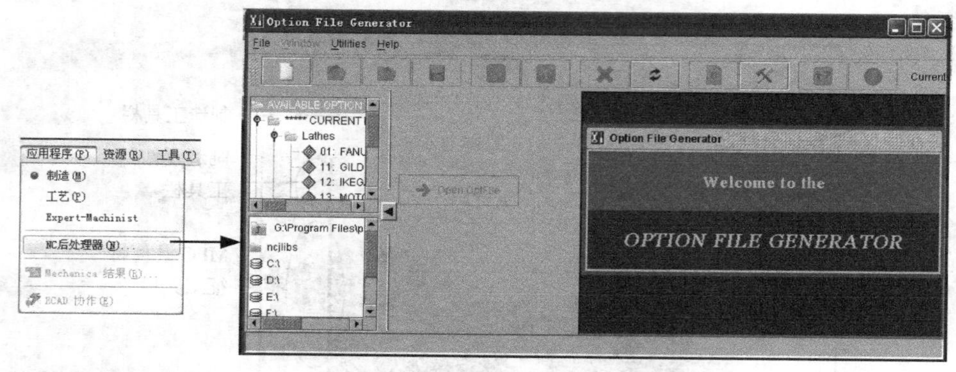

图 13-6

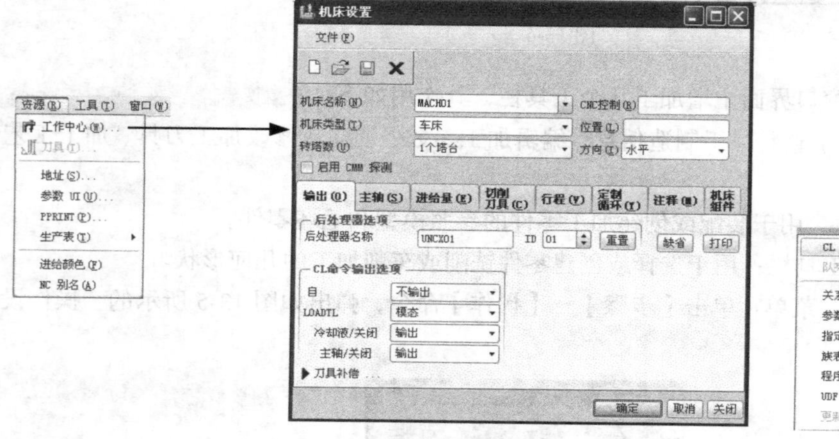

图 13-7

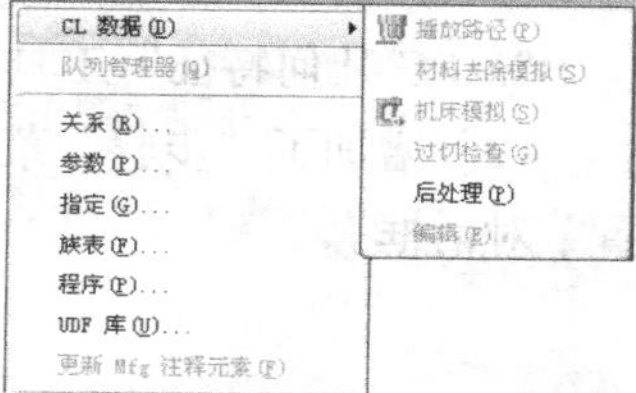

图 13-8

（三）新建加工机床

单击【资源】→【工作中心】命令，弹出如图 13-9 所示的“机床设置”窗口。

（1）在“机床类型”下拉列表中可选择加工机床的类型，包括车床、铣床、铣削/车削等。

（2）如果选择车床，可在“转塔数”下拉列表中选择“一个塔台”或“两个塔台”，即单刀架或双刀架，在“方向”下拉列表中可选择“水平”或“垂直”，即卧式车床或立式车床。如果选择铣床，轴数可选择 3～5 轴。

（3）“机床设置”窗口中有 8 个选项卡，单击“输出”选项卡可以设置缺省的后置处理器以及 CL 输出选项；单击“主轴”选项卡可设置机床的最大转速和功率；单击“进给量”选项卡可以设置快速移动的单位和最大移动速度；单击“行程”选项卡可以为 *X*、*Y*、*Z* 轴设置最大的移动行程。

（4）单击“切削工具”选项卡，可以设置刀具，单击“刀架 1”，弹出“刀具设定”窗口，如图 13-10 所示。修改窗口中的相关尺寸，单击“应用”应用，在左框中生成第一把 T0001 刀具，单击□按钮可以设置多把加工刀具。单击“确定”按钮完成刀具的设置，系统返回“机床设置”窗口中。

（5）单击“机床设置”窗口中的“新建”图标□，可以新建加工机床，选择不同的机床种类和刀具种类。单击“保存”图标可以保存创建的机床设置，单击“打开”图标，可以将保存的机床设置调入使用。单击“确定”按钮完成机床的设置。

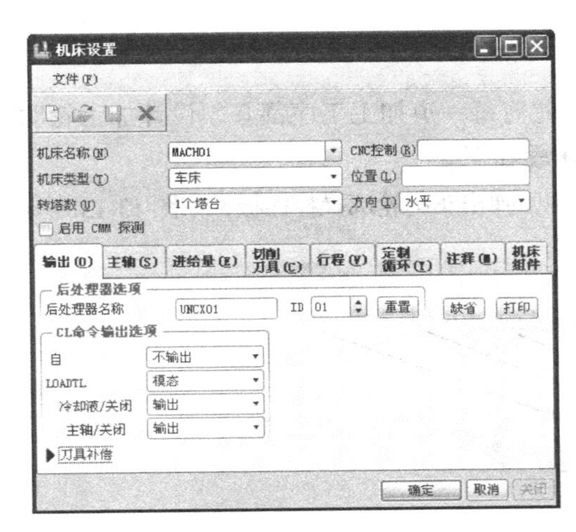

图 13-9

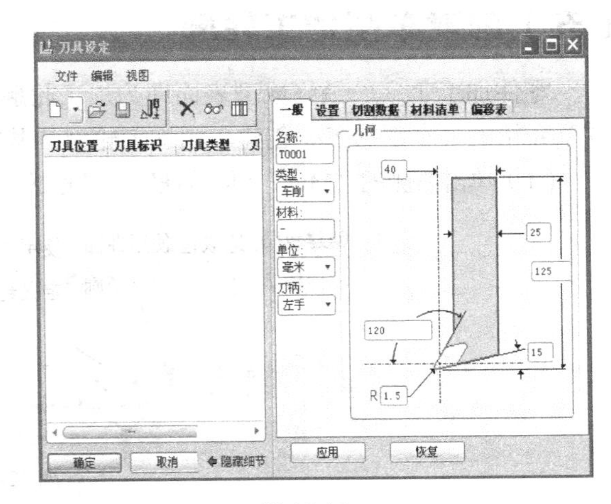

图 13-10

（四）新建加工操作

单击【步骤】→【操作】命令，弹出“操作”设置窗口，如图 13-11 所示。

（1）在“NC 机床”下拉列表中可选择已创建的机床设置，单击图标新建加工机床。

（2）在“夹具设置”下拉列表中可选择已创建的机床夹具，单击图标新建机床夹具。

“操作设置”窗口中有 3 个选项卡，其中“一般”选项卡用于选择机床坐标原点和退刀面；“从/原点”选项卡用于选择刀架的起始点；“输出”选项卡用于修改输出操作文件的名称等。

（3）在“一般”选项卡中，单击“机床零点箭头”图标，选择坐标作为机床的原点坐标。

（4）在“一般”选项卡中，单击“退刀曲面箭头”图标，弹出“退刀设置”对话框，如图 13-12 所示，在该对话框中选择退刀面，退刀面方式有 4 种，即平面、圆柱、球和曲面，选择其中一种，在绘图区中选择对应的参照对象，输入相应的偏距值，单击“确定”按钮，退出退刀面的选择。

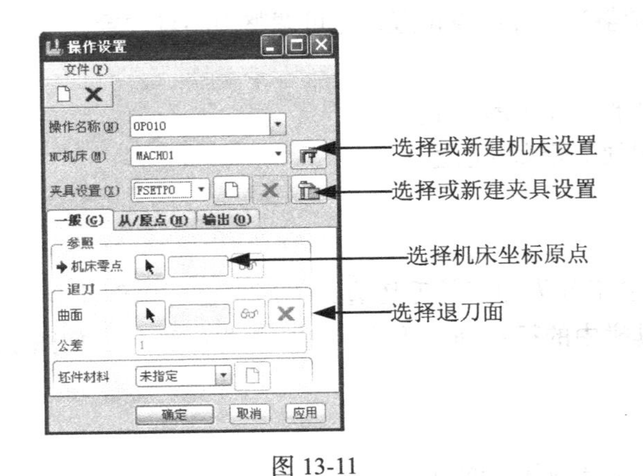

图 13-11

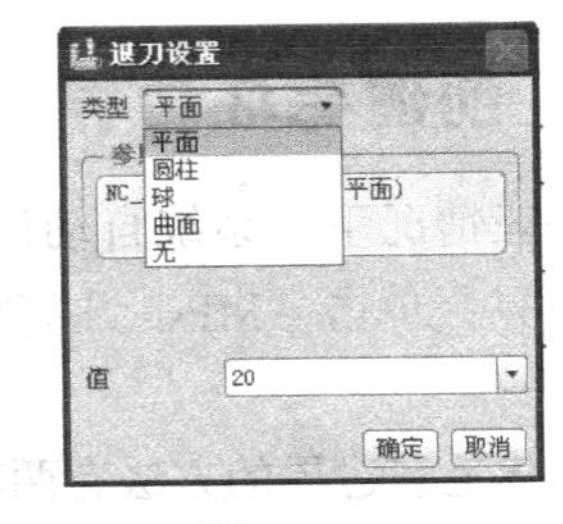

图 13-12

（5）单击“操作设置”窗口中的“应用”和“确定”按钮，完成一次操作的设置。

（6）单击“操作设置”窗口中的“新建”图标，可以设置第二次操作，选择不同的机床、夹具、机床原点和退刀面。

（五）创建车削加工轮廓

零件加工工序的最终成型表面即为加工轮廓，因此对每一道加工工序都必须设计加工轮廓。本章介绍的是车削加工，创建车削加工轮廓的基本步骤如下。

（1）单击右侧的“MFG 几何特征”工具栏的图标，弹出车削轮廓操控面板，如图 13-13 所示。

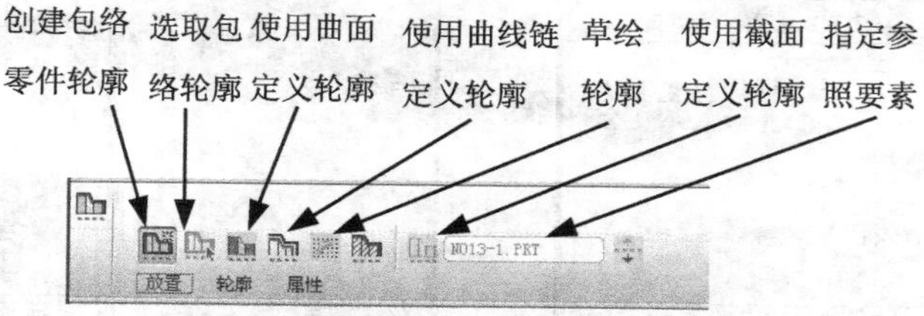

创建包络零件轮廓　选取包络轮廓　使用曲面定义轮廓　使用曲线链定义轮廓　草绘轮廓　使用截面定义轮廓　指定参照要素

图 13-13

操控面板中主要图标的功能如下。

“包络轮廓”图标：指定加工零件模型，创建包络该零件最终表面的包络轮廓。

“选取轮廓”图标：选取已创建的包络轮廓。

“使用曲面轮廓”图标：指定加工起始曲面和终止曲面，包含中间所有曲面创建的加工轮廓。

“使用曲线链轮廓”图标：指定曲线链创建零件的加工轮廓。

“草绘轮廓”图标：在 *XZ* 平面内用草绘方式创建加工轮廓。

“截面轮廓”图标：指定剖截面，以剖截面边界线创建加工轮廓。

操控面板中有 3 个选项，“放置”用于选择坐标；“轮廓”用于切换轮廓方向，调整轮廓形状；“属性”用于修改轮廓名称。

根据具体情况选择其中的一种方法创建加工轮廓。

（2）选择工件坐标。在图形窗口选择一个坐标，对于车削加工，坐标的 *Z* 轴一定要沿着轴向且远离零件方向，*X* 轴为零件的直径且远离零件的水平方向。

（3）调整加工轮廓。采用包络方式创建加工轮廓时，系统自动创建包络零件模型的加工轮廓，移动轮廓的起点和终点白色方框可调整起点和终点位置，也可调整中间点位置，从而改变轮廓形状。

（4）单击轮廓上的黄色箭头可以调整轮廓加工的起始点。

（5）单击操控面板中的图标，完成加工轮廓的创建。

（六）创建毛坯边界

一般情况下，系统自动以创建的毛坯工件为加工的毛坯边界，用户也可以创建自定义的毛坯边界，单击“MFG 几何特征”工具栏中的按钮，弹出毛坯边界操控面板，如图 13-14 所示。

创建毛坯边界的方法有两种。

通过毛坯创建边界：即自动以创建的工件为加工的边界。

草绘边界：在指定的 *XZ* 平面内使用草绘的方法绘制出草绘边界。

下面介绍以草绘方式创建毛坯边界的基本步骤。

（1）单击图标，输入命令。

（2）在绘图区中选择坐标。

（3）单击“草绘边界”图标和“定义内部草绘”图标，弹出“草绘”对话框，如图 13-15 所示，切换视图方向，单击“草绘”按钮，系统进入草绘界面。

（4）绘制毛坯边界，注意绘制过程中使用边参照，如图 13-16 所示。

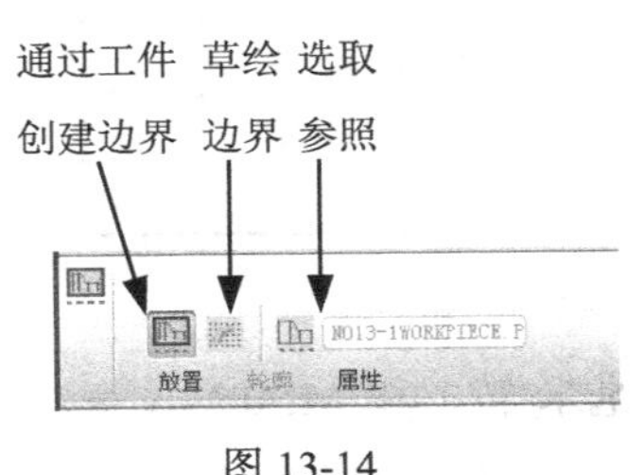

图 13-14

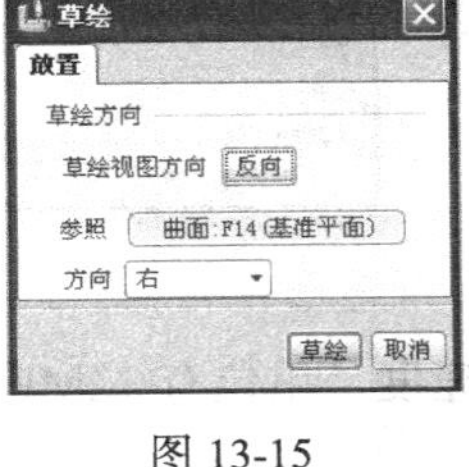

图 13-15

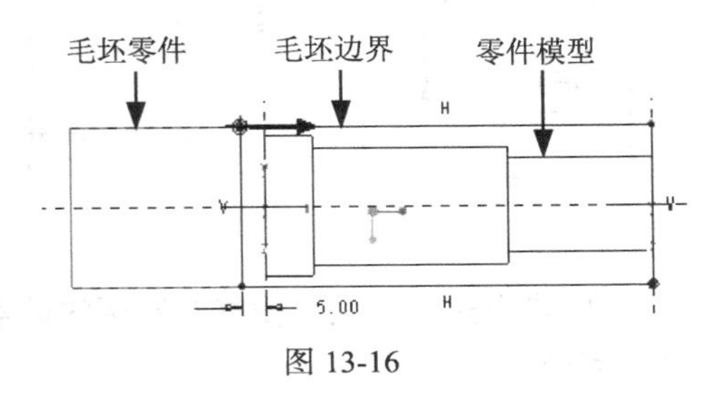

图 13-16

（5）单击图标，系统返回毛坯边界操控面板中，单击图标完成毛坯边界的创建。

（七）车削加工的基本方法和创建步骤

1. 车削加工方法

定义车削操作以后，操作界面会发生变化，在绘图区的上方出现车削加工图标。常用的车削加工方法主要有 5 种，单击不同的图标可以选择不同的加工方法，如图 13-17 所示，也可以在【步骤】菜单中选择加工方法。

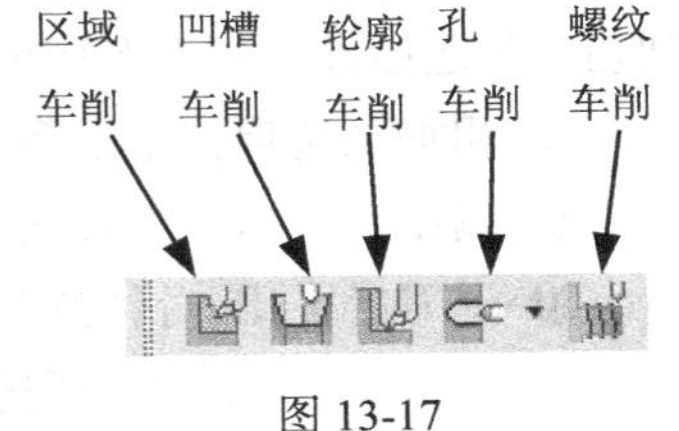

图 13-17

：区域车削，定义一个加工区域，对区域进行分层切削，属于粗加工。

：凹槽车削，定义一个加工的凹槽区域，对凹槽进行分层切削，属于粗加工。

：轮廓车削，定义一个加工轮廓，只对轮廓进行加工，属于精加工。

：孔加工，定义一组孔，对孔进行钻孔、铰孔和镗孔粗精加工。

：螺纹加工，定义螺纹，对螺纹进行粗精加工。

2. 定义区域车削加工基本步骤

（1）单击“区域车削”图标，弹出“序列设置”下拉菜单，如图 13-18 所示，选择“刀具”、“参数”、“刀具运动”、“坐标系”等项目，单击“完成”。

（2）弹出“刀具设定”对话框，选择所需的刀具，单击“确定”按钮。

（3）弹出“编辑序列参数”窗口，如图 13-19 所示，在该窗口中，所有显示黄色的参数是必填项目，包括切削进给、步长深度、主轴转速。输入参数值，单击“确定”按钮，退出参数设置，如果单击对话框下拉菜单“文件”中的“另存为”，可以将设置的参数表保存，单击下拉菜单“文件”中的“打开”，可以将保存的参数设置调入。

切削参数很多，以下简要说明常用参数的作用。

① 进给速度：切削运动所使用的进给速度，单位有 MMPR（毫米/转）和 MMPM（毫米/分）两种。

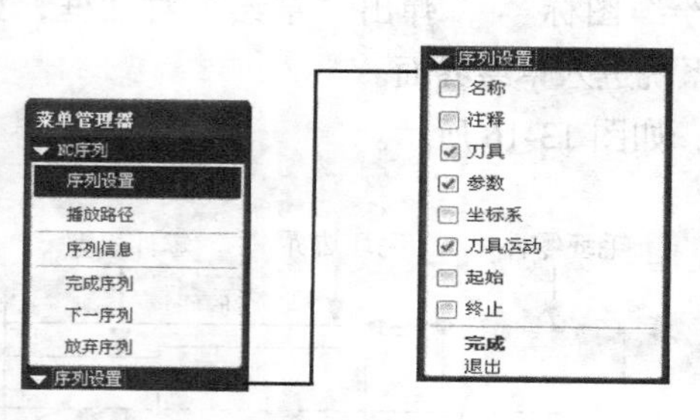

图 13-18

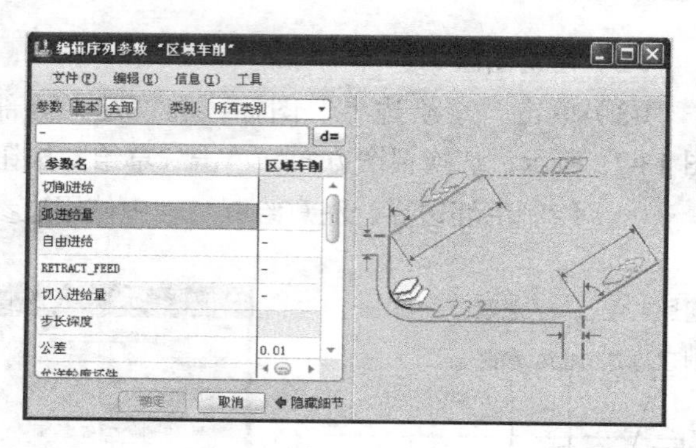

图 13-19

② 自由速度：快速横移时所用的进给速度，单位有 MMPR（毫米/转）和 MMPM（毫米/分）两种。

③ 步长深度：在粗切削 NC 序列过程中的每一分层走刀的递增深度，步长深度必须大于 0。未设置缺省值，必须输入，仅适用于区域和凹槽车削加工中。

④ 主轴转速：机床主轴旋转的速度(RPM)。未设置缺省的值，必须输入。

⑤ 主轴旋向：指定主轴的旋转方向，包括顺时针和逆时针。

⑥ 允许粗加工坯件（余量）和允许轮廓加工坯件（余量）：粗切削后为精加工所留下的坯件量，这两个参数仅用于“区域”和“凹槽”的粗切削，并为粗切削和轮廓切削指定不同的加工余量。轮廓加工余量比粗加工余量要小。

⑦ 扫描类型：指定切削的运动方式，常用 TYPE_1，即刀具在一个方向上切削，然后退刀到切削的起始处。如果有多个中空，则刀具完成第一个中空后再进入下一个中空。

⑧ 粗加工选项：指定粗加工的方式，包括仅限粗加工、粗加工轮廓、仅限轮廓等。

⑨ 输出点：指定刀具轨迹线的输出点，常用刀具中心点、刀具刀尖点等。

⑩ 退刀半径比：指定加工过程中退刀距离与切深的比值。

（4）选择工件坐标。所选择的坐标即为程序坐标参考原点，刀具轨迹都以该坐标为参照，该选项可以空缺，表示自动以机床原点为程序坐标参考点。

（5）定义刀具运动轨迹。当选择工件坐标之后系统会弹出“刀具运动”对话框，如图 13-20 所示，用于选择区域车削切削的方法，单击“插入”按钮，弹出“区域车削切削”对话框，如图 13-21 所示，选择加工毛坯边界和切削轮廓，单击对话框中的✓图标，再单击“刀具运动”对话框中的“确定”按钮，完成“刀具运动”的定义。

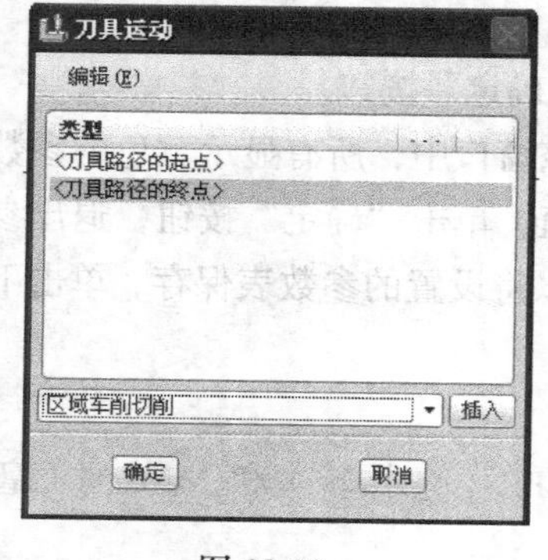

图 13-20

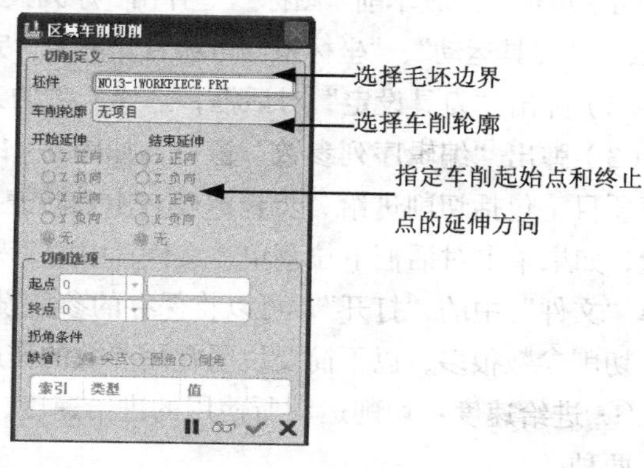

图 13-21

（6）单击“NC 序列”菜单管理器中的“完成序列”，结束区域车削加工序列的定义。

（7）单击“NC 序列”菜单管理器中的“下一序列”，可以设置相同加工方法的新序列。

（八）生成刀具加工轨迹数据文件

根据所创建的加工序列，生成刀具轨迹线数据文件，以便于后置处理器的使用。

（1）如图 13-22 所示，单击【工具】→【CL 数据】→【编辑】命令，弹出“选取特征”菜单管理器，如图 16-23 所示。

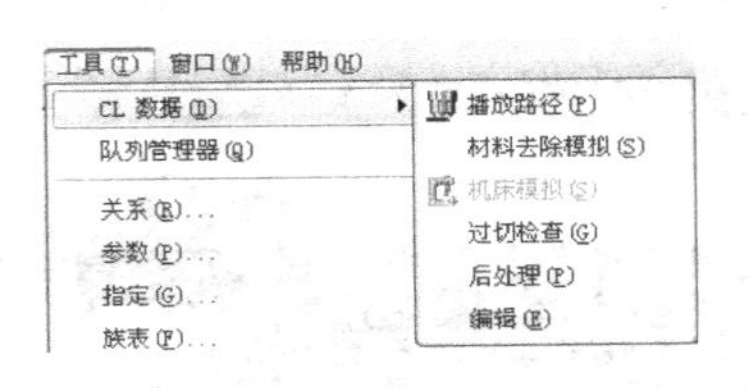

图 13-22

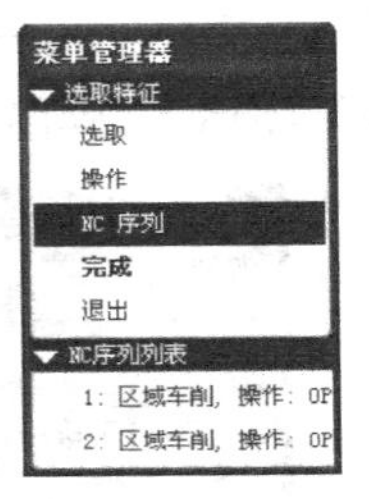

图 13-23

（2）单击“NC 序列”或“操作”，弹出所有序列或操作，选择所需的序列或操作，单击“确定”按钮，弹出“保存文件”对话框，选择保存路径，输入文件名，单击“确定”按钮，弹出“信息窗口”，如图 13-24 所示。

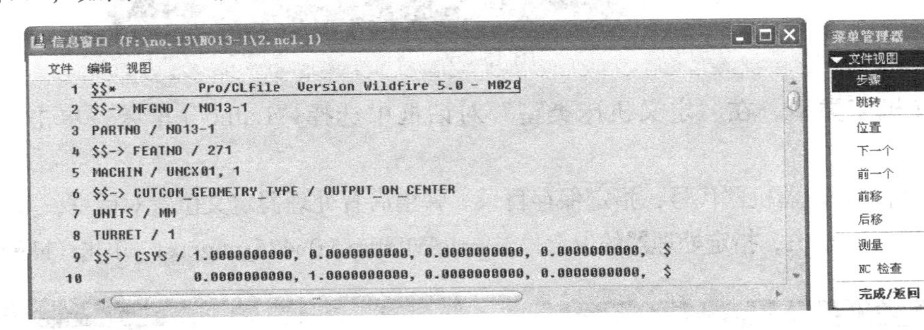

图 13-24

在窗口中记录了刀具运动的轨迹以及运动的速度等。

（3）单击“选取特征”菜单管理器中的“完成/返回”，在指定的路径中自动生成刀具轨迹数据文件（*.ncl）。

（九）后置处理

所生成的刀具轨迹数据文件并不能被数控机床接受，必须转换成 G 代码程序，一般通过后置处理器进行转换。

（1）单击【工具】→【数据】→【后处理】命令，弹出“打开”对话框，选择轨迹数据文件（*.ncl），单击“打开”按钮，弹出“后置期处理选项”菜单管理器，如图 13-25 所示。

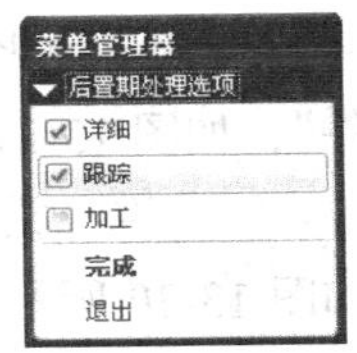

图 13-25

（2）选择“详细”和“跟踪”，单击“完成”按钮，弹出“后置处理器列表”，在列表中列举了许多后置处理器，其中 UNCX 代表数控铣床处理器，UNCL 代表数控车床处理器。

（3）选择其中一种后置处理器，弹出“信息窗口”，显示了 G 代码程序的版本号、创建日期、程序的长度等相关信信息，单击“确定”按钮。

（4）在相应的路径中找到*.tap 文件，用记事本打开文件，显示程序代码。

（十）创建用户自定义后置处理器

系统提供的后置处理器不一定适合用户现有的数控加工机床，可以根据现有数控机床自定义后置处理器。下面以单刀架卧式 FANUC 数控车为例，说明自定义后置处理器的操作步骤。

（1）单击【应用程序】→【NC 后置处理器】命令，弹出对话框如图 13-26 所示，单击对话框中的“新建”图标□，弹出如图 13-27 所示的“Define Machine Type（定义机床类型）”对话框。

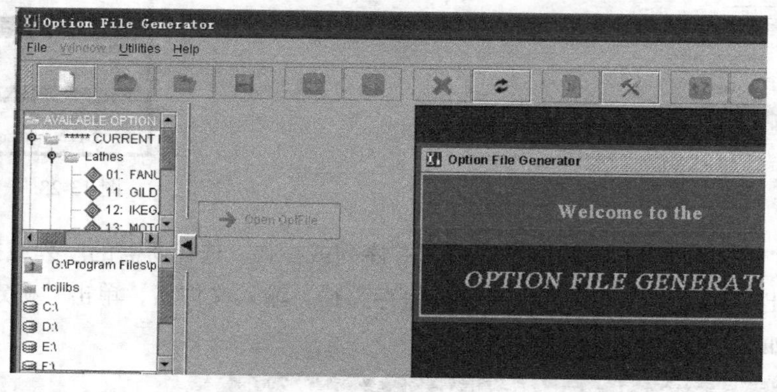

图 13-26

（2）定义机床类型。在“定义机床类型”对话框中选择“Lathe”车床，单击“Next”按钮。

（3）输入后置处理器机器代号，指定保存目录。弹出后置处理器定义位置对话框，如图 12-28 所示，输入处理器序号 01，指定处理器的保存目录\proeWildfire 5.0\i486_nt\gpost，单击“Next”按钮。

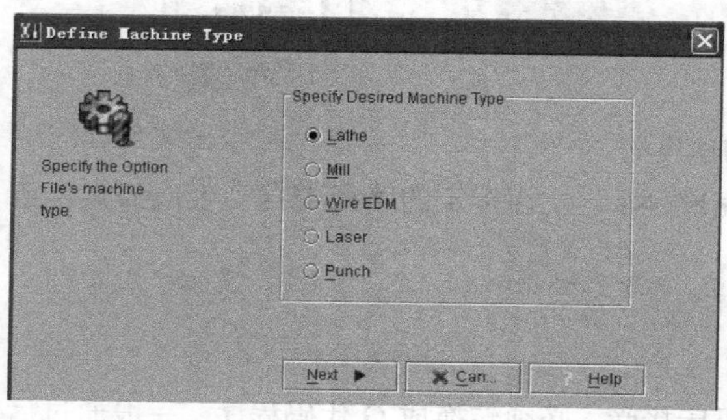

图 13-27

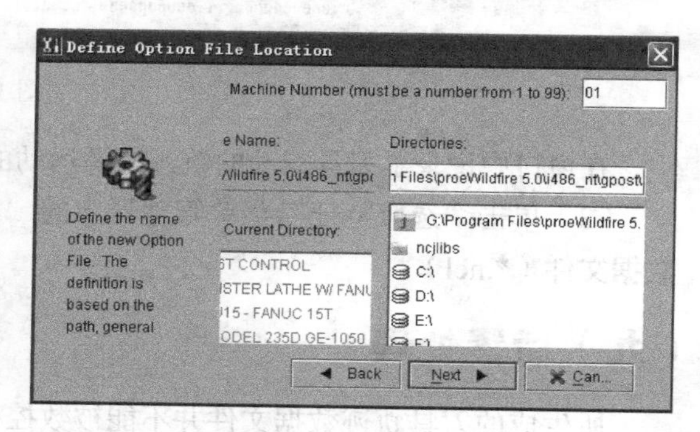

图 13-28

（4）初始化后置处理器。弹出“初始化后置处理器”对话框，选择“系统提供缺省选项文件”，如图 13-29 所示，单击“Next”按钮。

（5）选择模板文件。弹出“模板选择”对话框，选择 09 FANUC 16T CONTROL 模板文件，如图 13-30 所示，它与当今使用较为广泛的 FANUC 0i 系统较为接近，单击“Next”按钮。

（6）弹出“文件标题”对话框，如图 13-31 所示，单击“完成”按钮。

（7）弹出对话框，对局部参数稍做修改。

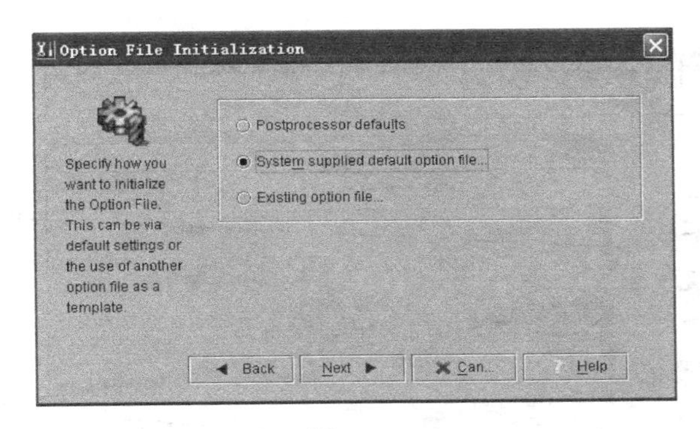

图 13-29

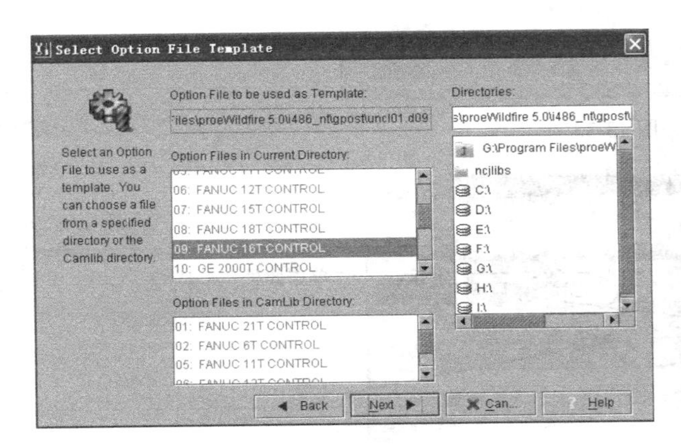

图 13-30

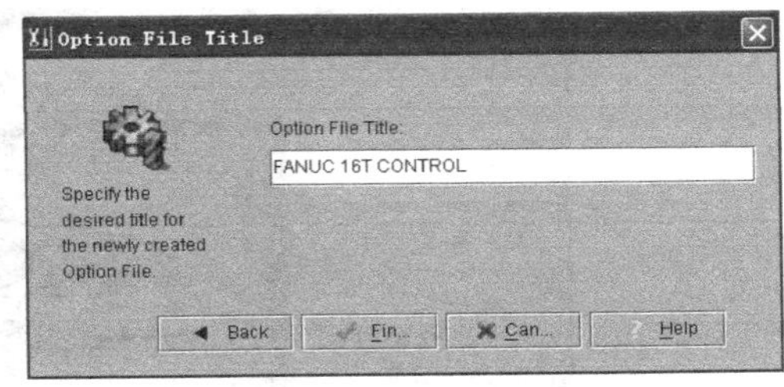

图 13-31

① 修改程序起始号为 10，序号间隔增量为 10，如图 13-32 所示。

② 选中相关复选框，即添加每行句尾分隔号“;”和程序起始行语句。如图 13-33 所示。

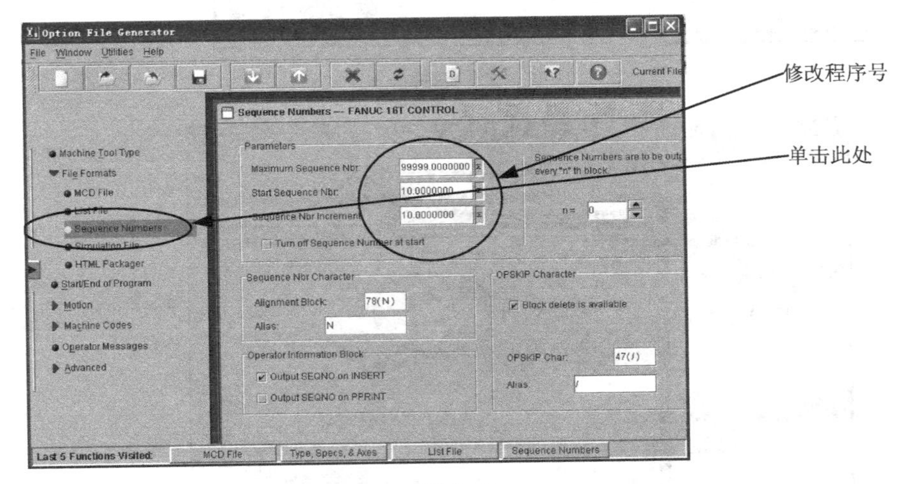

图 13-32

③ 输入初始化程序语句：G21G97G99G40，如图 13-34 所示。

④ 改变默认设置：公制单位为 G21，绝对坐标为 G91，切削进给单位为 G99，如图 13-35 所示。

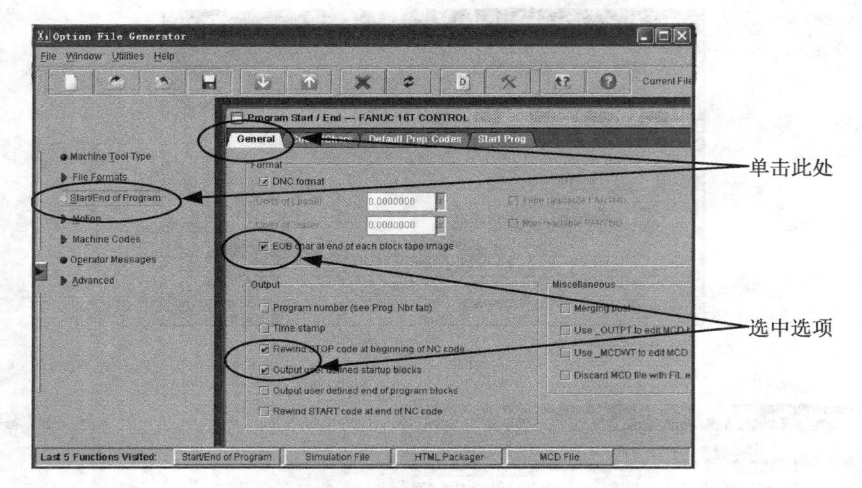

图 13-33

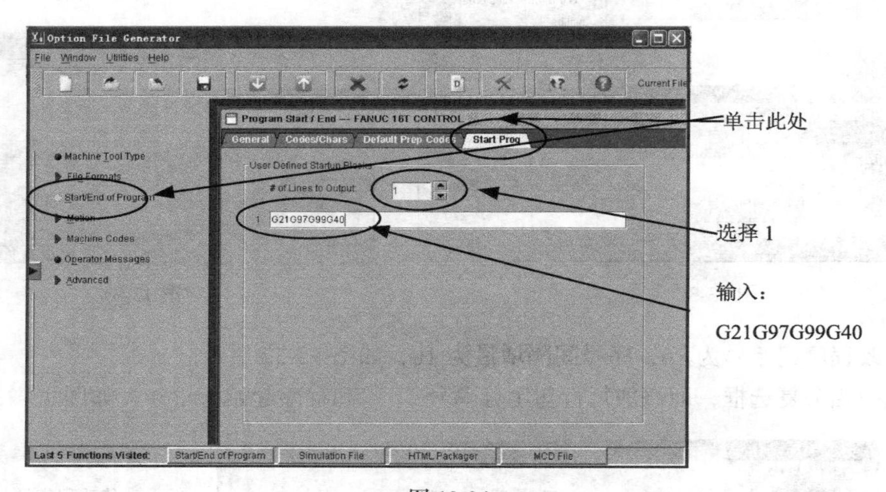

图 13-34

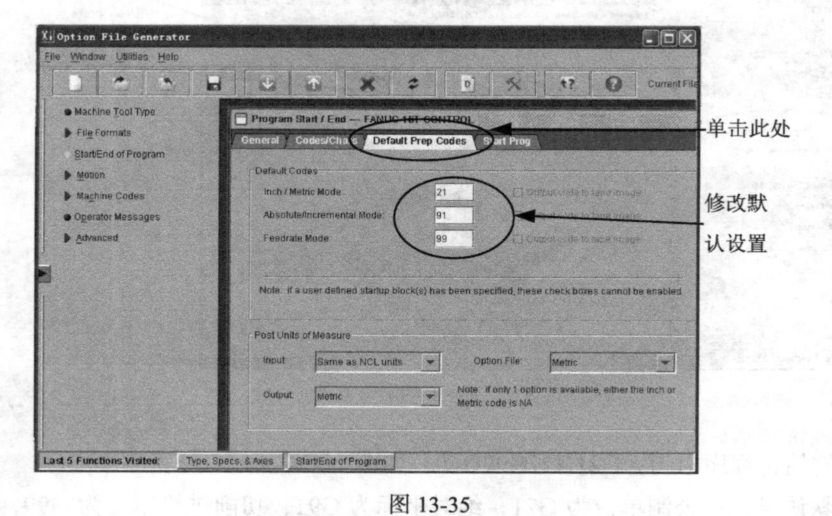

图 13-35

⑤ 修改快速运动的最大限速为 3000，如图 13-36 所示。

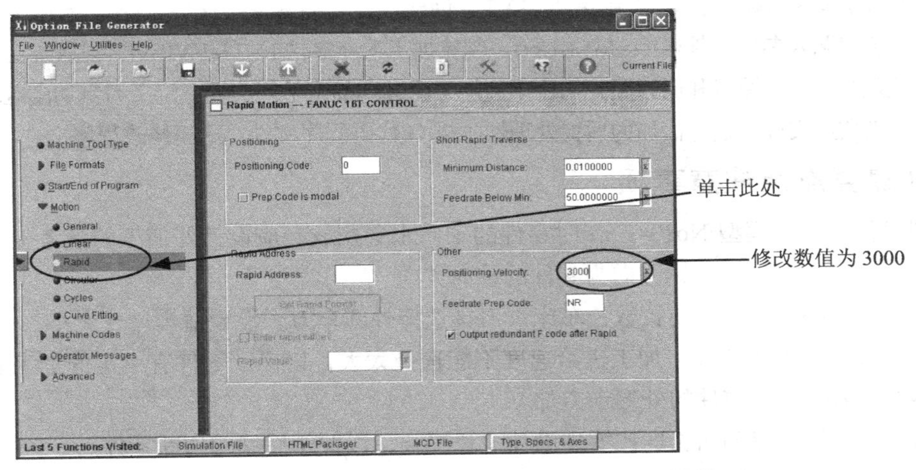

图 13-36

（8）单击保存图标，将新建的后置处理器保存在\proeWildfire 5.0\i486_nt\gpost 目录中，后置处理器名称为 UNCL01.P01。

三、实例详解——长轴零件车削 NC 加工

（一）任务导入与分析

1. 创建思路分析

（1）图形分析。图 13-1 所示的长轴零件属于轴类零件，加工方法采用车削，加工的尺寸并没有很高的精度要求，而且表面粗糙度都不高，可以采用一般的粗加工方法。

（2）加工工艺性分析。

① 毛坯零件的设计。根据零件的最大直径和轴向尺寸，毛坯选择 $\phi32\times120$ 的棒料。

② 加工工步设计。在数控车床上采用粗车加工，先分层切削零件，然后进行零件轮廓走刀加工。

③ 加工机床的选择。采用卧式前置单刀架数控加工车床。

④ 加工刀具的选择。刀具采用外圆车刀，刀具前角为 30°，后角为 15°。

⑤ 主要加工参数设计如表 13-1 所示。

表 13-1　　加工的主要参数表

切削进给	0.2
切削进给单位	MMPR（毫米每转）
步长深度（切削量）	1
机床主轴的速度（RPM）	800

⑥ 加工参考坐标和换刀点设计。将加工轨迹的参考坐标设置在轴零件右端面中心位置，Z 方向为零件轴线朝外，X 方向为水平面朝前。换刀点设计在距参考坐标 X=50，Y=0，Z=100 处。

（3）创建的基本思路。新建文件夹 No13-1，创建加工零件模型 No13-1.prt，新建制造文件 No13-1.mfg，装配调入参照零件模型 No13-1.prt，创建加工毛坯零件 No13-1WP.prt，设置加工机床和刀具参数，设置机床坐标原点和退刀面，构建车削加工轮廓和加工毛坯边界，定义刀具切削区域，创建刀具加工轨迹数据文件，选择恰当的后置处理器生成 G 代码程序文件，适当修改程序文件。

2. 创建要点及注意事项

（1）创建长轴零件模型 No13-1.prt 时零件的轴向水平摆放，应设计好加工的参考坐标和加工的换刀点，坐标设计应使 *Z* 轴方向为零件的轴向方向。

（2）机床选择卧式单刀架前置数控车床，刀具选择外圆车刀，设置适当尺寸大小。

（3）加工参数设置要合理，加工进给速度不能选择太大，以保证零件有一定的加工表面精度，粗车零件后需要进行零件的外形走刀加工。

（4）加工的毛坯边界轴向长度比零件设计总长要长，以便于后续的切断零件。

（5）设置适当的后置处理器，生成正确的 G 代码编程程序。

（6）零件模型文件和制造文件都应保存在同一个文件夹中。

（二）基本操作步骤

1. 设置工作目录

单击【文件】→【设置工作目录】命令，选择事先创建的文件夹 No13-1。

2. 创建加工零件模型 No13-1

（1）单击“新建”图标，在“新建”对话框中设置文件类型为“零件”，文件名称为 No13-1，指定模板“mmnns_part_solid”，进入零件模型空间。

（2）按图 13-1 所示的尺寸使用旋转工具创建零件模型。

（3）创建加工的参考坐标和换刀点。

① 单击基准工具栏中的“基准坐标”图标，弹出“坐标系”对话框，如图 13-37 所示。分别选择“FRONT”面、“TOP”面和轴的右端面为参照面，单击对话框中的“方向”选项卡，将“FRONT”面设为 *X* 轴，“TOP”面设为 *Y* 轴，调整坐标 *X*、*Y*、*Z* 轴的方向，*X* 轴的正方向朝前，*Y* 轴的正方向朝下，*Z* 轴正方向朝右。创建基准坐标 CS0。

② 单击基准工具栏中的“偏移坐标系基准点”图标，弹出“偏移坐标系基准点”对话框，如图 13-38 所示，选择 CS0 坐标，输入 *X* 坐标值 50、*Y* 坐标值 0、*Z* 坐标值 100。

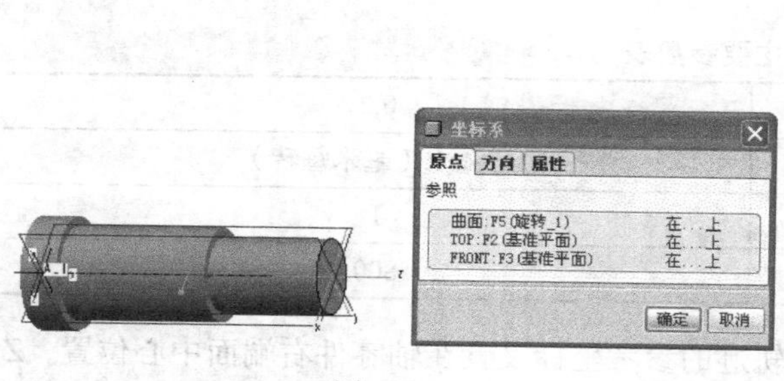

图 13-37

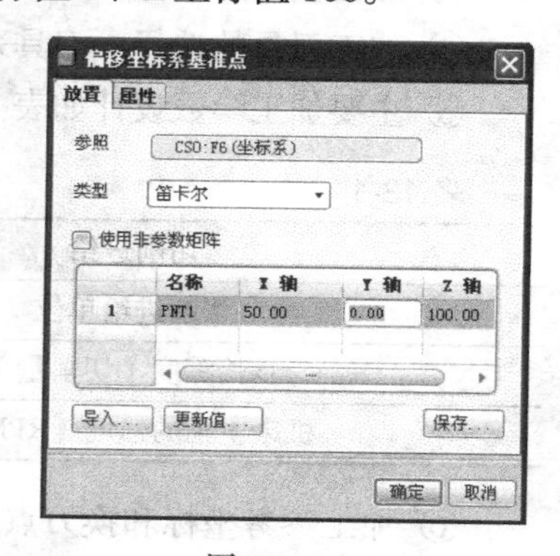

图 13-38

（4）保存文件至 No13-1 文件夹中。

3. 创建制造文件 No13-1.mfg

单击“新建”图标新建文件，文件类型为“制造”，文件名称为 No13-1，选择“mmns_mfg_nc”模板，单击“确定”按钮进入制造模型空间。

4. 装配参照模型

单击右侧的“制造元件”工具栏中的“装配参照模型”图标，弹出“打开”对话框，选择轴零件 No13-1，单击“打开”按钮，弹出“装配”对话框，同时零件显示在制造模型空间中，选择“缺省”方式定位参照模型，单击对话框中的图标，完成参考模型的装配。

5. 创建毛坯零件 No13-1WP

（1）单击右侧的“制造元件”工具栏中的“新建工件”图标，在弹出的文本框中输入毛坯零件名称 No13-1WP，单击图标，弹出菜单管理器。

（2）单击“伸出项”/“拉伸”/“实体”/“完成”，弹出拉伸特征操控面板，同时参照模型变成灰阶，选择参照零件的右侧面为草绘平面，绘制截面图形——圆，修改圆直径为 32，拉伸深度为 120，单击操控面板中的图标，完成毛坯零件的创建。

6. 创建加工机床 MACH01

（1）单击【资源】→【工作中心】命令，弹出“机床设置”窗口。

（2）选择加工机床的类型为“车床”，刀架为“一个塔台”，方向为 “水平”。

（3）单击“切削工具”选项中的“刀架 1”，弹出“刀具设定”窗口，按图 13-39 所示设置刀具参数，刀尖圆角半径为 0.2，单击“应用”按钮，生成第一把刀具 T0001，单击“确定”按钮，返回 “机床设置”窗口中。

（4）单击“进给量”选项卡，如图 13-40 所示，设置“快速横移”的单位为 MMPR，在“快速进给速度”文本框输入 10。

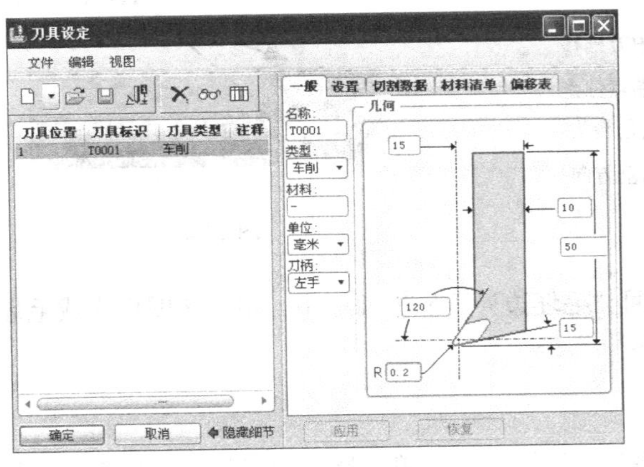

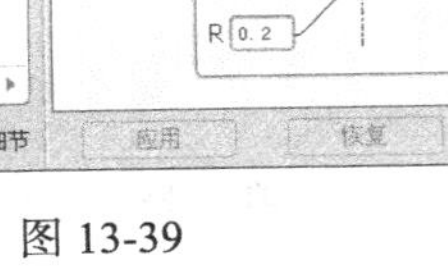

图 13-39

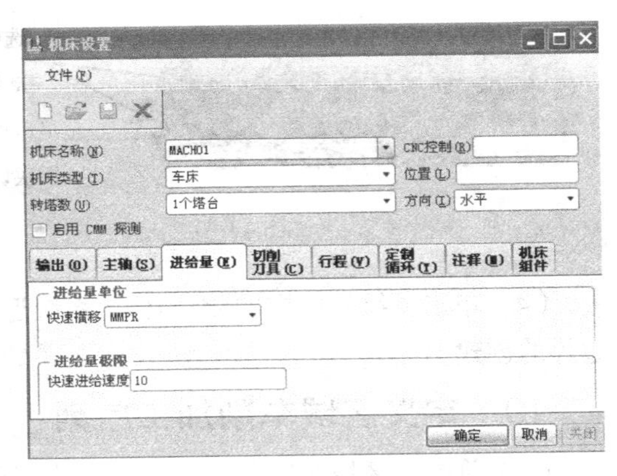

图 13-40

（5）单击“机床设置”窗口中“确定”按钮，完成机床的设置。

7. 新建加工操作 OP010

（1）单击【步骤】→【操作】命令，弹出“操作”对话框。

（2）在“NC 机床”下拉列表中选择 MACH01 机床。

（3）在“一般”选项中，单击“机床零点箭头”图标，选择 CS0 坐标作为机床的原点坐标，同时也作为程序的坐标原点。

（4）在“一般”选项中，单击“退刀曲面箭头”图标，弹出“退刀设置”对话框，退刀面采用平面方式，在绘图区中选择“NC_ASM_FRONT”基准面为参照对象，输入偏距值 50，单击“确定”按钮退出退刀面的选择。

（5）单击“操作设置”对话框中的“应用”和“确定”按钮，完成加工操作 OP010 的设置。

8. 创建加工轮廓

（1）单击右侧的“MFG 几何特征”工具栏的图标，弹出车削轮廓操控面板，采用“包络轮廓”的方法创建轮廓。

（2）在图形窗口选择一个 CS0 坐标，在绘图区中参考零件自动显示包络轮廓，如图 13-41 所示。

（3）调整加工轮廓：选中轮廓端点白色方框移动鼠标改变起点和终点位置，使其都在外圆周上。

（4）单击操控面板中的图标，完成加工轮廓的创建。

9. 创建毛坯边界

系统自动会以整个毛坯工件为加工边界，用户也可以以草绘方式创建毛坯边界。

（1）单击右侧的“MFG 几何特征”工具栏中的图标，弹出毛坯边界操控面板。

（2）在绘图区中选择坐标。

（3）单击“草绘边界”图标和“定义内部草绘”图标，弹出“定义草绘”对话框，切换视图方向，单击“草绘”按钮，系统进入草绘界面，绘制如图 13-42 所示的图形。

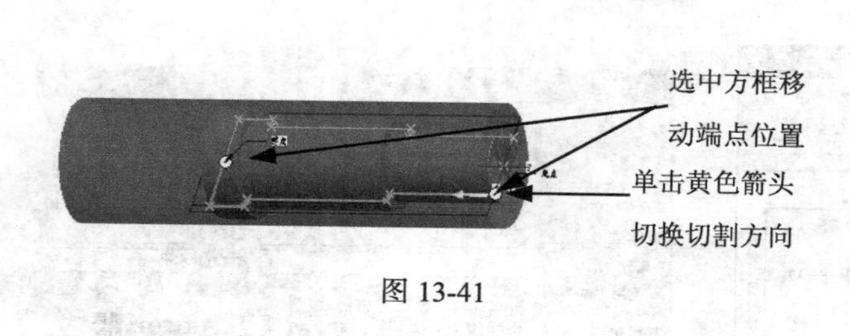

图 13-41

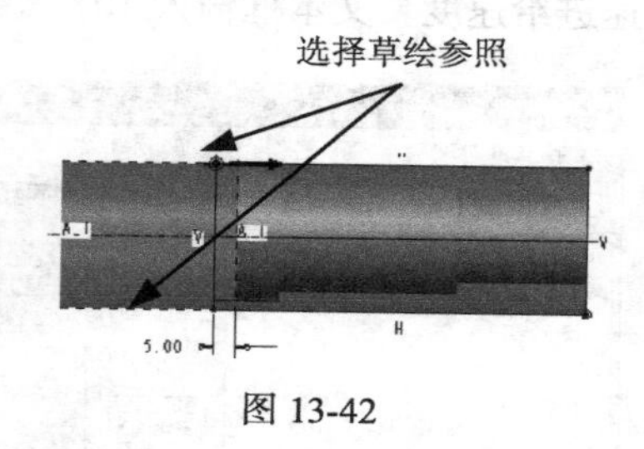

图 13-42

（4）单击草绘界面中的图标，系统返回“毛坯边界”操控面板中，单击图标完成毛坯边界的创建。

10. 定义区域车削加工序列

（1）单击“区域车削”图标，弹出“序列设置”下拉菜单，选中“刀具”、“参数”、“坐标”、“刀具运动”、“起始”和“终止”项目，单击“完成”。

（2）弹出“刀具设置”对话框，选择刀具 T0001，单击“确定”按钮，

（3）弹出“编辑序列参数”窗口，如图 13-43 所示，输入切削进给 0.2、步长深度 1、主轴转速 800，这 3 项参数必须输入。

其他相关参数可以参照表 13-2 所示内容修改参数值或选择参数选项，其中“自由进给”参数的参数值为—，表明该参数值为缺省值，由机床设置的快速横向进给值而定；“粗加工选项”选择“粗加工轮廓”，表明除了分层多刀粗车毛坯零件后，最后按轮廓进行走刀切削。

单击窗口中的“确定”按钮，退出参数设置。

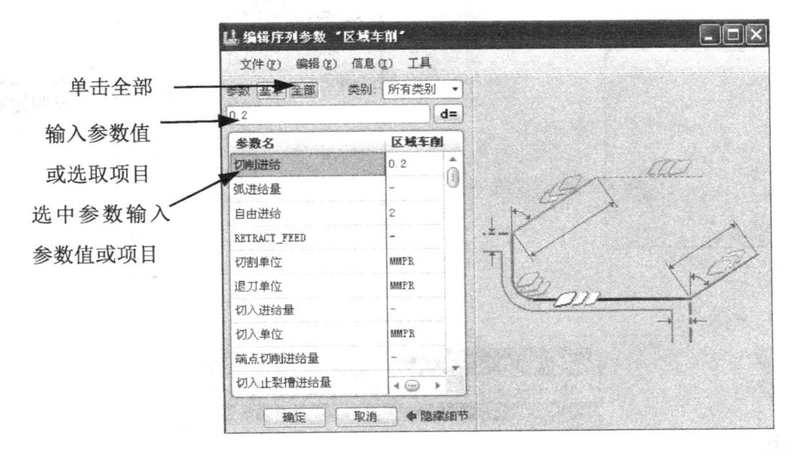

图 13-43

表 13-2　　参数值

参　数　名	参　数　值	参　数　名	参　数　值
切削进给	0.2	扫描类型	类型 1
自由进给	—	粗加工选项	粗加工轮廓
切削进给单位	毫米/转（MMPR）	退刀半径比	1
自由进给单位	毫米/转（MMPR）	输出点	刀尖（TIP）
步长深度	1	起始超程	2
主轴转速	800 转/分	转角_停止_类型	竖直的
主轴旋向	逆时针		

（4）选择 CS0 坐标为序列坐标，即工件加工参考坐标，如果不选择坐标，系统自动以机床坐标为参考坐标。

（5）分别为加工的起点和终点选择 PNT0 基准点。

（6）弹出“刀具运动”对话框，如图 13-44 所示，选择“区域车削切削”，单击“插入”按钮，弹出如图 13-45 所示的“区域车削切削”对话框，分别选择坯件和车削轮廓，延伸方式采用缺省方式，单击✔图标，完成“区域车削切削”的定义并返回“刀具运动”对话框，单击“确定”按钮，结束序列定义。

（7）演示刀具轨迹。在“NC 序列”菜单管理器（见图 13-46）中单击“播放路径”/“屏幕演示”，弹出播放窗口，单击“播放”图标，系统自动演示刀具轨迹路径，如图 13-47

所示。

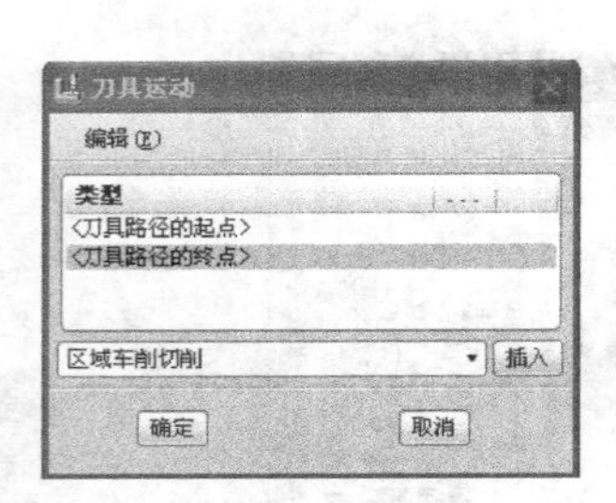

图 13-44

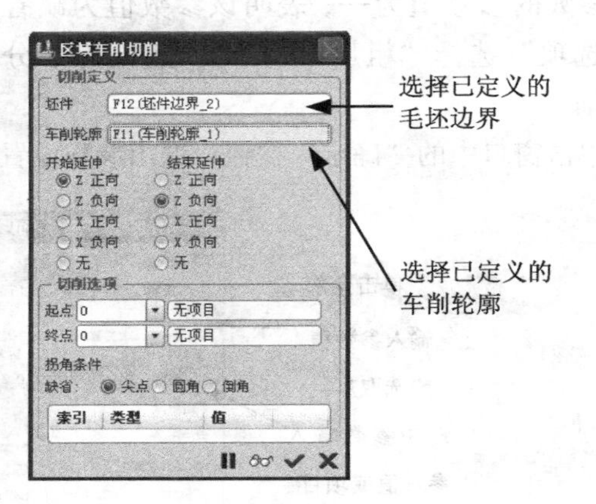

图 13-45

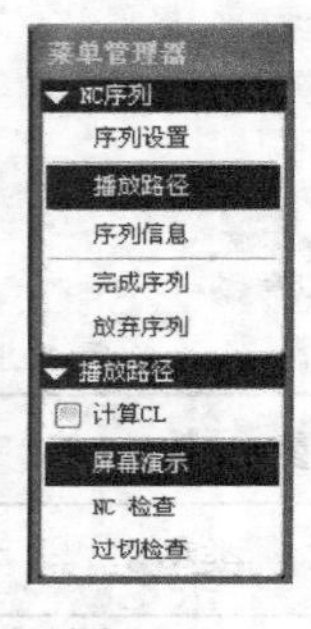

图 13-46

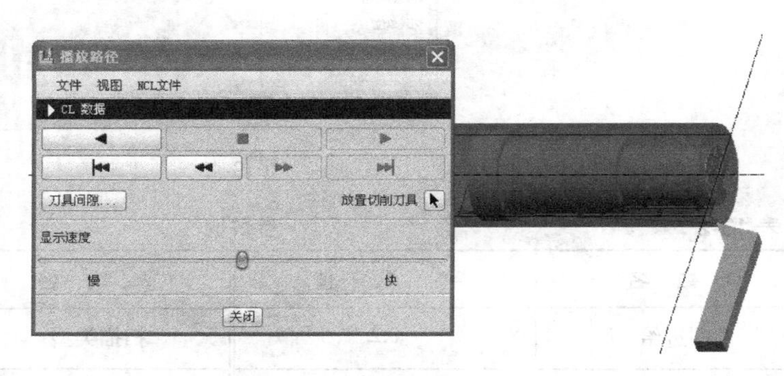

图 13-37

（8）单击“完成序列”，结束区域车削序列设计。

11. 生成刀具加工轨迹数据文件

（1）单击【工具】→【数据】→【编辑】命令，弹出菜单管理器。

（2）单击“NC 序列”，弹出已创建的序列，选择“1：区域车削”，弹出“保存副本”对话框，在对话框中输入文件名 No13-1.ncl，指定保存路径，单击“确定”按钮。

（3）弹出“刀具路径”信息窗口，同时弹出“文件视图”菜单管理器，如图 13-48 所示，单击“下一步”可以观察刀具的每一个运动轨迹情况。

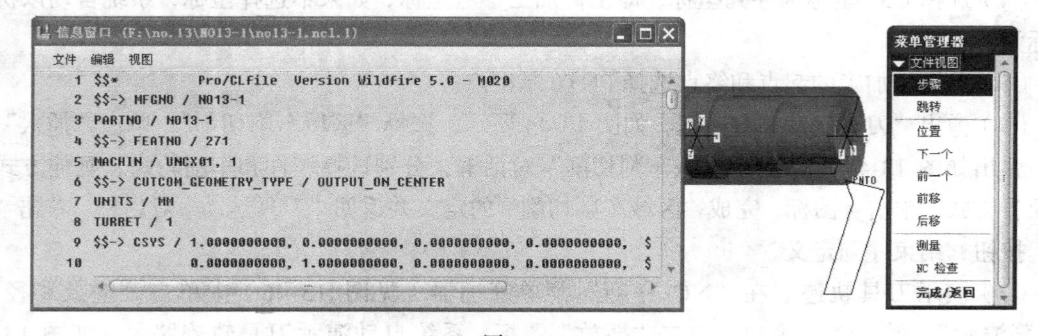

图 13-48

（4）单击菜单管理器的“完成/返回”结束操作。在指定文件夹中保存了 No13-1.ncl 刀具轨迹数据文件。

12. 后置处理

（1）单击【工具】→【数据】→【后处理】命令，弹出“打开”对话框，选择数据处理文件 No13-1.ncl，单击“打开”，弹出“后置处理器选项”菜单管理器。

（2）选择“详细”/“跟踪”，单击“完成”，弹出“后置处理器列表”，在列表中列举了许多后置处理器。

（3）选择用户定义的后置处理器 UNCL01.P01（用户可以按基础知识所述的方法事先创建自定义的后置处理器），弹出的“信息窗口”显示了 G 代码程序的版本号、创建日期、程序的长度等相关信息，单击“确定”按钮。

（4）在相应的文件夹中可以找到 No13-1.tap 文件，用记事本打开文件，显示程序代码，如图 13-49 所示。用记事本可以修改程序。

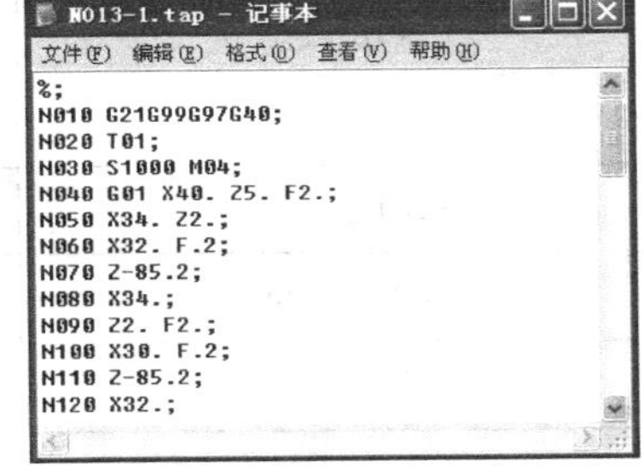

图 13-49

13. 保存文件

将所创建的制造文件与零件模型保存在同一个文件夹中。

四、自测实例——短轴零件 NC 车削加工

（一）任务导入与分析

1. 任务导入

图 13-50 为短轴零件图纸，图中标注了基本尺寸及表面粗糙度技术要求，按照图纸要求完成以下设计内容。

（1）创建零件模型文件。

（2）创建加工制造文件，调入零件模型为参考零件，设计加工用的毛坯零件，设置机床、加工刀具、切削参数，定义加工区域。

（3）自动编制出适合 FANAC 系统的数控程序。

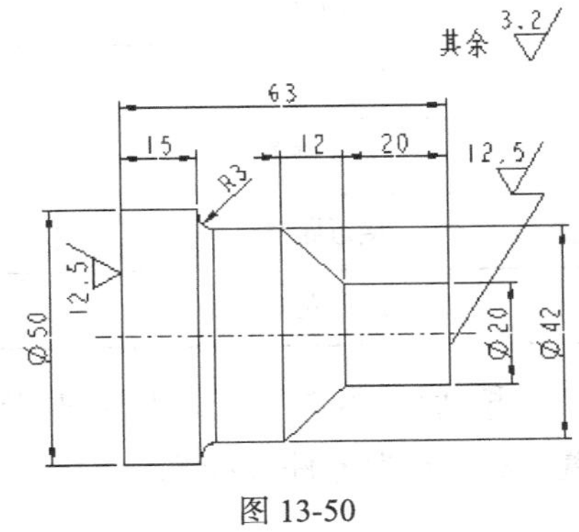

图 13-50

2. 创建思路分析

（1）图形分析。产品属于轴类零件，加工方法采用车削，加工的尺寸并没有很高的精度要求，但除零件的两个端面的表面粗糙度精度不高外，其余表面粗糙度精度都要求较高，因此必须采用粗精两次加工方法。

（2）加工工艺性分析。

① 毛坯零件的设计。根据零件的最大直径和轴向尺寸，毛坯选择 $\phi55\times120$ 的棒料。

② 加工工步设计。加工工步分为两个工步，粗车加工采用分层区域切削，精车采用轮廓

切削。

③ 加工机床的选择。采用卧式前置单刀架数控加工车床。

④ 加工刀具的选择。刀具采用外圆车刀，刀具前角为 30°，后角为 15°。

⑤ 加工参数设计。粗精车加工参数如表 13-3 所示。

表 13-3　　粗精加工参数

参数名	粗加工	精加工
切削进给	0.5	0.1
自由进给	—	—
切削进给单位	MMPR	MMPR
自由进给单位	MMPR	MMPR
步长深度	2.5	无
主轴转速	600 转/分	1200 转/分
允许粗加工坯件	0.5	无
主轴旋向	逆时针	逆时针
扫描类型	类型 1 连接	无
粗加工选项	仅限粗加工	无
退刀半径比	1	1
输出点	刀尖（TIP）	刀尖（TIP）
起始超程	4	无
转角_停止_类型	竖直的	竖直的
冷却液选项	开	开
跨距调整	否	无
工件修剪	是	无
接近距离	0	4
退刀距离	0	4

⑥ 加工参考坐标和换刀点设计。将加工轨迹的参考坐标设置在轴零件右端面中心位置，*Z* 方向为零件轴线朝外，*X* 方向为水平面朝前。换刀点设计在距参考坐标 X=50，Y=0，Z=100 处。

（3）创建的基本思路。新建文件夹 No13-2，创建加工零件模型 No13-2.prt，新建制造文件 No13-2.mfg，装配调入参照零件模型 No13-2.prt，创建加工毛坯零件 No13-2WP.prt，设置加工机床、刀具参数，设置机床坐标原点和退刀面，建构车削加工轮廓和加工毛坯边界，定义粗加工切削区域和精加工轮廓，创建粗精加工刀具加工轨迹路径，选择恰当的后置处理器生成 G 代码程序文件，适当修改程序文件。

3. 创建要点及注意事项

（1）在创建短轴零件模型 No13-2 时应设计好加工的参考坐标和加工的换刀点，坐标设计应使 *Z* 轴方向为零件的轴向方向。

（2）机床选择卧式单刀架数控车床，刀具选择外圆车刀，设置尺寸大小适当。

（3）加工参数设置要合理，粗加工时切削进给和步长深度选择大一些，主轴转速低一些，而精加工时切削进给小一些，主轴转速高一些，以保证零件的加工精度。粗加工余量为 0.5。

（4）加工的毛坯边界轴向长度比零件设计总长要长，以便于后续的切断零件。

（5）粗加工采用区域分层切削，而精加工采用轮廓切削，因此必须设计两个 NC 序列。

（6）所设计的两个 NC 序列同在一个操作中，在数据处理时选择操作生成同一个刀具轨迹数据文件。选择用户自定义的后置处理器，将两个 NC 序列生成一个 G 代码编程程序。

（7）加工零件文件和制造文件都应放在同一个文件夹中。

（二）建模过程提示

（1）新建文件夹 No13-2。

（2）创建零件模型文件 No13-2.prt。

创建零件模型，创建基准坐标 CS0，坐标的原点设置在轴右端面的圆心上，*Z* 方向朝右，*X* 方向水平朝前；创建基准点 PNT0，距坐标位置 X=50，Y=0，Z=100 处，基准坐标和基准点将作为机床坐标原点和换刀点。保存文件在文件夹中。

（3）新建制造文件 No13-2。文件类型选择“制造”，选择“mmns_mfg_nc”公制模板。

（4）装配参考零件模型 No13-2.prt。选择“缺省”方式定位零件。

（5）新建毛坯工件 No13-2WP.prt。以参考模型的右端面为草绘平面拉伸生成圆柱体。

（6）设置加工机床 MACH01 及加工刀具 T0001。

单击【资源】→【工作中心】命令，选择机床类型单刀架卧式车床，设置刀具参数，生成 T0001 刀具，设置机床进给单位为 MMPR，快速进给运动为 10。

（7）设置加工操作 OP010。单击【步骤】→【操作】命令，选择机床 MACH01、机床原点 CS0、退刀面。

（8）创建加工车削轮廓。单击图标，采用“包络轮廓”的方法创建轮廓，在图形窗口选择 CS0 坐标，在绘图区中参考零件自动产生包络轮廓，调整轮廓起始位置和终止位置，调整加工的方向。

（9）创建加工毛坯边界。单击图标，在绘图区中选择坐标，草绘加工的矩形边界线。

（10）定义区域车削序列一。

单击图标，选择刀具 T0001，按上表输入切削参数，选择 CS0 坐标为序列坐标，选择 PNT0 基准点为本次切削加工起点。选择毛坯边界和车削轮廓定义刀具运动轨迹，单击“完成序列”，结束序列一的定义。

（11）定义轮廓切削序列二。单击图标，选择刀具 T0001，输入切削参数，选择 PNT0 基准点为本次切削加工终点。选择车削轮廓定义刀具运动轨迹，单击“完成序列”，结束序列二的定义。

（12）生成刀具轨迹数据文件。单击【工具】→【数据】→【编辑】命令，选择 OP010 操作，指定保存路径，创建 No13-2.ncl 刀具轨迹文件。

（13）后置处理。单击【工具】→【数据】→【后处理】命令，选择刀具轨迹文件 No13-2.ncl，选择用户定义的后置处理器 UNCL01.P01，生成 G 代码文件。在相应的文件夹中用记事本打开文件 No13-2.tap，显示程序代码，修改程序。

（14）保存文件。

项目小结

本项目主要介绍了零件模型加工制造创建过程，包括装配加工零件模型、新建毛坯零件、设置加工机床和加工刀具、设置加工的操作、创建加工轮廓和加工边界、定义加工区域、设置加工参数、创建刀具轨迹文件以及后置处理，还介绍了如何创建用户自定义的后置处理器。

通过项目的实例详解和自测实例，学生基本能完成简单轴类零件的加工制造设计，初步掌握加工参数的选用和设置，掌握加工制造创建的基本过程。

课后练习题

一、车削加工制造练习题

1. 图 13-51 所示为一轴加工零件。

根据图形及尺寸和表面粗糙度要求，完成以下设计内容。

（1）新建文件夹 No13-3。

（2）创建零件模型，设计机床坐标原点和换刀点。

（3）新建制造文件，装配加工零件模型，新建毛坯零件。

（4）设置加工中的机床、刀具、操作、加工轮廓、加工毛坯、边界、加工区域。

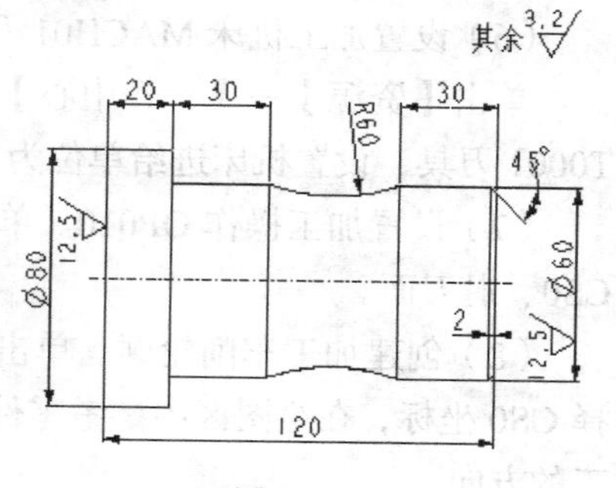

图 13-51

（5）零件表面粗糙度精度要求较高，需经过粗精加工，粗加工采用区域加工，精加工采用轮廓加工。加工切削参数参照项目实例和自测实例。

（6）生成刀具轨迹数据文件，选用适当的后置处理器生成 G 代码程序。

（7）零件模型文件和制造文件都应保存在 No13-3 文件夹中。

2. 按图 13-52 所示的手柄零件图纸，创建手柄零件模型和加工制造文件，要求新建文件夹 No13-4，先创建轴零件模型，新建制造文件，设计机床、加工刀具、选取机床坐标原点和换刀点、创建加工轮廓和草绘毛坯边界，合理设计加工工艺，加工采用粗精两次加工，创建加工刀具轨迹文件，生成 G 代码程序。零件模型文件和制造文件都应保存在 No13-4 文件夹中。

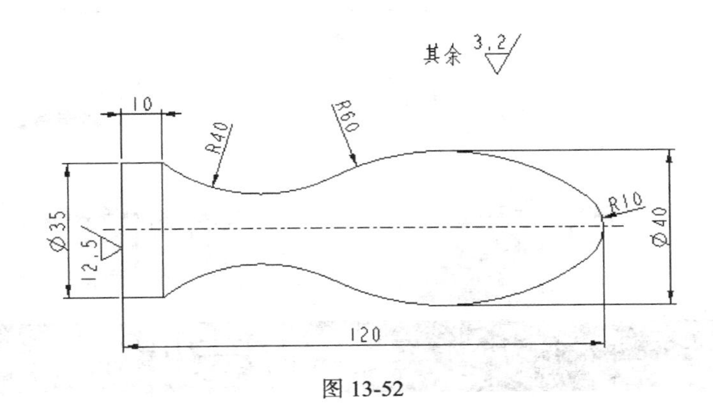

图 13-52

项目十四

下模板零件铣削 NC 加工

【能力目标】

剖析下模板零件加工工艺，运用 Pro/ENGINEER 制造模块中的铣削加工，自动生成 NC 加工程序。通过对铣削加工基础知识的讲解和实例详解,学生能基本掌握铣削加工的基本操作步骤，能正确选择加工机床、设置加工参数、创建刀具轨迹、完成零件铣削加工自动编程。

【知识目标】

1. 掌握铣削机床和刀具的选用方法
2. 掌握铣削加工操作和体积块铣削、雕刻铣削 NC 序列的创建方法
3. 掌握铣削加工参数的设置和加工刀具轨迹的创建方法
4. 掌握使用后置处理器生成零件加工自动编程的设计方法

一、项目导入

图 14-1 所示为下模板零件工程图，按图中所示要求创建零件模型和加工制造文件。

创建要求如下。

（1）按图 14-1 所示的结构及尺寸要求创建零件模型 No14-1.prt,新建文件夹 No14-1，将零件模型保存在该文件夹中。

（2）对零件中间型腔槽进行粗加工铣削，保留精加工余量 0.5，创建加工制造文件，选择机床和刀具，设置加工参数，设计刀具路径，生成 NC 数控编程程序文件。

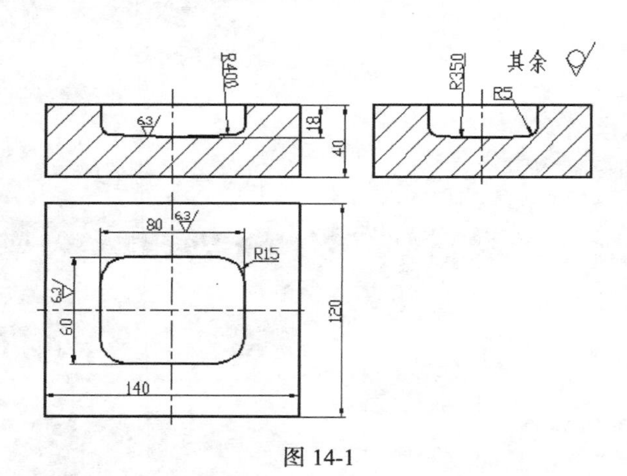

图 14-1

二、相关知识

Pro/ENGINEER 系统的加工制造模块主要用于对零件进行加工制造设计，一般的制造工艺流程如图 14-2 所示。

铣削加工方法也是 Pro/ENGINEER 系统制造模块中的重要一环，创建铣削制造模型的基本步骤与车削基本相同，只是在选择机床和刀具、设置加工参数、定义刀具轨迹线时与车削有些不同。本项目主要针对铣削加工进行简要介绍。

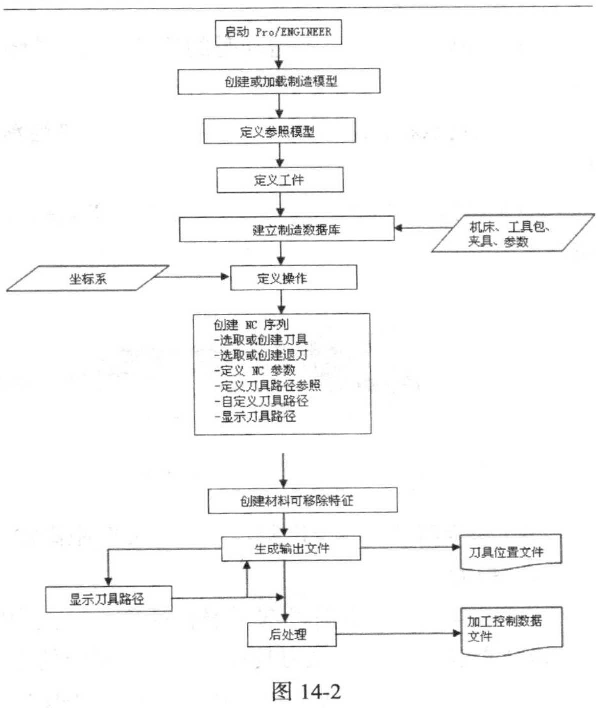

图 14-2

（一）铣削制造模型窗口界面

铣削制造模型界面与车削基本相同，选择铣床为加工机床，设置铣削操作后，在界面上端的图标工具栏中出现“NC 铣削”图标，同时在“步骤”菜单中增加了铣削相关的加工方法，如图 14-3 所示。

图标工具栏中各图标的功能可以和“步骤”菜单对照起来，将鼠标移动到工具栏图标上会自动弹出光标菜单提示。

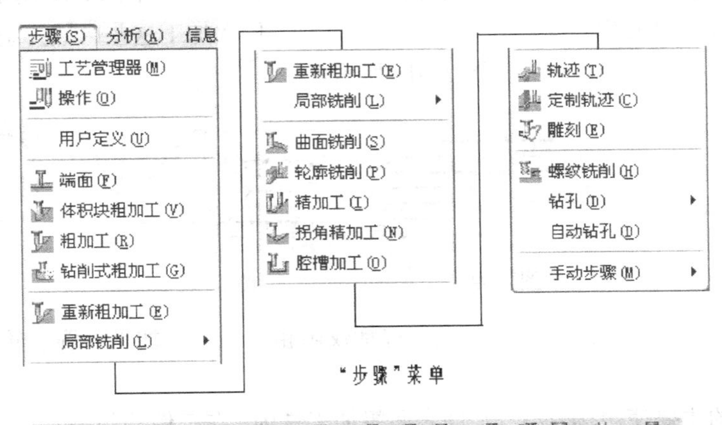

图 14-3

（二）铣削制造方法

下面介绍几种常用的铣削加工方法。

1. 体积块粗加工

定义一个铣削体积块，按层切面切除铣削体积块内的材料，所有层切面都与退刀平面平行，如图 14-4 所示，属于粗加工或半精加工。

主要切削参数如下。

（1）切削进给：切削运动时的移动速度，单位为毫米/分钟，必须输入参数值，如图 14-5 所示。

（2）步长深度：切削中每一走刀层的递增深度，必须输入大于 0 的数值，如图 14-6 所示。

（3）跨度：控制铣刀横向移动宽度，必须输入小于或等于铣刀直径的一个正值，如图 14-7 所示。

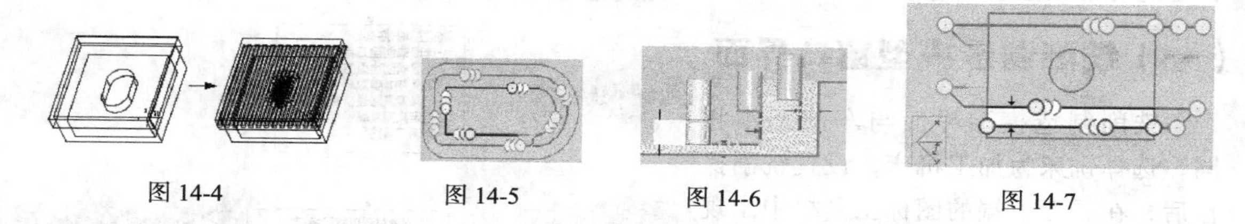

图 14-4　　图 14-5　　图 14-6　　图 14-7

（4）安全高度：用于控制刀具在退刀时距离加工表面的高度位置，必须输入大于 0 的数值，如图 14-8 所示。

（5）主轴速率：机床主轴旋转的速度，单位为转/分钟(RPM)，必须输入数值。

（6）扫描类型：定义刀具加工时行走路径的方式，包括类型 1、类型 2 和类型 3 等。

类型 1：刀具连续加工体积块，遇到岛时退刀，如图 14-9 所示。

类型 2：刀具连续加工体积块而不退刀，遇到岛时绕过它，如图 14-10 所示。

类型 3：刀具从岛几何定义的连续区域去除材料，依次加工这些区域并绕岛移动。完成一个区域后可退刀，铣削其余区域，如图 14-11 所示。

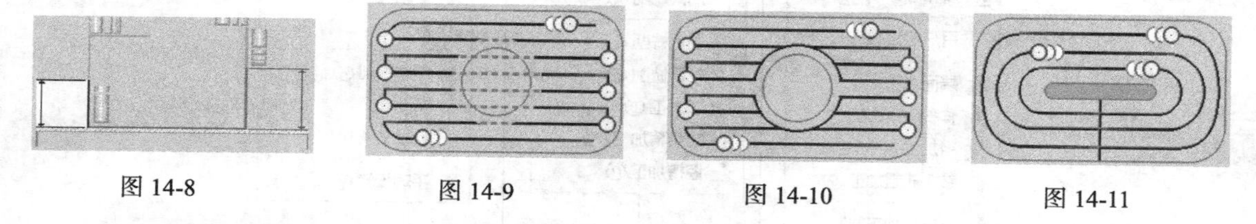

图 14-8　　图 14-9　　图 14-10　　图 14-11

（7）粗加工选项：用于选择加工方式，包括仅限粗加工、粗加工轮廓、轮廓与粗加工等多种方式。

体积块加工的主要使用场合有：工件表面粗加工铣削，在工件外部去除一般材料的粗加工，垂直槽粗铣削，铣削区域加工。

体积块加工的主要刀具有平端铣刀、球状铣刀等。

2. 端面铣削加工

允许用平端铣刀或球状铣刀对工件进行表面加工，铣削的几何要素可选取平行于退刀平面的一个平面曲面、多个共面曲面或铣削窗口。所选表面（孔、槽）中的所有内部轮廓都将被自动排除，端面铣削也属于粗加工。

主要切削参数有切削进给、步长深度、跨度、安全高度、主轴速率，都是必须输入的参数。

3. 局部铣削

对零件粗加工后不能加工的拐角进行局部铣削加工，共有 4 种方式。

上一 NC 序列：去除体积块、轮廓、曲面或另一局部铣削 NC 序列之后剩下的材料，通常使用较小的刀具。

拐角边：通过选取边指定一个或多个要清除的拐角。

根据先前刀具：使用较大的刀具进行加工后，计算指定曲面上的剩余材料，然后使用当前的（较小）刀具去除此材料。

铅笔跟踪：通过沿拐角创建单一走刀刀具路径，清除所选曲面的边。

4. 曲面铣削

对水平或倾斜曲面进行铣削，所选曲面必须具有连续的刀具路径。有多种方法可定义切削和生成刀具路径。

直切：通过一系列的直切铣削所选曲面。对于“3 轴”NC 序列，也可在深度增量方向去除材料。

自曲面等值线：由下列曲面 u-v 直线铣削所选曲面。

切削线：通过定义第一个、最后一个及一些中间切口形状来铣削所选曲面。当系统生成刀具路径时，它将根据曲面拓扑逐渐改变切口形状。

投影切削：对选取的曲面进行铣削时，首先将其轮廓投影到退刀平面上，在曲面上创建一个“平坦的”刀具路径（使用适当的扫描类型），然后将刀具路径重新投影到原始曲面。此方式只可用于“3 轴曲面铣削”。

主要切削参数有切削进给、跨度、安全高度、主轴速率，都是必须输入的参数。

5. 轮廓铣削

轮廓铣削可用来粗铣削（或精铣削）垂直或倾斜的曲面。所选曲面必须留出连续的刀具路径。切削深度由所选曲面的深度来定义。

主要切削参数有切削进给、步长深度、跨度、安全高度、主轴速率，都是必须输入的参数。

6. 轨迹铣削

轨迹铣削沿用户定义的刀具运行轨迹进行铣削，它可用来铣削水平槽，刀具形状必须与槽的形状一致。用于 2 轴和 3 轴 NC 序列。

主要切削参数有切削进给、安全高度、主轴速率，都是必须输入的参数。

7. 雕刻铣削

采用雕刻铣削时，刀具沿曲线或“凹槽”修饰特征铣削加工。刀具直径决定切削宽度。有两种方法定义刀具的轨迹：草绘曲线和凹槽修饰。

主要切削参数有切削进给、安全高度、主轴速率，都是必须输入的参数。

8. 螺纹铣削

螺纹铣削在圆柱表面上切削内外螺纹。创建螺纹铣削 NC 序列时，必须使用螺纹刀具。

主要切削参数有螺纹进给量和主轴速率，是必须输入的参数，在定义螺纹铣削切削时必须定义螺纹参数。

（三）创建铣削制造几何

制造几何主要用于定义毛坯零件加工切除材料的范围，刀具将根据所给定的制造几何的形状和大小结合加工参数决定刀具的加工路径。

如图 14-12 所示，单击【插入】→【制造几何】命令，或单击“Mfg 几何特征”工具栏图标，可创建铣削制造几何，共有 3 种定义方式：铣削窗口、铣削曲面和铣削体积块。

（1）铣削窗口。通过将参照零件的侧面影像投影到“铣削窗口”的起始平面上，或通过草绘或选取封闭轮廓线来定义铣削窗口，轮廓线内的所有可视曲面都会被铣削。一般常用于体积块铣削或 3 轴常规曲面铣削。

单击【插入】→【制造几何】→【铣削窗口】命令，或单击“Mfg 几何特征”工具栏中的“铣削窗口”图标，弹出铣削窗口操控面板，如图 14-13 所示。

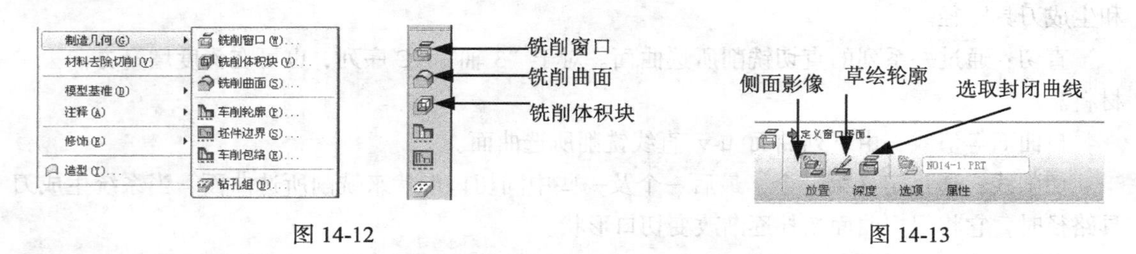

图 14-12　　　　图 14-13

在操控面板中有 3 种方式定义铣削窗口。

侧面影像：选取一个与 Z 轴垂直的起始平面，将参考零件模型垂直侧面的图形投影到起始平面上，所有轮廓线内的可见曲面都会被定义为铣削曲面。

草绘轮廓：选取一个窗口平面，进入草绘界面，在该平面中草绘封闭轮廓，所有轮廓线内的曲面都定义为铣削曲面。

选取封闭曲线：选取一条封闭曲线链形成轮廓线，线内的可视曲面定义为铣削曲面。

在操控面板中有 4 个上滑铣削面板选项：放置、深度、选项和属性。

单击“放置”选项，弹出上滑面板如图 14-14 所示。

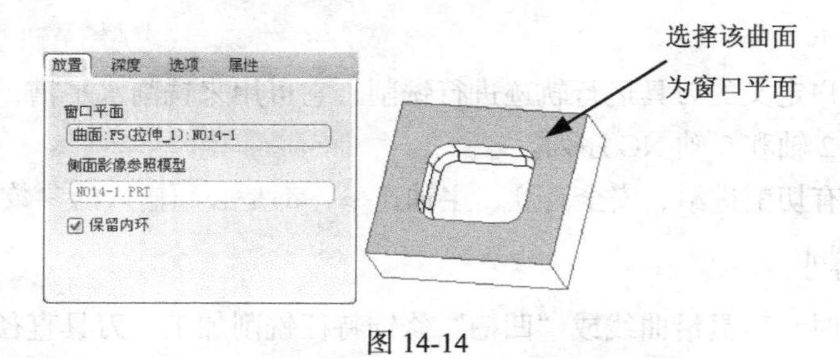

图 14-14

选取窗口平面，自动以参考零件为影像参考，所有参考零件侧面图形都定义为加工几何。

单击“深度”选项，弹出上滑面板如图 14-15 所示。选中“指定深度”复选框，可以指定深度方式，输入加工面至窗口平面的深度值。

单击“选项”选项，弹出上滑面板如图 14-16 所示。在该选项中可以指定铣削窗口围线的类型，有3种围线类型。

在窗口围线内：刀具轴到达窗口轮廓线，如图14-17（a）所示。

在窗口围线上：刀具中心到达窗口轮廓线，如图14-17（b）所示。

在窗口围线外：刀具中心完全越过窗口轮廓线，如图14-17（c）所示。

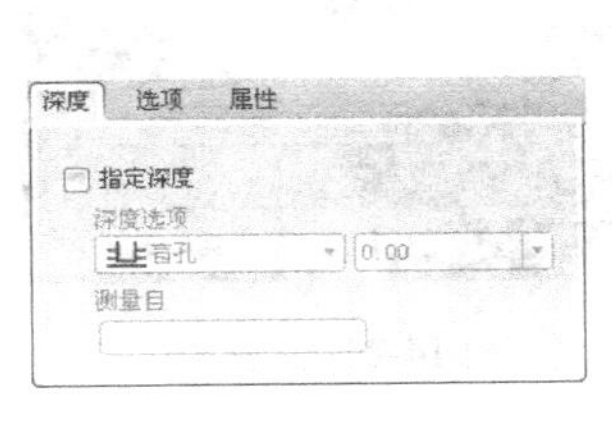

图14-15

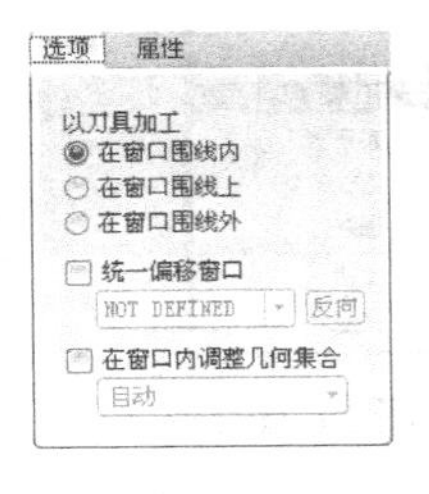

图14-16

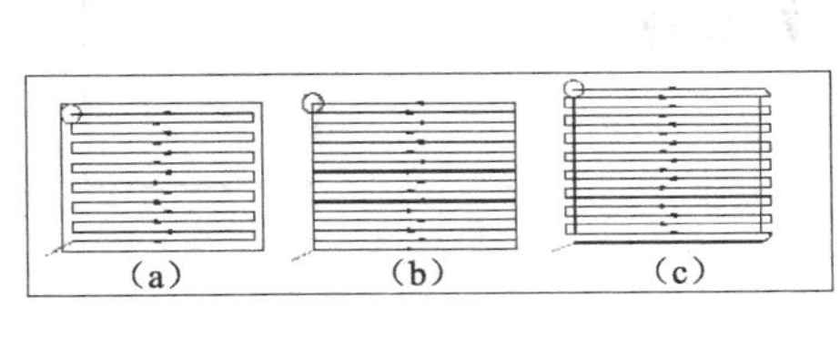

图14-17

（2）铣削体积块几何。定义一个铣削的体积块，实际上是生成一组封闭的曲面组，曲面组内的材料被铣削加工，所定义的体积块必须与毛坯工件相交。

进入体积块创建模式，可以采用拉伸、旋转、扫描、混合等方法生成曲面，经合并后生成封闭面组即体积块。一般对毛坯零件进行加工，最后成型的表面为参考零件表面，因此还可以采用“收集体积块”的方式创建，即以加工零件模型表面为参照创建所需的体积块。下面以“收集体积块”方式为例，说明创建铣削体积块的操作步骤。

① 单击【插入】→【制造几何】→【铣削体积块】命令，或单击“Mfg 几何特征”工具栏中的图标，系统左侧图标工具栏发生变化，如图14-18所示。

② 单击【编辑】→【收集体积块】命令，弹出“聚合体积块”菜单管理器，如图14-19所示。选中“选取”和“封闭”，单击“完成”按钮，弹出“聚合选取”菜单管理器，如图14-20所示，单击“曲面和边界”，单击“完成”按钮。

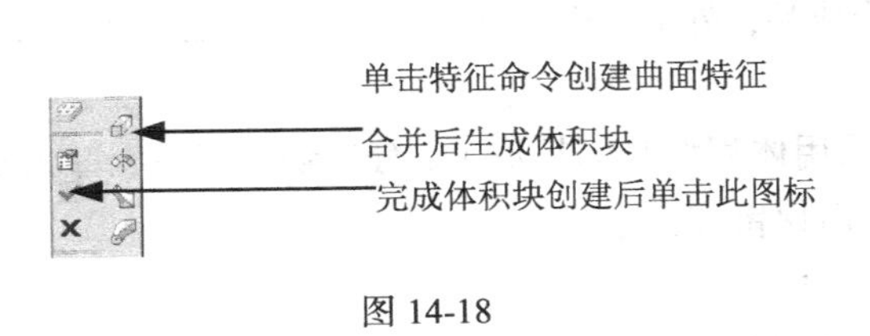

图14-18

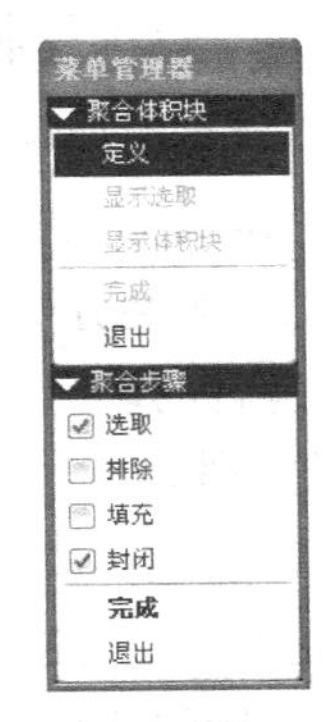

图14-19

③ 在图形窗口中先选择种子面，然后选择边界面，在种子面和边界面之间的曲面都被选中，包括种子面，但边界面并没有被选中，所形成的面组为开放的曲面，未封闭端面在顶面。单击“曲面边界”菜单管理器中的“完成/返回”，弹出“封闭环”菜单管理器，如图14-21所示，选择“顶平面”和“全部环”，单击“完成”。

④ 选择顶面为封闭环，如图14-22所示，单击“完成/返回”，单击“聚合体积块”菜单管理器中的“完成”，再单击右侧的✔图标，完成体积块的创建。

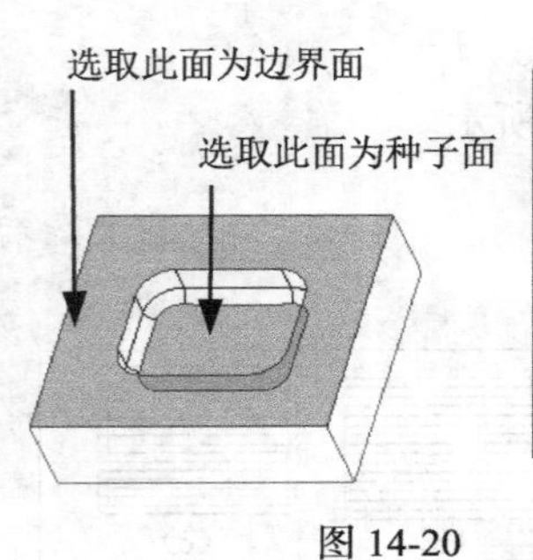

图 14-20

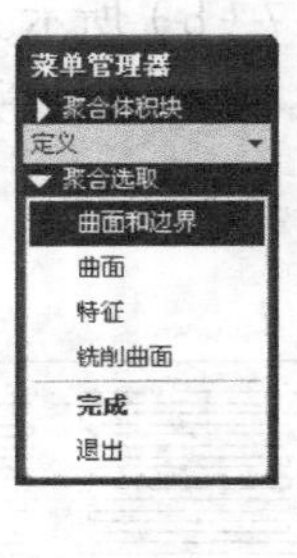

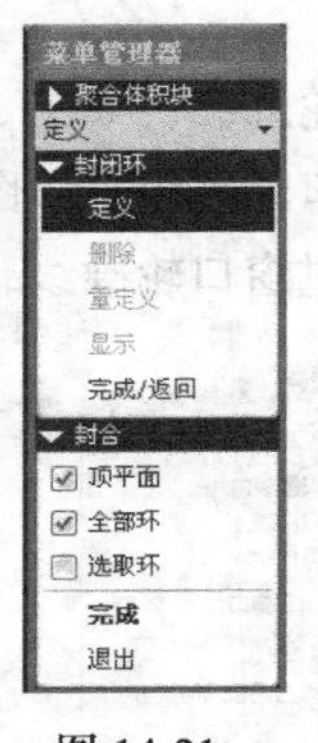

图 14-21

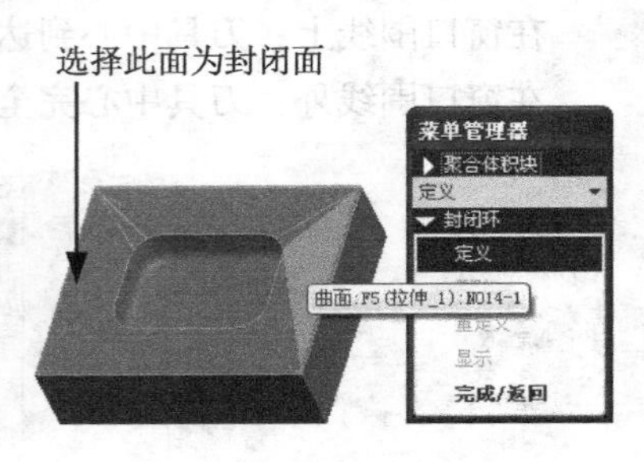

图 14-22

（3）铣削曲面几何。用拉伸、旋转、扫描、混合、填充、复制粘贴等曲面特征创建方法创建曲面作为加工制造的铣削几何。所创建的曲面特征可以不封闭、不合并。

单击【插入】→【制造几何】→【铣削曲面】命令，或单击“Mfg 几何特征”工具栏中的图标，系统进入铣削曲面创建模块中，采用曲面特征创建方法创建铣削曲面，单击右侧的✔图标完成铣削曲面的创建。

铣削曲面几何主要用于曲面加工和轮廓加工的铣削方法中。

三、实例详解——下模板零件铣削 NC 加工

（一）任务导入与分析

1. 创建思路分析

（1）图形分析。如图 14-1 所示，加工零件为模具组件的下模板，需加工区域为模具型腔部分，要满足一定的加工要求，拟采用铣削方法加工，加工区域较大，采用体积块分层铣削。

（2）加工工艺性分析。

① 毛坯零件的设计。毛坯零件为半成品，外部表面都已经加工完毕，毛坯外形尺寸为 140×120×40 方块零件。

② 加工工艺设计。在数控铣床上采用体积块铣削粗加工，分层切削零件，每次分层铣削之后进行零件轮廓走刀铣削加工。粗加工后保留加工余量 0.5。

③ 加工机床的选择。采用 3 轴数控铣床。

④ 加工刀具的选择。型腔底部为 *R*5 圆弧，拟采用 *R*5 球形铣刀。

⑤ 主要加工参数设计如表 14-1 所示。

表 14-1　　加工的主要参数表

参 数 名	参 数 值
切削进给	200
切削进给单位	MMPM（毫米/分钟）
步长深度（切削量）	2

续表

参　数　名	参　数　值
跨度	2
安全高度	10
主轴转速	800（转/分钟）

⑥ 加工参考坐标。将铣削加工轨迹的参考坐标设置在下模板零件顶面的中心位置，X 方向为水平朝右，Y 方向水平朝后，Z 方向垂直于顶面朝上。

（3）创建的基本思路。新建文件夹 No14-1，创建加工零件模型 No14-1.prt，新建制造文件 No14-1.mfg，装配调入参照零件模型 No14-1.prt，创建加工毛坯零件 No14-1WP.prt，选择加工机床，设置刀具参数，设置机床坐标原点和退刀面，建构铣削体积块制造几何，创建刀具加工轨迹数据文件，选择恰当的后置处理器生成 G 代码程序文件，适当修改程序文件。

2. 创建要点及注意事项

（1）创建下模板零件模型 No14-1 时应设计好加工的参考坐标，X 方向为水平朝右，Y 方向水平朝后，Z 方向垂直于顶面朝上。

（2）机床选择 3 轴数控铣床，刀具选择 R5 球形刀，设置适当的尺寸大小。

（3）设置合理的加工参数，加工进给速度不能选择太大，分层的步长深度适当，以保证零件有一定的加工表面精度，加工时先进行分层粗加工，然后进行轮廓走刀加工。

（4）选择适当的后置处理器，生成正确的 G 代码编程程序。

（5）零件模型文件和制造文件都应保存在同一个文件夹中。

（二）基本操作步骤

1. 设置操作的工作目录

单击【文件】→【设置工作目录】命令，选择事先创建的文件夹 No14-1 为工作目录。

2. 创建加工零件模型上模板 No14-1.prt

（1）新建文件，文件类型为“零件”，文件名称为 No14-1，使用公制模板。

（2）按图 14-1 所示的尺寸创建零件模型。中间的型腔槽可以采用拉伸曲面、扫描曲面、合并曲面、曲面倒圆角以及实体化切材料的方法创建。

（3）创建加工参考坐标。分别选择 RIGHT、FRONT 基准面和零件上表面为参照面，调整坐标方向，使 X 轴的正方向朝右，Y 轴的正方向朝后，Z 轴正方向朝上，创建基准坐标 CS0，如图 14-23 所示。

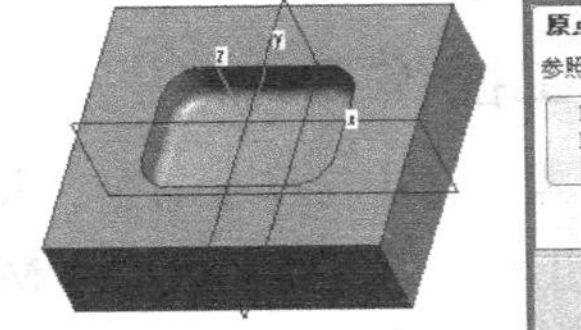

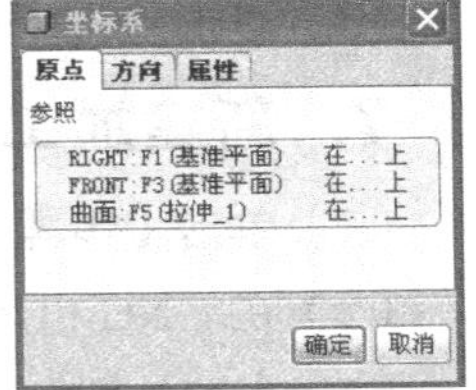

图 14-23

（4）将文件保存到 No14-1 文件夹中。

3. 创建制造文件 No14-1.mfg

单击“新建”图标□，文件类型为“制造”，文件名称为 No14-1，选择“mmns_mfg_nc”模板，单击“确定”按钮进入制造模型空间。

4. 装配参照模型

单击右侧的“制造元件”工具栏中的“装配参照模型”图标，弹出“打开”对话框，选择上模板零件 No14-1.prt，单击“打开”按钮，弹出“装配”对话框，同时零件显示在制造模型空间中，选择“缺省”方式定位参照模型，单击对话框中的图标，完成参考模型的装配。

5. 创建毛坯零件 No14-1WP

（1）单击“制造元件”工具栏中的“新建工件”图标，在弹出的文本框中输入毛坯零件名称 No14-1WP，单击图标，弹出菜单管理器。

（2）单击“伸出项”/“拉伸”/“实体”/“完成”，弹出拉伸特征操控面板，同时参照模型变成灰阶，选择参照零件上模板的底面为草绘平面，绘制矩形，矩形大小与参照模型一样，深度方式选择“至指定面”，选择参照零件的上表面，单击操控面板中的图标，完成毛坯零件 No14-1WP 的创建。

6. 创建加工机床 MACH01

（1）单击【资源】→【工作中心】命令，弹出“机床设置”窗口。

（2）选择加工机床的类型为“铣削”，“轴数”选择 3 轴，如图 14-24 所示。

（3）单击“切削工具”选项中的“刀架 1”，弹出“刀具设定”窗口，如图 14-25 所示，设置刀具参数，选择球形刀，直径为 10，单击“应用”按钮，生成第一把刀具 T0001，单击“确定”按钮，返回 “机床设置”窗口中。

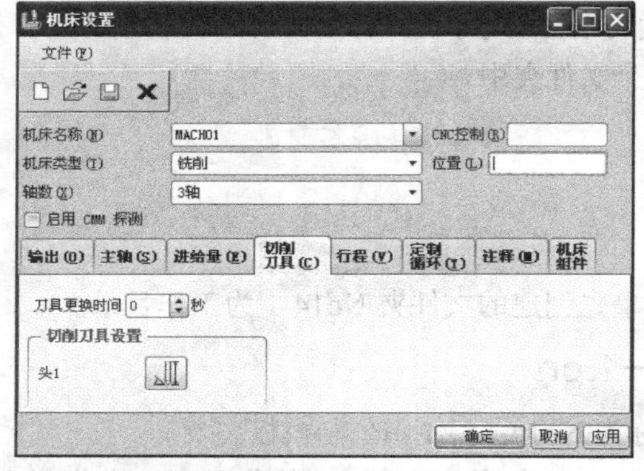

图 14-24

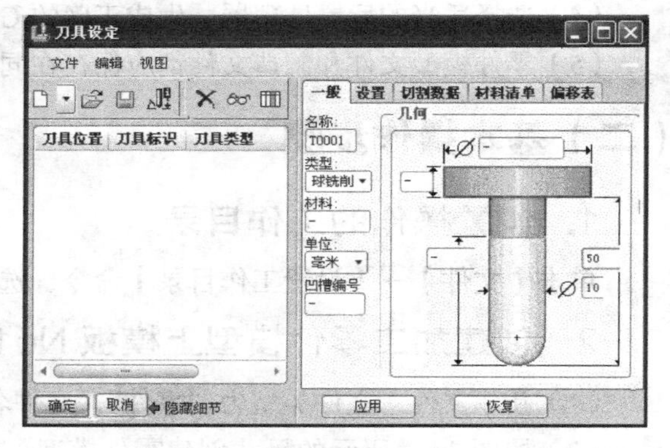

图 14-25

（4）单击“机床设置”窗口中的“确定”按钮，完成机床设置。

7. 新建加工操作 OP010

（1）单击【步骤】→【操作】命令，弹出“操作设置”窗口。

（2）在“NC 机床”下拉列表中选择 MACH01 机床。

（3）在“一般”选项卡中，单击“机床零点箭头”图标，选择 CS0 坐标作为机床的原点坐标，同时也作为程序的坐标原点。

（4）在“一般”选项卡中，单击“退刀曲面箭头”图标，弹出“退刀设置”对话框，退刀面采用平面方式，在绘图区中选择参考零件上表面为参照对象，输入偏距值 50，单击“确定”按钮。

（5）单击“操作设置”窗口中的“应用”和“确定”按钮，完成操作 OP010 的设置，如图 14-26 所示。

8. 创建体积块制造几何

（1）单击【插入】→【制造几何】→【铣削体积块】命令，或单击“Mfg 几何特征”工具栏中的图标，系统进入体积块创建模块中。

（2）单击【编辑】→【收集体积块】命令，弹出“聚合体积块”菜单管理器，选中“选取”和“封闭”，单击“完成”，弹出“聚合选取”菜单管理器，单击“曲面和边界”，再单击“完成”。

（3）在图形窗口中先选择型腔底面为种子面，然后选择零件上表面为边界面，如图 14-27 所示，单击“曲面边界”菜单管理器中的“完成/返回”，弹出“封闭环”菜单管理器，选择“顶平面”和“全部环”，单击“完成”。

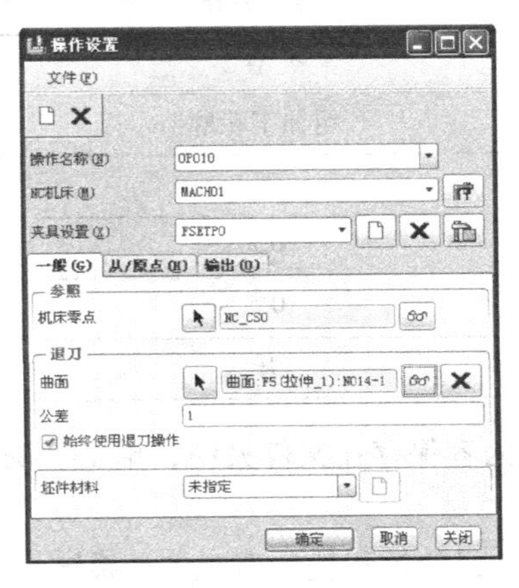

图 14-26

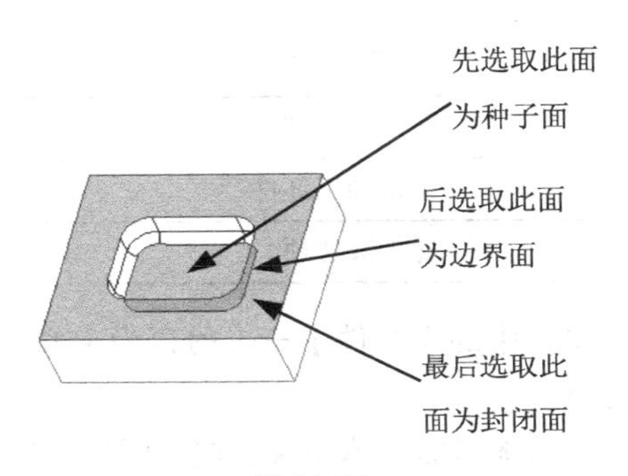

图 14-27

（4）选择顶面为封闭环，单击“完成/返回”，单击“聚合体积块”菜单管理器中的“完成”，单击右侧的图标，完成体积块的创建。

9. 创建体积块铣削加工 NC 序列

（1）单击【步骤】→【体积块粗加工】命令，或单击“NC 铣削”工具栏中的图标，弹出“NC 序列”菜单管理器，在“序列设置”中选中“刀具”、“参数”和“体积”，如图 14-28 所示，单击“完成”。

（2）弹出“刀具设定”窗口，选择已设置的刀具 T0001，单击窗口中的“完成”按钮。

（3）弹出“编辑序列参数”窗口，如图 14-29 所示，图中黄色显示的是必须输入的参数值。单击“基本”按钮，可以显示基本参数，单击“全部”按钮可以显示全部参数。详细参数和参数值如表 14-2 所示。

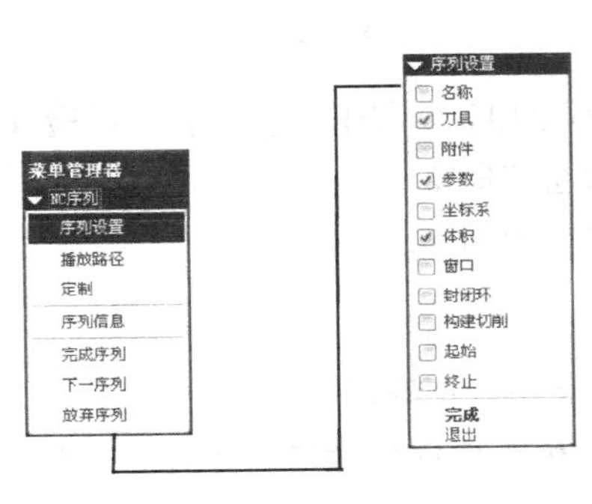

图 14-28

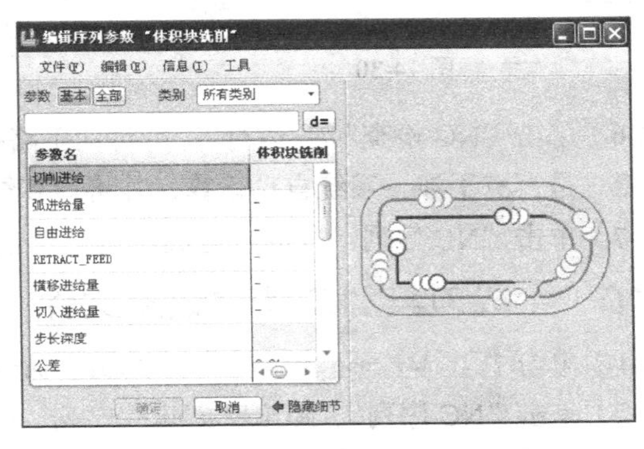

图 14-29

表 14-2　　序列参数值

参 数 名	参 数 值
切 削 进 给	200
切削进给单位	毫米/分钟（MMPM）
步 长 深 度	2
跨　　度	2
安 全 高 度	10
主 轴 速 率	800 转/分
扫 描 类 型	类型 2
粗加工选项	粗加工轮廓
跨 距 调 整	否
公　　差	0.2
允许粗加工坯件	0.5
冷却液选项	开

单击窗口中的【文件】→【另存为】命令，将设置内容保存在文件夹中，单击“确定”按钮，关闭窗口。

（4）选择铣削加工体积块，在绘图区中选择步骤 8 创建的体积块制造几何，系统返回“NC 序列”菜单管理器中。

（5）单击“NC 序列”菜单管理器中的“播放路径”，弹出“播放路径”菜单管理器，如图 14-30 所示，单击“屏幕演示”，弹出“路径播放器”，单击“播放”按钮，在绘图区中显示全部路径，如图 14-31 所示。

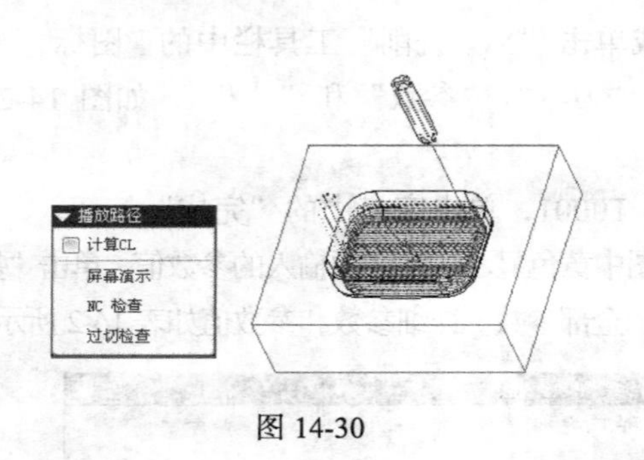

图 14-30

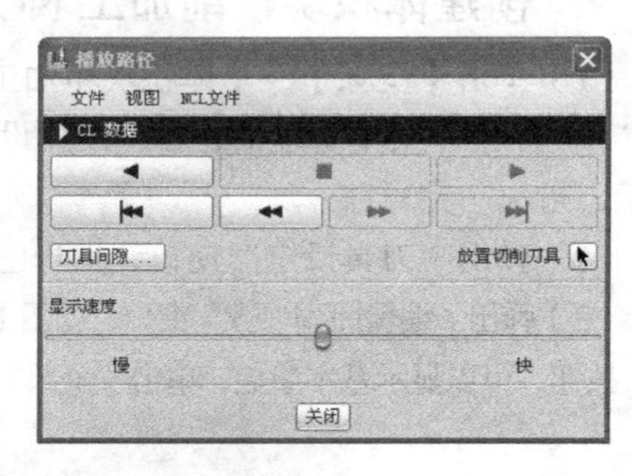

图 14-31

（6）单击“NC 检查”/“运行”，可对加工路径进行模拟加工。单击过切检查，可检查加工过程刀具是否有干涉，系统自动运算，并将运算结果显示在信息窗口中。

（7）单击“NC 序列”中的“完成序列”，结束 NC 序列的创建。

10. 生成刀具加工轨迹数据文件

（1）单击【工具】→【数据】→【编辑】命令，弹出菜单管理器。

（2）单击“NC 序列”，弹出已创建的序列，选择“1：体积块铣削 序列 OP010”，弹出“保存副本”对话框，在对话框中输入文件名 NO14-1，指定保存路径，单击“确定”按钮。

（3）弹出“刀具路径”信息窗口，同时弹出“文件视图” 菜单管理器，如图 14-32 所示。单击“下一步”可以观察刀具每一个运动轨迹的情况。

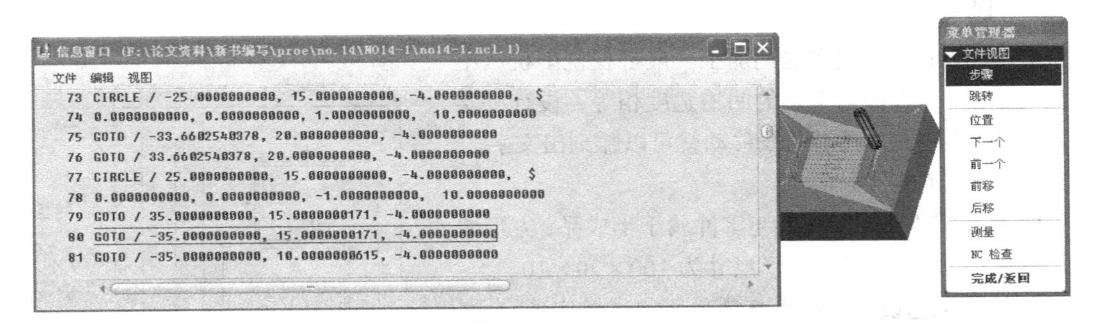

图 14-32

（4）单击菜单管理器的“完成/返回”结束操作。在指定文件夹中保存了 No14-1.ncl 刀具轨迹数据文件。

11. 后置处理

（1）单击【工具】→【数据】→【后处理】命令，弹出“打开”对话框，选择数据处理文件 No14-1.ncl，单击“打开”按钮，弹出“后处理器选项”菜单管理器。

（2）选择“详细”/“跟踪”，单击“完成”按钮，弹出“后置处理器列表”，在列表中列举了许多后置处理器。

（3）选择后置处理器 UNCX01.P01，弹出的“信息窗口”中显示了 G 代码程序的版本号、创建日期、程序的长度等相关信信息，单击“确定”按钮。

（4）在相应的文件夹中可以找到 No14-1.tap 文件，用记事本打开文件，显示程序代码，如图 14-33 所示。必要时修改程序。

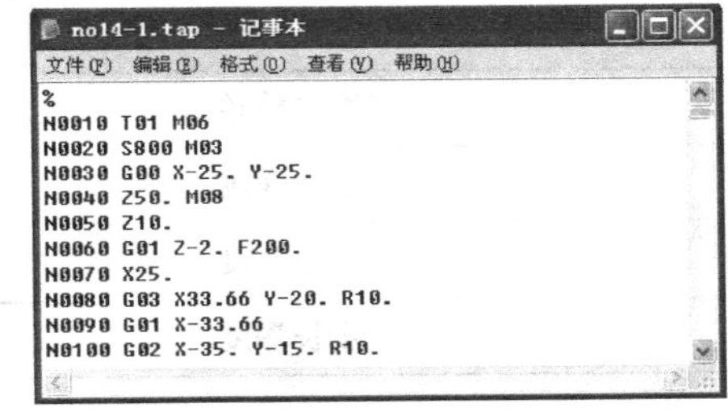

图 14-33

12. 保存文件

将所创建的制造文件与零件模型保存在同一个文件夹中。

四、自测实例——文字雕刻零件 NC 铣削加工

（一）任务导入与分析

1. 任务导入

图 14-34 为方形零件，在零件的上表面上雕刻了文字，文字凹槽深 0.5，加工的主要部分为文字雕刻，其余均不加工。任务要求如下。

（1）创建零件模型。

（2）创建加工制造文件，调入零件模型为参考零件，设计加工用的毛坯零件，设置机床、

加工刀具、切削参数，定义加工区域。

（3）自动编制出适合 FANAC 系统的数控程序。

2. 创建思路分析

（1）图形分析。文字雕刻加工一般都在铣削机床中进行，加工刀具直径与文字的凹槽宽度相等，设计好文字中心轨迹曲线，刀具沿曲线移动就可以雕刻出文字。

（2）加工工艺性分析。

① 毛坯零件的设计。毛坯零件属于半成品，方形块的外表面已经加工完毕，外形尺寸为 100×70×10。

② 加工工艺设计。将毛坯零件固定在机床平台上，采用对刀试切的方法将工件加工的坐标设置在毛坯顶面的左下角，安全退刀面在毛坯顶面上 50 的平面上，吃刀深度为 0.5。

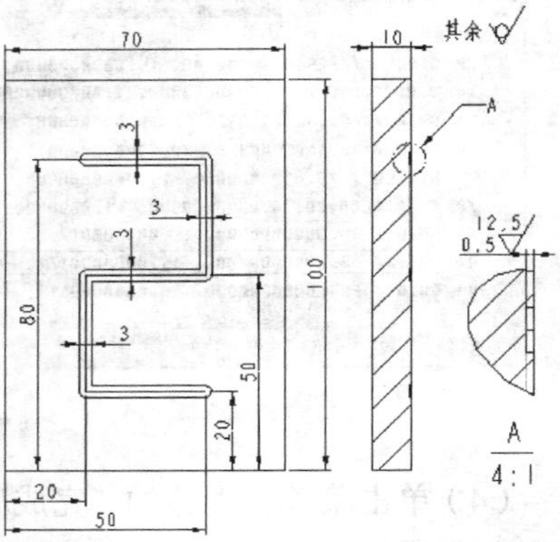

图 14-34

③ 加工机床的选择。采用 3 轴数控加工铣床。

④ 加工刀具的选择。刀具采用端铣刀，刀具直径为 ϕ3。

⑤ 加工参数设计如表 14-3 所示。

表 14-3　加工参数

参　数　名	参　数　值
切削进给	100
切削进给单位	毫米/分钟（MMPM）
坡口深度	0.5
安全高度	10
步长深度	—
主轴转速	1200 转/分
主轴方向	顺时针
公差	0.2

⑥ 加工工件参考坐标。将加工轨迹的参考坐标设置在毛坯零件顶面的左下角，*X* 方向为水平面朝右，*Y* 方向为水平面朝后，*Z* 方向为垂直毛坯零件顶面朝上。

（3）创建的基本思路。新建文件夹 No14-2，创建加工零件模型 No14-2.prt，新建制造文件 No14-2.mfg，装配调入参照零件模型 No14-2.prt，创建加工毛坯零件 No14-2WP.prt，设置加工机床、刀具参数，设置机床坐标原点和退刀面，定义文字雕刻序列，创建加工刀具轨迹路径，选择恰当的后置处理器生成 G 代码程序文件，适当修改程序文件。

3. 创建要点及注意事项

（1）创建零件模型 No14-2 时应先创建零件加工的参考坐标，坐标设计应使 *X* 轴水平朝右，Z 轴方向垂直向上。创建文字中心的草绘曲线。

（2）机床选择 3 轴数控铣床，刀具选择直径为 ϕ3 的端铣刀，刀具长度适当。

（3）加工参数设置要合理，主轴转速稍高。

（4）由于文字切深较浅，采用一次加工，不需设置步长深度，因此只设计一个 NC 序列。

（5）加工零件文件和制造文件都应放在同一个文件夹中。

（二）建模过程提示

（1）新建文件夹 No14-2。

（2）创建零件模型文件 No14-2.prt。创建零件模型，创建基准坐标 CS0，坐标的原点设置在毛坯零件顶面的左下角，*X* 方向水平朝右，*Z* 方向垂直朝上，如图 14-35 所示。在毛坯上表面创建基准曲线。将零件模型保存在 No14-2 文件夹中。

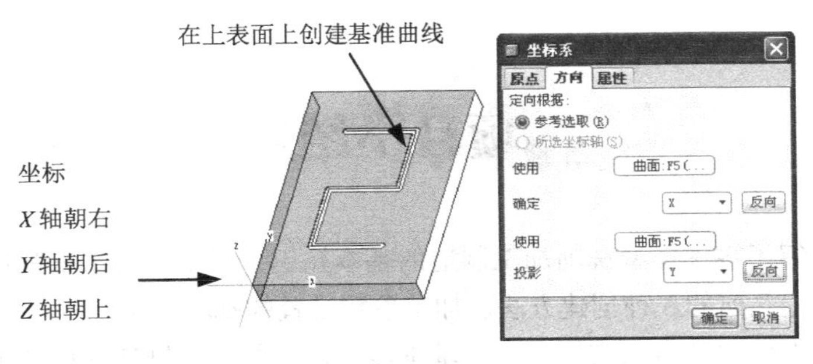

图 14-35

（3）新建制造文件 No14-2.mfg。文件类型选择“制造”，选择“mmns_mfg_nc”公制模板。

（4）装配参考零件模型 No14-2.prt。选择“缺省”方式定位零件。

（5）新建毛坯工件 No14-2WP.prt。以参考模型的底面为草绘平面向上拉伸。

（6）设置加工机床 MACH01 及加工刀具 T0001。单击【资源】→【工作中心】命令，选择机床类型 3 轴数控铣床；选择端铣刀，刀具直径为 $\phi 3$，生成刀具 T0001。

（7）设置加工操作 OP010。单击【步骤】→【操作】命令，选择机床 MACH01、机床原点 CS0、退刀面，如图 14-36 所示。

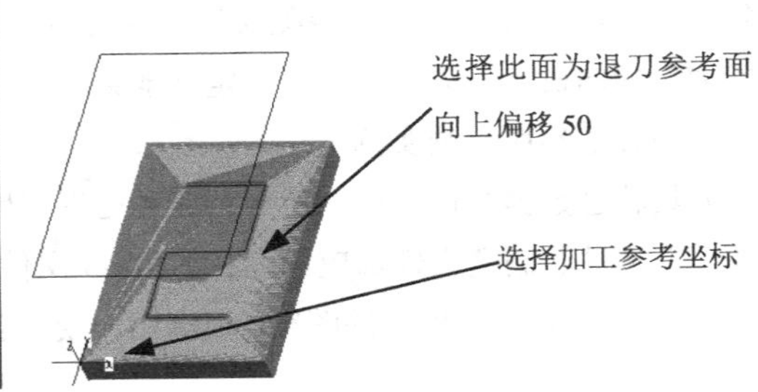

图 14-36

（8）定义文字雕刻铣削 NC 序列。单击图标，在“序列设置”菜单管理器中选中“刀具”、“参数”、“基准曲线”，选择刀具 T0001，按上表输入切削参数，选择草绘曲线，在屏幕演示刀具轨迹，NC 检查刀具轨迹，过切检查刀具是否有过切现象，单击“完成序列”，结束序列的定义。

（9）生成刀具轨迹数据文件。单击【工具】→【数据】→【编辑】命令，选择 NC 序列“1：开槽 操作：OP010”，指定保存路径，创建 No14-2.ncl 刀具轨迹文件。

（10）后置处理。单击【工具】→【数据】→【后处理】命令，选择刀具轨迹文件 No14-2.ncl，选择后置处理器 UNCX01.P01，生成 G 代码文件。在相应的文件夹中用记事本打开文件 No14-2.tap 文件，显示程序代码，必要时修改程序。

（11）保存文件。

项目小结

本项目主要介绍了零件模型铣削加工制造的基本知识，详细讲解了铣削过程中的主要加工方法、铣削加工制造几何的 3 种创建方法、加工参数设置的基本方法。

通过项目的实例详解和自测实例，学生基本能掌握铣削加工制造的设计步骤，熟练掌握体积块铣削和文字雕刻的操作过程，正确设置加工参数，生成刀具轨迹文件，能正确选用后置处理器生成实用的 G 代码编程程序。

课后练习题

一、铣削加工制造练习题

1. 图 14-37 为雕刻文字零件模型，根据图纸要求创建零件加工制造模型及雕刻 G 代码编程程序。

根据图形及尺寸和表面粗糙度要求完成以下任务。

（1）新建文件夹 No14-3。

（2）创建零件模型 No14-3.prt，设计机床坐标原点，绘制刀具轨迹草绘曲线。

（3）新建制造文件 No14-3.mfg，装配加工零件模型，新建毛坯零件。

（4）设置加工中的机床、刀具、操作，定义雕刻加工序列。

（5）加工切削参数参照自测实例。

（6）生成刀具轨迹数据文件，选用适当的后置处理器生成 G 代码程序。

（7）零件模型文件和制造文件都应保存在 No14-3 文件夹中。

2. 按图 14-38 所示的凸模板零件图纸，根据图纸要求创建零件加工制造模型及加工制造 G 代码编程程序。

建模提示。

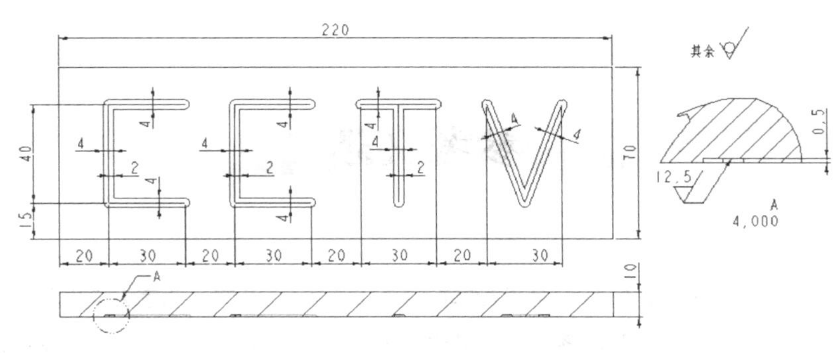

图 14-37

（1）零件需加工面为模板结合面和凸台外侧材料。

（2）加工部分表面粗糙度要求较高，加工分为粗精两次加工，粗加工为体积块铣削，精加工为轮廓加工。

（3）粗加工的制造几何可以是体积块几何，也可以是窗口几何，为了便于清铣边角残料，一般铣削几何的外部尺寸应比凸模板最大实际尺寸单边大一个刀具半径值，以便于铣削切削加工；精加工的铣削几何为凸台侧面，选取凸台周圈侧面为加工制造几何。

（4）机床选择 3 轴铣床，刀具选择端铣刀，加工切削参数见表 14-4。

（5）粗精加工分别定义两个 NC 序列，但在编辑生成刀具轨迹数据文件*.ncl 时选择 OP010 操作，将两个序列合并在一个轨迹文件中，从而生成一个 G 代码编程程序文件。

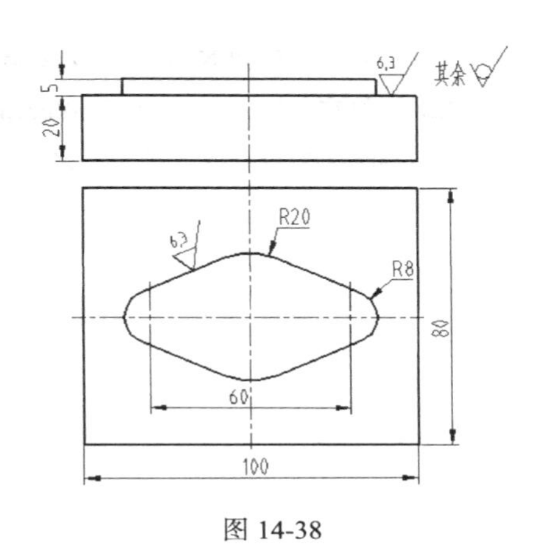

图 14-38

表 14-4　　加工切削参数

参　数　名	粗　加　工	精　加　工
切削进给	200(MMPM)	100(MMPM)
自由进给	600（MMPR）	600（MMPR）
步长深度	2	2
跨度	4	无
安全高度	10	10
主轴转速	800 转/分	1200 转/分
主轴旋向	顺时针	顺时针
扫描类型	类型 2	无
粗加工选项	仅限粗加工	无
允许粗加工坯件	0.5	无
冷却液选项	开	开
刀具直径	8	8
公差	0.02	0.02

（6）所有加工零件模型、加工制造模型以及程序文件都保存 No14-4 文件夹中。

参考文献

[1] 林清安．Pro/ENGINEER 2001 零件设计基础篇（上、下）．北京：北京大学出版社，2000

[2] 林清安．Pro/ENGINEER 2001 零件设计高级篇（上、下）．北京：北京大学出版社，2000

[3] 李杭、徐华建．Pro/ENGINEER Wildfire 4.0 实训教程．南京：南京大学出版社，2010

[4] 蔡冬根．Pro/ENGINEER 2001 应用培训教程．北京：人民邮电出版社，2004

[5] 关兴举．Pro/ENGINEER 塑料模具设计．北京：人民邮电出版社，2006

[6] 田绪东．Pro/ENGINEER Wildfire 2.0 三维机械设计．北京：机械工业出版社，2006

[7] 顾晔．数控编程与操作．北京：人民邮电出版社，2006